MESSBRÜCKEN
UND KOMPENSATOREN

VON

DR. JOSEF KRÖNERT

BAND I

THEORETISCHE GRUNDLAGEN

MIT 350 ABBILDUNGEN

MÜNCHEN UND BERLIN 1935

VERLAG VON R. OLDENBOURG

Vorwort.

Der Plan zur Abfassung eines Buches über elektrische Meßbrücken und Kompensatoren entstand bereits vor einer Reihe von Jahren, als ich selbst immer wieder bei der Berechnung derartiger Meßschaltungen das Fehlen eines solchen Werkes unangenehm empfand. Eine Reihe bequemer Berechnungs-Methoden (Maxwell-Zyklen, Dreieck-Stern-Transformation usw.) sind auch heute noch nur dem eigentlichen Elektro-Ingenieur aus andern Gebieten bekannt. Als einziges Sammelwerk ist in der Zwischenzeit — wenigstens für Wechselstrombrücken in der Nullmethode — das Buch von B. Hague erschienen, das man auf diesem Gebiete direkt als klassisch bezeichnen muß. Die zahlreichen Einzelarbeiten auf dem bearbeiteten Gebiete — die gerade auch in der Abfassungszeit eine starke Vermehrung erfuhren — beweisen wohl zur Genüge, daß gerade derartige Meßschaltungen heute zum unentbehrlichen Rüstzeug eines jeden Meßtechnikers gehören. Auf der andern Seite haben sie aber auch bewirkt, daß der bearbeitete Stoff unter den Händen geradezu anschwoll, so daß aus dem ursprünglich beabsichtigten kleinen Buch ein zweibändiges Werk wurde. Ich bin dem Verlag R. Oldenbourg zu großem Dank verpflichtet, daß er die Wichtigkeit dieses Meßgebiets voll erkannte und die Kosten und das Risiko eines derartigen Spezialwerks nicht scheute.

Die Aufgabe des Werkes, dessen erster Band hiermit den Fachkollegen und nicht zuletzt den Studierenden der Meßtechnik übergeben sei, ist, ein Hilfsmittel zur Berechnung und Konstruktion bei den zahllosen Varianten zu sein, die die Praxis erfordert, dem Laboratoriums-Ingenieur und -Physiker die systematischen Grundarbeiten zu verkürzen und ihm einen Überblick über den augenblicklichen Stand der Technik auf diesem Gebiete zu geben. Daß es für Grenzgebiete und eingehende Untersuchungen oft auf Spezialarbeiten, wie sie neuerdings z. B. das Archiv für Technisches Messen bringt, verweisen muß, war ein Gebot der bei allem Streben nach Abgeschlossenheit erforderlichen Kürze. In einem II. Band sollen später der konstruktive Aufbau und die praktischen Erfahrungen erörtert werden, während dieser Band möglichst voraussetzungslos die allgemeinen physikalischen und speziellen theoretischen Grundbedingungen bringen will.

Ich bin mir bewußt, daß die Erstauflage über ein derartig umfangreiches Sondergebiet der Meßtechnik zahlreiche Mängel und Lücken aufweisen muß. Den Fachkollegen bin ich daher für weitere Anregungen

1*

und Ergänzungen jederzeit dankbar. Fast alle einschlägigen Firmen der Welt haben mich mit ihrem Katalogmaterial — das sich allerdings erst im II. Band voll auswirken wird — in entgegenkommender Weise unterstützt. Besonderen Dank schulde ich Herrn Prof. Dr.-Ing. Gg. Keinath, der mich bei der Abfassung des Buches in liebenswürdiger Weise beraten hat. Mein Kollege und Mitarbeiter W. Geyger hat freundlicherweise die Abfassung der Kapitel XIII/2 Bh und XIV übernommen. Meine Kollegen und Mitarbeiter Dr. H. Poleck und L. Merz haben mich bei einzelnen Kapiteln mit noch unveröffentlichten Arbeiten unterstützt.

Bei der Gestaltung der Zeichnungen waren mir die Kollegen Ob.-Ing. Wölke und Ing. Neumann in mühsamer Arbeit behilflich. Bei der Durchsicht der Korrektur haben mich die Kollegen Merz und Dr. Thal in dankenswerter Weise unterstützt.

Falkenhain b. Berlin, im Februar 1935.

Josef Krönert.

Inhalt.

I. Physikalische Einleitung.

Die folgenden Ausführungen sollen keineswegs ein Lehrbuch der Elektrizitätslehre ersetzen. Sie geben lediglich eine Übersicht über das im weiteren Verlauf dieses Buches benötigte theoretische Rüstzeug.

1. Komplexe Darstellung von Wechselstromgrößen.

Die komplexe Darstellung von Wechselstromgrößen ist heute allgemein in der Elektrotechnik üblich. Für das eingehende Studium sei auf die Spezialwerke von Ring[8]) und Möller[9]) sowie auf die allgemeinen Werke der Elektrotechnik[10, 11]) verwiesen.

a) Strom und Spannung, Phasenwinkel.

Es ist bekannt, daß ein Wechselstrom bzw. eine Wechselspannung im einfachsten Falle einer Sinusfunktion genügen, daß also

$$J = J_0 \cdot \sin \omega t \quad \dots \dots \dots \dots (1a)$$

bzw.

$$E = E_0 \cdot \sin \omega t \quad \dots \dots \dots \dots (1b)$$

ist. J bzw. E bedeuten also den Strom bzw. die Spannung in einem bestimmten Zeitpunkt t, wobei angenommen ist, daß der Strom bzw. die Spannung zur Zeit $t = 0$ den Wert Null haben soll. ω ist die sog. »Kreisfrequenz«. Es ist $\omega = 2\pi\nu$, wenn ν die Anzahl Perioden pro Sekunde bedeutet. Es ist nun durchaus möglich, daß zeitlich das Maximum des Stromes — und damit auch die Nullwerte — nicht mit dem Maximum bzw. mit den Nullwerten der Spannung zusammenfallen. Strom und Spannung sind dann gegeneinander »phasenverschoben« (Abb. 1). Es kann z. B. sein:

$$J = J_0 \sin \omega t \quad \dots \dots \dots \dots \dots (2a)$$
$$E = E_0 \sin (\omega t - \varphi) \quad \dots \dots \dots (2b)$$

φ heißt der Phasenwinkel zwischen Strom und Spannung. Man kann nun statt in Form zweier Sinuskurven Strom und Spannung auch ganz allgemein als »gerichtete Größen« darstellen, indem man ihre Scheitelwerte J_0 bzw. E_0 als Strecken mit gemeinsamem Anfangspunkt aufträgt, deren Längeneinheit die Strom- bzw. Spannungseinheit darstellt. Als Verdrehungswinkel der beiden Strecken wird dabei der »Phasenwinkel« genommen (Abb. 2). In einer derartigen Darstellung fehlt aber noch die zeitliche Aufeinanderfolge von Strom und Spannung, wie sie im Bild der Sinuskurve vorhanden ist. Man sieht aus Abb. 1, daß in dem gewählten Beispiel der Strom J früher sein Maximum er-

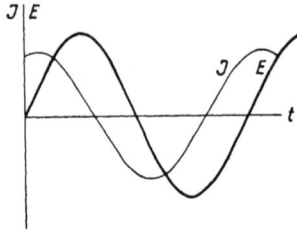

Abb. 1. Strom und Spannung
»phasenverschoben«.

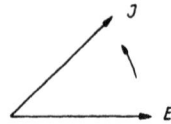

Abb. 2. Vektordarstellung von
Strom und Spannung.

reicht als die Spannung E, der Strom also in dem dargestellten Fall der Spannung »vorauseilt«. Man kann dies in Abb. 2 dadurch ausdrücken, daß man den beiden Strecken J und E eine bestimmte Aufeinander-folge durch einen Drehpfeil zuweist. Wir haben damit eine Darstellung in gerichteten Größen, in »Vektoren«. Es ist üblich, die Gleichzeitigkeit der Darstellung von Größe und Richtung derartiger Vektoren durch deutsche Buchstaben auszudrücken*). Durch diese Darstellung kann man auch zusammenwirkende Größen (z. B. mehrere gegeneinander phasenverschobene Ströme) sehr einfach addieren, indem man nach

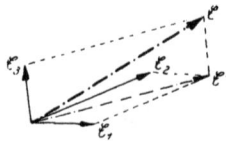

Abb. 3. Vektoraddition nach der
Methode des Kräfteparallelogramms.

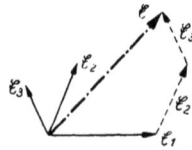

Abb. 4. Vektoraddition nach der
Methode des Kräftezuges.

der Methode des Kräfteparallelogramms die Größen zusammensetzt. Ein Beispiel zeigt Abb. 3. Daß man auch die nach der Methode des Kräftezugs aus der Mechanik bekannte Vereinfachung anwenden kann, gibt Abb. 4 wieder.

b) Ohm-Widerstand.

In einem Gleichstromkreis hängen bekanntlich Strom und Spannung durch das Ohmsche Gesetz zusammen $J = E/R$, wobei R den Ohm-Gesamtwiderstand des Kreises bedeutet. Dieselbe Beziehung gilt auch in einem Wechselstromkreis, solange in demselben keine anderen als

---

*) Leider hat sich dies in der Elektrotechnik noch nicht allgemein eingebürgert. Man findet auch Vektorbezeichnungen durch Überstreichen (z. B. $\overline{J}$) oder Über-punkten (z. B. $\dot{J}$).

Ohm-Widerstände, d. h. keine Selbstinduktionen und Kapazitäten und keine solchen Widerstände vorhanden sind, die in irgendeiner Weise von der angelegten Spannung oder vom durchgehenden Strom abhängig sind. Zu der letztgenannten Kategorie gehören bekanntlich die Elektronenröhren im nichtlinearen Teil, die Glimmröhren und Lichtbogen. Für diese gilt auch für Gleichstrom nicht das Ohmsche Gesetz.

Eine weitere oft benötigte Größe ist der »Leitwert«. Es ist dies der reziproke Wert des Widerstands. Man bezeichnet

$$\frac{1}{1 \text{ Ohm}} = 1 \text{ Siemens},$$

wenn man unter 1 Ohm (Ω) den Widerstand eines Quecksilberfadens von 1 mm² Querschnitt und 1,063 m Länge bei 0° C versteht. Die verschiedentlich in der Literatur aufgetauchte Bezeichnung 1 Mho an Stelle von 1 Siemens hat sich nicht eingebürgert.

c) Kapazität und Selbstinduktion.

α) *Kapazität.*

Betrachtet man einen an eine Wechselstromquelle angeschlossenen Kondensator C (Abb. 5) während einer Halbwelle eines sinusförmigen

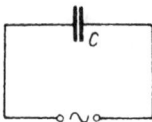

Abb. 5. Kondensator an Wechselstromquelle.

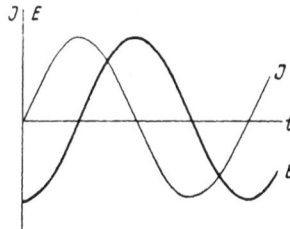

Abb. 6. Verlauf von Strom und Spannung nach Schaltung Abb. 5.

Stromes, dann ist die Spannung gemäß Definition der Kapazität gleich $\frac{\text{Ladung}}{\text{Kapazität}}$. Ist Q die Ladung, so ist der Strom J während der Ladung $J = \frac{dQ}{dt}$, somit ist $Q = \int J dt$. Es ist also die Spannung $E = \frac{1}{C} \int J \, dt$.

Ist $J = J_0 \cdot \sin \omega t$, so ergibt sich also

$$E = \frac{1}{C} J_0 \int \sin \omega t \cdot dt = -\frac{1}{C} \cdot J_0 \cdot \frac{1}{\omega} \cos \omega t = \frac{1}{C} \cdot J_0 \cdot \frac{1}{\omega} \sin \left(\omega t - \frac{\pi}{2} \right) \quad (3)$$

Setzt man

$$E = E_0 \sin (\omega t - \varphi) \ldots \ldots \ldots \ldots (4)$$

so erhält man demnach

$$\varphi = \pi/2; \quad E_0 = J_0/\omega C \ldots \ldots \ldots \quad (5)$$

Trägt man die beiden Kurven E und J nach dem vorigen Abschnitt graphisch auf, so sieht man, daß der Strom der Spannung um $90^0 = \pi/2$ vorauseilt.

Wendet man auf die Gl. (5) das Ohmsche Gesetz an, so erhält man als

»kapazitiven Widerstand« $R_C = 1/\omega C \ldots \ldots \quad (6)$

Einheiten. Für J in Ampere, E in Volt erhält man C in Farad (F). Es ist

1 Farad (F) $= 10^6$ Mikrofarad (μF) $= 10^{12}$ Pikofarad (pF),

1 μF $= 0,9 \cdot 10^6$ cm,

1 pF $= 0,9$ cm.

»Verlustwinkel« eines Kondensators.

Ein Kondensator, dessen Ohm-Widerstand unendlich groß ist, verschiebt nach dem Obengesagten die Phase zwischen Strom und Spannung um 90^0, derart, daß der Strom der Spannung vorauseilt. Besitzt der Kondensator jedoch einen endlichen Gleichstromwiderstand, so ist seine Phasenverschiebung φ kleiner als 90^0.

Definition. Der »Verlustwinkel« δ eines Kondensators ist das Komplement seiner Phasenverschiebung zwischen durchgehendem Strom und an den Enden vorhandener Spannung. Es ist also

$$\delta = 90^0 - \varphi \ldots \ldots \ldots \ldots \quad (7)$$

Diese Definition des Verlustwinkels gilt ganz allgemein, unabhängig davon, wie man sich den Verlustwinkel zustande gekommen denkt. Im einfachsten Fall nimmt man an, daß der Kapazität C des Kondensators ein endlicher Ohm-Widerstand R parallel oder in Reihe geschaltet ist. Die Berechnung dieses »Ersatz-Schaltbildes« ergibt sich dann am besten mittels komplexer Größen, wie weiter unten noch gezeigt wird. Diese einfache Form genügt jedoch in vielen Fällen nicht, um die Abhängigkeit des Verlustwinkels von der Frequenz, Temperatur usw. formelmäßig zu erfassen. Eine vollkommen mit der Erfahrung sich deckende Theorie des Dielektrikums ist noch nicht gefunden worden.

Man bezeichnet tg δ auch als den dielektrischen Verlustfaktor und gibt denselben auch in % (Keinath) oder in $^0/_{00}$ (AEF) an.

Zwei parallel geschaltete Kondensatoren der Kapazität C_1 und C_2 besitzen bekanntlich die resultierende Kapazität

$$C = C_1 + C_2 \ldots \ldots \ldots \ldots \quad (8)$$

Zwei in Serie geschaltete Kondensatoren haben dagegen eine resultierende Kapazität C, die sich ergibt aus

$$\frac{1}{C} = \frac{1}{C_1} + \frac{1}{C_2},$$

d. h. es ist also

$$C = \frac{C_1 \cdot C_2}{C_1 + C_2}. \quad \ldots \ldots \ldots \ldots \quad (9)$$

$\beta)$ Selbstinduktion.

Wird eine Spannung U an eine Selbstinduktion L gelegt (Abb. 7), so entsteht in dieser eine Gegen-EMK $E' = -L \dfrac{dJ}{dt}$, die der ange-

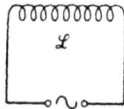

Abb. 7. Selbstinduktion an Wechselstromquelle.

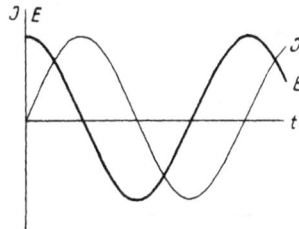

Abb. 8. Verlauf von Strom und Spannung
nach Schaltung Abb. 7.

legten Spannung gleich ist. Es ist also

$$L \frac{dJ}{dt} = U \quad \ldots \ldots \ldots \ldots \ldots \quad (10)$$

Ist nun im einfachsten Fall $J = J_0 \sin \omega t$, so ergibt sich $E = L J_0 \omega \cos \omega t$, oder

$$U = L \cdot J_0 \cdot \omega \sin(\pi/2 - \omega t) = -L \cdot J_0 \omega \sin(\omega t - \pi/2) = U_0 \sin(\omega t - \varphi),$$
$$\ldots \ (11)$$

wobei $\varphi = \pi/2$, $U_0 = -L \cdot J_0 \omega$ ist.

Wie man leicht sieht, bleibt der Strom hinter der Spannung um 90^0 zurück (Abb. 8).

Man erhält für den »induktiven Widerstand«

$$R_L = \frac{U_0}{J_0} = \omega L \quad \ldots \ldots \ldots \ldots \quad (12)$$

Einheiten. Ist J in Ampere, U in Volt gemessen, so erhält man L in Henry. Es ist

$$1 \text{ Henry} = 10^9 \text{ cm.}$$

Es sei gleich hier erwähnt, daß der Selbstinduktionskoeffizient L nur dann vom Strom J unabhängig ist, wenn die Spule kein Eisen oder ein anderes ferromagnetisches Material enthält. Im anderen Falle ist L vom Magnetisierungsstrom abhängig. Eine formelmäßige Darstellung ist dann nicht mehr möglich, da sich die Magnetisierungskurve nicht analytisch darstellen läßt. Dies ist für die Betrachtung von eisenhaltigen Drosselspulen und Transformatoren wichtig.

d) Gegenseitige Induktion (Gegeninduktion).

Fließt durch die Primärspule einer Gegeninduktion (Transformator, Wandler, Übertrager) ein Strom J_1 (Abb. 9), so wird an den Klemmen der Sekundärspule eine EMK (elektromotorische Kraft) E_2 induziert, die gegeben ist durch

$$E_2 = - M \frac{d J_1}{d t} \quad\ldots\ldots\ldots\ldots \quad (13)$$

M heißt der »Koeffizient der Gegeninduktion«. Ist die Selbstinduktion der Primärspule L_1 und die angelegte Wechselspannung gegeben durch

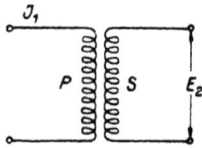

Abb. 9. Gegenseitige Induktion.

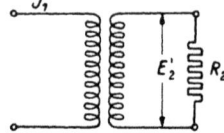

Abb. 10. Gegenseitige Induktion mit sekundärer Ohm-Bürde.

$U_1 = U_{10} \sin \omega t$, so ergibt sich der Primärstrom nach dem Vorhergehenden zu

$$J_1 = \frac{U_{10}}{\omega L_1} \cos \omega t,$$

d. h., es ist

$$E_2 = M \cdot \frac{U_{10}}{\omega L_1} \cdot \omega \sin \omega t = \frac{M}{L_1} \cdot U_1 \quad\ldots\ldots \quad (14)$$

Wir setzen allgemein

$$M = k \cdot \sqrt{L_1 \cdot L_2} \quad\ldots\ldots\ldots \quad (15)$$

Der »Kopplungsfaktor« k wird im Idealfall eins.

Schaltet man Primär- und Sekundärspule in Reihe, so ist die gesamte Selbstinduktion $L = L_1 + L_2 \pm 2 M$*).

Es ist klar, daß die Gl. (13) nur bei offenem Sekundärkreis gilt. Wird der Sekundärkreis durch einen Widerstand R_2 geschlossen (Abb. 10),

---

*) Man kann hieraus die Gegeninduktion bestimmen, indem man zuerst die Gesamtselbstinduktion $L_a = L_1 + L_2 + 2 M$ bestimmt, dann die Anschlüsse der einen Spule vertauscht und die neue Gesamtselbstinduktion $L_b = L_1 + L_2 - 2 M$ bestimmt. Es ist dann

$$M = \frac{L_a - L_b}{4}.$$

so erhält man statt der EMK die Klemmenspannung U_2'. Es ist dann

$$J_2 = \frac{U_2'}{\sqrt{R_2{}^2 + (\omega L_2)^2}} = \frac{M}{L_1} \frac{U_1}{\sqrt{R_2{}^2 + (\omega L_2)^2}} = \frac{\omega M}{\sqrt{R_2{}^2 + (\omega L_2)^2}} \cdot J_1 \quad (16)$$

Die Ableitung dieser Gleichung ergibt sich am einfachsten aus der im nächsten Abschnitt gezeigten komplexen Darstellung.

Näherung. Für $R_2 \ll \omega L_2$ ergibt sich $J_2 = \frac{M}{L_1} \cdot J_1$, d. h. in diesem Fall ist das »Übersetzungsverhältnis« $\frac{J_2}{J_1}$ unabhängig von der Frequenz. Für den Idealfall

$$M = \sqrt{L_1 \cdot L_2} \quad \ldots \ldots \ldots \quad (17)$$

ergibt sich dann

$$\frac{J_2}{J_1} = \sqrt{\frac{L_1}{L_2}}, \quad \ldots \ldots \ldots \quad (18)$$

d. h. umgekehrt proportional der Wurzel aus dem Verhältnis der Selbstinduktionen.

Im eisenlosen Fall kann man die Selbstinduktion proportional dem Quadrat der Windungszahl der Spule setzen. Man erhält dann $\frac{J_2}{J_1} = \frac{n_1}{n_2}$, wenn n_1 die Windungszahl der Primärspule, n_2 die Windungszahl der Sekundärspule ist. Bei eisenhaltigen Spulen gilt dies ebenfalls angenähert. Es sei hierüber jedoch auf die Spezialliteratur über Stromwandler verwiesen.

Ebenso haben wir bereits oben erhalten $E_2 = \frac{M}{L_1} \cdot U_1$, d. h. es ist $\frac{E_2}{U_1} = \frac{M}{L_1}$ und im Idealfall $M = \sqrt{L_1 \cdot L_2}$ wird

$$\frac{E_2}{U_1} = \sqrt{\frac{L_2}{L_1}} = \frac{n_2}{n_1}.$$

Aus den obigen Betrachtungen ergibt sich weiter:

a) Die EMK der Sekundärspule ist stets entgegengesetzt gerichtet der EMK der Primärspule*).

b) Der Strom der Sekundärspule bildet mit dem Strom der Primärspule einen Phasenwinkel, der im Grenzfall ($R_2 \ll \omega L_2$) praktisch 180° beträgt.

---

*) Die »Richtung« der EMK bzw. des Stromes bedarf hier noch einer näheren Erläuterung. Da man an sich die Spulen in beliebigem Sinne wickeln kann, hat die »Richtung« nur Sinn in bezug auf das durch den Strom erzeugte Magnetfeld. In gleicher Richtung fließend seien zwei solche Ströme, die Magnetfelder in gleicher Richtung erzeugen.

e) Komplexer Widerstand und komplexer Leitwert.

Aus den vorigen Abschnitten war ersichtlich, daß im Falle des Vorhandenseins einer Kapazität in einem Wechselstromkreis der Strom der Spannung um 90° vorauseilt, im Falle des Vorhandenseins einer Selbstinduktion (bei Vernachlässigung des Ohmschen Widerstands)

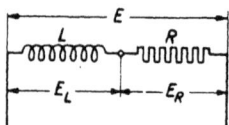

Abb. 11. Stromkreis mit Selbstinduktion und Ohm-Widerstand.

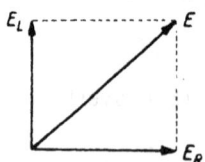

Abb. 12. Vektordiagramm einer Selbstinduktion mit Ohm-Widerstand.

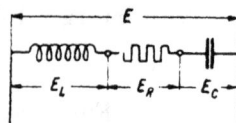

Abb.13. Stromkreis mit Selbstinduktion. Ohm-Widerstand und Kapazität.

hinter der Spannung um 90° zurückbleibt. Aus den Abb. 6 und 8 ergab sich die einfache Darstellung als Schwingungsvorgang. Man kann nun noch weitergehen und die Phasenverschiebung in den einzelnen Teilen eines Stromkreises vektoriell darstellen. Nimmt man z. B. an, daß in einem Stromkreis (Abb. 11) eine Selbstinduktion und ein Ohm-Widerstand vorhanden seien, so kann man die resultierende Spannung $\mathfrak{E}$ durch ein Vektordiagramm gemäß Abb. 12 darstellen. Denkt man sich den (zweidimensionalen) Vektor entsprechend der Darstellungsmethode der Funktionentheorie in einer komplexen (Gaußschen) Ebene aufgetragen, so ergibt sich, daß der Abzisse

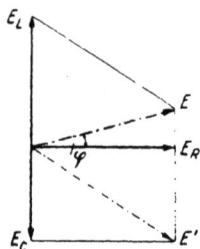

Abb. 14. Vektordiagramm zu Abb. 13.

ein reeller Wert, der Ordinate dagegen ein imaginärer Wert zuzuschreiben ist. Die Absolutgröße der Ordinate ist also mit dem Faktor $j = \sqrt{-1}$ zu multiplizieren, und es ergibt sich für die Resultante die Form

$$\mathfrak{E} = \mathfrak{E}_R + \mathfrak{E}_L \quad\ldots\ldots\ldots\ldots (20)$$

Der Absolutwert ist also, wie sich aus dem Bild ohne weiteres ergibt:

$$E = |\mathfrak{E}| = \sqrt{\mathfrak{E}_R{}^2 + \mathfrak{E}_L{}^2} \quad\ldots\ldots\ldots (21)$$

In Abb. 13 sei eine noch allgemeinere Schaltung gezeigt, in der ein Ohm-Widerstand R, eine Selbstinduktion L und eine Kapazität C bei der Kreisfrequenz ω vorhanden sind. Es ergibt sich leicht die resultierende Spannung aus Abb. 14. Will man diese resultierende Spannung nach Größe und Richtung angeben, so folgt aus den vorhergehenden Betrachtungen:

$$\mathfrak{E} = \mathfrak{E}_R + \mathfrak{E}_L + \mathfrak{E}_C \quad\ldots\ldots\ldots (22)$$

Der Absolutwert der Resultante ist dann:

$$E = |\mathfrak{E}| = \sqrt{\mathfrak{E}_R{}^2 + (\mathfrak{E}_L - \mathfrak{E}_C)^2} \quad\ldots\ldots (23)$$

Man kann nun weiter die Frage aufwerfen, welchen Winkel die Resultierende mit der reellen Achse, auf der die reinen Ohm-Komponenten der Spannung aufgetragen sind, bilden. Die Betrachtung der Abb. 13 zeigt dann ohne weiteres, daß

$$\operatorname{tg} \varphi = \frac{|\mathfrak{E}_L + \mathfrak{E}_C|}{|\mathfrak{E}_R|} \qquad \ldots \ldots \ldots (24)$$

Man ist damit imstande, durch eine komplexe Darstellung in der zweidimensionalen Ebene den kompliziertesten Verhältnissen eines Wechselstromnetzes nach Phasenlage und Absolutwert von Strom und Spannung Rechnung zu tragen*).

Mathematisch identisch mit dieser Darstellung ist eine andere, ebenfalls auf der Methode der komplexen Ebene beruhende, bei der die Charakteristik der betr. Größe komplex dargestellt wird. Diese Darstellung hat keine physikalische Grundlage, sondern rein rechnerische Bedeutung. Wir können durch Verschiebung des Koordinatenanfangs längs der Zeitachse die Charakteristiken in Abb. 1 auch schreiben:

$J = J_0 \cos \omega t'$ und $E = E_0 \cos (\omega t' - \varphi)$, wobei jetzt $t' = \dfrac{\pi}{2\,\omega} - t$ ist. Nun kann man rein formell die Funktion $\cos \omega t'$ ergänzen durch ein imaginäres Zusatzglied $j \cdot \sin \omega t'$. Man erhält also jetzt

$$J = J_0 \left[\cos \omega t' + j \cdot \sin \omega t' \right] = J_0 \cdot e^{j \omega t'} \qquad \ldots \ldots \ldots (25)$$

Die phasenverschobene Charakteristik von E ergibt sich dann zu

$$E = E_0 \left[\cos (\omega t' + \varphi) + j \cdot \sin (\omega t' + \varphi) = E_0 \cdot e^{j (\omega t' + \varphi)} \qquad \ldots (26)$$

Wir sehen, daß jetzt ein reelles Zusatzglied im Exponenten nichts anderes darstellt als eine zeitliche Vergrößerung (positiver Wert) oder eine zeitliche Abnahme (negativer Wert) der Maximalamplitude, d. h. wir können mit dieser Methode auch Dämpfungsgrößen (negativer Exponent) sehr einfach wiedergeben, z. B. durch $J = J_0\, e^{j \omega t - a t}$. In der endgültigen Formel berücksichtigt man dann nur den reellen Teil, wie dies z. B. auch bei der komplexen Integration reeller bestimmter Integrale üblich ist.

Eine besondere Bedeutung hat für die folgenden Betrachtungen die komplexe Darstellung des Widerstandes. Auch sie ist eigentlich eine rein formale mathematische Rechenoperation, der jedoch leicht ein physikalischer Sinn unterlegt werden kann. Wir haben z. B. Seite 13 gesehen, daß in einem Stromkreis, in dem sich eine Selbstinduktion mit Ohm-Widerstand befindet, die Spannung dem Strom vorauseilt. Dabei teilte sich die Spannung in zwei Komponenten auf, von denen die Ohm-(Wirk-)Komponente mit dem Strom in Phase lag, während die reine Selbstinduktions- (Blind-) Komponente um 90⁰ dem Strom vorauseilt. Nun sind Strom und Spannung nach der bisherigen Betrachtung durch das Ohmsche Gesetz

$$\mathfrak{E} = \mathfrak{J} \cdot \mathfrak{Z} \qquad \ldots \ldots \ldots \ldots (27)$$

verknüpft, wobei $\mathfrak{Z}$ jetzt nicht den Ohm-Widerstand, sondern den resultierenden Scheinwiderstand bedeutet. Würde man $\mathfrak{Z}$ als eine

---

*) Zum Verständnis der englischen Literatur sei angegeben, daß in dieser arc tg φ = tang^{-1} φ geschrieben wird.

absolute (skalare) Größe schreiben, so würde man die durch die Selbstinduktion auftretende Phasenverschiebung nicht berücksichtigen. Die Größe $\mathfrak{Z}$ muß also ebenfalls einen Vektor darstellen. Die einfachste Darstellung ergibt sich, wenn man den Strom als Ausgangsgröße in seinem Absolutwert J schreibt und die Phasendrehung in die Größe $\mathfrak{Z}$ legt. Man kann dann schreiben

$$\mathfrak{E} = J \cdot \mathfrak{Z} \qquad \qquad \text{(28)}$$

oder in dem angezogenen Beispiel:

$$\mathfrak{E} = J \cdot (R + j \omega L), \qquad \qquad \text{(29)}$$

d. h., es ist

$$\mathfrak{Z} = R + j \omega L \qquad \qquad \text{(30)}$$

Das bedeutet, daß wir jetzt den Scheinwiderstand $\mathfrak{Z}$ als Vektor dargestellt haben, obgleich ein Widerstand als gerichtete Größe eigentlich keinen physikalischen Sinn hat.

Ähnlich kann man für einen Stromkreis mit Kapazität schreiben:

$$\mathfrak{E} = - J \frac{j}{\omega C} = \frac{J}{j \omega C} \qquad \qquad \text{(31)}$$

Denkt man sich ganz allgemein den Scheinwiderstand zusammengesetzt aus einem Ohm-Widerstand, einer Selbstinduktion und einer Kapazität, so ergibt sich

$$\mathfrak{E} = \mathfrak{E}_R + \mathfrak{E}_L + \mathfrak{E}_C = J \cdot \mathfrak{Z}, \qquad \qquad \text{(32)}$$

wobei jetzt

$$\mathfrak{Z} = R + j \omega L - j/\omega C \qquad \qquad \text{(33)}$$

ist. Die Größe $\mathfrak{Z}$ heißt der »Widerstandsoperator«.

Der Absolutwert des Scheinwiderstands ist dann

$$Z = \mathfrak{Z} = \sqrt{R^2 + (\omega L - 1/\omega C)^2} \qquad \qquad \text{(34)}$$

Man kann auch den Widerstandsoperator allgemein in einen Wirkwiderstand R und in einen Blindwiderstand X zerlegt darstellen, wobei jetzt in Gl. (33) $X = \omega L - 1/\omega C$ ist. Es ist also

$$X_{\text{ind}} = \omega L$$

$$X_{\text{kap}} = - 1/\omega C.$$

Wichtig ist auch die Betrachtung des »komplexen Leitwerts«. Seine Bedeutung ergibt sich besonders in Parallelschaltungen. Es sei als Beispiel ein Ohm-Widerstand einer Kapazität parallel geschaltet (Abb. 15). Rechnet man analog den Ohm-Widerständen, so ergibt sich der resultierende Widerstand

$$\mathfrak{Z} = \frac{j R X}{R + j X} = \frac{- R \cdot j/\omega C}{R - j/\omega C} = \frac{- j \omega C + 1/R}{(\omega C)^2 + 1/R^2} \qquad \qquad \text{(35)}$$

Hier ist es zweckmäßig, den reziproken Wert des Schein-Widerstands, den Schein-Leitwert, einzuführen durch

$$\text{Schein-Leitwert} \quad \mathfrak{G} = 1/\mathfrak{Z} \quad \ldots \ldots \quad (36)$$

Hieraus folgt:

$$\mathfrak{G} = 1/\mathfrak{Z} = 1/R + j\,\omega\,C \quad \ldots \ldots \quad (37)$$

Man kann jetzt analog dem komplexen Widerstand schreiben:

$$\mathfrak{G} = g + j\,b \quad \ldots \ldots \ldots \quad (38)$$

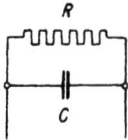

Abb. 15. Parallel-Schaltung von Ohm-Widerstand und Kapazität.

Abb. 16. Hintereinander-Schaltung von Ohm-Widerstand R und induktivem Blindwiderstand L.

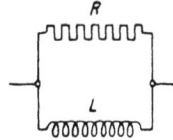

Abb. 17. Parallel-Schaltung von Ohm-Widerstand R und induktivem Blindwiderstand l.

In einer Hintereinanderschaltung von Ohm-Widerstand R und Blindwiderstand X wäre dann (Abb. 16):

$$\text{Wirkleitwert:} \quad g = \quad R/(R^2 + X^2). \quad \ldots \ldots \quad (39\,a)$$
$$\text{Blindleitwert:} \quad b = -\,X/(R^2 + X^2). \quad \ldots \ldots \quad (39\,b)$$

In einer Parallelschaltung von Ohm-Widerstand und Blindwiderstand X (Abb. 17) wäre:

$$\text{Wirkleitwert:} \quad g = \quad 1/R \ldots \ldots \ldots \quad (40\,a)$$
$$\text{Blindleitwert:} \quad b = -\,1/X. \ldots \ldots \ldots \quad (40\,b)$$

Eine reine Parallelschaltung von Wirkleitwert und Blindleitwert kann man natürlich nur dann durchführen, wenn bei kapazitivem Blindwiderstand der Ohm-Widerstand ganz in den Parallelwiderstand verlegt wird, bei induktivem Blindwiderstand, wenn der Ohm-Widerstand der Selbstinduktion vernachlässigt werden kann.

Man findet für den Wirkleitwert auch manchmal die Bezeichnung »Konduktanz«, für den Leitwert der Induktion die Bezeichnung »induktive Suszeptanz« und für den Leitwert der Kapazität (negativen Blindleitwert) die Bezeichnung »kapazitive Suszeptanz«. Der Scheinleitwert wird gelegentlich auch als »Admittanz« bezeichnet. Der absolute Gesamtleitwert ergibt sich dann zu:

$$|\mathfrak{G}| = G = \sqrt{g^2 + b^2} = 1/Z \quad \ldots \ldots \quad (41)$$

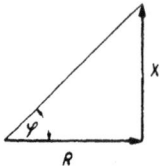

f) Der Phasenwinkel.

Abb. 18. Phasenwinkel φ aus Blindwiderstand X und (Ohm-) Wirkwiderstand R.

Da der Ohmsche Teil des Spannungsabfalls keine Phasenverschiebung gegen den Strom besitzt, können wir also den Phasenwinkel zwischen Spannung und Strom als den Winkel des resultierenden Scheinwiderstands zum Ohm-Widerstand

bestimmen. Aus Abb. 18 ergibt sich dann ohne weiteres der Phasenwinkel φ zu:

$$\text{tg}\,\varphi = \frac{\text{imaginäre Komponente}}{\text{reelle Komponente}} \quad \cdots \cdots \quad (42)$$

Im Beispiel Abb. 13 ist also

$$\text{tg}\,\varphi = \frac{L - 1/\omega C}{R} \quad \cdots \cdots \cdots \quad (42\text{a})$$

Man kann den Phasenwinkel auch aus dem Scheinleitwert bestimmen.
Es ist bei Hintereinanderschaltung von R und X:

$$\text{tg}\,\varphi = \frac{X}{R} = -\frac{g}{b} \quad \cdots \cdots \cdots \quad (43\text{a})$$

Bei Parallelschaltung von R und X ist

$$\text{tg}\,\varphi = \frac{R}{X} = -\frac{b}{g} \quad \cdots \cdots \cdots \quad (43\text{b})$$

Verlustwinkel eines Kondensators.

Wie Seite 12 erörtert wurde, kann man im einfachsten Fall einen
nicht verlustfreien Kondensator als eine Kapazität C mit parallel oder
in Reihe geschaltetem Ohm-Widerstand R ansehen. Es ist dann bei
parallelem Widerstand der

komplexe Widerstand:

$$\mathfrak{Z} = \frac{-j\,R/\omega C}{R - j/\omega C} = \frac{R\,(1 - j\,\omega C\,R)}{1 + (\omega C\,R)^2} \quad \cdots \cdots \quad (44)$$

komplexe Leitwert:

$$\mathfrak{G} = 1/R + j\,\omega C \quad \cdots \cdots \cdots \quad (45)$$

Hieraus ergibt sich die Phasenverschiebung φ zu

$$\text{tg}\,\varphi = -\,\omega C\,R \quad \cdots \cdots \cdots \quad (46)$$

und damit der Verlustwinkel

$$\text{tg}\,\delta = -\,1/\omega C\,R \quad \cdots \cdots \cdots \quad (47)$$

Denkt man sich im Ersatz-Schaltbild einen verlustfreien Kondensator C' in Reihe mit einem Ohm-Widerstand R' geschaltet, so ergibt
sich der Verlustwinkel zu

$$\text{tg}\,\delta = -\,\omega C'\,R' \quad \cdots \cdots \cdots \quad (48)$$

Die Wahl des Ersatz-Schaltbildes ist dabei beliebig. Für sehr
kleine δ kann man bekanntlich $\text{tg}\,\delta \sim \delta$ setzen und erhält dann (ohne
Berücksichtigung des Vorzeichens):

$$\delta = 1/\omega C\,R = \omega C'\,R' \quad \cdots \cdots \cdots \quad (48\text{a})$$

Bezeichnet man mit K die spez. Leitfähigkeit, mit ε die Dielektrizitätskonstante und mit γ einen Faktor ($\gamma = 4\pi \cdot 9 \cdot 10^{11} = 1{,}13 \cdot 10^{13}$), so ist auch

$$\operatorname{tg} \delta = \frac{\gamma \cdot K}{\omega \varepsilon} \quad \ldots \ldots \ldots \ldots \quad (49)$$

Man kann auch aus dem Energie-Verlust im Dielektrikum den Verlustfaktor bestimmen. Es ist für den Energie-Verlust N:

$$N = U^2 \omega C \cos \varphi \sim U^2 \omega C \operatorname{tg} \delta \quad \ldots \ldots \ldots \quad (49\,\text{a})$$

Bei manchen Dielektriken steigt z. B. mit der Temperatur die Dielektrizitätskonstante und damit die Kapazität, während der Ohm-Widerstand sinkt. In diesem Falle würde der Verlustfaktor keine Auskunft über die beträchtlichen Änderungen des Dielektrikums geben, da er sich dann nur wenig ändern, evtl. sogar konstant bleiben würde. Hier ist ein weit besseres Maß der „Verluststrom" d. h. der Strom, der der Wirk-Komponente des Stroms im Dielektrikum entspricht. Auf dieses Verhalten hat besonders K e i n a t h hingewiesen und z. B. zur Untersuchung von Generator-Stäben benutzt.

2. Die Kirchhoff-Sätze.

Die Kirchhoff-Sätze bilden die Grundlage für die Berechnung von Stromverzweigungen.

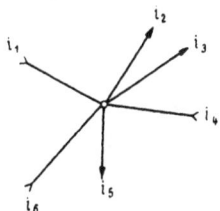

Abb. 19. Kirchhoff-Stromsatz (Verzweigungssatz).

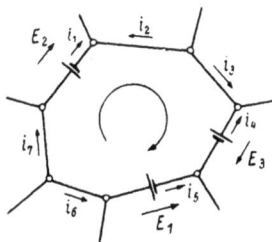

Abb. 20. Kirchhoff-Spannungssatz (Schleifensatz).

a) Strom-Satz (Verzweigungssatz, Knotenpunkts-Regel).

Die Summe der zu einem Verzweigungspunkt zufließenden Ströme ist gleich der Summe der von ihm abfließenden Ströme. Oder:

$$\sum_{k=1}^{n} i_k = 0 \quad \ldots \ldots \ldots \ldots \ldots \quad (50)$$

In Abb. 19 ist also

$$i_1 - i_2 - i_3 + i_4 - i_5 + i_6 = 0 \quad \ldots \ldots \quad (50\,\text{a})$$

b) Spannungs-Satz (Schleifensatz, Maschenregel).

In einem geschlossenen Stromkreis ist die Summe der Produkte aus Stromstärke und Widerstand (= Summe der Spannungs-Abfälle) der einzelnen Leiterzweige gleich der Summe der eingeprägten elektromotorischen Kräfte (Spannungsquellen).

Oder:
$$\sum_{k=1}^{n} i_k R_k = \Sigma E \quad \ldots \ldots \ldots \quad (51)$$

Hierbei ist ein — an sich beliebiger — Umlaufssinn zu wählen und diejenigen Stromrichtungen als positiv zu zählen, die in diesem Umlaufssinn liegen, dagegen bei den eingeprägten Kräften diejenigen EMKs, die entgegen dem Umlaufssinn gerichtet sind.

In Abb. 20 ist also:

$$i_1 R_1 - i_2 R_2 + i_3 R_3 - i_4 R_4 - i_5 R_5 - i_6 R_6 + i_7 R_7 = - E_1 + E_2 + E_3 \quad \ldots (51\,a)$$

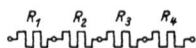

Abb. 21. Reihen-Widerstände.

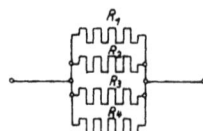

Abb. 22. Parallel-Widerstände.

1. Beispiel: In Reihe geschaltete Widerstände (Abb. 21):

$$R = \Sigma R_k \quad \ldots \ldots \ldots \ldots \ldots \quad (52)$$

2. Beispiel: Parallel geschaltete Widerstände (Abb. 22):

$$\frac{1}{R} = \Sigma \frac{1}{R_k}, \quad \ldots \ldots \ldots \ldots \quad (53)$$

also z. B. für zwei parallel geschaltete Widerstände:

$$\frac{1}{R} = \frac{1}{R_1} + \frac{1}{R_2} \quad \text{oder} \quad R = \frac{R_1 \cdot R_2}{R_1 + R_2} \quad \ldots \ldots \ldots \quad (54)$$

Diese Sätze gelten nicht nur für Ohm-Widerstände, sondern auch für Scheinwiderstände.

Als Beispiel der gleichzeitigen Anwendung des Stromsatzes und des Spannungssatzes sei die in Abb. 23 wiedergegebene Wheatstone-Brücke berechnet. Hierbei sei als Ziel die Aufgabe gestellt, den Strom i_g in der Diagonale BD zu berechnen, wenn sämtliche Widerstände $R_1, R_2 \ldots R_g$ sowie der Strom i bekannt sind. Hierbei ist zu beachten, daß die Richtung des Stromes i_g von vornherein nicht bekannt ist. Man müßte also i_g mit dem Vorzeichen $\pm$ versehen. Dies ist jedoch unbeschadet der Allgemeinheit der Berechnung nicht erforderlich. Man kann vielmehr eine an sich beliebige Richtung als positive Richtung bezeichnen. Falls diese Richtung sich im einzelnen Fall als der wirklichen Stromrichtung gerade ent-

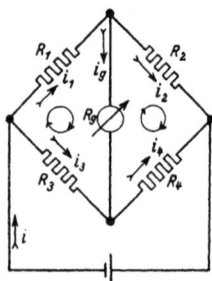

Abb. 23. Anwendung der Kirchhoff-Sätze auf die Wheatstonebrücke.

gegengesetzt erweisen sollte, so kommt dies in der Berechnung von selbst dadurch zum Vorschein, daß sich i_g als negativer Wert ergibt. Wenden wir zuerst den Stromsatz an, so erhalten wir folgende Gleichungen:

$$
\left.
\begin{aligned}
&1) \quad i = i_1 + i_3 \\
&2) \quad i = i_2 + i_4 \\
&3) \quad i_1 = i_2 + i_g \\
&4) \quad i_4 = i_3 + i_g
\end{aligned}
\right\} \quad \ldots \ldots \ldots \ldots \quad (55)
$$

Der Spannungssatz ergibt folgende Gleichungen:

$$
\left.
\begin{aligned}
&5) \quad i_1 R_1 + i_g R_g + i_3 R_3 = 0 \\
&6) \quad i_2 R_2 - i_4 R_4 - i_g R_g = 0
\end{aligned}
\right\} \quad \ldots \ldots \quad (56)
$$

Wir haben also sechs Gleichungen für die fünf Unbekannten i_1, i_2, i_3, i_4, i_g. Die Aufgabe ist also scheinbar überbestimmt. Wir sehen aber leicht, daß die vier Gleichungen (1), (2), (3), (4) in Wirklichkeit eine Identität enthalten. Aus den Gleichungen (1) und (3) und (4) ergibt sich die Gleichung (2). Wir können also die Gleichung (2) weglassen.

Der Gang der Berechnung — Auflösung von 5 linearen Gleichungen mit 5 Unbekannten*) — interessiert in diesem Zusammenhang nicht. Als Resultat ergibt sich:

$$
i_g = i \cdot \frac{R_2 R_3 - R_1 R_4}{R_g (R_1 + R_2 + R_3 + R_4) + (R_1 + R_3)(R_2 + R_4)} \qquad (57)
$$

Wie wir besonders aus dem letzten Beispiel ersehen, wird bei der Berechnung aus den Kirchhoff-Sätzen der Strom in jedem Zweig eines mehrfachen Netzes als eine Größe aufgefaßt, unabhängig davon, ob er aus Anteilen aus verschiedenen Maschen des Netzes sich zusammensetzt. So setzt sich z. B. der Strom i_g aus einem Teilstrom der Masche ABD und aus einem Teilstrom der Masche BCD zusammen. Eine andere Berechnungsart werden wir im nächsten Abschnitt betrachten.

3. Die Maxwell-Zyklen.

Wir haben im vorigen Abschnitt bereits angedeutet, daß man den Strom einer Netzseite auch nach seinen Anteilen zu den verschiedenen Maschen aufteilen kann. Dies ist von Maxwell[12]) durchgeführt worden. Wir ordnen dabei jeder Masche, d. h. jedem geschlossenen Stromkreis einen besonderen Strom zu, wie dies in Abb. 24 an dem Beispiel der Wheatstone-Brücke dargestellt ist Dabei sollen zweckmäßig alle Kreisströme den gleichen Umlaufsinn besitzen. Es ist selbstverständlich, daß

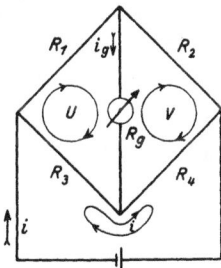

Abb. 24. Anwendung der Maxwell-Zyklen auf die Wheatstonebrücke.

*) Es geschieht dies am einfachsten unter Verwendung von Determinanten.

dann in einer Netzseite gleichzeitig Kreisströme aus verschiedenen Maschen fließen können, die nun entsprechend ihrer gegenseitigen Richtung mit positivem oder negativem Vorzeichen zu versehen sind. Betrachten wir dagegen die Schreibweise des vorigen Kapitels, so entsprechen sich die folgenden Ströme:

$$
\begin{aligned}
&1)\ i_1 = u && 4)\ i_4 = -v + w \\
&2)\ i_2 = v && 5)\ i_g = u - v \\
&3)\ i_3 = -u + w && 6)\ i\ = w
\end{aligned}
\right\} \quad \ldots \ (58)
$$

Wir können also jetzt die folgenden Gleichungen aufstellen:

$$
\begin{aligned}
&(1)\ -R_1 \cdot u - R_3 \cdot u - R_g \cdot u + R_3 \cdot w + R_g \cdot v = 0 \\
&(2)\ -R_g \cdot v - R_4 \cdot v - R_2 \cdot v + R_g \cdot u + R_4 \cdot w = 0 \\
&(3)\ w = i
\end{aligned}
\right\} \ \ . \ . \ (59)
$$

Da i wie im vorigen Kapitel wieder bekannt sein soll, haben wir jetzt nur zwei Gleichungen mit zwei Unbekannten u und v. Wir können schreiben:

$$
\begin{aligned}
&\text{I.)}\ -u \cdot (R_1 + R_3 + R_g) + v \cdot R_g - R_3 \cdot i = 0 \\
&\text{II.)}\ +u \cdot R_g - v \cdot (R_2 + R_4 + R_g) - R_4 \cdot i = 0
\end{aligned}
\right\} \ \ . \ . \ (60)
$$

Hieraus folgt:

$$
\begin{aligned}
u &= i \frac{R_g(R_3 + R_4) + R_2 R_3 + R_3 R_4}{R_g(R_1 + R_2 + R_3 + R_4) + (R_1 + R_3)(R_2 + R_4)} \\
v &= i \frac{R_g(R_3 + R_4) + R_1 R_4 + R_3 R_4}{R_g(R_1 + R_2 + R_3 + R_4) + (R_1 + R_3)(R_2 + R_4)}
\end{aligned}
\right\} \ \ . \ . \ (61)
$$

Da nun $i_g = u - v$, so ergibt sich

$$
i_g = i \frac{R_2 R_3 - R_1 R_4}{R_g(R_1 + R_2 + R_3 + R_4) + (R_1 + R_3)(R_2 + R_4)} \ \ . \ . \ (62)
$$

wie im vorigen Kapitel. Wir haben also durch die Aufstellung der Maxwell-Stromkreise (Maxwell-Zyklen) die Lösung wesentlich vereinfachen können, da wir die ursprünglichen 5 Gleichungen auf nur 2 reduzieren können. Wir werden hiervon später noch öfters Gebrauch machen. Wir können eine weitere Vereinfachung vornehmen, indem wir den gesuchten Strom bereits in den Anfangsgleichungen auftreten lassen, indem wir also in dem gewählten Beispiel $u + i_g$ statt v schreiben, was offensichtlich keine Einengung der Aufgabe darstellt. Wir erhalten dann die Gleichungen:

$$
\begin{aligned}
&\text{I.)}\ -(R_1 + R_3 + R_g)u + R_g(u + i_g) - R_3 i = 0 \\
&\text{II.)}\ +R_g u - (R_2 + R_4 + R_g)(u + i_g) - R_4 i = 0
\end{aligned}
\right\} \ \ . \ . \ (63)
$$

oder

$$
\begin{aligned}
&\text{I.)}\ -(R_1 + R_3)u - R_g i_g - R_3 i = 0 \\
&\text{II.)}\ -(R_2 + R_4)u - (R_2 + R_4 + R_g)i_g - R_4 i = 0
\end{aligned}
\right\} \ \ . \ (63a)
$$

Durch Auflösung der Gleichungen nach i_g erhält man sofort ebenfalls den bereits oben gefundenen Wert.

4. Superpositions-Verfahren.

Das Superpositionsverfahren ist aus der Theorie der Vierpole abgeleitet (Seite 37) und besonders von Fraenkel[10]) angewandt worden. Es sei zu seiner Erläuterung kurz einiges aus der Theorie der Vierpole erwähnt. Die Anwendung des Verfahrens beschränkt sich entsprechend auf »Vierpole«, d. h. auf Netzgebilde mit zwei Eingangspolen (*B* und *D* in Abb. 25) und zwei Ausgangspolen (*A* und *C* in Abb 25)

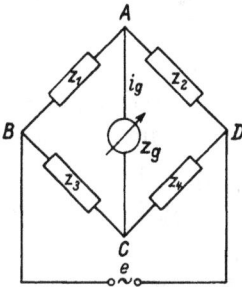

Abb. 25. Allgemeine Wheatstonebrücke. Abb. 26. Abb. 25 umgezeichnet.
Die Vierecke bedeuten beliebige Scheinwiderstände.

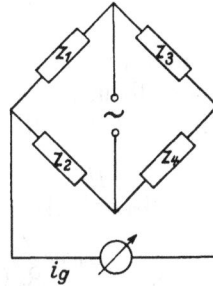

Die Eingangspole sind die Brückenspeisepunkte, die Ausgangspole die Abführungen zum Indikator. Man kann dann den Strom in irgendeinem Netzteil zusammensetzen aus dem »Leerlaufstrom« i_L und dem »Kurzschlußstrom« i_K. Der Leerlaufstrom ergibt sich in dem Netzteil dann, wenn der Ausgangswiderstand, d. h. der Widerstand des Indikators bzw. bei zwischengeschaltetem Transformator dessen Primärwiderstand, unendlich groß ist, d. h. wenn man gewissermaßen im Indikatorzweig eine statische Messung ausführt. Der Kurzschlußstrom tritt dann auf, wenn der Eingangswiderstand, d. h. der Widerstand der Stromquelle oder bei zwischengeschaltetem Eingangstransformator der Sekundärwiderstand desselben null ist. Es ist dann für irgendeinen Netzteil *m* der Strom in diesem:

$$i_m = i_{mL} + i_{mK} \quad \cdots \cdots \cdots \cdots \quad (64)$$

Das Beispiel der Wheatstonebrücke (Abb. 25) liefert bei diesem Verfahren noch einige andere wichtige Größen.

So erhält man ohne weiteres die Leerlaufspannung der Meßdiagonale *A C* zu

$$e_{gL} = e \cdot \left[\frac{3_3}{3_3 + 3_4} - \frac{3_1}{3_1 + 3_2} \right] \quad \cdots \cdots \quad (65)$$

Es ist klar, daß der Leerlaufstrom der Meßdiagonale null sein muß:

$$i_{gL} = 0 \quad \cdots \cdots \cdots \cdots \cdots \quad (66)$$

Der Gesamtwiderstand der Brücke, von der Stromquelle aus betrachtet, ist für $Z_g = \infty$:

$$3_{qL} = \frac{(3_1 + 3_2)(3_3 + 3_4)}{3_1 + 3_2 + 3_3 + 3_4} . \quad . \quad . \quad . \quad . \quad (67)$$

Für den Kurzschlußfall erhält man den Gesamtwiderstand der Brücke, indem man Abb. 25 umzeichnet in Abb. 26. Es ergibt sich für $Z_e = 0$ der Widerstand der Brücke vom Indikatorinstrument aus betrachtet, zu:

$$3_{mK} = \frac{3_1 \cdot 3_2}{3_1 + 3_2} + \frac{3_3 \cdot 3_4}{3_3 + 3_4} \quad . \quad . \quad . \quad . \quad (68)$$

Betrachtet man nun umgekehrt die Leerlaufspannung der Meßdiagonale als EMK derselben, so erhält man für den Fall eines endlichen Widerstandes der Meßdiagonale den Diagonalstrom i_g im Kurzschlußfall zu

$$i_{gK} = \frac{e_{gL}}{3_{mK} + 3_g} = e\left[\frac{3_3}{3_3 + 3_4} - \frac{3_1}{3_1 + 3_2}\right] \cdot \frac{1}{3_{mK} + 3_g} =$$

$$= e \cdot \frac{(3_2\,3_3 - 3_1\,3_4)}{3_g\,(3_1 + 3_2)(3_3 + 3_4) + \pi} \quad . \quad . \quad . \quad . \quad (69)$$

Hierbei ist

$$\varPi = 3_1\,3_2\,3_3 + 3_2\,3_3\,3_4 + 3_3\,3_4\,3_1 + 3_4\,3_1\,3_2 \quad . \quad . \quad . \quad (70)$$

i_{gK} ist ganz allgemein der Strom in der Meßdiagonale, wenn man den Widerstand der Stromquelle vernachlässigt.

Für den Zweig *1* der Brücke erhält man dann

$$i_{1L} = \frac{e}{3_1 + 3_2} \quad . \quad . \quad . \quad . \quad . \quad . \quad (71\,\mathrm{a})$$

$$i_{1K} = i_{gK} \cdot \frac{3_2}{3_1 + 3_2} \quad . \quad . \quad . \quad . \quad . \quad (71\,\mathrm{b})$$

Hieraus ergibt sich unter Anwendung von Gl. (64):

$$i_1 = e \cdot \frac{3_g\,(3_3 + 3_4) + 3_3\,(3_2 + 3_4)}{3_g\,(3_1 + 3_2)(3_3 + 3_4) + \varPi} \quad . \quad . \quad . \quad . \quad (72)$$

Nicht in dieser einfachen Form berechnen kann man auf diese Weise den Strom in der Meßdiagonale, wenn der Widerstand der Stromquelle nicht vernachlässigt werden kann. Hier ist eine der beiden in § 2 und 3 angegebenen Methoden anzuwenden. Auf die Wheatstonebrücke wird Seite 164 noch näher eingegangen werden. Hier wurde dieselbe nur als Rechenbeispiel verwendet.

Für den weniger geübten Leser sei zu den in diesem Kapitel durchgeführten Berechnungen noch folgendes bemerkt:

Zu Gl. (65): Man erhält die Spannung zwischen den Diagonalpunkten *A* und *C*, indem man die Spannung am Diagonalpunkt *A* von der Spannung am Diagonalpunkt *C* abzieht. Die Spannung am Diagonalpunkt *C* ergibt aber, indem man *B C D* als Spannungsteiler auffaßt. Es ist dann $e_{B\,C} : e = \mathfrak{Z}_3 : (\mathfrak{Z}_3 + \mathfrak{Z}_4)$. Analog erhält man die Spannung am Spannungsteilerpunkt A des Spannungsteilers BAD.

Zu Gl. (67): Die Brücke stellt sich hier dar als Parallelschaltung der Widerstände $(\mathfrak{Z}_1 + \mathfrak{Z}_2)$ und $(\mathfrak{Z}_3 + \mathfrak{Z}_4)$. Dann ergibt sich aus den Kirchhoff-Sätzen der resultierende Widerstand $\mathfrak{Z}_{q\,l.}$ aus:

$$\frac{1}{\mathfrak{Z}_{q\,l.}} = \frac{1}{\mathfrak{Z}_1 + \mathfrak{Z}_2} + \frac{1}{\mathfrak{Z}_3 + \mathfrak{Z}_4}.$$

Dies führt nach einer einfachen Umrechnung zu der angegebenen (Gl (67) zu Gl. (68). Die Gl. erhält man, wenn man $\mathfrak{Z}_{m\,K}$ auffaßt als Hintereinanderschaltung der Parallelwiderstände $\mathfrak{Z}_1$, $\mathfrak{Z}_2$ und $\mathfrak{Z}_3$, $\mathfrak{Z}_4$. Es wird dem Leser dringend empfohlen, die in diesen Einleitungskapiteln durchgeführten Rechenbeispiele selbst nochmals durchzurechnen, da sie für das Verständnis der allgemeinen Brückenberechnung wichtig sind.

5. Theorie der äquivalenten Netze.

Obgleich sich alle Meßbrücken nach den Kirchhoff-Sätzen oder den Maxwell-Zyklen berechnen lassen, ist es häufig von beträchtlichem Vorteil, kompliziertere Brücken durch bestimmte Maßnahmen zuerst in einfachere überzuführen. Dies erweist sich besonders auch dann als sehr wirkungsvoll, wenn die Erdungsbedingungen einer Brücke ermittelt werden sollen. Es gelingt dann meistens durch Zurückführen auf die Wheatstone-Brücke, deren Erdungsbedingungen bekannt sind, auch die Erdungsbedingungen der zu behandelnden Brücken festzustellen. Als sehr wirkungsvoll hat sich die Zurückführung auf einfachere Gebilde auch bei der Behandlung von Induktionen erwiesen. Ein weiterer Vorteil liegt in der Möglichkeit Ersatzschaltungen bei komplizierteren Brückenzweigen aufzustellen.

a) Netztransfiguration im allgemeinen.

Wir betrachten zuerst ein Netz aus n Knoten (Ecken, Polen). Rein geometrisch sind zwischen diesen n Knotenpunkten $\dfrac{n \cdot (n - 1)}{1 \cdot 2}$ Verbindungslinien möglich. Elektrisch wollen wir uns alle diese Verbindungslinien mit — reellen oder komplexen — Widerständen behaftet denken. Wie wir aus Abb. 27 ersehen, erhalten wir schon bei einem Sechseck ein beträchtliches Liniengewirr. Nehmen wir nun noch den allgemeinen Fall, daß sich zwischen den Widerständen der Verbindungslinien noch eingeprägte elektromotorische Kräfte befinden, so

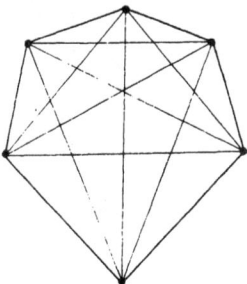

Abb. 27. Vollständiges Sechseck mit 15 »Diagonalen«.

wird es wünschenswert erscheinen, ein solches Liniengebilde in ein einfacheres gleichwertiges überzuführen. Den Begriff der Gleichwertigkeit müssen wir hierbei allerdings erst noch definieren. Wir halten zu diesem Zweck alle

Knoten fest und verlangen, daß bei einem Ersatznetz zwischen je zwei beliebigen Knoten der gesamte Netzwiderstand für das Ersatzgebilde der gleiche sein soll wie für das ursprüngliche Gebilde. Gleichzeitig darf sich bei Vorhandensein komplexer Widerstände die Phasenverschiebung nicht ändern. Dies muß für alle beliebigen Knotenkombinationen gelten. Für ein Netz mit n Knoten haben wir also $\dfrac{n \cdot (n-1)}{1 \cdot 2}$ Transformationsbedingungen zu erfüllen. Sind sämtliche Widerstände des Netzes komplex, so erhalten wir die doppelte Zahl, d. h. $n \cdot (n-1)$ Transformationsbedingungen. Glücklicherweise wird man nie ein ganzes Netz in ein anderes transformieren, sondern immer nur einen Teil desselben. Wir werden im Laufe der folgenden Betrachtungen sehen, daß sich häufig hierbei auch gleichzeitig die Zahl der Knoten reduziert. Hierin liegt vor allem der Vorteil dieser Transformationen.

Die vorstehend geschilderten Transformationen sind besonders bei der Berechnung von Leitungsnetzen üblich und dort unter dem Namen »Netzumgestaltung« oder »Transfiguration« bekannt. Es sei hier besonders auf das Buch von Herzog und Feldmann[13]) verwiesen.

Neuerdings ist auch in der Theorie der Meßbrücken wiederholt von der Transfiguration Gebrauch gemacht worden[4, 14]). Wir wollen im folgenden versuchen, eine Systematik der Transfiguration zu geben, soweit sie für die Berechnung von Meßbrücken eine Rolle spielt.

b) Zweipol-Transformation.

Unter einem »Zweipol« wollen wir 2 Knotenpunkte verstehen, zwischen denen ein — reeller oder komplexer — Widerstand liegen

Abb. 28. Allgemeiner Zweipol (beliebiger Scheinwiderstand).

Abb. 29. Zweipol aus zwei Zweipolen in Reihe.

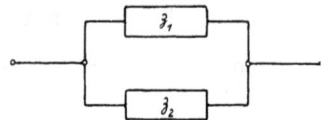

Abb. 30. Zweipol aus zwei parallelen Zweipolen.

soll, wie die Abb. 28 andeutet. Dieser Widerstand kann im einfachsten Fall aus zwei in Serie oder parallel geschalteten Widerständen bestehen (Abb. 29 und 30). Die Aufgabe lautet also in diesem Fall: Es ist das Gebilde der Abb. 29 in das Gebilde der Abb. 30 überzuführen oder umgekehrt. Es ergibt soch ohne weiteres die Bedingung:

$$\mathfrak{Z}_1 + \mathfrak{Z}_2 = \frac{\mathfrak{Z}_a \cdot \mathfrak{Z}_b}{\mathfrak{Z}_a + \mathfrak{Z}_b} \quad \ldots \ldots \ldots (73)$$

Es entsteht die Frage: Ist diese Bedingung immer auch physikalisch lösbar? Dies ist nicht der Fall. Vielmehr tritt bei manchen Transformationen die Forderung nach negativen Ohm-Widerständen, Kapazitäten oder Selbstinduktionen auf. Damit ist aber eine derartige Transformation nicht überhaupt unzulässig. Sie erhält vielmehr dann den rein mathematischen Sinn einer Rechenoperation, die bei ihrer schließlichen Rücktransformation durchaus wieder einen physikalischen Sinn ergibt. Ähnlich ist dies ja auch — wie wir in § 1 auf S. 17 gesehen haben — bei dem Rechnen mit komplexen Amplituden der Fall. Man muß sich dann nur vor Augen halten, daß es für die Rechenoperation an sich keine praktische Ausführungsmöglichkeit gibt.

Es würde zu weit führen, alle Transformationsmöglichkeiten in der Kombination von Wirk- und Blindwiderständen hier aufzuführen. Es seien vielmehr nur zwei charakteristische Fälle herausgegriffen:

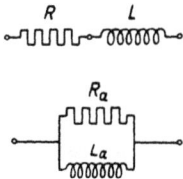

Abb. 31. Überführung von R und L in Reihe in R_a und L_a parallel.

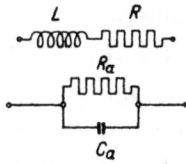

Abb. 32. Überführung von R und L in Reihe in R_a und C_a parallel.

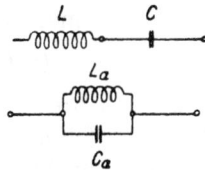

Abb. 33. Überführung von L und C in Reihe in L_a und C_a parallel.

1. Fall. Physikalisch mögliche Transformation.

Es sei (Abb. 31):

$$\mathfrak{Z}_1 = R; \quad \mathfrak{Z}_2 = j\omega L; \quad \mathfrak{Z}_a = R_a; \quad \mathfrak{Z}_b = j\omega L_a.$$

Dann ist:

$$R + j\omega L = \frac{j\omega L_a \cdot R_a}{R_a + j\omega L_a}$$

oder nach Trennung des reellen und imaginären Teils:

$$\text{I.} \quad R \cdot R_a = \omega^2 L \cdot L_a$$
$$\text{II.} \quad L_a \cdot R + L \cdot R_a = L_a \cdot R_a$$

und hieraus:

$$R = \frac{\omega^2 L_a^2 R}{R_a^2 + \omega^2 L_a^2}; \quad R_a = \frac{R^2 + \omega^2 L^2}{R}$$

$$L = \frac{L_a R_a^2}{\omega^2 L_a^2 + R_a^2}; \quad L_a = \frac{R^2 + \omega^2 L^2}{\omega^2 L}.$$

Es folgt also: Die Überführung eines Serienwiderstandes aus Ohmwiderstand und Selbstinduktion in einen Parallelwiderstand aus Ohmwiderstand und Selbstinduktion oder umgekehrt ergibt nur eine einzige Lösungsmöglichkeit, die physikalisch durchführbar ist.

2. Fall. Physikalisch unmögliche Transformation.

Es sei:

$$\mathfrak{Z}_1 = R; \quad \mathfrak{Z}_2 = j \omega L; \quad \mathfrak{Z}_a = R_a; \quad \mathfrak{Z}_b = 1/j \omega C_a \quad \text{(Abb. 32)}.$$

Es folgt dann aus Gl. (73):

I. $R R_a + L/C_a = 0$

II. $L R_a - R/\omega C_a + R_a/\omega C_a = 0.$

Man sieht schon aus den Gl. (I) und (II), daß hier eine physikalische Lösung nicht möglich ist.

Es sei noch ein Fall angeführt, der unendlich viele Lösungsmöglichkeiten zuläßt. Es sei:

$$\mathfrak{Z}_1 = j \omega L; \quad \mathfrak{Z}_2 = 1/j \omega C; \quad \mathfrak{Z}_a = j \omega L_a; \quad \mathfrak{Z}_b = 1/j \omega C_a \quad \text{(Abb. 33)}.$$

Dann erhält man nur eine Transformationsgleichung:

$$(\omega L - 1/\omega C)(1/\omega C_a - \omega L_a) = L_a/C_a.$$

Es liegt aber auf der Hand, daß der angeführte Fall sich durch das Fehlen von Ohmwiderständen ergibt, was natürlich nur als praktischer Grenzfall sehr kleinen Widerstands möglich ist.

Ebenso wie der Kombination von 2 Elementen kann man natürlich auch die Kombination von 3 Elementen betrachten. Sie läßt sich aber immer auf eine Kombination von 2 Elementen zurückführen und bietet daher nichts prinzipiell Neues.

c) Dreipol-Transformation.

α) Dreipol-Transformation im allgemeinen.

Bei der Dreipolformation treten ganz neue Probleme auf. Als Dreipol haben wir z. B. die 3 Ecken eines Dreiecks aufzufassen (Abb. 34).

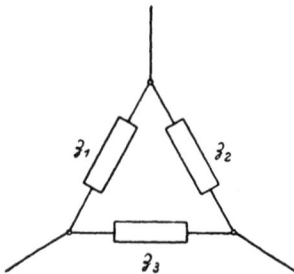

Abb. 34. Allgemeiner Dreipol.

Man könnte nun z. B. derartige Transformationen dadurch vornehmen, daß man den komplexen Widerstand einer Seite aus 2 Serienwiderständen in 2 Parallelwiderstände umwandelt. Diese Aufgabe läßt sich aber ohne weiteres auf das vorige Kapitel zurückführen und bietet damit keine neuen Erkenntnisse. Sie kann von Nutzen sein, wenn man beispielsweise auf einer Seite einen nicht verlustfreien Kondensator hat, der also durch eine Kapazität mit Parallelwiderstand gekennzeichnet ist. Hier ist es einfacher, zunächst mit einem Kondensator mit Serienwiderstand zu rechnen und erst im Endergebnis zurückzutransformieren. Im einzelnen Fall ergibt sich eine entsprechende Maßnahme aus den bisherigen Betrachtungen mühelos.

Zu einer neuen Transformationsart gelangt man jedoch, wenn man das Auftreten neuer — »innerer« — Pole zuläßt, d. h. solcher Pole, die zwischen den festgehaltenen Polen auftreten, ohne nach außen Strom abzuführen oder von außen Strom zugeführt zu erhalten. Praktisch wird sich eine solche Tranformation so auswirken, daß im Rahmen eines größeren Netzgebildes die ursprünglichen Pole (Maschenpunkte) verschwinden und statt deren eine — geringere — Anzahl innerer Pole auftreten, daß sich also die Maschenzahl vermindert. An die Transformation sind hierbei die gleichen Bedingungen zu stellen wie an die Zweipol-Transformation, d. h.

1. zwischen den entsprechenden Polen der äquivalenten Dreipole muß der gleiche Scheinwiderstand bestehen,

2. zwischen den entsprechenden Polen der äquivalenten Dreipole muß der gleiche Phasenwinkel bestehen.

Die Transformation muß also 1. »widerstandstreu«, 2. »phasenwinkeltreu« sein.

β) Dreieck-Stern-Transformation [19]).

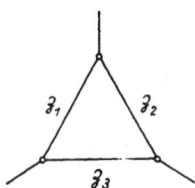

Abb. 35 a. Dreieck.

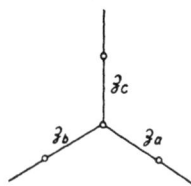

Abb. 35 b. Stern.

Die allgemeinen Widerstände sind nur durch die Verbindungslinien angedeutet.

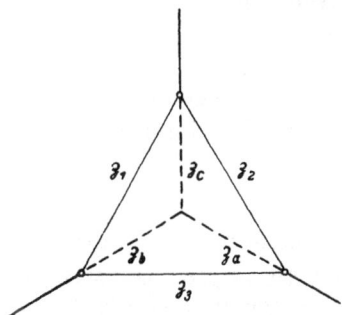

Abb. 36. Dreieck-Stern-Transformation.

Diese Transformation ist für die Berechnung von Meßbrücken und Kompensatoren die wichtigste. Die Frage lautet: Unter welchen Bedingungen ist das Dreieck $\mathfrak{Z}_1\mathfrak{Z}_2\mathfrak{Z}_3$ (Abb. 35a) dem Stern $\mathfrak{Z}_a\mathfrak{Z}_b\mathfrak{Z}_c$ (Abb. 35b) gleichwertig?

Hierbei vergleichen wir eigentlich einen Dreipol ($\mathfrak{Z}_1\mathfrak{Z}_2\mathfrak{Z}_3$) mit einem Vierpol ($\mathfrak{Z}_a\mathfrak{Z}_b\mathfrak{Z}_cO$), da der Stern noch eine Ecke O besitzt. Doch entspricht diese Ecke O der obigen Definition eines »inneren« Pols. Es ergeben sich aus Abb. 36 die Gleichungen:

$$\frac{\mathfrak{Z}_1(\mathfrak{Z}_2+\mathfrak{Z}_3)}{\mathfrak{Z}_1+\mathfrak{Z}_2+\mathfrak{Z}_3}=\mathfrak{Z}_b+\mathfrak{Z}_c; \quad \frac{\mathfrak{Z}_3(\mathfrak{Z}_1+\mathfrak{Z}_2)}{\mathfrak{Z}_1+\mathfrak{Z}_2+\mathfrak{Z}_3}=\mathfrak{Z}_a+\mathfrak{Z}_b;$$

$$\frac{\mathfrak{Z}_2(\mathfrak{Z}_1+\mathfrak{Z}_3)}{\mathfrak{Z}_1+\mathfrak{Z}_2+\mathfrak{Z}_3}=\mathfrak{Z}_a+\mathfrak{Z}_c \quad \cdots \cdots \cdots \quad (74)$$

Hieraus folgen die Beziehungen:

$$(1)\ \ \mathfrak{Z}_a = \frac{\mathfrak{Z}_2 \cdot \mathfrak{Z}_3}{\mathfrak{Z}_1 + \mathfrak{Z}_2 + \mathfrak{Z}_3};\qquad (1')\ \ \mathfrak{Z}_1 = \frac{\mathfrak{Z}_a \mathfrak{Z}_b + \mathfrak{Z}_b \mathfrak{Z}_c + \mathfrak{Z}_c \mathfrak{Z}_a}{\mathfrak{Z}_a}$$

$$(2)\ \ \mathfrak{Z}_b = \frac{\mathfrak{Z}_1 \cdot \mathfrak{Z}_3}{\mathfrak{Z}_1 + \mathfrak{Z}_2 + \mathfrak{Z}_3};\qquad (2')\ \ \mathfrak{Z}_2 = \frac{\mathfrak{Z}_a \mathfrak{Z}_b + \mathfrak{Z}_b \mathfrak{Z}_c + \mathfrak{Z}_c \mathfrak{Z}_a}{\mathfrak{Z}_b} \qquad (75)$$

$$(3)\ \ \mathfrak{Z}_c = \frac{\mathfrak{Z}_1 \cdot \mathfrak{Z}_2}{\mathfrak{Z}_1 + \mathfrak{Z}_2 + \mathfrak{Z}_3};\qquad (3')\ \ \mathfrak{Z}_3 = \frac{\mathfrak{Z}_a \mathfrak{Z}_b + \mathfrak{Z}_b \mathfrak{Z}_c + \mathfrak{Z}_c \mathfrak{Z}_a}{\mathfrak{Z}_c}$$

Benutzt man für den Stern statt der Widerstände die Leitwerte, also

$$\mathfrak{G}_a = 1/\mathfrak{Z}_a;\quad \mathfrak{G}_b = 1/\mathfrak{Z}_b;\quad \mathfrak{G}_c = 1/\mathfrak{Z}_c,$$

so erhält man:

$$(1)\ \ \mathfrak{G}_a = \frac{\mathfrak{Z}_1 + \mathfrak{Z}_2 + \mathfrak{Z}_3}{\mathfrak{Z}_2 \cdot \mathfrak{Z}_3};\qquad (1')\ \ \mathfrak{Z}_1 = \frac{\mathfrak{G}_a + \mathfrak{G}_b + \mathfrak{G}_c}{\mathfrak{G}_b \cdot \mathfrak{G}_c}$$

$$(2)\ \ \mathfrak{G}_b = \frac{\mathfrak{Z}_1 + \mathfrak{Z}_2 + \mathfrak{Z}_3}{\mathfrak{Z}_1 : \mathfrak{Z}_3};\qquad (2')\ \ \mathfrak{Z}_2 = \frac{\mathfrak{G}_a + \mathfrak{G}_b + \mathfrak{G}_c}{\mathfrak{G}_a \cdot \mathfrak{G}_c} \qquad (75\,\mathrm{a})$$

$$(3)\ \ \mathfrak{G}_c = \frac{\mathfrak{Z}_1 + \mathfrak{Z}_2 + \mathfrak{Z}_3}{\mathfrak{Z}_1 : \mathfrak{Z}_2};\qquad (3')\ \ \mathfrak{Z}_3 = \frac{\mathfrak{G}_a + \mathfrak{G}_b + \mathfrak{G}_c}{\mathfrak{G}_a \cdot \mathfrak{G}_b}$$

Die Transformationsgleichungen haben also jetzt in beiden Richtungen den gleichen Aufbau. Es ist dann:

$$(\mathfrak{G}_a \cdot \mathfrak{G}_b \cdot \mathfrak{G}_c) \cdot (\mathfrak{Z}_1 \cdot \mathfrak{Z}_2 \cdot \mathfrak{Z}_3) = (\mathfrak{G}_a + \mathfrak{G}_b + \mathfrak{G}_c) \cdot (\mathfrak{Z}_1 + \mathfrak{Z}_2 + \mathfrak{Z}_3) \quad (76)$$

Sind die Widerstände Ohm-Widerstände, so erhält man nach (87) drei Transformationsgleichungen. Bei komplexen Widerständen lösen sich diese 3 Gleichungen jedoch in bekannter Weise in 6 Gleichungen auf.

Die Dreieck-Stern-Transformation leistet bei der Berechnung komplizierterer Brücken oft ausgezeichnete Dienste. Selbst bei der verhältnismäßig einfachen Wheatstonebrücke mit nur Ohmschen Widerständen ist sie gelegentlich schon sehr nützlich. Es seien im folgenden einige Anwendungsbeispiele betrachtet.

1. Anwendungsbeispiel: Berechnung des Gesamtwiderstandes einer Wheatstone-Brücke von der Stromquelle aus betrachtet (Abb. 37).

Wie können die linke Hälfte der Brücke durch den — gestrichelt eingezeichneten — Stern ersetzen. Es ergibt sich also die Konfiguration der Abb. 38. Der Widerstand dieser Konfiguration läßt sich unmittelbar aus der Abbildung ablesen. Er ist:

$$R = R_b + \frac{(R_c + R_2)(R_a + R_4)}{R_a + R_c + R_2 + R_4}, \quad\ldots\ldots\ldots\ldots (77)$$

wobei

$$\left.\begin{array}{l} R_a = R_3 \cdot R_g / (R_1 + R_3 + R_g) \\ R_b = R_1 \cdot R_3 / (R_1 + R_3 + R_g) \\ R_c = R_1 \cdot R_g / (R_1 + R_3 + R_g) \end{array}\right\} \quad\ldots\ldots\ldots\ldots (78)$$

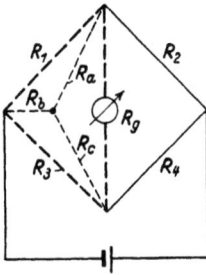

Abb. 37. Wheatstonebrücke mit eingezeichnetem Stern zur Überführung in Parallel- und Reihenwiderstände.

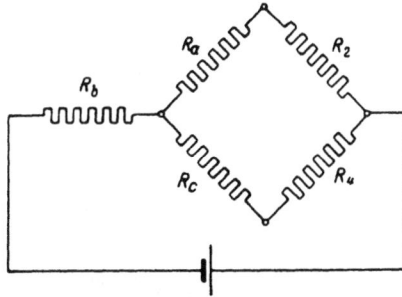

Abb. 38. Wheatstonebrücke nach der Überführung gemäß Abb. 37.

Setzt man in diese Gleichung die Werte von R_a, R_b und R_c ein, so erhält man:

$$R = \frac{R_1 R_3}{R_1 + R_3 + R_g} + \frac{\left(\dfrac{R_1 R_g}{R_1 + R_3 + R_g} + R_2\right)\left(\dfrac{R_3 R_g}{R_1 + R_3 + R_g} + R_4\right)}{\dfrac{R_g (R_1 + R_3)}{R_1 + R_3 + R_g} + R_a + R_4} \quad \dots (79)$$

Diese Gleichung hat zwar nicht die elegante Form, wie wir sie bei der Berechnung des Gesamtwiderstandes der Wheatstone-Brücke auf S. 108 kennenlernen werden. Eine einfache Umformung zeigt aber die Übereinstimmung mit dieser Gleichung.

2. Anwendungsbeispiel: Umwandlung der Thomsonbrücke in die Wheatstonebrücke.

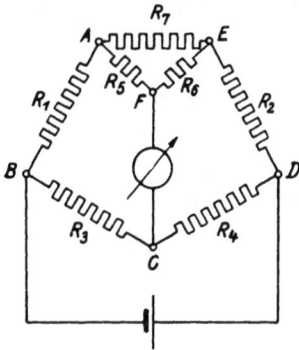

Abb. 39. Thomsonbrücke.

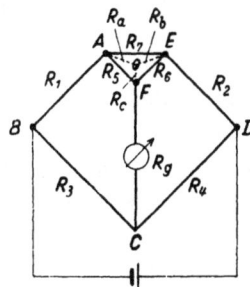

Abb. 40. Thomsonbrücke mit eingezeichnetem Stern zur Überführung in eine Wheatstonebrücke.

Abb. 39 zeigt die schematische Schaltung der Thomsonbrücke. Transformieren wir das Dreieck AEF in den Stern $AEFO$ (Abb. 40), so erhalten wir eine Wheatstonebrücke, wie sich sofort zeigt, wenn wir die Widerstände AO, EO, FO entsprechend Abb. 41 und 42 umlegen. Wir können jetzt alle Operationen an dieser Wheatstonebrücke vornehmen und erst in das Endergebnis die Werte für die Ersatzwiderstände AO, EO, FO in die Werte AE, EF, FA zurücktransformieren.

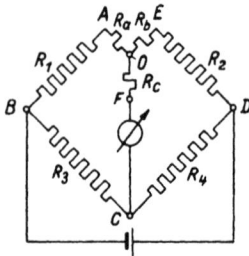

Abb. 41. Zwischenform zwischen
Abb. 40 und 42.

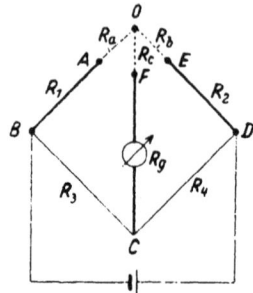

Abb. 42. Transformierte Thomsonbrücke.

3. Anwendungsbeispiel: Umwandlung der speziellen Andersonbrücke in die Wheatstonebrücke.

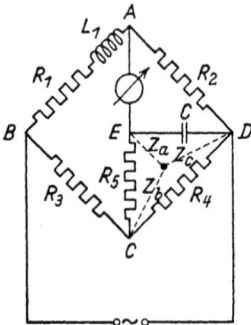

Abb. 43. Spezielle Anderson-brücke mit eingezeichnetem Stern zur Überführung in eine Wheatstonebrücke.

Die in Abb. 43 dargestellte Andersonbrücke läßt sich leicht in eine Wheatstonebrücke umwandeln, wenn man das Dreieck EDC in einen Stern trans-formiert.

γ) *Transformation von verketteten gegenseitigen Induktionen in einen Stern dreier Selbstinduk-tionen.*

Diese Transformation findet sich wieder-holt in der ausländischen Literatur bei der Be-rechnung komplizierterer Brücken[16], [17], [18]).

In Abb. 44 ist ein Spulenpaar mit den Selbstinduktionen L_1 und L_2 und der Gegen-induktion M dargestellt, wobei Primär- und Sekundärspule in Punkt P verkettet sind. Wir kommen in diesem Fall am einfachsten zum Ziel, wenn wir die Maxwell-Zyklen aufstellen. Der Spannungsabfall in der Spule AB setzt sich zusammen aus:

1. Dem Spannungsabfall infolge des komplexen Widerstandes $\mathfrak{Z}_1$ und des Stromes u zu: $u \cdot \mathfrak{Z}_1$,

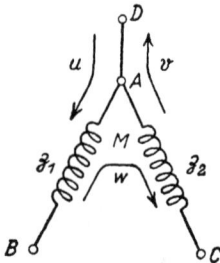

Abb. 44. Gegenseitige Induktion mit galvanischer Verkettung.

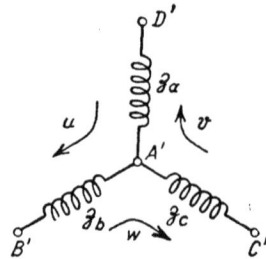

Abb. 45. Gegenseitige Induktion Abb. 44 transformiert in einen Stern dreier Selbstinduktionen.

2. dem Spannungsabfall infolge des komplexen Widerstandes $\mathfrak{Z}_1$ und des entgegengesetzt gerichteten Stromes w zu: $-w \cdot \mathfrak{Z}_1$,

3. dem Spannungsabfall infolge der Gegeninduktion $\mathfrak{M} = j \cdot M$ und des Stromes v, der infolge seiner entgegengesetzten Richtung die gleichlaufende Induktionsspannung $v \cdot \mathfrak{M}$ hervorruft,

4. dem Spannungsabfall infolge der Gegeninduktion $\mathfrak{M}$ und des Stromes w, der infolge seiner gleichlaufenden Richtung die entgegenlaufende Induktionsspannung $-w \cdot \mathfrak{M}$ hervorruft.

Es ist also:

$$E_{AB} = \mathfrak{Z}_1 u - \mathfrak{Z}_1 w + \mathfrak{M} \cdot v - \mathfrak{M} \cdot w = \mathfrak{Z}_1 u + \mathfrak{M} \cdot v - (\mathfrak{Z}_1 + \mathfrak{M}) \cdot w \quad (80)$$

Ebenso ergibt sich:

$$E_{AC} = -\mathfrak{Z}_2 v + \mathfrak{Z}_2 w + \mathfrak{M} \cdot w - \mathfrak{M} \cdot u = -\mathfrak{M} \cdot u - \mathfrak{Z}_2 v + (\mathfrak{Z}_2 + \mathfrak{M}) \cdot w \quad (81)$$

Die Transformationsschaltung Abb. 45 ist der soeben betrachteten Schaltung nur dann bezüglich Widerstands- und Phasenwinkeltreue gleichwertig, wenn zwischen den Punkten AB und DC die gleichen Spannungen herrschen und die gleichen Ströme fließen. Es muß also sein:

$$E_{AB} = \mathfrak{Z}_c u + \mathfrak{Z}_b u - \mathfrak{Z}_b w - \mathfrak{Z}_c v = (\mathfrak{Z}_b + \mathfrak{Z}_c) u - \mathfrak{Z}_c v - \mathfrak{Z}_b \cdot w \quad (82)$$

$$E_{AC} = \mathfrak{Z}_c v - \mathfrak{Z}_a v + \mathfrak{Z}_a w + \mathfrak{Z}_c u = \mathfrak{Z}_c \cdot u - (\mathfrak{Z}_a + \mathfrak{Z}_c) \cdot v + \mathfrak{Z}_a \cdot w \quad (83)$$

Da die Ströme u, v, w voneinander unabhängig sind, so müssen diese Beziehungen auch ganz allgemein gelten, wenn jeweils zwei der Ströme null sind, d. h. es müssen die entsprechenden Koeffizienten einander gleich sein. Es folgt also:

$$\left.\begin{array}{ll} \mathfrak{Z}_1 = \mathfrak{Z}_b + \mathfrak{Z}_c & -\mathfrak{M} = \mathfrak{Z}_c \\ \mathfrak{M} = \mathfrak{Z}_c & -\mathfrak{Z}_2 = -(\mathfrak{Z}_a + \mathfrak{Z}_c) \\ -(\mathfrak{Z}_1 + \mathfrak{M}) = -\mathfrak{Z}_b & \mathfrak{Z}_2 + \mathfrak{M} = \mathfrak{Z}_a \end{array}\right\} \quad \cdots (84)$$

Es ergeben sich somit 6 Gleichungen. Die Aufgabe ist also scheinbar überbestimmt. Diese Gleichungen sind jedoch paarweise identisch. Man erhält:

$$\left.\begin{array}{l} \mathfrak{Z}_a = \mathfrak{Z}_2 + \mathfrak{M} \\ \mathfrak{Z}_b = \mathfrak{Z}_1 + \mathfrak{M} \\ \mathfrak{Z}_c = -\mathfrak{M} \end{array}\right\} \quad \cdots \cdots \cdots (85)$$

Wir haben also hier den Fall, daß in der Ersatzschaltung ein Widerstand negativ wird. Trotz der physikalischen Unausführbarkeit ist doch diese Transformation rechnerisch sehr wichtig. Sie gestattet z. B. die Transformation der Maxwell-Brücke mit gegenseitiger Induktion (Abb. 46) in eine Wheatstonebrücke (Abb. 47). Auch die Campbellbrücke (S. 198) und die Carey-Foster-Brücke (S. 199) lassen sich auf diese Weise leicht eine in Wheatstonebrücke umformen.

Es wird noch (S. 38) gezeigt werden, daß sich auch nicht galvanisch verkettete Gegeninduktionen auf diese Weise berechnen lassen.

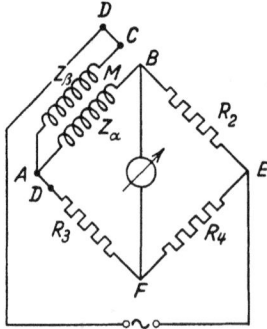

Abb. 46. Wechselstrombrücke mit gegenseitiger Induktion. Die gegenseitigen Induktionen sind im Punkt *A* galvanisch verkettet.

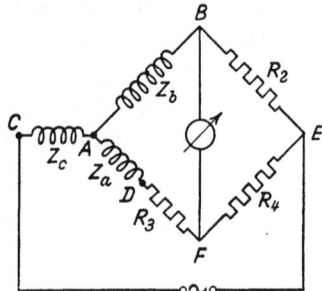

Abb. 47. Umwandlung der Wechselstrombrücke Abb. 46 in eine Wheatstonebrücke ohne gegenseitige Induktion.

Die Theorie der Dreipole gibt zu einem neuen Begriff Anlaß: den Widerstand des Dreipols. Abb. 48 zeigt uns jedoch ohne weiteres, daß man von einem allgemeinen Widerstand eines Dreipols nicht sprechen kann, sondern die Bezugsecken für den Widerstandan geben muß. So ist

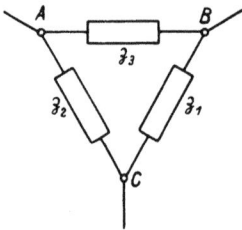

Abb. 48. Dreipol.

der Dreipolwiderstand

von AB aus betrachtet $\mathfrak{Z}_3 + \mathfrak{Z}_1 \mathfrak{Z}_2/(\mathfrak{Z}_1 + \mathfrak{Z}_2)$

der Dreipolwiderstand

von BC aus betrachtet $\mathfrak{Z}_1 + \mathfrak{Z}_2 \mathfrak{Z}_3/(\mathfrak{Z}_2 + \mathfrak{Z}_3)$

der Dreipolwiderstand

von CA aus betrachtet $\mathfrak{Z}_2 + \mathfrak{Z}_1 \mathfrak{Z}_3/(\mathfrak{Z}_1 + \mathfrak{Z}_3)$.

Hieraus ersieht man aber auch sofort, daß die Phasenverschiebung infolge der Einschaltung eines Dreipols in einen Stromkreis je nach den verwendeten Ecken verschieden ist. Eine wichtigere Rolle als beim Dreipol wird der verschiedene Widerstand je nach den Bezugsecken beim Vierpol im nächsten Kapitel spielen.

d) Vierpol-Transformation.

Bereits bei der Transformation der Zweipole und Dreipole ist uns ein wichtiges Ergebnis der Netztransformationen entgegengetreten: die Aufstellung von Ersatzschaltungen. Derartige Ersatzschaltungen müssen, wenn sie Wert haben sollen, immer mathematisch einfacher als die ursprüngliche Schaltung sein. Sie müssen nach Möglichkeit auch physikalisch durchsichtig sein, eine Forderung, die sich allerdings nicht immer erfüllen läßt. Eine große Bedeutung besitzen die Ersatzschaltungen auch bei den Vierpolen. Die Theorie des Vierpols ist in den letzten

Jahren besonders durch die Bedürfnisse der Fernmeldetechnik sehr gefördert worden. Außer in der Theorie der Kettenleiter hat sie besondere Wichtigkeit in der Übertragungstechnik erlangt. Es ist im Rahmen dieses Buches natürlich nicht möglich, eine erschöpfende Darstellung der Vierpoltheorie zu geben. Es sei hierüber auf die einschlägige Literatur[20], [21]) verwiesen. Hier sollen nur einige Vierpole betrachtet werden, die für die Berechnung der Brücken und Kompensatoren von

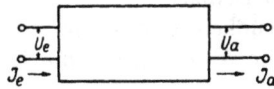

Abb. 49. Allgemeiner Vierpol.

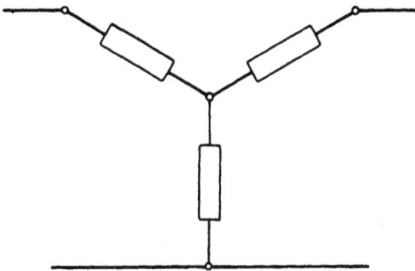

Abb. 50a. Stern als Vierpol.

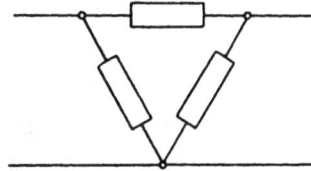

Abb. 50b. Dreieck als Vierpol.

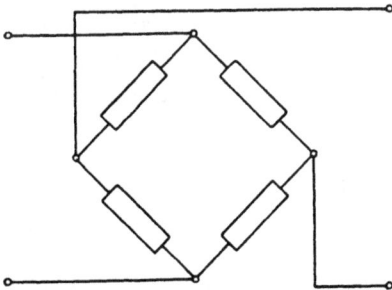

Abb. 50c. Wheatstonebrücke als Vierpol.

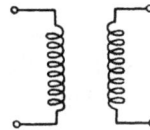

Abb. 50d. Transformator als Vierpol.

Interesse sind. Auf die in der Vierpoltheorie übliche Bezeichnungsart muß dabei — als zu weit führend — hier verzichtet werden.

Definition. Als »Vierpol« bezeichnet man ein beliebiges, für den elektrischen Energiedurchlaß bestimmtes Schaltungsgebilde, das mit 2 Eingangs- und 2 Ausgangspolen versehen ist (Abb. 49).

Die einfachsten Vierpole sind:

a) Der Stern (Abb. 50a),   c) die Brücke (Abb. 50c),
b) das Dreieck (Abb. 50b),   d) der Transformator (Abb. 50d).

Dreieck und Stern sind in der Dreipol-Transformation bereits betrachtet worden. Als Vierpole interessieren sie hauptsächlich in der Fernmeldetechnik als Siebketten und Kettenleiter. Die Brücken werden später noch im einzelnen behandelt werden. Es sei hier aber noch besonders auf den Transformator eingegangen.

Der Transformator, auch gegenseitige Induktion, Gegeninduktion, Übertrager oder Wandler genannt, ist neben Ohmschen Widerständen, Kapazitäten und Selbstinduktionen das wichtigste Bauelement von Wechselstrom-Meßbrücken und -Kompensatoren. Ohne besondere Kunstgriffe erschwert seine Anwesenheit die Berechnung der erwähnten Meßschaltungen.

Es ist S. 34 bereits gezeigt worden, wie man einen primär-sekundär galvanisch verketteten Transformator durch einen Stern dreier Selbst-

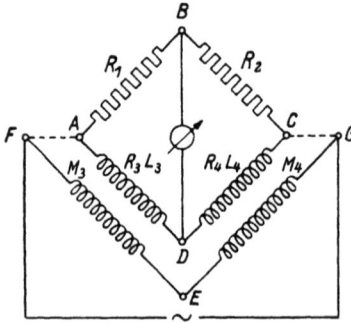

Abb. 51. Wechselstrombrücke mit zwei gegenseitigen Induktionen M_3 und M_4.
Die gestrichelten Verbindungen AF und CG sind in Wirklichkeit nicht vorhanden, sondern dienen nur als Hilfsmittel zur Umformung in eine Wheatstonebrücke.

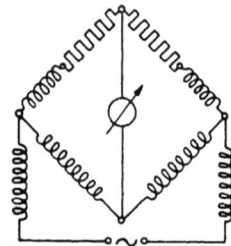

Abb. 52.
Abb. 51 in eine Wheatstonebrücke umgeformt.

induktionen abbilden kann. Es ist auch häufig möglich, eine an sich nicht vorhandene derartige Verkettung unbeschadet der Allgemeinheit der Schaltung lediglich zur Berechnung anzunehmen, wie dies in Abb. 51 und 52 dargestellt ist. Eine ähnliche Transformation ergibt sich z. B. bei der Frequenzbrücke von Sase und Mutô (S. 186). In jedem der genannten Beispiele ist jedoch vorausgesetzt, daß eine derartige fiktive galvanische Kopplung nicht zu einem Kurzschluß innerhalb der transformierten Schaltung führt, d. h. allgemein, daß außer der fiktiven Kopplung keine zweite reale Kopplung besteht.

Nach einem von Merz[*] aufgestellten Satz kann man eine derartige fiktive Kopplung jedoch unter einer besonderen Bedingung ganz allgemein ausführen.

---

[*] Die Angaben hierzu verdanke ich einer noch nicht veröffentlichten Arbeit meines Kollegen und Mitarbeiters Herrn Dipl.-Ing. L. Merz.

Transformatorsatz von L. Merz.

»Hat man in einem Netzgebilde einen Transformator, so kann man, unbeschadet sonst bestehender galvanischer Kopplungen, Primär- und Sekundär-Kreis galvanisch koppeln und eine Dreieck-Stern-Transformation vornehmen, wenn man vor der Kopplung die zur Berechnung erforderlichen Maxwell-Zyklen festlegt und nach der Kopplung keine Zyklen hinzufügt, die erst durch die fiktive Kopplung möglich werden.«

An Stelle des allgemeinen, bisher noch nicht gelungenen Beweises sei dieser an einem Beispiel erbracht. In Abb. 53 ist die Hughes-Brücke

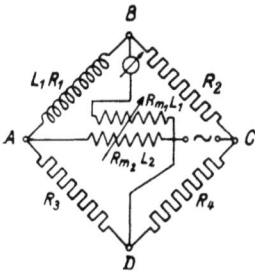

Abb. 53.
Hughes-Brücke.
Die Zyklen verlaufen dann: Zyklus I: $ABEDA$.
Zyklus II: $BCDEB$. Zyklus III: $AECDA$.
(Der Zyklenweg ist der Übersicht wegen nicht eingezeichnet.)

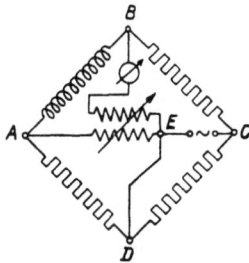

Abb. 54.
Hughes-Brücke mit fiktiver Verbindung im Punkte E.

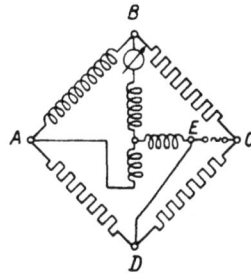

Abb. 55.
Hughes-Brücke Abb. 53 und 54 mit vom Punkt aus transformierter gegenseitiger Induktion.
Die Zyklen sind wiederum:
Zyklus I: $ABEDA$. Zyklus II: $BCDEB$. Zyklus III: $AECDA$.

dargestellt. Man kann nun auf zwei Arten die Nullbedingung dieser Brücke aufstellen:

  1. Berechnung unter Verwendung der Maxwell-Zyklen und der gegenseitigen Induktion ohne Dreieck-Stern-Transformation:

Es ist:

$$
\begin{aligned}
\text{I.}\quad & J_1(R_1+j\omega L_1)+(R_g+R_{m_1})\cdot J_1+j\omega L_{m_1}\cdot J_1+R_3 J_1+ \\
& +j\omega M J_2-(J_1+J_g)(R_g+R_{m_1}+j\omega L_{m_1})+J_2 R_3 = 0 \\
\text{II.}\quad & (J_1+J_g)(R_2+R_4+R_{m_1}+R_g+j\omega L_{m_1})-j\omega M J_2- \\
& -J_1(R_{m_1}+j\omega L_1+R_g)+J_2 R_4 = 0 \\
\text{III.}\quad & J_2(R_{m_2}+j\omega L_{m_2}+R_3+R_4)+(J_1+J_g)\cdot R_4+J_1 R_3- \\
& -j\omega M J_g = U
\end{aligned}
\quad (86)
$$

Diese Bedingungen werden unter Verwendung der Maxwell-Zyklen erhalten, wenn man den Grundstrom des Zykels $ABDA$ mit J_1, den Grundstrom des Zykels $BCDB$ mit J_1+J_g und den Grundstrom des Zykels $ACDA$ mit J_2 bezeichnet.

Hieraus folgt die Nullbedingung:

$$
(R_2+R_4)\cdot j\omega M + R_3(R_2+R_4) = -j\omega M(R_1+R_3)+\omega^2 L_1 M
$$
$$
+ R_4(R_1+R_3)+j\omega L_1 R_4 \quad\dots\dots\dots (87)
$$

2. Berechnung unter Benutzung der Maxwell-Zyklen und Dreieck-
Stern-Transformation.

Man kann gemäß Abb. 54 die angegebenen Zyklen aufstellen. Trans-
formiert man nun die gegenseitige Induktion mittels der Dreieck-Stern-
Transformation, so erhält man die Wheatstone-Brücke Abb. 55. Nach
dem oben angeführten Satz von Merz darf man nur die bereits vorhandenen Maxwell-Zyklen der Abb. 54 benutzen. Man erhält dann:

$$
\left.
\begin{aligned}
\text{I.}\quad & J_1(R_1 + j\omega L_1 + R_3) + J_2(R_3 + j\omega M) - \\
& \qquad - J_g(R_g + R_{m_1} + j\omega L_{m_1}) = 0 \\
\text{II.}\quad & J_1(R_2 + R_4) + J_2(R_4 - j\omega M) + \\
& \qquad + J_g(R_2 + R_4 + R_{m_1} + R_g + j\omega L_{m_1}) = 0 \\
\text{III.}\quad & J_1(R_3 + R_4) + J_2(R_{m_2} + j\omega L_{m_2} + R_3 + R_4) + \\
& \qquad + J_g(R_4 - j\omega M) = 0
\end{aligned}
\right\} \quad \cdot \cdot \ (88)
$$

Man erhält dieselbe Nullbedingung (87), trotzdem in Abb. 55 an sich
unzulässige Kurzschlüsse vorhanden waren, die aber rechnerisch nicht
benutzt wurden. Durch den Satz von Merz erspart man sich die Anwendung der direkten, leicht zu Vorzeichenfehlern führenden Rechnung
oder des sonst gebräuchlichen Transformator-Ersatzbildes. Der Vollständigkeit halber sei das letztere jedoch noch in Abb. 56 als Ersatz-

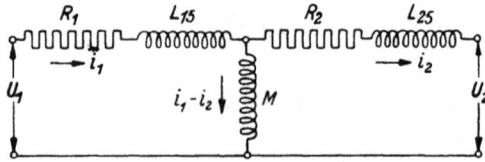

Abb. 56. Ersatzbild eines Transformators.

Vierpol gezeigt. Es sei darauf aber hingewiesen, daß bei Verwendung
von Transformatoren mit Eisenkern die Berechnung infolge der mathematischen Unzugänglichkeit der Magnetisierungskurve wesentlich schwie-
riger wird.

Die Dreieck-Stern-Transformation ist von Rosen[22]) und von
Russell[23]) auf beliebige Netze erweitert worden. Es sei dies — einer
Ausführung von Hague folgend an einem Netz mit 4 Eckpunkten
1, 2, 3, 4 erläutert. Man kann (Abb. 57) die Eckpunkte 1, 2, 3, 4 auf
verschiedene Weise miteinander verbinden. Abb. 57a zeigt die Verbindung aller Punkte nach einem gemeinsamen Punkt S. Wir erhalten
einen 4 strahligen Stern. In Abb. 57b ist die Verbindung in der Reihenfolge der Eckpunkte erfolgt, in Abb. 57c ist jeder Punkt mit jedem andern
Punkt verbunden. Es ist bereits erwähnt worden, daß es bei n Eck-
punkten $\dfrac{n \cdot (n-1)}{1 \cdot 2}$ derartige paarweise Verbindungen gibt. Bezeichnen

wir mit $\mathfrak{G}_1$, $\mathfrak{G}_2$, ... $\mathfrak{G}$ die komplexen Leitwerte der Verbindungen der einzelnen Ecken mit dem Sternpunkt S, mit $\mathfrak{G}_{ik}$ den Leitwert der Ver-

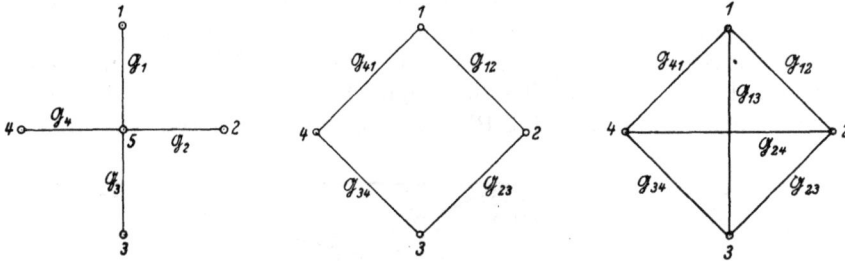

Abb. 57. Verbindung von 4 Eckpunkten.
a) im Stern, b) im Viereck, c) im vollständigen Viereck.

bindung der Ecke i mit der Ecke k, so ist nach Rosen:

$$\mathfrak{G}_{ik} = \frac{\mathfrak{G}_i \cdot \mathfrak{G}_k}{\Sigma \mathfrak{G}}, \quad \ldots \ldots \ldots (89)$$

wobei

$$\Sigma \mathfrak{G} = \mathfrak{G}_1 + \mathfrak{G}_2 + \ldots \mathfrak{G}_n$$

ist. Analog ist für die Scheinwiderstände:

$$\mathfrak{Z}_{ik} = \mathfrak{Z}_i \cdot \mathfrak{Z}_k \cdot \Sigma 1/\mathfrak{Z} \quad \ldots \ldots \ldots (90)$$

mit

$$\Sigma 1/\mathfrak{Z} = 1/\mathfrak{Z}_1 + 1/\mathfrak{Z}_2 + \ldots 1/\mathfrak{Z}_n.$$

Man kann also jeden Stern in eine vollständige paarweise Verbindung transformieren. Es ist klar, daß man für $n = 3$ die bereits bekannte Dreieck-Stern-Transformation erhalten muß. Doch erhält man für $n > 3$ nach Russell keine allgemeine Transformation von einer Folgeverbindung (gemäß Abb. 57b) zu einer Sternverbindung (gemäß Abb. 57a) mehr. Dagegen ist die Transformation von einer Sternverbindung in eine paarweise Verbindung (Abb. 57c) bei $n = 4$ von Wichtigkeit.

6. Vektor-Diagramm.

Wir haben bei der Erörterung der komplexen Darstellung von Scheinwiderständen (S. 16) bereits die Vektordarstellung kennengelernt. Besondere Wichtigkeit gewinnt diese Darstellung jedoch, wenn nicht ein einzelner Scheinwiderstand, sondern ein ganzes Netz wiedergegeben werden soll. Die gewöhnliche Aufgabe ist dann, den Spannungsverlauf zwischen den beiden Speisepunkten des Netzes — falls dieses nur eine einzige Spannungsquelle besitzt — darzustellen und die verschiedenen Wege aufzuzeichnen, auf denen der Spannungsabfall zwischen diesen beiden Punkten erreicht wird. Als einfachster Fall sei in Abb. 58

·eine allgemeine Wheatstone-Brücke gezeigt, deren Vektor-Diagramm in Abb. 59 entwickelt ist. Die Speisepunkte der Brücke sind dann B und D, die Eckpunkte der Meßdiagonale A und C. Aus der Lage der Punkte A und C ersieht man, ob zwischen A und C ein Spannungsabfall besteht oder ob die Brücke »abgeglichen« ist. In letzterem Falle müssen A und C zusammenfallen, wie dies für die gleiche Brücke in Abb. 60 dargestellt ist. Man beachte hierbei, daß Blindvektoren jiX und Wirkvektoren iR

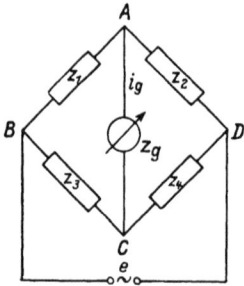

Abb. 58. Allgemeine Wheatstonebrücke.

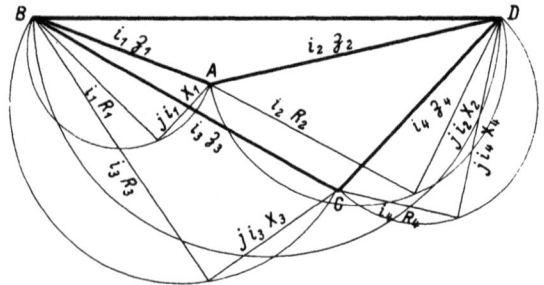

Abb. 59. Vektor-Diagramm der allgemeinen nichtabgeglichenen Wheatstonebrücke.

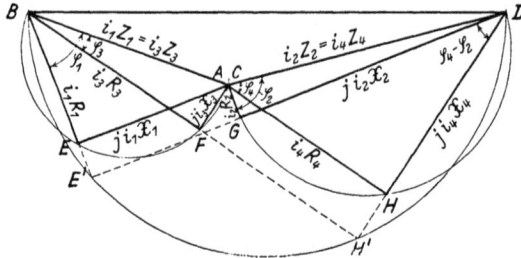

Abb. 60. Vektor-Diagramm der allgemeinen abgeglichenen Wheatstonebrücke.

stets aufeinander senkrecht stehen. Bei der im Beispiel angegebenen allgemeinen Wheatstone-Brücke kann man von der Ecke B zur Ecke D auf zwei Wegen gelangen: auf dem Weg BAD und auf dem Weg BCD. Sieht man die additiven Scheinwiderstände $\mathfrak{Z}_1$ und $\mathfrak{Z}_2$ als einen einzigen Scheinwiderstand $(R_1 + R_2) + j(X_1 + X_2)$ an, so muß der Eckpunkt E' auf einem Halbkreis über BD liegen. Das gleiche gilt für den additiven Scheinwiderstand $\mathfrak{Z}_3 + \mathfrak{Z}_4$, für den der Eckpunkt H' auf dem gleichen Halbkreis liegen muß. Nun ist:

$$\left. \begin{array}{l} \sphericalangle\, E'\,B\,D = 90^0 - \sphericalangle\, E'\,D\,B \\ \sphericalangle\, H'\,B\,D = 90^0 - \sphericalangle\, H'\,D\,B \end{array} \right\} \quad \cdots \cdots \cdots (91)$$

also

$$\sphericalangle\, E'\,B\,D - \sphericalangle\, H'\,B\,D = \varphi_1 - \varphi_3 = \sphericalangle\, H'\,D\,B - \sphericalangle\, E'\,D\,B$$
$$= \sphericalangle\, H'\,D\,E' = (90^0 - \varphi_1) - (90^0 - \varphi_2) = \varphi_2 - \varphi_1, \quad \cdots (92)$$

d. h.

oder

$$\left.\begin{array}{c}\varphi_1 - \varphi_3 = \varphi_2 - \varphi_4 \\ \varphi_1 + \varphi_4 = \varphi_2 + \varphi_3\end{array}\right\} \quad \ldots \ldots \ldots \ldots (93)$$

Man sieht — wie noch bei der Betrachtung der Brücken selbst zu erörtern sein wird — daß man auch die Phasenwinkel der einzelnen Scheinwiderstände und der Spannungen in den einzelnen Netzteilen zueinander
aus dem Vektordiagramm ablesen kann.

Ein etwas komplizierteres Beispiel zeigt Abb. 61 in Gestalt der
speziellen Andersonbrücke, deren Vektordiagramm in Abb. 62 wieder-

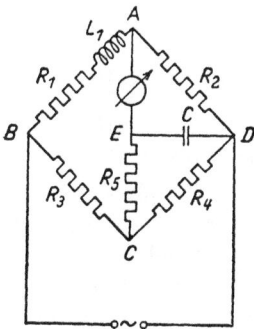

Abb. 61. Spezielle
Andersonbrücke.

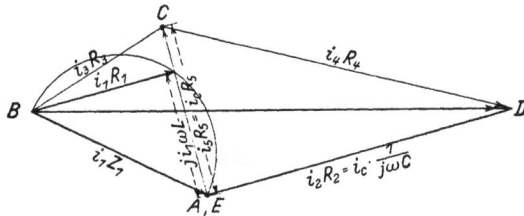

Abb. 62. Vektor-Diagramm der speziellen
Andersonbrücke.

gegeben ist. Auch hier ist der Spannungsabfall von einem Speisepunkt B
der Brücke zum andern D. Der Weg BCD hat hier jedoch noch einen
Nebenweg über E. In dem Diagramm ist dabei angenommen, daß die
Brücke bereits abgeglichen ist, d. h. daß die Punkte A und E im Vektor-
diagramm zusammenfallen. Der Weg BAD ist einfach, zumal der
Zweig AD nur aus einem Ohm-Widerstand besteht. Daraus folgt auch,
daß AD parallel der Ohm-Komponente von BA ist. Da die Punkte A
und E laut Definition der Abgleichung gleiche Spannung besitzen müssen,
hat auch ED gleichen Spannungsabfall wie AD. Es ist also

$$i_2 R_2 = i_C (-j/\omega C) \quad \ldots \ldots \ldots \ldots (94)$$

und somit

$$i_C = j \omega i_2 R_2 C \quad \ldots \ldots \ldots \ldots (95)$$

Da von E nach C und umgekehrt kein Strom fließt, muß ferner

$$i_5 = i_C \quad \ldots \ldots \ldots \ldots (96)$$

sein. Damit folgt der Spannungsabfall längs EC zu

$$i_5 R_5 = i_C R_5 = j \omega i_2 R_2 R_5 C \quad \ldots \ldots \ldots (97)$$

Es stehen also die Spannungsvektoren von EC und AD senkrecht aufeinander, d. h. der Spannungsvektor von EC liegt in der Richtung
von L, wobei der Endpunkt C durch den Wert von $i_5 R_5$ gegeben ist.

Damit ist das Vektordiagramm festgelegt und somit auch die Spannungsvektoren von BC und CD bestimmt.

Im allgemeinen wird es nicht nötig sein, das Vektordiagramm einer
komplizierteren Brücke, wie sie z. B. die spez. Anderson-Brücke darstellt, aufzuzeichnen, um daraus die Abgleichungsbedingungen festzustellen. Man kann, wie bereits erwähnt wurde, vielmehr jede Brücke
mit Hilfe der Dreieck-Stern-Transformation auf eine Wheatstone-Brücke
zurückführen. Das Vektordiagramm ist jedoch auch hier erforderlich,
wenn man den wirklichen Spannungsverlauf in den einzelnen Brückenzweigen bestimmen will. Es gibt auch in vielen Fällen vor der eigentlichen
Berechnung der Brücke eine sehr gute Übersicht.

7. Kreisdiagramm und Ortskurve.

Wir haben gesehen, daß das Vektordiagramm die gegenseitige Konstellation der Spannungsvektoren aller Abgleichelemente in einem bestimmten Zustand eines Netzes, z. B. bei einer Brücke im Abgleich-
zustand wiedergibt. Hierbei ist im allgemeinen nicht ersichtlich, welche
Variationsmöglichkeiten einzelne Elemente bei dem gleichen Zustand
des Netzes besitzen. Häufig will man jedoch wissen, welche Variationsmöglichkeiten innerhalb eines bestimmten Netzzustandes zwei funktionell
zusammenhängende Elemente haben. Es sei dies an einem einfachen
Beispiel erläutert. Es sei (Abb. 63) gefordert, daß ein aus einer Selbst-

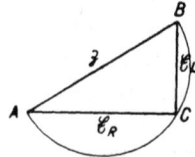

Abb. 63. Reihenwiderstand aus Ohm-
Widerstand und Selbstinduktion.

Abb. 64. Vektor-Diagramm zu Abb. 63. Ortskurve
bei festgehaltenem Scheinwiderstand $R + jL$.

induktion L und einem Ohm-Widerstand in Reihe bestehender Scheinwiderstand nach Größe und Phasenlage zu irgendeinem Vektor konstant
sei. Welche Variationsmöglichkeiten besitzen dann die einzelnen Elemente L und R? Hier ist von vornherein klar, daß die Spannungsvektoren von L und R immer aufeinander senkrecht stehen müssen,
d. h. der Punkt C des Dreiecks bewegt sich bei festgehaltener Hypo-
tenuse AB (Abb. 64) auf einem Halbkreis über AB. Wir haben übrigens
von einem derartigen geometrischen Ort des Punktes D bereits in Abb. 59
Gebrauch gemacht.

Als weiteres Beispiel sei eine Selbstinduktion L mit parallel geschaltetem Ohm-Widerstand R gegeben (Abb. 65). Will man wissen,
wie groß die Stromvektoren nach Größe und Richtung bei festgehaltenem L sind, so ergibt sich ein geometrischer Ort für die Spitzen

aller Stromvektoren in Form einer Geraden parallel zur Wirkwider-
standsrichtung (Abb. 66). Es ist $\mathfrak{J} = \mathfrak{E} \cdot \mathfrak{G} = \mathfrak{E}/\mathfrak{Z}$. Hält man R fest
und variiert L, so ergibt sich analog eine Parallele zur Blindwiderstands-
richtung. Wir sehen, daß in diesem Beispiel die geometrischen Örter
für die Ströme und damit für die Leitwerte $\mathfrak{G}$ Gerade sind. Man kann

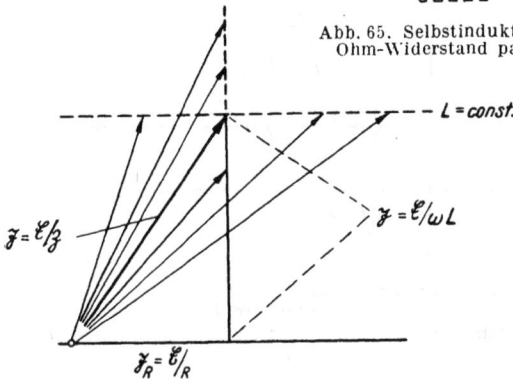

Abb. 65. Selbstinduktion und
Ohm-Widerstand parallel.

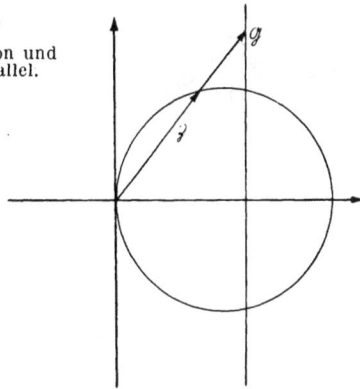

Abb. 66. Ortskurven der Stromvektoren bei variablem R und variablem L.

Abb. 67. Ortskurve des Scheinleitwerts
für Schaltung Abb. 65.

nun fragen, welchen Wert jeweils der zum Leitwert $\mathfrak{G} = 1/R + 1/j\omega L$
gehörige Scheinwiderstand $\mathfrak{Z} = 1/\mathfrak{G}$ besitzt. Dann liegen die Spitzen
aller Scheinwiderstände-Vektoren auf einem Kreis durch den Koordinaten-
Anfangspunkt ("Inversion", Abb. 67).

Wir sind damit zum Kreisdiagramm gekommen, dessen Aufgabe ist,
in einem Wechselstromnetz irgendwelche geforderten Größen (Strom,
Spannung, Scheinwiderstand, Scheinleitwert usw.) für den möglichen
Variabilitätsbereich irgendwelcher variabler Größen festzustellen. Es
kann natürlich nicht Aufgabe dieses Buches sein, eine ganze Theorie
des Kreisdiagramms zu geben. Hierfür sei vielmehr auf die Spezialwerke verwiesen[24]). Es ist aber für gelegentliche Untersuchung an
Wechselstrom-Brücken und -Kompensatoren nützlich, auf das Kreisdiagramm zurückzugreifen. Nicht immer kommt man zu einem Kreisdiagramm. Es ergeben sich vielmehr manchmal Gerade oder auch
Kurven höherer Ordnung. Man spricht dann allgemein von der Ortskurve für bestimmte Variable eines Netzes. Es sei nun als allgemeineres
Beispiel eine Wechselstrombrücke mit 2 Selbstinduktionen (Abb. 68)
gegeben. Nach Küpfmüller[25]) definieren wir die »Brückendeterminante«.

$$\vartheta = (R_x + j\omega L_x) \cdot R_3 - (R_1 + j\omega L_1) \cdot R_4$$
$$= (R_3 R_x - R_1 R_4) + j\omega(R_3 L_x - R_4 L_1) = \mathfrak{A} + j\mathfrak{B} \quad . \quad . \quad (98)$$

Wie später noch gezeigt werden wird, ist die Brücke dann abgeglichen, wenn die Brückendeterminante null ist. Die Brückendeterminante stellt also das Abweichungsmaß der Brücke (bis auf einen nur wenig variablen Faktor) der Brücke vom Gleichgewichtszustand dar. Variieren

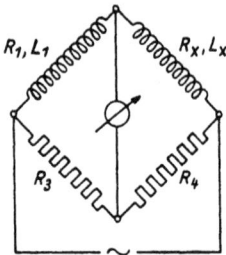

Abb. 68. Wechselstrombrücke mit 2 Selbstinduktionen.

Abb. 69. Ortskurven von Abb. 68 bei Variation der verschiedenen Brückenwiderstände.

Die als Parameter angegebenen Widerstände sind für die betr. Ortskurve die Variable.

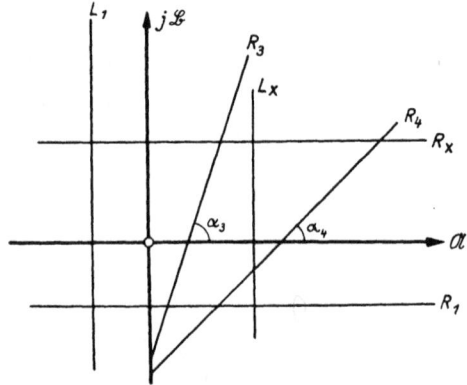

wir nun die einzelnen Brückenzweige, so erhalten wir die Ortskurven für die Brückendeterminante (Abb. 69). Es ergibt sich bei

Variation von R_1 eine Parallele zur $\mathfrak{A}$-Achse,
 » » L_1 » » » $\mathfrak{B}$- »
 » » R_3 » Gerade mit dem Neigungswinkel α_3,
 » » R_4 » » » » » α_4,
 » » R_x » Parallele zur $\mathfrak{A}$-Achse,
 » » L_x » » » $\mathfrak{B}$- »

wobei

$$\operatorname{tg} \alpha_3 = \frac{\omega L_x}{R_x} \quad \text{und} \quad \operatorname{tg} \alpha_4 = \frac{\omega L_1}{R_1}$$

ist.

Man sieht aus den Ortskurven, daß ϑ die Entfernung eines Punktes der Ortskurve vom Koordinaten-Anfangspunkt bedeutet. Es gibt also bei einer Geraden als Ortskurve ein Minimum von ϑ, das der senkrechte Abstand des Koordinaten-Anfangspunktes von der Geraden ist.

Bei der Darstellung nach Küpfmüller ist der Nenner der Diagonalstrom-Gleichung als konstant angenommen. Dies gilt natürlich nur in der Nähe der angestrebten Abgleichung der Brücke. Eine allgemeine Untersuchung der Ortskurven hat C. Seletzky [272]) durchgeführt.

Als weiteres Beispiel sei eine Brücke mit zwei Kapazitäten gezeigt, bei der eine Kapazität einen Parallelwiderstand, eine andere einen

Serienwiderstand (»Robinson-Frequenz-Brücke«) besitzt (Abb. 70). Die Brückendeterminante ist dann:

$$\vartheta = \mathfrak{A} + j\,\mathfrak{B} = (R_2 + 1/j\,\omega\,C_2) \cdot R_3 - R_4/\mathfrak{G}_1, \quad \ldots \ldots \quad (99)$$

wobei

$$\mathfrak{G}_1 = 1/R_1 + j\,\omega\,C_1 \ldots \ldots \ldots \ldots \quad (100)$$

ist.

Man erhält dann:

$$\vartheta = \left(R_2\,R_3 - \frac{R_4\,R_1}{1 + (\omega\,C_1\,R_1)^2}\right) - j \cdot \left(\frac{R_3}{\omega\,C_2} - \frac{\omega\,C_1\,R_1^2\,R_4}{1 + (\omega\,C_1\,R_1)^2}\right) \quad (101)$$

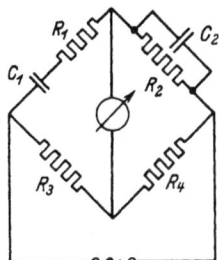

Abb. 70.
Robinson-Frequenzbrücke.

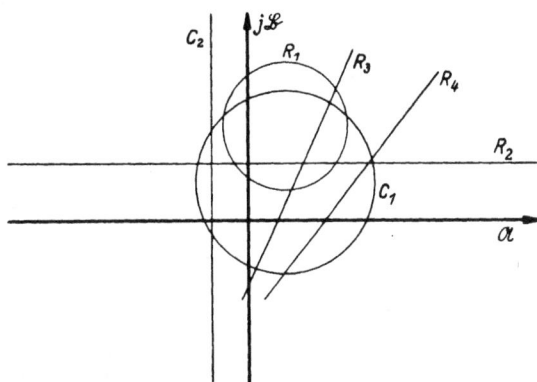

Abb. 71. Ortskurven der Robinsonbrücke.

Wendet man hierauf die Untersuchungen der analytischen Geometrie an, so erkennt man leicht, daß man bei

Variation von R_1 einen Kreis,
» » C_1 ebenfalls einen Kreis,
» » R_2 eine Parallele zur $\mathfrak{A}$-Achse,
» » C_2 eine Parallele zur $\mathfrak{B}$-Achse,
» » R_3 eine schiefe Gerade,
» » R_4 ebenfalls eine schiefe Gerade erhält.

Es ist jedoch gar nicht erforderlich, zur Feststellung dieser Ortskurven Berechnungen mittels der analytischen Geometrie anzustellen, wenn man die Brückendeterminante der obigen Form in ihrer ursprünglichen Darstellung betrachtet. Es ist dann klar, daß in dem Ausdruck

$$\vartheta = \mathfrak{A} + j\,\mathfrak{B} = (R_2 + 1/j\,\omega\,C_2) \cdot R_3 - R_4/\mathfrak{G}_1 \quad \ldots \quad (102)$$

R_2 nur in einem reellen Glied vorkommt, also eine Parallele zur $\mathfrak{A}$-Achse ergeben muß, während C_2, im imaginären Glied allein vorhanden, eine Parallele zur $\mathfrak{B}$-Achse ergibt. R_3 und R_4 kommen sowohl in reellen wie in imaginären Gliedern vor, ergeben also schiefe Gerade.

Es bleibt jetzt nur noch der Ausdruck $a + jb — R_4/\mathfrak{G}_1$ zu untersuchen, wobei $a = R_2 R_3$ und $b = — R_3/\omega C_2$ ist. Dieser Ausdruck läßt sich auf den einfacheren

$$\mathfrak{A}' + j \mathfrak{B}' = 1/\mathfrak{G}_1 = \frac{1}{X_1 + j Y_1} \quad \ldots \ldots (103)$$

zurückführen.

Trennt man hier reellen und imaginären Teil und nimmt einmal X_1 als variablen Parameter und Y_1 als Konstante, ein anderes Mal X_1 als Konstante und Y_1 als variablen Parameter, so sieht man leicht, daß man zwei Kreise erhält, die durch Hinzufügung von $a + jb$ für den allgemeinen Fall nur ihren Mittelpunkt verschieben.

In Abb. 71 sind die Ortskurven zu dem angegebenen Beispiel dargestellt.

8. Empfindlichkeits-Betrachtungen.

a) Empfindlichkeit von Indikatoren [26]).

Definition eines Indikators.

Ein Indikator sei ganz allgemein eine Vorrichtung, die die Anwesenheit eines Stromes oder einer Spannung erkennen läßt.

Ein derartiger Indikator kann entweder optisch oder akustisch den Strom oder die Spannung wahrnehmbar machen. Auch thermische Anzeige ist denkbar, wird jedoch praktisch nur über den Weg der optischen Feststellung (Hitzdraht-Instrument, Thermokreuz) benutzt.

Definition der Empfindlichkeit eines Indikators.

Die Empfindlichkeit eines Indikators wird häufig mit seiner Genauigkeit verwechselt. Auch findet man öfters als Empfindlichkeit die noch zu erwähnende Instrument-Konstante angegeben.

Unter der Empfindlichkeit ε eines Indikators sei das Verhältnis der sichtbaren oder hörbaren Wirkung (Zeiger-Ausschlag, Lautstärke eines Telephons u. dgl.) zur Ursache (Strom, Spannung) verstanden.

Der reziproke Wert der Empfindlichkeit heißt die Indikator-(Instrument-)Konstante K.

Genauigkeit eines Indikators ist der Bereich innerhalb dessen die Wirkung (Zeiger-Ausschlag usw.) bei konstant gehaltener Ursache schwanken kann. Die Genauigkeit ist bekanntlich, z. B. bei Zeiger-Instrumenten, von der Reibung usw. beeinflußt.

Bei einer Reihe von Indikatoren gibt es einen unteren Wert (Schwellwert, Störspiegel, Ansprechgrenze) unterhalb dessen eine Verwendung überhaupt nicht oder nur unvollkommen möglich ist.

Die allgemeinen Angaben über Empfindlichkeit, Genauigkeit, Instrument-Konstante usw. sind seitens des AEF noch nicht abgeschlossen.

Die Empfindlichkeit eines Indikators sei an einem Beispiel erörtert. Erhält man bei einem Gleichstrom-Galvanometer bei einem Strom-Durchgang von 15 mA einen Ausschlag von 60 mm, so ist die Strom-Empfindlichkeit $\varepsilon_i = 60/15 = 4$ mm/mA, die Stromkonstante $K = 0{,}25$ mA/mm. Besitzt das Instrument weiter einen Widerstand von $100\,\Omega$, so erhält man eine Spannungs-Empfindlichkeit $E_v = 60/15 \cdot 100 = 0{,}04$ mm/mV $= 40$ mm/V und eine Spannungskonstante von 25 mV/mm.

Man könnte auch noch die Leistungs-Empfindlichkeit des Galvanometers betrachten. Man sieht jedoch sofort, daß diese quadratisch mit dem Strom bzw. mit der Spannung sich ändert, also an jedem Ausschlagpunkte einen andern Wert besitzen würde, wenn man sie als mm/Watt definieren würde. Man kann hier definieren: Leistungs-empfindlichkeit ist die Wirkung (z. B. Ausschlag) an der Stelle 1 Watt. Daß diese Zahl nicht identisch ist mit der Wirkung an einer andern Stelle, dividiert durch die dort aufgewendete Leistung, leuchtet ein.

Aus diesem Beispiel ersieht man noch, daß Empfindlichkeit und Indikator-Konstante erst wirklich definiert sind, wenn dazu die Art der verursachenden Größe (Strom, Spannung, Leistung) und das Maßsystem der Wirkung (mm, Skalenteile, Lautstärke usw.) angibt.

Empfindlichkeit und Indikator-Konstante sind ferner nur dann über den ganzen Arbeitsbereich des Indikators wirklich konstant, wenn Ursache und Wirkung in linearem Zusammenhang miteinander stehen. Dies ist z. B. der Fall bei dem Ausschlag eines Drehspul-Galvanometers in bezug auf die durchgehende Stromstärke und die angelegte Spannung. Dagegen ist bereits bei diesem Instrument der Zusammenhang zwischen Ausschlag und Leistungsverbrauch im Drehspulrähmchen, wie oben gezeigt, nicht mehr linear, sondern quadratisch. Ebenso ist der Zusammenhang zwischen Ausschlag und Stromstärke bzw. Spannung nicht vollkommen linear bei einem Dreheisen-Instrument oder bei einem Hitzdraht-Instrument oder Thermokreuz. Hier muß man stets bei der Angabe der Empfindlichkeit hinzufügen auf welchen Meßpunkt (Ausschlag, Stromstärke usw.) die Angabe sich bezieht. Bei nicht-linearer Abhängigkeit von Ursache und Wirkung ist es zweckmäßig eine weitere Größe, die spezifische Empfindlichkeit η einzuführen. Sie ist definiert durch den Differentialquotienten von Wirkung zu Ursache an einer bestimmten Stelle, d. h. z. B.:

spez. Strom-Empfindlichkeit beim Ausschlag x ist: $\eta_i = \dfrac{d\,x}{d\,i}$.

Ist z. B. der Zusammenhang zwischen Stromstärke i und Ausschlag x eines Meßinstruments gegeben durch $x = c \cdot i^2$, so erhält man $\eta_i = 2\,ci$.

Die Genauigkeit eines Indikators wird durch Hinzufügung eines Genauigkeitsbereiches zur Empfindlichkeit angegeben, z. B. 10 mm/mA $\pm 0{,}1\%$. Diese Genauigkeitsangabe, die bei den normalen Instrumenten vom Fabrikanten gewöhnlich auf den Skalenendwert bezogen wird, ist für die Auswertung von Meßergebnissen sehr wichtig. Es hat keinen Sinn, Berechnungen mit größerer Genauigkeit anzustellen als sie durch die Genauigkeit des Indikators bzw. der Schaltung (s. nächstes Kap.) gegeben ist. Es ist dies ein oft beobachteter Fehler bei ungeschultem Meßpersonal.

Eine weitere wichtige Größe bei Galvanometern ist die Einstell-zeit. Sie bedingt die Meßgeschwindigkeit eines Vorganges. Ist z. B. ein Zeiger-Galvanometer nicht oder wenig (periodisch) gedämpft, so führt es Schwingungen um die Einstell-Lage aus. Es ist natürlich möglich, aus der Größe aufeinanderfolgender Ausschläge die Einstell-Lage zu berechnen, wie dies in der Meßtechnik gezeigt wird. Es ist auch möglich, die Einstell-Lage bei kleinen Schwingungen zu schätzen bzw. bei fast aperiodischer Dämpfung die Einstellung in die Ruhelage abzuwarten. Auf der andern Seite erhält man bei »aperiodischer« Einstellung ein Kriechen in die Einstell-Lage. Hier ist es schwierig, den wirklichen Einstell-Punkt festzustellen ohne sehr lange zu warten. In der Praxis verwendet man Galvanometer, die sich nach 3/2 Schwingungen in die Einstell-Lage mit der geforderten Genauigkeit einstellen. Da aber die Dämpfung — und damit die Art der Einstellung — abhängig ist vom Außenwiderstand des betr. Galvanometers, so ist es wichtig, die Galvanometer an den Außenwiderstand anzupassen, wenn eine umgekehrte Anpassung des Außenwiderstands an das Galvanometer nicht möglich ist.

b) Empfindlichkeit von Schaltungen [27]...[33].

Die »Empfindlichkeit von Schaltungen« ist ein in der Meßtechnik noch wenig bekannter Begriff. Er ist nur gelegentlich bei Maxwell, Fischer [29], Schuster [30]) und Jaeger [31]) in einzelnen Untersuchungen aufgetaucht. Wie zur Definition der Empfindlichkeit eines Instruments die Angabe der Art und des Maß-Systems von Ursache und Wirkung gehören, so ist es ähnlich bei der Definition der Empfindlichkeit von Schaltungen nötig, Art und Maßsystem einer unabhängigen und einer abhängigen Größe anzugeben.

Definition: Unter der Empfindlichkeit einer Schaltung sei allgemein verstanden das Verhältnis der wahrnehmbaren Äußerung eines Indikators (Ausschlag, Lautstärke) zur verursachenden Größe.

Beispiel: Ändert man in einer »abgeglichenen« Brücke (bei der also der Indikator, z. B. ein Galvanometer, stromlos ist) den Widerstand eines Brückenzweigs, so erhält man einen Ausschlag am Galvanometer. Das Verhältnis dieses Ausschlages zur Änderung des Widerstandes aus der Abgleichlage der Brücke ist die Schaltungsempfindlichkeit der Brücke in bezug auf diesen Widerstand. Man sieht hieraus, daß es keine allgemeine Schaltungs-Empfindlichkeit einer bestimmten Schaltung gibt, sondern immer nur in bezug auf eine bestimmte variable

Größe. Solcher variabler Größen kann es in einer Brücke eine ganze Menge geben. Auf der andern Seite hat man — ebenso wie bei der Empfindlichkeit eines Indikators — eine Strom-, Spannungs-, Leistungs-Empfindlichkeit zu unterscheiden. Auch hier ist das Empfindlichkeitsmaß mit anzugeben.

Bei Schaltungen erhält man noch häufiger als bei Indikatoren einen nichtlinearen Zusammenhang zwischen Ursache und Wirkung. Außerdem geht man z. B. bei Brücken nicht immer von der Abgleichlage aus, so daß man z. B. den variablen Widerstand in der Abgleichlage gar nicht kennt. Hier wäre die Einsetzung des wirklichen Widerstands des variablen Brückenzweigs direkt ein Fehler. Es ist deshalb häufiger zweckmäßig, als Schaltungsempfindlichkeit den Differentialquotienten von Indikatorwirkung zur variablen Ursache, also z. B. als $\frac{\partial a}{\partial R_1}$, zu definieren, eine Größe, die sich bei linearem Zusammenhang zwischen Ursache und Wirkung mit der ersten Definition deckt. Es kann nicht auf die Schaltungs-Empfindlichkeit allgemein eingegangen werden. Hierüber sei vielmehr auf die angegebene Literatur verwiesen. Von der Schaltungsempfindlichkeit von Meßbrücken und Kompensatoren wird noch weiter unten die Rede sein.

c) Höchst-Empfindlichkeit von Schaltungen [33]).

Die Feststellung der Empfindlichkeit einer Schaltung hat meistens den Zweck, die »günstigste Schaltung« zu ermitteln, d. h. diejenige Schaltung, bei der man für eine bestimmte Änderung einer variablen Größe der Schaltung die größte Empfindlichkeit des Indikators erhält. Will man z. B. in einer Leitfähigkeitsbrücke die günstigste Schaltung erzielen, so wird man die einzelnen Zweige der Brücke so wählen, daß man für eine bestimmte Änderung der Leitfähigkeit der Meßzelle einen größtmöglichen Ausschlag am Meß-Galvanometer, bzw. eine möglichst große Lautstärke im Meßtelephon erhält. Auch die »günstigste Schaltung« kann sich also nur auf eine bestimmte Variable und hinsichtlich einer bestimmten Äußerung im Indikator beziehen. Es ist auch klar, daß man eine Schaltung ganz anders anpassen muß, wenn man als Indikator ein mit der Leistung in demselben proportional arbeitendes Relais als wenn man ein mit der Stromstärke proportionales Galvanometer verwendet.

Meistens hat man bei der Ermittlung einer derartigen »günstigsten Schaltung« aber noch Nebenbedingungen zu berücksichtigen, z. B. daß der Strom in einem bestimmten Brückenzweig ein Maximum oder Minimum sein soll. Hier kommt auch noch dazu, daß sich derartige theoretisch mögliche günstigste Schaltungen praktisch nur annähernd erreichen lassen, weil man andernfalls sonst z. B. im Indikator praktisch nicht erfüllbare Bedingungen oder unzweckmäßige Bedingungen (z. B. Kriechen des Galvanometers) erhalten würde. Hier hat man also oft Kompromißlösungen zu erzielen, wenn man nicht bei exakter mathematischer Berechnung zu einem dem Ergebnis nicht entsprechenden Aufwand von Zeit und Mühe kommen will. Es sei aber zugegeben, daß gerade hier sich für den Theoretiker eine Reihe sehr reizvoller Aufgaben ergeben.

Bei der Aufstellung von Optimal-Bedingungen hat man ferner zu berücksichtigen, welche Erfüllungsmöglichkeiten im einzelnen Fall zur Verfügung stehen. Während z. B. der Meßinstrumentenbauer zu einer gegebenen Schaltung das zugehörige Meßinstrument hinsichtlich inneren Widerstands, Dämpfung usw. an die Schaltung optimal anpassen kann, muß der Praktiker im Laboratorium in den meisten Fällen umgekehrt die Schaltung optimal an das vorhandene Meßinstrument anpassen. Wie Brooks [34]) bereits erwähnt, ist es auch zweckmäßig von vorneherein festzustellen, von welcher Seite man sich einem theoretischen Optimum praktisch nähern kann. Man erspart dadurch häufig nutzlose Mehrarbeit.

II. Gleichstrom-Indikatoren.

Bei den Indikatoren allgemein hat man zu unterscheiden zwischen Null-Indikatoren und Ausschlag-Indikatoren. Die Null-Indikatoren dienen lediglich dazu, das Verschwinden eines Stromes oder einer Spannung festzustellen. Sie brauchen also nur am Nullpunkt selbst genau und empfindlich zu sein. Die Ausschlag-Indikatoren — als solche verwendet man ausschließlich Galvanometer der verschiedensten Art — müssen dagegen über eine geeichte Ausschlag-Skala verfügen. Sie können entweder über den ganzen Meßbereich die gleiche Empfindlichkeit besitzen oder für besondere Zwecke an bestimmten Stellen höher empfindlich sein bzw. an bestimmten Stellen eine geringere Empfindlichkeit aufweisen.

1. Null-Indikatoren.

Als Null-Indikatoren für Gleichstrom verwendet man durchweg Galvanometer der verschiedensten Art. Die praktisch im Handel erhältlichen Galvanometer werden im II. Band behandelt werden. Hier sei nur von den theoretischen Voraussetzungen für ihre Verwendbarkeit die Rede.

Das Drehspul-Galvanometer als solches ist so bekannt, daß sich eine eingehende Beschreibung erübrigt. Es sei außerdem hierüber auf die Werke von Keinath [1]) und Werner [36]), sowie auf die einschlägigen Arbeiten im »Archiv für technisches Messen« hingewiesen.

Man kann zwei Haupttypen unterscheiden: das Zeiger-Galvanometer und das Spiegel-Galvanometer. Das letztere stellt die höchste Stufe empfindlicher Galvanometer dar. Neuerdings ist eine Zwischenform zwischen den beiden erwähnten Typen in Gestalt des Lichtmarken-Galvanometers[37]) auf den Markt gebracht worden (Siemens & Halske A.G.). Bei diesem ist auf der Drehspule ein Spiegel angebracht. Lichtquelle und Skala befinden sich im gleichen Gehäuse (s. Bd. II).

Empfindlichkeit. Es ist bekannt, daß die Empfindlichkeit des Drehspul-Galvanometers unabhängig vom Ausschlag ist, d. h. daß Ausschlag und durchgehender Strom bzw. angelegte Spannung linear voneinander abhängen. (Eine Zahlentafel der Empfindlichkeiten der bekanntesten Drehspul-Galvanometer befindet sich im II. Band.) Die Empfindlichkeitsgrenze der Spiegel-Galvanometer ist bedingt durch die Brown-Molekular-Bewegung[38]).

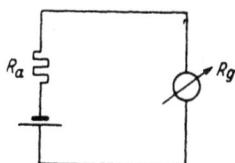

Anpassung. Zur Erreichung einer optimalen Empfindlichkeit müssen die Galvanometer dem Außenwiderstand oder häufig umgekehrt der Außenwiderstand dem Galvanometerwiderstand angepaßt werden. Es sei dies an dem Beispiel eines einfachen Stromkreises erläutert (Abb. 72). Es sei

Abb. 72.
Einfacher Stromkreis.

B das Drehmoment des Galvanometers in Dyn $\times$ cm $\times$ 10,
H die Feldstärke des Feldmagneten in Gauß,
J der durchgehende Strom,
W die Windungszahl des Rähmchens,
h dessen mittlere Höhe (in cm),
b dessen mittlere Breite (in cm).

Es ist dann

$$B = H \cdot J \cdot (2\,W\,h) \cdot b/2 \quad \ldots \ldots \ldots \quad (104)$$

Die Amperewindungszahl A_W ist dann $A_W = WJ$. Ist l_m die mittlere Windungslänge in m, d die Drahtstärke ohne Isolation (in mm), t die Stärke der Isolation (in mm) und σ der spez. Widerstand des Drahtes $\left(\text{in } \dfrac{\text{mm}^2}{\text{m}}\,\Omega\right)$, so ist der Spulenwiderstand (in Ω):

$$R_g = W\,l_m\,\sigma \Big/ \left(\frac{d}{2}\right)^2 \cdot \pi = 4\,W\,l_m \cdot \sigma/d^2\,\pi \quad \ldots \ldots \quad (105)$$

Ist der Außenwiderstand des Kreises R_a und die angelegte Spannung E (in Volt), so ist der Strom in der Spule

$$J = E/R_a + R_g) = E/(R_a + 4\,W\,l_m\,\sigma/d^2\,\pi) \quad \ldots \ldots \quad (106)$$

Setzt man $c_1 = H\,b\,h$, so ist der Ausschlag der Spule

$$\varphi = c_2\,B = c_3\,J\,W \quad \ldots \ldots \ldots \ldots \quad (107)$$

Die Spannungsempfindlichkeit der Schaltung ist damit

$$E_{vs} = \varphi/E = c_3\, J\, W/E = c_3\, W/(R_g + R_a) \quad \dots \quad (108)$$

Man hat nun — wie eingangs erwähnt — zu unterscheiden, ob man die Möglichkeit besitzt, den Galvanometer-Widerstand dem Außenwiderstand anzupassen oder ob man einem gegebenen Galvanometer-Widerstand den Außenwiderstand angleichen muß.

Anpassung des Galvanometerwiderstands.

Der Wickelraum der Spule ist gegeben durch

$$V = W\, l_m\, (d + 2\,t)^2\, \pi \quad \dots \dots \dots \quad (109)$$

Hieraus ergibt sich die Spannungsempfindlichkeit:

$$E_{VS} = C_3/[l_m \cdot R_a \cdot (d + 2\,t)^2/V + 4\,\sigma\, l_m/d^2\, \pi] \quad \dots \quad (110)$$

Führt man den »Füllfaktor« der Spule — unter der Annahme, daß Windung auf Windung liegt — ein durch Füllfaktor $f = \dfrac{\text{Metallvolumen}}{\text{Gesamtvolumen}}$, so ist

$$f = \pi/4 \left(1 + \frac{2\,t}{d}\right)^2 \quad \dots \dots \dots \quad (111)$$

Bei der Anpassung des Galvanometers hat man folgende Fälle zu unterscheiden:

a) Der Füllfaktor f ist konstant.
Hier erhält man, wie leicht zu beweisen[39]): $R_g = R_a$, ein bereits von Ayrton und Perry[35]) gefundenes Ergebnis.

b) Die Isolationsstärke t ist konstant.
Hier ergibt sich $R_g/R_a = d/(d + 2t)$, wie Maxwell[12]) nachwies.

c) t ist eine beliebige — nicht lineare — Funktion von d.

Es ist klar, daß man hier nur für jeden Einzelfall die günstigste Bedingung festlegen kann.

Stellt man für die angegebenen Fälle die Empfindlichkeitskurven auf, so findet man übrigens, daß die Lage der optimalen Empfindlichkeiten nur wenig verschieden ist. Man kann daher im allgemeinen den ersten Fall ($R_g = R_a$) als einfachsten annehmen.

Anpassung des Außenwiderstands.

Geht man von einem gegebenen Galvanometerwiderstand aus und sucht den günstigsten Außenwiderstand, so kommt man zu dem überraschenden Ergebnis, daß das Optimum bei dem Außenwiderstand Null liegt, d. h. praktisch bei möglichst niedrigem Außenwiderstand. Der Erfüllung dieser Bedingung steht aber entgegen, daß der »Grenzwiderstand«, d. h. der Widerstand, bei dem das Galvanometer gerade im aperiodischen Grenzfall schwingt, einen endlichen Wert besitzt, der für die verschiedenen Galvanometer-Typen verschieden ist. Man kann also günstigstenfalls nur bis an diesen Grenzwiderstand mit dem Widerstand der Brücke herangehen. Ist auch dies nicht möglich, so muß man ev. durch Nebenwiderstände zum Galvanometer das Galvanometer auf den aperiodischen Grenzfall bringen, falls der Außenwiderstand der Brücke zu hoch ist, oder durch Vorwiderstände, falls die Brücke zu niederohmig ist. In beiden Fällen büßt man natürlich an Empfindlichkeit ein.

Das Kreuzspul-Galvanometer besitzt bekanntlich statt eines mechanischen Drehmoments in Gestalt einer Feder oder eines Bandes eine zweite Spule. Der Ausschlag ist dann abhängig vom Quotienten der Ströme, die durch die beiden Rähmchen fließen. Hängen beide Ströme von der gleichen Spannung ab, so wird dadurch die Anzeige unabhängig von dieser Spannung. Als eigentliches Nullgalvanometer findet das Instrument naturgemäß keine Anwendung, dagegen kann es für kleine Ausschläge in der Nähe des Nullpunkts benutzt werden. Sein Hauptanwendungsgebiet liegt jedoch bei den Ausschlag-Methoden.

Das Nadel-Galvanometer ist heute kaum mehr in Gebrauch. Für gelegentliche Verwendung sei auf die Spezial-Literatur[1]) verwiesen.

Das ballistische Galvanometer findet ebenfalls als Nullgalvanometer kaum mehr Anwendung, ist dagegen als Ausschlag-Instrument manchmal im Gebrauch. Saiten- und Schleifen-Galvanometer werden gelegentlich als Null-Galvanometer benutzt. Auch hierüber sei auf die Spezial-Literatur[1]) verwiesen.

2. Ausschlagmesser.

In der modernen Brückenmeßtechnik erfüllen Nullmethoden nur einen Teil der Aufgaben. Häufig — besonders bei Betriebs-Messungen — verwendet man Ausschlag-Methoden, bei denen die Veränderung eines Brückenzweiges durch die Größe des Stromes in der Meßdiagonale bestimmt wird. Allgemein üblich ist dies z. B. bei der Widerstands-Thermometrie, der elektrischen Gasanalyse und der elektrischen Hygrometrie. Hier benötigt man also Ausschlag-Instrumente, die so abgeglichen sein müssen, daß der Änderungsbereich der variablen Größe gerade den vollen Meßbereich der Instrumente ergibt. Hierbei ist allgemein zu beachten, daß die Brückenschaltung als Außenwiderstand der Instrumente wirkt. Es muß daher das Instrument durch Hinzufügung von temperatur-konstanten Widerständen auf Temperatur-Unabhängigkeit abgeglichen werden[1]). Ferner ist zu beachten, daß der Widerstand der Brücke die Dämpfung des Instruments bestimmt.

Die Ausschlag-Instrumente werden als Anzeige-Instrumente und als Schreiber benutzt. Ihre verschiedenen Formen seien jedoch im II. Band näher erörtert. Im folgenden sollen sie nur kurz aufgezählt werden.

Das Drehspul-Instrument unterscheidet sich vom Drehspul-Null-Instrument nur dadurch, daß es nicht nur konstante Nullpunkts-Einstellung besitzen muß, sondern über den ganzen Skalenbereich geeicht ist. Es ist verständlich, daß man auch Spiegel-Galvanometer und Lichtmarken-Instrumente als Ausschlag-Instrumente eichen kann. Man kann Spiegel-Galvanometer auch mit Lichtschreib-Vorrichtungen versehen.

Das Kreuzspul-Instrument[41]) ist, wie bereits erwähnt, dadurch gekennzeichnet, daß es zwei Spulen besitzt, die unter einem bestimmten Winkel gekreuzt sind. Das Kreuzspul-Instrument ist in zwei Ausführungsformen bekannt geworden:

Das Bruger-Instrument[42]) besitzt einen sehr kleinen Spulenkreuzungswinkel, während der Feldkreuzungswinkel — als Supplement — sehr groß ist. Bezeichnet man mit i_1/i_2 das »Quotientenverhältnis« des Instruments, so ergibt sich, daß das Instrument einen Meßbereich von etwa 1 : 1,2 des Quotientenverhältnisses ergibt. Das Instrument wird daher in der Hauptsache in Schaltungen verwendet, die keine Brücken- oder Kompensations-Anordnung besitzen und daher in diesem Zusammenhange nicht weiter interessieren.

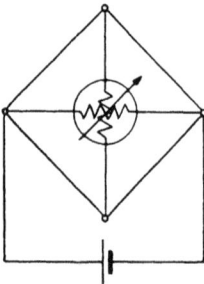

Abb. 73. Schaltung des Brücken-Kreuzspul-Instruments (Prinzipschaltung).

Das Brücken-Kreuzspulinstrument[43]) ist von der Siemens & Halske A.G. speziell für Brückenanordnungen gebaut worden. Die gebräuchlichste Schaltung zeigt Abb. 73. Es besitzt einen wesentlich größeren Spulenkreuzungswinkel und gestattet ein Quotientenverhältnis von 0 ... ∞. Seine Theorie ist noch nicht restlos festgelegt. Ein besonderer Vorteil liegt außer in dem großen Bereich des Quotientenverhältnisses darin, daß es durch spezielle Formgebung der Polschuhe die Herstellung beliebiger Strom-Ausschlag-Charakteristiken gestattet. Es ist damit z. B. ohne weiteres möglich, krummlinige Charakteristiken, wie sie bei Meßbrücken mit großem Variationsbereich auftreten, in lineare Charakteristiken und damit z. B. bei Schreibern die Aufnahme direkt planimetrierbarer Diagramme zu ermöglichen. Durch Kombination mehrerer Brücken, von denen eine im Strompfad, die andere im Richtungspfad des Instruments liegt, ist auch die Aufnahme komplizierter Funktionen möglich. Ein Beispiel, das später noch erläutert werden wird, zeigt Abb. 74 in Gestalt des elektrischen Feuchte-Messers der Siemens & Halske A.G.

Das Kreuzfeld-Instrument. An Stelle zweier Drehspulrähmchen im gleichen Magnetfeld kann man auch je ein Rähmchen in zwei verschiedene Felder legen. Dies hat den Vorteil, daß man bei Umwandlung nicht linearer Strom-Ausschlag-Charakteristiken in lineare das eine Feld linear gestalten kann, während man dem anderen Feld eine gewünschte Charakteristik erteilt, ohne darauf Rücksicht nehmen zu müssen, daß mit der Änderung des Magnetfelds beide Strompfade beeinflußt werden, wie dies beim Kreuzspul-Instrument der Fall ist. Die

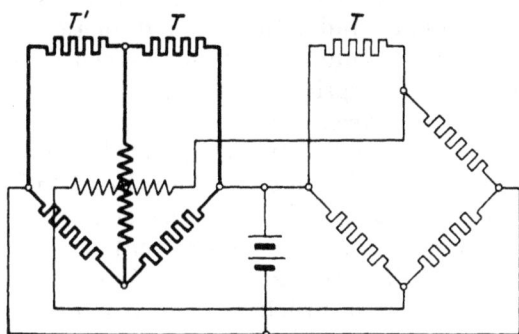

Abb. 74. Schaltung des Siemens-Feuchtemessers.

Herstellung einer bestimmten Charakteristik vereinfacht sich dadurch wesentlich. Derartige Instrumente beginnen neuerdings an Bedeutung zu gewinnen.

Der Koordinatenschreiber besteht aus zwei getrennten Galvanometern, deren Drehrichtung aufeinander senkrecht steht. Dies läßt sich entweder dadurch erreichen, daß man beide Galvanometersysteme mit senkrechten Drehachsen ausrüstet und durch eine optische Einrichtung die beiden Drehachsen senkrecht zueinander stellt, wie dies z. B. beim Saladin-Apparat der Fall ist[2]), oder daß man von vornherein das eine System senkrecht zum andern orientiert. Die technische Ausführung wird im II. Band näher erörtert werden. Das Instrument gestattet die Aufnahme von Vorgängen mit zwei Variablen, z. B. im Zusammenhang mit Schwinggleichrichtern die Aufnahme von Verlustwinkeln usw.

Das ballistische Galvanometer[1]) dient zur Aufnahme von Stoßvorgängen. Es zeichnet sich durch eine sehr große Schwingungsdauer aus, erzeugt durch ein künstlich groß gemachtes Trägheitsmoment des schwingenden Systems. Die »ballistische Konstante« des Instruments wird auf bekannte Weise bestimmt. Seine Anwendung in Meßbrücken und Kompensatoren ist heute sehr beschränkt.

Beim ballistischen Galvanometer muß man den Umkehrpunkt bestimmen. Das Instrument muß daher gegen den Stromstoß eine große Schwingungsdauer besitzen. Im Gegensatz hierzu stellen sich die Kriech-Galvanometer[40]) sehr rasch in die Endlage ein, kehren jedoch sehr langsam in die Nullage zurück. Sie besitzen sehr geringes

Trägheitsmoment, geringe Richtkraft und sehr hohe elektromagnetische Dämpfung.

3. Regel-Indikatoren.

Der Regel-Indikator spielt in technischen Brückenschaltungen eine sehr große Rolle. Er dient dazu, in Meßbrücken und Kompensationsschaltungen den Strom im Indikatorzweig automatisch auf Null zurückzuführen. Dies geschieht dadurch, daß durch einen Strom im Indikatorzweig ein Regelvorgang ausgelöst wird, der einen Brücken- oder Kompensationszweig so verändert, daß dadurch das Brückengleichgewicht bzw. das Gleichgewicht der Kompensationsschaltung wieder hergestellt wird. Eine besondere Bedeutung hat der Regel-Indikator bei allen automatischen Regelvorgängen (Temperaturregelung, automatische Kesselsteuerung, Regelung von Starkstrom-Netzen) gewonnen und ist heute ein unentbehrliches Hilfsmittel geworden. Man kann mit dem vom Regel-Indikator gesteuerten Brücken- oder Kompensationszweig auch einen mechanischen Schreibmechanismus verbinden und dadurch z. B. Änderungen, die direkt nur ein sehr kleines Drehmoment auf einem Schreiber erzeugen und höchstens für Punktschreiber ausreichen würden, auf Tintenschreiber, d. h. kontinuierlich übertragen. Über die speziellen Anwendungen wird bei den Regelbrücken noch die Rede sein.

a) Galvanometer-Relais.

Das Fallbügel-Relais kuppelt ein Galvanometer mit einem Fallbügel-Mechanismus derart, daß durch eine fremde Hilfskraft (Uhrwerk, Synchronmotor usw.) ein Fallbügel in bestimmten Zeitintervallen auf den Galvanometer-Zeiger gedrückt wird. Man kann auch zu beiden Seiten des Zeiger-Ruhepunkts zwei getrennte Fallbügel verwenden. In beiden Fällen wird ein Regelstromkreis in dem Augenblick geschlossen, in dem der Galvanometer-Zeiger aus seiner Ruhelage abweicht. Gestaltet man beim Doppel-Fallbügel-Relais die beiden Fallbügel stufenförmig, so hat man die weitere Möglichkeit, die Dauer des Regel-Impulses von der Größe der Abweichung des Galvanometers abhängig zu machen. Einzelheiten über dieses und die folgenden Relais müssen jedoch dem II. Band vorbehalten bleiben.

Das Kontakt-Galvanometer bedient sich eines einfachen Kontaktes, der dann ausgelöst wird, wenn der Galvanometerzeiger einen bestimmten Ausschlag erreicht hat. Zur Herstellung einer sicheren Kontaktgabe verlangt das Instrument verhältnismäßig große Drehmomente, kann also nur da angewandt werden, wo ziemlich große Ströme zur Verfügung stehen. In der Nähe des Nullpunkts ist die Kontaktabgabe naturgemäß am unsichersten. Die über den Kontakt schaltbare Leistung ist bei kleinem Drehmoment des Systems ebenfalls sehr klein, da sonst ein Kleben des Kontaktes eintritt. Man kann die Schaltleistung vergrößern, wenn man nicht direkt auf ein Relais geht, sondern an das Gitter einer Verstärkerröhre. Man gewinnt damit den weiteren Vorteil, daß die Schaltkontakte nur auf Spannung, aber nicht auf Strombelastung beansprucht werden.

Das Bolometer-Relais [45]) u. [46]) gestattet sehr kleine Abweichungen aus der Gleichgewichtslage zu regeln oder — was ebenfalls oft erwünscht ist — zu signalisieren. Sein Prinzip ist in Bild 75 dargestellt. Zwei Zweige einer Wheatstonebrücke werden im Gleichgewichtszustand gleichmäßig von einem konstanten Luftstrom angeblasen. Die Brücke selbst ist durch eine Stromquelle geheizt. Die Brückendrähte sind so angeordnet, daß sich der Zweige R_1 über einer Düse, der Zweig R_2 über einer andern Düse befindet. Zwischen den Brückendrähten und den Öffnungen befindet sich die Zeigerfahne eines Galvanometers derart, daß in der Nullage des Galvanometers beide Öffnungen gleichmäßig freigegeben sind. Erhält das Galvanometer dagegen einen Stromimpuls, so schlägt der Zeiger nach einer Seite aus und verdeckt damit eine der Öffnungen. Dadurch werden der über der Öffnung befindliche Brückenzweig weniger abgekühlt als der andere Zweig. Die Brücke wird dadurch verstimmt und erzeugt in ihrer Meßdiagonale einen Strom. Das Anblasen erfolgt mittels einer Telephonmembran, die durch einen Wechselstrom — es genügen 50 Hz. eines Netzes — erregt wird, wobei der Luftstrom durch eine Düse austritt, die so gebaut ist, daß der Ansaugestrom seitlich eintritt, der Abblasestrom dagegen senkrecht austritt. Da man je nach dem Ausschlag des Galvanometers die Öffnungen mehr oder weniger abdecken und gleichzeitig den Brückenstrom wesentlich größer als den Galvanometerstrom halten kann, bekommt man damit einen Verstärker, der proportional dem Galvanometerstrom einen um mehrere Größenordnungen größeren Strom abgibt. S. 62 wird noch zu erörtern sein, daß man mit Hilfe einer Kompensationsschaltung die Schwankungen der Brückenspannung und die Schwankungen des Anblasestromes kompensieren kann. Hier interessiert die Möglichkeit einer Relaisbetätigung. Dafür sind zwei Schaltarten möglich. Die eine besteht darin, daß man bei einem Ausschlaginstrument das Bolometer auf einen bestimmten Ausschlagpunkt einstellt und über die Brücke ein Relais und damit einen Steuervorgang dann betätigt, wenn der eingestellte Wert entweder unter- oder überschritten wird. Anderseits kann man die Bolometeranordnung auch mit einem Nachlaufwerk in Verbindung setzen, derart, daß bei Abweichung von einem eingestellten Wert eine Anordnung betätigt wird, die ein neues Gleichgewicht in einer Brücken- oder Kom-

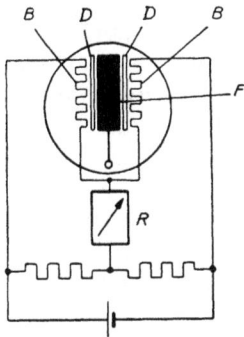

Abb. 75. Bolometer-Relais.
D Düsen. B Bolometerdrähte,
F Zeigerfahne, R Relais.

pensationsschaltung hervorruft und damit gleichzeitig das Bolometer so lange verstellt, bis wieder ein Gleichgewichtszustand erreicht ist. Derartige Schaltungen erzielt man z. B. bei der Betätigung von Lichtband-Instrumenten.

b) Eigentliche Relais.

Das eigentliche Relais besteht aus einem Elektromagneten, vor dessen Polen eine bewegliche, mit Kontakten versehene Zunge spielt. Das nichtpolarisierte Relais ergibt auf jeden Fall einen Ausschlag der Kontaktzunge, sobald der den Elektromagneten durchfließende Strom groß genug ist, um die Zunge in Bewegung zu setzen. (Schwellwert des Relais.) Die Richtung des Stromes im Elektromagneten ist dabei gleichgültig. Das polarisierte Relais trägt die Erregerwicklung nicht auf einem Weicheisenkern, sondern auf einem permanenten Magneten. Je nach der Stromrichtung wird das permanente Feld verstärkt oder geschwächt. Befindet sich die Zunge in der Ruhelage an einem Pol, so wird sie nur dann abgehoben, wenn dieser Pol durch den Strom geschwächt, der gegenüberliegende jedoch verstärkt wird. Hat die Zunge in der Ruhelage eine Zwischenstellung, so wird sie dem verstärkten Pol genähert. Im ersten Falle hat also das Relais eine Ruhe- und eine Arbeitsstellung, im zweiten Falle eine Ruhestellung und zwei Arbeitsstellungen. (Praktische Ausführungen im II. Band.)

III. Gleichstromquellen.

Bei nicht abgeglichenen Brücken und bei Kompensationsschaltungen hängt der Ausschlag des Indikator-Instruments von der Spannung der Stromquelle ab. Bei abgeglichenen Brücken geht die Spannung nur auf die Empfindlichkeit der Abgleichung ein, solange in der Brücke keine stromabhängigen Widerstände enthalten sind (z. B. unsymmetrische Bolometeranordnungen). Da man bei Betriebsmessungen sehr häufig Ausschlagbrücken verwendet, ist es notwendig, in diesen Fällen den Eingangsstrom oder die Eingangsspannung konstant zu halten*).

Als Quellen konstanter Spannung sind innerhalb gewisser Grenzen anzusehen: das Primär-Element und der Akkumulator. Bei Anschluß an Gleichstromnetze muß man dagegen bei Ausschlagmessungen besondere Spannungs-Konstanthalte-Einrichtungen vorsehen. Bei geringem Energiebedarf ist hier besonders der Glimmspannungsteiler zu erwähnen. Die verschiedenen Konstanthaltemethoden werden im

---

*) Konstanter Eingangsstrom und konstante Eingangsspannung sind auch praktisch nicht identisch, wenn der Brückenwiderstand mit der Meßgröße stark variiert.

II. Band näher erörtert werden. Eine besondere Spannungsquelle für Präzisionsquellen, das Normal-Element, wird S. 72 besprochen werden.

Für die meisten Ausschlagbrücken legt man Wert auf konstanten Speisestrom, nicht auf konstante Spannung. Wie bereits erwähnt, kann man bei sehr kleinen Änderungen des variablen Widerstands der Brücke und damit des Gesamtwiderstands der Brücke die Quellen konstanter Spannung auch als Quellen konstanten Stromes ansehen. Bei Anschluß an Gleichstromnetze oder an Netzanoden bzw. Röhrengleichrichter und bei stark variablem Widerstand der Brücke hat man die Speisestromstärke jedoch besonders konstant zu halten. Dies geschieht vorwiegend mittels der Eisenwasserstoff-Lampe, die die Eigenschaft besitzt, innerhalb eines bestimmten Spannungsbereiches den durchgehenden Strom konstant zu halten. Es gibt eine Reihe von Kunstschaltungen zur Strom- oder Spannungs-Konstanthaltung[47]).

Bei Nullmethoden ist natürlich auch die Stromkonstanz belanglos solange die Ansprech-Empfindlichkeit des Null-Indikators nicht dadurch unterschritten wird.

IV. Gleichstrom-Verstärker.

Der Gleichstrom-Verstärker spielt bei Nullmethoden nur eine sehr geringe Rolle, da es in den meisten Fällen möglich ist, die Empfindlichkeit des Nullindikators entsprechend groß zu wählen. Dagegen ist für Ausschlagmethoden die Gleichstrom-Verstärkung oft sehr erwünscht, besonders dann, wenn man statt Punktkurven zusammenhängende Tintenkurven erzielen will. Hier wird man besonders zu dem im 2. Abschnitt dieses Kapitels erwähnten Bolometer-Verstärker greifen. Der letztere gestattet auch die Übertragung von irgendwelchen variablen Größen auf Groß-Instrumente. Röhrenverstärker finden selten Anwendung — im Gegensatz zu den Wechselstrom-Methoden. Der Vollständigkeit halber und für besondere Zwecke seien die verschiedenen Methoden der Gleichstrom-Verstärkung angeführt.

1. Röhren-Verstärker.

Die direkte Gleichstrom-Röhrenverstärkung besitzt den Nachteil gegenüber der Wechselstrom-Verstärkung, daß man meist über nur sehr niedrige Eingangsspannungen am Gitter der ersten Röhre verfügt und natürlich diese nicht wie bei Wechselstrom hinauftransformieren kann. Man muß deshalb eine größere Röhrenkaskade anwenden, wobei sich natürlich auch der Störspiegel der ganzen Anlage entsprechend erhöht. Häufig wird man nicht reine Gleichspannungen verstärken, sondern sehr langsam verlaufende Änderungen. Man muß dann die Schaltung so dimensionieren, daß man keine Verzerrung der Veränderungen erhält, eine nicht immer einfache Aufgabe.

Man kann die Gleichstrom-Verstärkung auch auf die bequemere Wechselstrom-Verstärkung zurückführen, indem man den zu verstärkenden Strom mittels mechanischer Zerhacker zerhackt und den zerhackten Strom der Primärseite eines Übertragers zuführt, dessen Sekundärspannung mit Aufwärts-Transformationen nunmehr an das Gitter der ersten Röhre einer Verstärkerschaltung liegt[44]).

2. Bolometer-Verstärker.

Das Prinzip des Bolometer-Verstärkers ist bereits S. 59 erklärt worden. In der angegebenen Schaltung ist der Strom in der Meß- (in diesem Falle besser Schalt-) Diagonale der Bolometerbrücke abhängig von der an die Brücke angelegten Spannung und macht deren Schwankungen mit. Bei der Verwendung des Bolometers als Relais spielen diese Schwankungen jedoch keine Rolle, da hier nur durch die beim Ausschlag des Galvanometers erzielte Unsymmetrie der Bolometerbrücke ein Schaltvorgang erzielt werden soll. Anders liegt jedoch der Fall, sobald der aus der Bolometerbrücke entnommene Strom proportional dem Galvanometerstrom — nur um Größenordnungen verstärkt — sein soll. Die direkte Verstärkermethode bedingt daher konstante Speisespannung der Brücke und eine solche Dimensionierung der Zeigerfahne des Galvanometers, daß dadurch eine ausschlagproportionale Abkühlung der Bolometerzweige erfolgt. Praktischer ist eine Rückführungsmethode. Es sind zwei Ausführungen angegeben worden. Bei beiden ist kennzeichnend, daß das Galvanometer kein Richtmoment besitzt, daß also der Zeiger bei jedem Strom an sich in die Endlage gehen müßte. Nach einem von Schützler[45]) und ebenso von Sell[46]) angegebenen Kompensationsverfahren (Abb. 76) wird

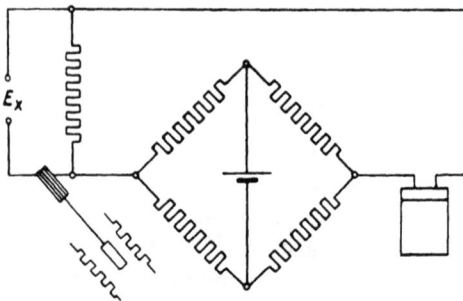

Abb. 76. Bolometer-Verstärker mit Rückführung nach Schützler und nach Sell.

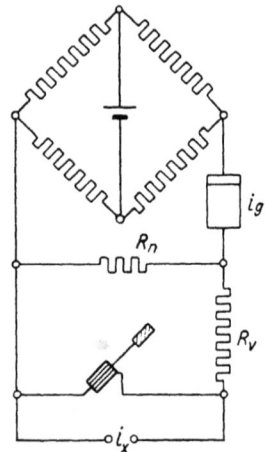

Abb. 77. Bolometer-Verstärker mit »Saugschaltung« nach Stanek und Merz.

von dem Brückenstrom bei Unsymmetrie der Brücke in dem Wider-stand R_n ein Spannungsabfall erzeugt. Bei Gleichheit des Spannungs-Abfalles in R_n mit der zu messenden EMK E_x ist das Galvanometer in Ruhe. Erhöht sich die Spannung E_x beispielsweise auf $2\,E_x$, so fließt durch das Galvanometer Strom, die Zeigerfahne bewegt sich bis der Spannungsabfall in R_n gleich $2\,E_x$ ist.

Eine andere Kompensations-Schaltung ist von Stanek und Merz als „Saugschaltung" bezeichnet worden (Abb. 77). Während die erste Kompensationsschaltung eine wattlose Spannungsmessung erlaubt, erzielt man mit der Saugschaltung eine wattlose Strommesung.

Bei der Schaltung nach Sell und nach Schützler ist:

$$i_g = E_x / R_n.$$

Bei der Saugschaltung ist:

$$i_g = i_x \cdot (R_n + R_v) / R_n.$$

3. Optische Verstärker.

Der optische Verstärker beruht darauf, daß man den Ausschlag eines Spiegel-Galvanometers auf ein lichtempfindliches System über-trägt. Die ersten derartigen Geräte sind von Moll entwickelt worden. Hierbei wird je nach dem Ausschlag des Galvanometers eine Thermo-kette (Kette von Thermoelementen) mehr oder weniger bestrahlt. Der Thermostrom wird auf ein zweites Instrument übertragen. Seit Ein-führung der Photozellen in die Meßtechnik hat man auch wiederholt derartige Zellen in Abhängigkeit von einem Galvanometer-Ausschlag bestrahlt. Da der erzeugte Photostrom jedoch nicht proportional der bestrahlten Fläche ist, war es notwendig, durch entsprechend ausge-schnittene Blenden eine Proportionalität zu erzielen, wie dies nach einem Vorschlag von Trendelenburg ausgeführt wurde. Man kann auch beim optischen Verstärker Kompensationsschaltungen wie beim Bolometer Verstärker anwenden.

V. Normalien der Gleichstrombrücken und Gleichstrom-Kompensatoren.

1. Der Ohm-Widerstand.

a) Präzisions-Widerstände.

Der Ohm-Widerstand stellt in Gleichstrombrücken und -Kom-pensatoren das Grund-Vergleichs-Element dar. Von seiner Genauigkeit hängt daher die Genauigkeit einer Messung direkt proportional ab. Für sehr genaue Messungen sind deshalb die Anforderungen an die verwendeten Normalwiderstände sehr hoch. Sie lassen sich zusammenfassen in:

1. Zeitliche Konstanz,
2. kleinster Temperaturkoeffizient,
3. Thermokraft-Freiheit der Übergangsstellen zweier Materialien.

Nicht erforderlich ist im Prinzip eine absolut exakte Abgleichung auf einen runden Nennwert, vorausgesetzt, daß man vorhandene Abweichungen durch Eichung erfaßt und tabellenmäßig festgelegt hat. Es ist aber klar, daß man derartige Abweichungen so klein wie möglich halten wird, um die Messung nicht unnötig durch Korrektur-Rechnungen umständlicher zu machen.

Zeitliche Konstanz.

Wie bei allen Normalien der Meßtechnik ist die zeitliche Konstanz die wichtigste und — schwierigste — Forderung. Es ist daher erforderlich, Präzisionswiderstände zu altern. Zu diesem Zwecke erhitzt man die fertig gewickelten Widerstände längere Zeit auf 90...100° C oder auch höher. Die Alterung im fertigen Zustande ist erforderlich um nachträgliche Formänderungen zu vermeiden. Eine große Rolle, besonders bei höherohmigen Widerständen (über $10\,000\,\Omega$), spielt die Feuchtigkeit der Isolierung. Nach Untersuchungen von Rosa und Babcock nimmt der zur Isolierung verwendete Schellack u. U. Feuchtigkeit auf. Nach v. Steinwehr werden daher Normalwiderstände über $10\,000\,\Omega$ entweder in einem Raum konstanter Feuchtigkeit aufbewahrt oder luftdicht abgeschlossen bzw. nach einem Vorschlag von Keinath in Glas eingeschmolzen.

Temperaturkoeffizient.

Die Erwärmung eines Widerstands kann auf zwei Arten hervorgerufen werden:

1. durch Erwärmung von der Raumtemperatur aus,
2. durch die Stromwärme.

Der unkontrollierbaren Erwärmung durch die Außentemperatur kann man begegnen, indem man die Widerstands-Normalien in Temperaturbäder setzt. Derartige Bäder werden im II. Band beschrieben werden.

Der Einfluß der Strombelastung ist dagegen direkt proportional dem Quadrat des den Widerstand durchfließenden Stromes. Auch hier kann man durch Temperaturbäder bis zu einem gewissen Grade die Stromwärme ausschalten. Allerdings muß man hier u. U. bei großen Strombelastungen längere Zeit bis zur Erreichung des Gleichgewichtszustandes abwarten. Es ist aber klar, daß es sehr schwer ist, eine bestimmte Temperatur zu erzielen, einfacher dagegen eine erhaltene Temperatur gleichmäßig auf den ganzen Widerstand zu übertragen und

zu messen. Erforderlich ist dann natürlich die Kenntnis des Temperaturkoeffizienten des betr. Widerstands.

Da man für genaue Messungen jedoch nicht nur Normalien verwendet, die in Temperaturbäder eingebaut sind, sondern auch Wider-
standskästen, so wird man bestrebt sein, den Temperaturkoeffizienten
möglichst niedrig zu halten. Alle zeitlich inkonstanten Materialien,
wie z. B. Zinklegierungen, schalten dabei von vorneherein aus. Weiter
ist von einem Widerstandsmaterial zu fordern, daß es möglichst großen
spezifischen Widerstand besitzt und eine möglichst kleine Thermokraft
gegen Kupfer hat. Letztere Forderung ist notwendig, da es unmöglich
ist, Kupfer ganz aus einem Meßkreis auszuschalten.

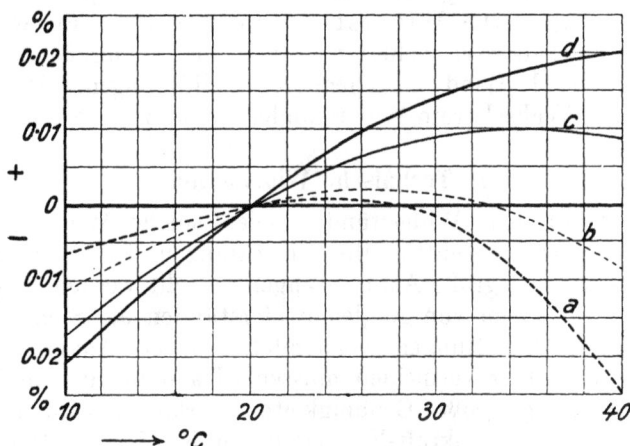

Abb. 78. Widerstands-Änderung verschiedener manganin-ähnlicher
Legierungen mit der Temperatur.

Die geringste Thermokraft gegen Kupfer besitzt das Manganin.
Sein Temperaturkoeffizient zwischen 20 und 50° C ist $\alpha = 1 \cdot 10^{-5}$, seine
Thermokraft gegen Kupfer 1 μV/Grad. Die Zusammensetzung des
Manganins ist 84% Cu, 12% Mn, 4% Ni. Die Widerstandsänderung
mit der Temperatur von Manganin zeigt z. B. Abb. 78.

Verzichtet man auf die Thermokraftfreiheit gegen Kupfer, so kann
man das Konstantan verwenden (spez. Widerstand bei 20°: $\sigma_{20} =
10^{-3}$). Seine Thermokraft gegen Kupfer beträgt 40 μV/Grad, sein
Temperaturkoeffizient zwischen 20 und 100°: $\alpha = 30 \cdot 10^{-6}$.

Eine ausführliche Darstellung der verschiedenen Widerstands-
Materialien bringt Keinath[48]) (s. II. Band).

Zu den angegebenen Bedingungen fügt Keinath noch hinzu:
»Das Belastungs-Material soll bei höheren Temperaturen nicht oxy-
dieren. Es soll sich zu dünnsten Drähten ziehen lassen und auch sonst
formbar mit den üblichen Werkzeugen sein.«

Die Formgebung des Widerstands-Materials ist bei Gleichstrom-Messungen ziemlich belanglos. Die einzige Forderung die man stellen muß, ist vielleicht die, daß bei höher belasteten Widerständen eine möglichst hohe und möglichst gleichmäßige Wärmeabführung gegeben sein muß und daß das Material unter dem Einfluß der Wärmebelastung keine Formänderung erfahren darf. Die Formgebung spielt dagegen eine sehr große Rolle sobald der Widerstand auch für Wechselstrom Verwendung finden soll. Darauf wird bei den Wechselstrom-Normalien noch näher eingegangen werden.

Die Normalwiderstände werden hergestellt als Einzelwiderstände und als Widerstands-Kombinationen. Die Einzelwiderstände selbst werden für große Genauigkeiten zum Einsatz in Temperaturbäder geeignet angefertigt. Die Widerstandskombinationen werden als Stöpsel und Kurbelkästen geliefert. Über die technische Ausführung finden sich im II. Band eingehendere Schilderungen. Das Prinzip wird bei den Wechselstrom-Widerständen noch zu erörtern sein.

b) Technische Widerstände.

Unter technischen Widerständen seien solche Widerstände verstanden, bei denen hinsichtlich ihrer Konstanz und ihres Temperaturkoeffizienten weniger große Anforderungen gestellt werden. Sie werden besonders in der Form von Abgleichwiderständen als Spulen in technischen (Betriebs-) Schaltungen verwendet. Grobe Änderungen wird man jedoch auch hier vermeiden müssen. Da man auch in Betriebs-Schaltungen häufig große Genauigkeiten verlangt, wird man auch hier weitgehende Thermokraft-Freiheit gegen Kupfer benötigen. Technische Widerstände werden hinsichtlich ihres Widerstandswertes meistens nur grob abgeglichen und bei der Eichung der betr. Meßschaltung durch Zusatz von kleinen Ergänzungswiderständen justiert.

c) Veränderbare Widerstände.

Der kontinuierlich veränderbare Widerstand spielt bei den meisten Nullmethoden eine große Rolle. Hier wird er in Form des Schleifdrahts benutzt. Darüber hinaus ist heute der kontinuierlich variable Widerstand bei allen Ausschlagmethoden unentbehrlich. Der temperaturgesteuerte veränderbare Widerstand wird S. 70 und S. 124 näher erörtert. Es sei im folgenden von dem mechanisch gesteuerten variablen Widerstand die Rede.

Der Schleifdraht

für Nullmethoden besteht in einem gestreckten oder auf einen Zylinder in einer Windung oder in mehreren Windungen in Spiralform gewickelten Widerstandsdraht. Die Stromabnahme erfolgt an dem festen Endpunkt und an einem veränderlichen Zwischenpunkt. Beim gestreckten Schleifdraht wird die Zwischenkontaktstelle durch eine verschiebbare Schneide oder Feder bewerkstelligt, beim Walzenschleifdraht durch eine Feder oder Kontaktrolle. Die letztere wendet man besonders beim spiralförmigen Schleifdraht an. Hierbei wird die Kontaktrolle durch eine Schraubspindel geführt. Neuerdings hat v. Ludwiger (DRP. 563775) eine Abnahmevorrichtung konstruiert, bei der der Draht vom Träger abgehoben und in einer Schleife über die Kontaktrolle geführt wird. Eine derartige Abnahme garantiert einen gleichmäßigeren und stärkeren Kontaktdruck (s. Bd. II).

Bei allen Schleifdraht-Anordnungen muß es möglich sein, die Stellung des Zwischenkontaktes genau zu bestimmen. Dies geschieht beim gestreckten Schleifdraht sehr einfach dadurch, daß man unter dem Schleifdraht einen Maßstab anbringt. Ebenso kann man beim einlagigen Walzendraht eine Skala am Drehknopf anbringen, den Zwischenkontakt festhalten und den ganzen Schleifdraht drehen oder auch bei festgehaltenem Schleifdraht die Drehung des Zwischenkontaktes an einer Skala ermitteln. Beim Spiraldraht muß man dagegen außer der Stellung innerhalb einer Windung auch die Ordnungszahl der betreffenden Windung selbst ermitteln. Dies geschieht, indem man einmal den Rand der Schleifdrahttrommel mit einer Skala versieht und gleichzeitig an der Schraubspindel eine Skala anbringt. Die letztere ergibt dann die Grobeinteilung, die erstere die Feineinteilung. Man unterteilt im allgemeinen die ganze Schleifdrahtlänge in 100 bzw. 1000 Teile. Praktische Ausführungsformen werden im II. Band gezeigt werden.

Der Schleifdraht kann entweder einseitig verwendet werden oder doppelseitig. In ersterem Falle interessiert nur der Widerstand des Drahtes von einem Endpunkt bis zur variablen Kontaktstelle, im zweiten Falle die beiden Widerstände von der Kontaktstelle zu den beiden festen Enden bzw. häufig das Verhältnis dieser beiden Widerstände. Da man auf jeden Fall die Bestimmung des Widerstands durch eine Längenmessung ersetzt, macht man in erster Näherung die Voraussetzung, daß der Schleifdraht über seine ganze Länge gleichen Durchmesser besitzt, daß also der Widerstand von einem Ende aus direkt proportional der abgegriffenen Länge ist. Dies ist nur in erster Näherung richtig. Für genauere Messungen muß man dagegen den Schleifdraht »kalibrieren«.

Kalibrierung von Schleifdrähten.

a) Kalibrierung mittels eines Stöpselwiderstands (Abb. 79).

Die einfachste Kalibrierung erfolgt in einer Wheatstonebrücke mittels eines Stöpselwiderstands, dessen Korrektionen bekannt sind. Es verhält sich im abgeglichenen Zustand der Brücke $a : b = R_a : R_b$. Greift man nun mit den Stöpselwiderständen verschiedene Verhältnisse R_a/R_b ab, so erhält man damit den wahren Wert von a/b an der betr. Stelle. Man kann dann Korrektur-Zahlentafeln oder Kurven für a oder a/b anlegen. Es ist klar, daß die Zuleitungen zu den Widerständen R_a und R_b gegenüber diesen Widerständen selbst vernachlässigbar kleinen Widerstand besitzen müssen.

Findet man an der Stelle a den Widerstand a', so ist die Korrektur $\varDelta a = a' - a$ und ebenso für b: $\varDelta b = b' - b$. Das wahre Verhältnis an der Stelle a/b ist dann $(a + \varDelta a)/(b + \varDelta b)$.

Für den häufigen Gebrauch derartiger Korrekturen unter Berücksichtigung der Korrekturen der Stöpselwiderstände geben Kohlrausch und Holborn[49]) eine vereinfachte Rechnungsmethode. Die laufende Kontrolle des Brückendrahtes wird bei der Behandlung der Wheatstone-Schleifdraht-Brücke (S. 80) gezeigt werden.

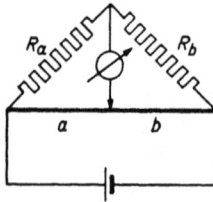

Abb. 79. Kalibrierung eines Schleifdrahts
mittels eines Stöpselwiderstands.

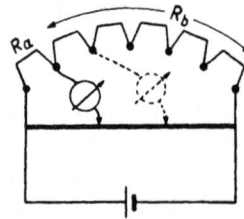

Abb. 80. Brückendraht-Kalibrierung
nach Strouhal und Barus.

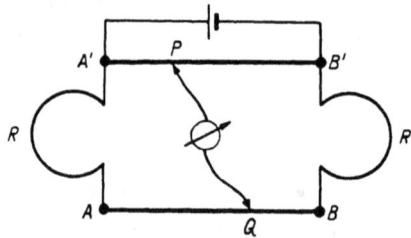

Abb. 81. Brückendraht-Kalibrierung mittels eines Hilfsdrahts.

b) Kalibrierung mit wandernden Drahtstücken nach Strouhal und Barus.

Diese Methode beruht darauf, daß eine Reihe möglichst gleicher Widerstandsdraht-Stückchen mittels Quecksilbernäpfe hintereinandergeschaltet wird. Diese Drahtstückchen bilden zusammen die Zweige R_a und R_b einer Wheatstone-Brücke. Nach jeder Messung verschiebt man das erste Drahtstückchen um eine Stelle weiter und erhält dann auf dem Schleifdraht lauter Stücke gleichen Widerstands (Abb. 80). Diese Methode dürfte kaum mehr Verwendung finden. Ihre genauere Beschreibung sowie die Auswertung der erhaltenen Korrekturen findet sich ebenfalls bei Kohlrausch und Holborn.

c) Kalibrierung mittels eines Hilfsdrahts (Abb. 81).

Der zu kalibrierende Draht sei AB, der Hilfsdraht $A'B'$. R ist ein Bruchteil von AB (z. B. $^1/_{10}$), R' ist ein Kupferbügel. R und R' lassen sich widerstandsfrei vertauschen. Für einen Punkt P sucht man den zugehörigen Punkt Q auf dem Schleifdraht, wobei unter Zugehörigkeit der Fall der abgeglichenen Brücke verstanden sei. Vertauscht man R und R' und läßt Q stehen, so findet man einen zugehörigen Punkt P'. Der Widerstand der Strecke PP' ist dann $R - R'$. Vertauscht man nun R und R' in ihre alte Lage zurück und hält den Punkt P' fest, so findet man einen zugehörigen Punkt Q', tauscht abermals R und R' aus und erhält einen neuen Punkt P''. Dann hat auch $P'\,P''$ den Widerstand $R - R'$ usw. Die Methode ist zuerst von Carey Foster[50]) angegeben worden.

d) Kalibrierung mittels eines wandernden Schneidenpaares.

Ein Schneidenpaar von konstantem Abstand ist mit einem empfindlichen Galvanometer verbunden und an verschiedenen Stellen auf den Schleifdraht aufgesetzt. Die Galvanometer-Ausschläge sind den Widerständen zwischen den Schneiden proportional unter der Voraussetzung, daß während der ganzen Messung sich die Spannung der Stromquelle nicht ändert. Man kann hier besonders einfach den Widerstand zwischen zwei Windungen einer Walzenbrücke kontrollieren[51]).

Ringwiderstände

dienen besonders zur Überführung mechanischer Bewegungen (Längs- oder Drehbewegungen) in elektrische Widerstandsgrößen. Man kennt zwei Haupttypen, den offenen Ringwiderstand und das Ringrohr.

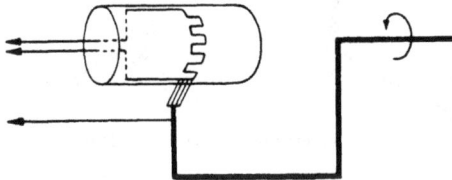

Abb. 82. Offener Ringwiderstand.

Der offene Ringwiderstand (Abb. 82) besteht in einer Widerstands-Raupe, die zu einem Kreis gebogen ist. Auf dieser Raupe schleift ein Schleifkontakt längs des Kreisumfangs. Dabei kann man entweder die Raupe bewegen oder den Schleifkontakt. Es ist klar, daß man hierbei nicht kontinuierliche Änderungen des Widerstands erhält, sondern Sprünge von einer Raupenwindung zur nächsten. Die zulässige Größe des Sprunges bedingt die Stärke des Widerstandsdrahts. Erforderlich ist, daß sich die Lage der einzelnen Windungen im Laufe des Gebrauchs nicht ändert. Bei kleinen Drehmomenten muß der bewegliche Teil des Widerstands sehr leicht gemacht werden. (Praktische Ausführungen sind im II. Band wiedergegeben.)

Sowohl beim Schleifdraht wie beim Ringwiderstand ist es wichtig, daß der Übergangswiderstand des Zwischenkontakts so klein wie möglich gehalten wird. Da er sich nicht gänzlich vermeiden läßt, wendet man für sehr empfindliche Messungen Spannungsteiler-Schaltungen an (z. B. S. 122). Wichtig ist auch, daß zwischen Widerstandsdraht und Schleifkontakt keine Thermokraft möglich ist. Dies bedingt eine besondere Auswahl des Kontaktmaterials. Zur Feststellung etwa doch vorhandener kleiner Thermokräfte muß man Stromwendeverfahren anwenden, derart, daß der aus der Meßanordnung (Brücke, Kompensator) kommende Strom das Galvanometer in entgegengesetzter Richtung durchfließt, etwa vorhandene Thermoströme dagegen in gleicher Richtung. Hat man in einer Richtung die Schaltung abgeglichen und erhält man beim Wenden des Stromes einen Ausschlag, so stellt dieser den Einfluß der Thermokräfte in doppelter Größe dar. Der wahre Nullpunkt ist dann durch Mitteln zu finden.

Der geschlossene Ringwiderstand besteht in einem kreisförmigen Glasrohr, in dessen Innerem ein Widerstandsdraht ($Pt — Ir$) ausgespannt (Abb. 83) und das zur Hälfte mit Quecksilber gefüllt ist.

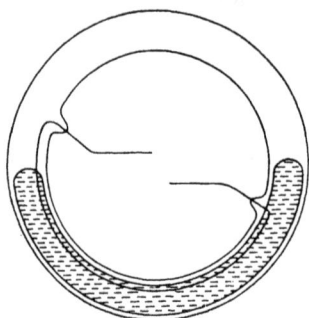

Abb. 83. Geschlossener Ringwiderstand (Ringrohr).　　Abb. 84. Ringrohr als Spannungsteiler.

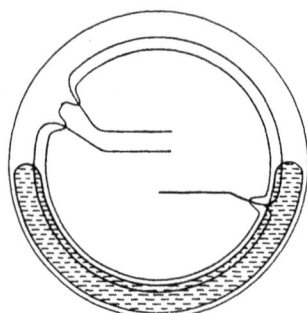

Durch Drehen des Ringrohres wird der Widerstand des Drahtes mehr oder weniger kurzgeschlossen. Man kann auch das Ringrohr als Spannungsteiler ausbilden, wie dies Abb. 84 zeigt.

Der Vorteil des Ringrohres liegt in seinem luft- und staubdichten Abschluß. Der offene Ringwiderstand andrerseits besitzt kleinere bewegte Massen und damit ein kleineres Trägheitsmoment.

Temperaturempfindliche Widerstände.

Für besondere Zwecke benötigt man Widerstände, die sich kontinuierlich mit der Umgebungs- bzw. Draht-Temperatur ändern. Dies ist z. B. bei den Widerstands-Thermometern und bei den elektrischen Rauchgasprüfern der Fall. Bei letzteren bestimmt man aus der Änderung der Temperatur eines Widerstandsdrahtes die Wärmeleitfähigkeit und damit die Zusammensetzung des den Draht umgebenden Gases (CO_2, H_2 usw.) oder die Wärmetönung bei der katalytischen Verbrennung an dem Widerstands-Draht (CO, H_2). In allen diesen Fällen will man also (umgekehrt wie bei den Widerstands-Normalien) einen möglichst großen Temperatur-Effekt des Widerstands erzielen. Man hat also hier Materialien mit großem Temperaturkoeffizienten zu wählen (Ni, Fe usw.). Bei der Wahl der Widerstands-Materialien ist neben dem Temperaturkoeffizienten jedoch der Einfluß anderer Größen zu beachten (zeitliche Konstanz des Temp.-Koeff., Korrosionsfestigkeit usw.).

Der temperaturempfindliche Widerstand spielt auch eine Rolle zur Kompensation des Temperatureinflusses in Meßschaltungen. So ist bekanntlich ein Galvanometer, das nur den Kupferwiderstand des Rähmchens enthält, temperaturempfindlich. Dies wirkt sich zwar nicht in der Stromempfindlichkeit, wohl aber in der Spannungsempfindlichkeit aus. Man schaltet dann Kombinationen von temperaturempfindlichen und -unempfindlichen Widerständen zusammen, wie es dies bereits Swinburne (Engl. Patent v. 1885) gezeigt hat. Eine derartige Schaltung gibt Abb. 85 wieder. Es ist klar, daß man zur Kompensation von positiven Temperatur-Koeffizienten mit Widerständen von ebenfalls positivem Temp.-Koeff. Parallelschaltungen anwenden muß. Dadurch verringert man z. B. bei Galvanometern die Empfindlichkeit. Man hat daher schon lange nach Widerstandsmaterialien von großem negativem Temperatur-Koeffizienten gesucht. Die bekannten Materialien (z. B. Kohle) haben jedoch noch zu geringe zeitliche Konstanz; doch scheint man in letzter Zeit auf diesem Gebiete weitergekommen zu sein. Ein temperaturempfindlicher Widerstand ist übrigens bereits S. 61 in Gestalt des Eisenwasserstoff-Widerstands zur Strom-Konstanthaltung erwähnt worden (Zahlentafel s. II. Bd. ds. Buches). Neuerdings kompensiert man den Temperatur-Einfluß auch durch Verwendung eines „Thermalloy"-Nebenschlusses zum Luftspalt des Magneten. Es ist dies ein magnetisches Material, dessen Permeabilität sich stark mit der Temperatur ändert.

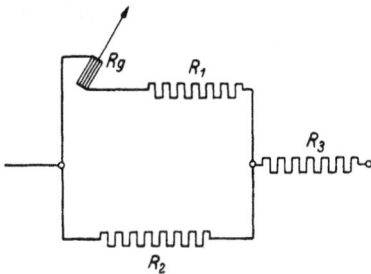

Abb. 85. Temperatur-unempfindliche Schaltung bei Drehspul-Instrumenten.
R_g Drehspule. R_1 Manganinwiderstand. R_2 Widerstand mit hohem Temperaturkoeffizienten. R_3 Manganinwiderstand.

Die Glimmstrecke in gasgefüllten Entladungsröhren stellt einen spannungsabhängigen Widerstand dar. Wie bereits S. 60 erwähnt, macht man von der Glimmstrecke bei der Spannungs-Konstanthaltung Gebrauch. Es sei darüber auf die Druckschriften der Stabilovolt G. m. b. H. verwiesen. Die Glimmstrecke gestattet eine Fülle von Anwendungen, z. B. als Schwingungs-Erzeuger in der Glimmbrücke*) von Geffcken und Richter[52, 53]).

Die Elektronenröhre kann ebenfalls als veränderbarer Widerstand benutzt werden, wenn man die Heizung der Röhre variiert. Sie ist gut brauchbar, wenn man eine Veränderbarkeit über einen großen Bereich benötigt, ohne an die Konstanz große Anforderungen zu stellen und ohne das Bedürfnis, den Widerstand selbst zahlenmäßig zu kennen. In dieser Weise wird sie z. B. in der vorher erwähnten Glimmbrücke benutzt.

*) Die »Glimmbrücke« ist keine eigentliche Brücke. Es sei daher über sie auf die Originalliteratur verwiesen.

2. Das Normal-Element.

Normal-Elemente sind Quellen konstanter Spannung. Sie zeichnen sich durch große zeitliche Konstanz aus, solange aus ihnen kein Strom entnommen wird. Sie sind daher sorgfältig vor Stromentnahme zu bewahren und eignen sich nur als Gleichspannungs-Normalien. Hier finden sie in den Gleichstrom-Kompensatoren eine ausgedehnte Anwendung. Am bekanntesten ist das Weston-Element (Ausführung s. Bd. II). Es ist in gewissem Grade temperaturabhängig. Bei 20° C besitzt es die EMK von 1,0183 V. Zwischen 0° und 40° C gilt die Temperaturformel:

$$E = 1{,}0183 - 0{,}0000406 \, (t - 20) - 0{,}00000095 \, (t - 20)^2$$
$$+ 0{,}00000001 \, (t - 20)^3.$$

Nach einem Vorschlag von v. Krukowski kann man das Normal-Element in einem Dewargefäß verwenden. Man erhält dann sehr große Temperaturkonstanz.

Um das Normal-Element zu schonen, verwendet man in Gleichstrom-Kompensatoren Hilfselemente, deren EMK man mittels des Normal-Elements und Spannungsteiler-Schaltungen einstellt. Die eigentlichen Messungen werden mit den Hilfselementen ausgeführt.

Da die Normal-Elemente nicht alle vollkommen gleich sind, kann man in den meisten Gleichstrom-Kompensatoren die Schaltung nach der auf dem Prüfschein angegebenen EMK des Normal-Elements einstellen (S. 135).

3. Das Schaltelement.

Die wichtigsten Forderungen an Schaltelemente für Gleichstrom-Schaltungen sind bereits in den vorhergehenden Kapiteln erörtert worden. Es sind dies

1. möglichst kleiner und möglichst konstanter Übergangswiderstand,
2. Thermokraft-Freiheit.

Die gebräuchlichsten Schaltelemente in Brücken und Kompensatoren sind: der Stöpselschalter, der Einfach- und Mehrfach-Drehschalter und die Schaltlasche. Zu diesen eigentlichen Schaltelementen kommt hinzu die Anschlußklemme. Außer der selbstverständlichen Forderung des festen Sitzes, der allein ein Abwürgen der Lötanschlüsse verhindert, ist von Wichtigkeit das verwendete Einbaumaterial. An dieses muß man bei hohen Widerständen die Forderung sehr guter Isolation stellen. Bei extrem hohen Widerständen bedingt dies den Einbau der Schaltklemme in Bernsteinbuchsen. Dem hohen Isolationswert des Bernsteins steht sein Nachteil gegenüber, daß er sich sehr leicht auflädt und damit bei statischen Messungen Schwierigkeiten bereitet. Der sehr häufig benutzte Hartgummi hat den Nachteil, im Laufe der Zeit unter dem Einfluß des Lichtes Schwefelsäure an seiner Oberfläche auszuscheiden und damit an der Oberfläche zu leiten. Man kann der Schwefelsäurebildung abhelfen, indem man die eigentliche Isolationsplatte durch eine zweite Platte abdeckt, durch die z. B. bei Stöpselkästen die Stöpsel hindurchgeführt werden. Neuerdings verwendet man häufig statt Hartgummi auch Trolitul. Auch Porzellan, Calan und Glimmer werden für besondere Zwecke verwendet.

Die einzelnen in der Praxis verwendeten Schaltelemente werden im II. Band näher beschrieben.

VI. Gleichstrombrücken.

Von den Gleichstrombrücken war bis vor wenigen Jahren nur die Wheatstonebrücke in der Nullmethode und die Thomsonbrücke, die fast ausschließlich in der Nullmethode verwendet wird, bekannt. Die Anforderungen der technischen Betriebe an die Meßtechnik und an die automatische Betriebsregelung haben jedoch in letzter Zeit eine geradezu stürmische Entwicklung auf dem Gebiete der Ausschlag-Methoden und der Regel-Methoden hervorgerufen. Aus der ursprünglichen Anwendung der Gleichstrombrücken als reine Laboratoriums-Methode ist allmählich — neben der verfeinerten Laboratoriums-Meßbrücke — ein für laufende Messung und Registrierung unentbehrliches Betriebsgerät geworden.

Die Gleichstrom-Kompensatoren sind nach wie vor in der Hauptsache Laboratoriums-Instrumente. Daneben findet man jedoch auch — ebenso wie bei den Gleichstrombrücken — tragbare Kompensatoren zur ambulanten Betriebsmessung und neuerdings auch automatische Kompensatoren und registrierende Kompensatoren (»Kompensographen«).

Aufgabe der beiden Methoden.

Brücken-Meßmethoden für Gleichstrom dienen zur Bestimmung von Widerständen und Leitwerten.

Natürlich kann man auch mit anderen Meßverfahren Widerstände bzw. Leitwerte feststellen. Es sei nur an das Strom-Spannungs-Verfahren erinnert. Der besondere Vorteil bei den Brücken-Meßmethoden liegt aber in der Möglichkeit, beliebige Meßbereiche, die für die Messung uninteressant sind, zu unterdrücken und die Messung allein auf die gewünschten Bereiche auszudehnen. Damit ist auf einfache Weise die Steigerung der Empfindlichkeit des Verfahrens gegeben. Ein weiterer Vorteil der Brücken-Methoden liegt darin, daß man unerwünschte Einflußgrößen wie z. B. die Änderung eines Widerstandes mit der Temperatur dadurch ausscheiden kann, daß man diese Einflußgröße absichtlich in einem andern Brückenzweig zur Wirkung bringt und damit gegen den Meßzweig auswiegt.

Kompensations-Verfahren dienen in erster Linie zur Bestimmung von Spannungen derart, daß der zu ermittelnden Spannung keine Energie entzogen wird, daß also kein Strom aus der zu messenden Spannungsquelle fließt. Dies wird dadurch erreicht, daß man der zu messenden Spannung eine gleich große entgegensetzt, deren Bestimmung mit einfacheren Mitteln möglich ist als die Bestimmung der eigentlichen zu messenden Spannung. Natürlich ist es auch möglich, mittels Kompensations-Methoden Ströme und auch Widerstände zu bestimmen.

Es sei hier bereits bemerkt — was sich bei Wechselstrom-Verfahren noch viel stärker ausprägt —, daß sich die Grenzen zwischen Brücken- und Kompensations-Verfahren nicht immer scharf ziehen lassen, daß es vielmehr Grenzgebiete gibt, in denen man eine Meßmethode ebensogut als Brückenmethode wie als Kompensations-Methode ansprechen kann. Aus dieser Erkenntnis heraus seien Meßbrücken definiert als Vierpole, bei denen Spannungs- (Stromzuführungs-) Diagonale und Meß- (Indikator-) Diagonale in keinem Eckpunkt zusammenfallen. Es muß aber festgestellt werden, daß eine derartige Definition u. U. von Netzgebilden durchbrochen wird, die man sonst unbedingt als Meßbrücken ansprechen wird, nämlich dann, wenn ein Brückenzweig zum Widerstand Null verkümmert.

1. Die Gleichstrombrücke allgemein.

a) Berechnung von Gleichstrombrücken.

Es ist bereits im Abschnitt I 6 (S. 31) gezeigt worden, daß man jedes Netzgebilde durch die Dreieck-Stern-Transformation auf ein einfacheres Netz zurückführen kann. Diese Tatsache gestattet daher auch, jede

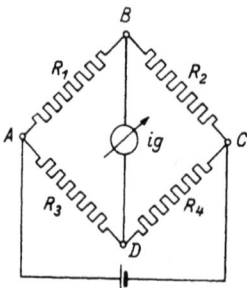

Abb. 86. Wheatstone-Brücke für Gleichstrom.

beliebige Brücke in eine Wheatstonebrücke zu transformieren und an dieser alle erforderlichen Berechnungen anzustellen, die dann unter Anwendung der Transformationsgleichungen auch für die kompliziertere Form Gültigkeit haben. Es wird dies bei der Thomson-Gleichstrombrücke noch eingehend gezeigt werden. Auf jeden Fall ist es für die Theorie der Gleichstrombrücken vollständig ausreichend, alle allgemeinen Betrachtungen nur an der Wheatstonebrücke anzustellen. Dies soll im folgenden geschehen.

Abb. 86 zeigt die allgemeine Gleichstrom-Wheatstonebrücke. In ihr sind — im Gegensatz zu den Wechselstrombrücken — nur Ohm-

Widerstände wirksam. Die Aufgabe lautet nun: Es sind im allgemeinen Falle, d. h. bei nicht abgeglichener Brücke, die Ströme und Spannungsabfälle in allen Brückenzweigen einschließlich der Meßdiagonale zu bestimmen. Als Spezialfall ergibt sich die Feststellung der Funktion zwischen den einzelnen Brückenwiderständen, wenn in der Meßdiagonale kein Strom fließt.

Obwohl bereits aus dem Vorhergehenden ohne weiteres ersichtlich, sei hier vorerst noch folgende grundsätzliche Begriffserklärung gegeben:

Begriffserklärung: Jede Brücke besitzt zwei Diagonalen, eine Speisediagonale, an deren Endpunkten die Spannungsquelle der Brücke liegt, und eine Meßdiagonale, an deren Endpunkten der Strom- bzw. Spannungs-Indikator sich befindet. Alle übrigen Verbindungslinien der Brücken-Eckpunkte heißen Brückenzweige.

In Abb. 86 sind also

AC die Speisediagonale,

BD die Meßdiagonale,

AB, BC, CD, DA die Brückenzweige.

Die bekannteste Berechnungsart ist die Anwendung der Kirchhoff-Sätze. Diese Methode ist bereits als Berechnungsbeispiel S. 22 gezeigt worden. Die erhaltenen linearen Gleichungen kann man entweder — der primitivste Weg — durch Substitution einer Unbekannten in die übrigen Gleichungen und damit stufenweise Reduktion der Zahl der Gleichungen durchführen oder mit Hilfe der Determinantenrechnung. Beide Methoden der elementaren Algebra seien jedoch hier als bekannt vorausgesetzt. Es ist klar, daß man bei dieser Methode 5 Gleichungen mit 5 Unbekannten erhält, wenn man i als bekannt annimmt.

Wesentlich einfacher ist die Anwendung der Maxwell-Zyklen. Auch hier ist bereits S. 24 die Wheatstonebrücke als Beispiel berechnet. Hier erhält man unter Annahme von i als bekannt nur 2 Gleichungen mit 2 Unbekannten. Die Lösung ist in den Gl. (58)...(63a) gezeigt.

Das Superpositionsverfahren bietet bei den Gleichstrombrücken keinen nennenswerten Vorteil gegenüber den Maxwell-Zyklen. Seine Anwendung auf die Wheatstonebrücke ist übrigens ebenfalls bereits S. 25 gezeigt worden.

Die Dreieck-Stern-Transformation gestattet eine einfache Berechnung des Gesamtwiderstandes einer Wheatstonebrücke, wie dies S. 33 ausgeführt wurde (Gl. (77...79)). Auch die Transformation der Thomsonbrücke in eine Wheatstonebrücke ist auf einfache Art möglich, wie sich aus dem Beispiel S. 33 ergibt.

Man kann zusammenfassend sagen, daß sich durch Anwendung einer der 3 Netzberechnungsarten (Kirchhoff-Sätze, Maxwell-Zyklen, Superpositionsverfahren) und der Dreieck-Stern-Transformation jede beliebige Brücke ziemlich einfach berechnen läßt.

b) Empfindlichkeit von Gleichstrombrücken.

Wie bereits S. 50 erwähnt wurde, gehört zur Feststellung der Empfindlichkeit einer Schaltung

a) die abhängige Größe, deren Empfindlichkeit man feststellen will, z. B. der Strom in der Meßdiagonale,

b) die Bezugsgröße, von der die erste Größe abhängen soll, also z. B. der Widerstand eines bestimmten Brückenzweiges.

Man kann auch die Änderung der unabhängigen Größe als Abszisse, die Änderung der abhängigen Größe als Ordinate einer graphischen Darstellung verwenden und daraus — gemäß der S. 51 gegebenen Definition der Empfindlichkeit diese als Tangente erhalten.

Es ist klar, daß man bei der Bestimmung einer Empfindlichkeit nur die unabhängige Bezugsgröße variieren darf, während man alle übrigen Größen festhalten muß. In Abb. 87 ist der Fall der Variation des Zweiges R_1 als unabhängige Größe und die Änderung des Verhältnisses i_g/i als abhängige Größe dargestellt, für bestimmte Dimensionen der Wheatstonebrücke. Gleichzeitig ist i_g/i für verschiedene Werte von R_g (Parameter) angegeben. Man sieht hier besonders deutlich, daß eine Empfindlichkeitsangabe nur für eine ganz bestimmte Konstellation der übrigen Widerstandsgrößen gilt. In Abb. 88 ist als abhängige Variable die Empfindlichkeit $\dfrac{\partial\,(i_g/i)}{\partial\,R_1}$ unter den gleichen Verhältnissen wie in Abb. 87 gewählt.

Man kann natürlich auch noch andere Empfindlichkeitsbedingungen aufstellen, z. B. die Frage, um wieviel man den Widerstand R_2 nachregulieren muß, damit für eine Änderung von R_1 um $\varDelta R_1$ sich der Ausschlag nicht ändert. Man sieht leicht, daß dies zu der Bedingung

$$\frac{i_g}{i} = \frac{R_1 R_4 - R_2 R_3}{R_g\,(R_1 + R_2 + R_3 + R_4) + (R_1 + R_3)\,(R_2 + R_4)}$$

$$= \frac{(R_1 + \varDelta R_1)\,R_4 - (R_2 + \varDelta R_2)\,R_3}{R_g\,(R_1 + R_2 + R_3 + R_4 + \varDelta R_1 + \varDelta R_2) + (R_1 + R_3 + \varDelta R_1)\cdot(R_2 + R_4 + \varDelta R_2)}$$
$$\dots (112)$$

führen würde, die in aufgelöster Form eine ziemlich komplizierte Funktion ergibt. Man kann diese durch Näherungsbetrachtungen vereinfachen, so z. B. wenn man annimmt, daß die Brücke stets abgeglichen, also $i_g/i = 0$ sein soll. Dann erhält man

$$R_1 R_4 - R_2 R_3 = R_1 R_4 - R_2 R_3 + R_4\,\varDelta R_1 + R_3\,\varDelta R_2 \quad . \ (112\,\text{a})$$

und daraus explizit

$$\varDelta R_2 = \varDelta R_1 \cdot \frac{R_4}{R_3} \ . \ . \ . \ . \ . \ . \ . \ . \ (112\,\text{b})$$

Eine Frage tritt bei der Interpolation von Messungen häufig auf. Es ist z. B. möglich, daß bei einer Brücke bei der Abgleichung die Änderung um eine Einheit der feinsten Stufe bereits einen Ausschlag am Null-galvanometer in entgegengesetzter Richtung ergibt. Man will dann die nicht vorhandene nächste Stufe aus dem Ausschlag interpolieren. Man

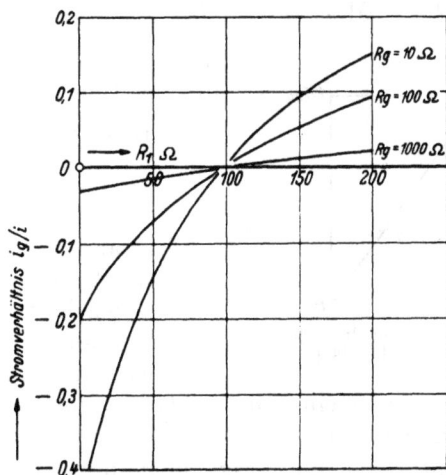

Abb. 87. Zusammenhang zwischen veränderlichem R_1 und Änderung des Brücken-Diagonalstromes.
$R_1 = 100 + R_1$; $R_2 = 100$; $R_3 = R_4 = 10$.

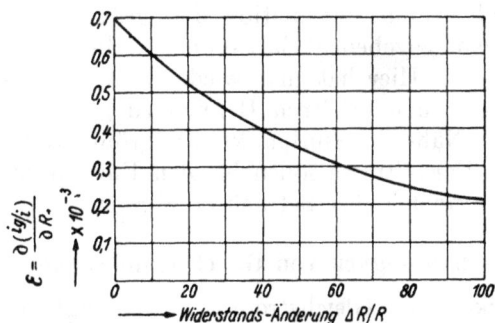

Abb. 88. Zusammenhang zwischen Empfindlichkeit und veränderlichem R_1.
Dimensionen der Brücke wie in Abb. 87.

kann dies in erster Näherung dadurch, daß man den Zusammenhang zwischen Widerstandsänderung und Ausschlag als linear ansieht, d. h. den Nenner der allgemeinen Ausschlagsbedingung als praktisch kon-stant betrachtet. Will man genauer rechnen, so muß man allerdings durch Einsetzen der übrigen Widerstandswerte und Aufstellen einer Kurve interpolieren.

Beispiel: Es sei $R_2 = 100,1\,\Omega$, $R_3 = R_4 = 100\,\Omega$, $R_g = 100\,\Omega$.

Die Stufe 0,1...1 Ω sei in der Brücke nicht enthalten, so daß man nur die Werte 100 Ω und 101 Ω für den Widerstand R_1 einstellen kann. Es sei ein konstanter Brückenstrom von 100 mA angenommen. Dann ergibt sich

für $R_1 = 100\,\Omega$ der Ausschlag $i_g = \quad 12,5\,\mu\text{A}$

» $R_1 = 101$ » » » $i_g = -\,112\,\mu\text{A}$.

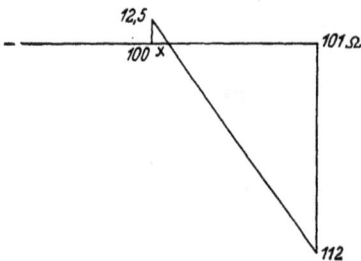

Abb. 89. Lineare Interpolation des Widerstands aus zwei Stromablesungen.

Daraus ergibt sich nach Abb. 89 die Interpolation

$$12,5 : x = 112 : (1 - x)$$

oder

$$x = 0,1004\,\Omega.$$

Die als Beispiel gewählte Aufgabe spielt eine Rolle bei Regelbrücken, bei denen durch einen Nachlaufwiderstand die Brücke stets abgeglichen wird und der Nachlauf-widerstand entweder von einer andern Größe gesteuert wird oder eine Schreibvorrichtung betätigt.

Ebenso vielseitig wie die Frage nach der Empfindlichkeit einer Brücke ist die nach der »günstigsten Dimensionierung« derselben. Man kann z. B. zu einer gegebenen Brückenanordnung das »günstigste Galvanometer« suchen, d. h. dasjenige Galvanometer, das bei einer vorhandenen Widerstandskonstellation den größten Ausschlag ergibt. Man kann zu einem gegebenen Galvanometer die günstigste Brückenkonstellation suchen. Hier hat man wieder zu unterscheiden, ob diese Konstellation über einen größeren Bereich zu gelten hat oder nur in der unmittelbaren Nähe des Nullpunkts die größte Empfindlichkeit ergeben soll. Diese Verhältnisse sollen bei den Einzeluntersuchungen der Wheatstonebrücke noch näher betrachtet werden.

c) Genauigkeit von Gleichstrombrücken.

Die Genauigkeit von Gleichstrombrücken hängt von der Genauigkeit ihrer einzelnen Elemente ab. Dies bedeutet bei abgeglichenen Brücken die Genauigkeit der einzelnen verwendeten Widerstände und die Größe der Übergangswiderstände, ferner die Konstanz des Nullpunktes des verwendeten Galvanometers.

Man kann z. B. die Frage stellen, wie sich ein Fehler $\varDelta R_2$ des Widerstands R_2, ein Fehler $\varDelta R_3$ des Widerstands R_3 und ein Fehler $\varDelta R_4$ des Widerstands R_4 auf die Bestimmung des Widerstands R_1 bei abgeglichener Brücke auswirkt. Es sei ohne diese Fehler

$$R_1 R_4 - R_2 R_3 = 0.$$

Mit diesen Fehlern ist dann also

$$(R_1 + \varDelta R_1)(R_4 + \varDelta R_4) - (R_2 + \varDelta R_2)(R_3 + \varDelta R_3) = 0$$

oder

$$\varDelta R_1 = \frac{R_3 \cdot \varDelta R_2 + R_2 \cdot \varDelta R_3 - R_1 \cdot \varDelta R_4}{R_4}.$$

Man sieht, daß die einzelnen Fehler mit Gewichten versehen sind. Kann der Fehler $\pm$ sein, so addieren sich alle Fehler zum maximalen Fehler. Sind alle Widerstände gleich groß, so fällt die Gewichtsbelastung fort.

2. Gleichstrombrücken in der Nullmethode.

a) Wheatstonebrücken.

Bezeichnet man — wie bisher — den Eingangsstrom einer Wheat-stonebrücke mit i, die Eingangsspannung mit e, so ergibt sich nach den S. 23 und 24 aufgestellten Berechnungen

$$i_g = i \frac{R_1 R_4 - R_2 R_3}{N_e} = e \frac{R_1 R_4 - R_2 R_3}{N_e'} \quad \dots \dots (113)$$

wenn

$$N_e = R_g(R_1 + R_2 + R_3 + R_4) + (R_1 + R_3)(R_2 + R_4)$$
$$N_e' = R_g(R_1 + R_2)(R_3 + R_4) + R_1 R_2 R_3 + R_2 R_3 R_4 + R_3 R_4 R_1 + R_4 R_1 R_2.$$

Dabei ist hier angenommen, daß der Widerstand der Stromquelle vernachlässigbar klein ist. Im andern Falle würde man noch ein Produkt-glied in dem e enthaltenen Ausdruck bekommen. Die Formel auch für diesen Fall wird bei den Ausschlagsbrücken gebracht werden. Für die abgeglichene Brücke ist $i_g = 0$ und somit die

Abgleichbedingung

$$R_1 R_4 = R_2 R_3 \quad \dots \dots \dots \dots (114)$$

oder auch

$$R_1 : R_2 = R_3 : R_4 \quad \dots \dots \dots (114a)$$

Diese Bedingung ist — im Gegensatz zu den Wechselstrombrücken — stets durch eine Abgleichung zu erzielen.

α) Die verschiedenen Formen der Wheatstonebrücke.

Obgleich die Betrachtung der einzelnen technischen Ausführungen dem II. Band vorbehalten sein soll, mögen hier doch einzelne Grund-typen nach ihrer rechnerischen Behandlung hin besprochen werden.

Die Schleifdrahtbrücke ist bereits S. 68 erwähnt worden. Dort ist besonders die Kalibrierung der Schleifdrähte geschildert worden. Es soll hier nun noch die Brücke als Ganzes betrachtet werden. Abb. 90 zeigt ihre prinzipielle Ausführung. Bezeichnet man die Schleifdrahtlängen mit l_1 und $1000 — l_1$, so ist

$$l_1 \cdot \sigma = a$$
$$(1000 — l_1) \cdot \sigma = b,$$

wenn σ den Widerstand des Drahtmaterials pro Längeneinheit bedeutet. Es ist also

$$\frac{R_a}{R_b} = \frac{l_1}{1000 — l_1} \qquad\qquad\text{(115)}$$

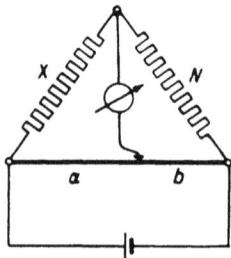

Abb. 90. Prinzipbild der Schleifdrahtbrücke.

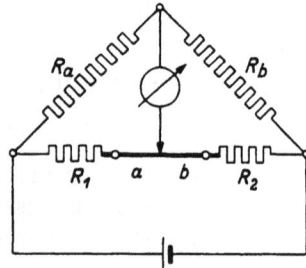

Abb. 91. Schleifdrahtbrücke mit vorgeschalteten Widerständen a und b.

Für $\dfrac{l_1}{1000 — l_1}$ findet sich z. B. in dem erwähnten Buch von Kohlrausch und Holborn eine Tabelle für die verschiedenen Werte von l_1.

Man kann dem Schleifdraht auf beiden Seiten feste Widerstände vorschalten und damit die Empfindlichkeit des Schleifdrahtes erhöhen (Abb. 91), da dieser jetzt in seiner ganzen Länge nur einen Teil des Widerstands der Zweige a, b darstellt. Ist R der Gesamtwiderstand des Schleifdrahtes und wird dem Teilwiderstand a der Widerstand R_1, dem Teilwiderstand b der Widerstand R_2 vorgeschaltet, so erhält man als Abgleichbedingung

$$R_a : R_b = (R_1 + a) : (R_2 + b) \qquad\qquad\text{(116)}$$

Mit der steigenden Empfindlichkeit steigt auch gleichzeitig die Genauigkeit. Schaltet man z. B. auf jeder Seite 4,5 R vor, so ist der prozentuale Fehler von R_a bei einem Ablesefehler von 0,1 Teilstrich des tausendteiligen Schleifdrahts in der Mitte nur noch $^1/_{10}$ des früheren Fehlers.

Man kann auch nur einseitig einen Vorwiderstand vorschalten und erhält dann eine größere Empfindlichkeit der Brücke an dem einen Ende des Meßgebiets. (Praktische Ausführungen der beiden Fälle siehe Bd. II.)

Man kann mittels des Vorwiderstands auch Schleifdraht-Korrektionstabellen nachkontrollieren. Hat man z. B. R_a und R_b im Verhältnis 1 : 10 gewählt und ohne Vorwiderstand den mit der Tabelle korrigierten Wert A erhalten, so schaltet man jetzt auf der einen Seite z. B. 9 R vor und erhält einen Schleifdrahtpunkt, der nach Korrektion aus der Tabelle einen Wert B ergeben muß, derart, daß $B = 10A$ ist. Auf diese Weise kann man also unter verschiedener Wahl von R_a und R_b nachprüfen, ob eine Korrektionstabelle noch Gültigkeit hat. Man kann auf diese Weise auch dann die Korrektionstabelle berichtigen. Eine ausführliche Anleitung findet sich in dem erwähnten Buche von Kohlrausch und Holborn[49]). Da derartige Korrektionen nur beschränkte Anwendung finden, sei auf dieses Buch verwiesen.

Stöpsel- und Kurbelbrücken. Bei diesen beiden Brückenformen werden für einen gesuchten Widerstand R_1 die Widerstände R_3 und R_4 nur in einem bestimmten ganzzahligen Verhältnis (1 : 1, 1 : 10, 1 : 100 usw.) eingestellt. Die restliche Abgleichung der Brücke findet mittels des Widerstands R_2 statt. Man bezeichnet häufig R_3 und R_4 als »Verhältniswiderstände«. Der Dekadenwert einer Einheit des Widerstands R_2 hängt dann von dem Verhältnis von $R_3 : R_4$ ab. Je kleiner der Absolutwert von R_2 ist, desto stärker geht natürlich der Übergangswiderstand und der Widerstand der Zuleitungen in die Meßgenauigkeit ein. (Das gleiche gilt selbstverständlich auch für die andern Widerstände R_1, R_3, R_4). Unter Berücksichtigung dieser zusätzlichen Widerstände hängt die Empfindlichkeit der Messung — außer von der Empfindlichkeit des Galvanometers — von der Anzahl der Dekaden des Vergleichswiderstands R_2 ab. Man kann statt die Empfindlichkeit des Galvanometers zu erhöhen auch die Speisespannung vergrößern. Dies ist jedoch nur so weit zulässig, als durch den damit erhöhten Strom in den einzelnen Brückenzweigen keine Erwärmung derselben und damit Temperaturfehler auftreten.

Statt die Widerstände R_3 und R_4 nur in einem festen, ganzzahligen Verhältnis zu verwenden und die Abgleichung mittels R_2 vorzunehmen, kann man auch R_2 als festen Normalwiderstand benutzen und z. B. R_4 stufenweise verändern.

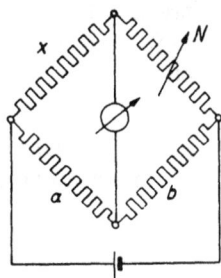

Abb. 92. Stöpselbrücke mit Verhältniszweigen.

Die Anordnung einer Stöpselbrücke mit Verhältniszweigen zeigt Abb. 92. Hier können z. B. Verhältnisse $R_3 : R_4$ von 1 : 1 bis 1 : 1000 eingestellt werden. Ebenso kann man natürlich $R_4 : R_3$ von 1 : 1 bis 1 : 1000 wählen. Praktische Ausführungsformen s. Bd. II.)

Gleichstrom - Fehlerortsbrücken[54]). Fehlerortsbrücken dienen dazu, Fehlerstellen in Kabeln und Freileitungen entfernungsmäßig zu ermitteln. Mit Gleichstrom-Methoden kann man hierbei nur solche Fehler feststellen, die einen Erdschluß ergeben haben. Leiterbruch ohne Erdschluß läßt sich dagegen nur mit Wechselstrom-Methoden ermitteln.

Alle entfernungsmäßigen Fehlerortsbestimmungen verlangen die Kenntnis des Widerstands der zu messenden Leitung pro Längeneinheit.

Ferner ist notwendig das Vorhandensein einer gesunden gleichartigen Ader neben der gestörten Ader. Diese gesunde Ader sei im folgenden als Hilfsleitung bezeichnet. Ist ein Fehler (Abb. 93) an der Stelle F vorhanden, die zunächst nur qualitativ als zwischen den Orten A und B liegend bekannt sei, so läßt man die nächstbekannte Stelle B über die Hilfsleitung H_1 an den Ort A zurückverbinden. Wie aus der Prinzip-

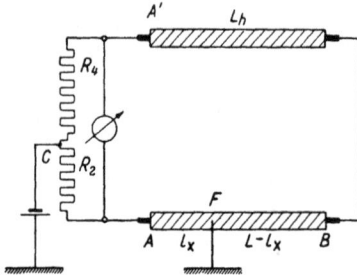

Abb. 93. Gleichstrom-Fehlerort-Meßbrücke, Prinzipbild.

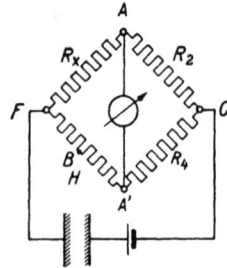

Abb. 94. Abb. 93 als Wheatstonebrücke gezeichnet.

abb. 94 hervorgeht, hat man also die zu bestimmende Fehlerstrecke nunmehr im Zweig AF einer Wheatstonebrücke. Im Zweig FA' befindet sich das andere Stück der Fehlerstrecke und die Hilfsleitung H. Die Zweige AC und CA' sind Meßwiderstände. Sie können entweder aus einem Schleifdraht oder aus Stöpselwiderständen bestehen. Die Zuführungen zu diesen Widerständen müssen praktisch widerstandsfrei sein. Ebenso darf die am Ort B hergestellte Verbindung praktisch keinen Widerstand besitzen.

Ist l_x die Länge der Fehlerstrecke AF,
      L die Gesamtlänge der zu untersuchenden Strecke AB,
      l_h die Länge der Hilfsleitung,
      Q der Querschnitt der zu untersuchenden Leitung,
      Q_h der Querschnitt der Hilfsleitung,

so muß man zunächst die Hilfsleitung auf den gleichen Querschnitt wie die zu untersuchende Leitung reduzieren. Es ist die reduzierte Länge der Hilfsleitung

$$L_h = l_h \cdot \frac{Q}{Q_h} \quad\ldots\ldots\ldots\ldots (117)$$

Nunmehr besitzen alle Leitungslängen den gleichen Multiplikator, mit dem multipliziert, man die Widerstände der Leitungsstrecken erhält. Diese Widerstände und damit der Multiplikator selbst sind für die Messung uninteressant. Aus Abb. 93 und 94 ergibt sich sofort die Abgleichungsbedingung

$$l_x \cdot R_4 = (L - l_x + L_h) \cdot R_2 \quad\ldots\ldots (118)$$

oder

$$l_x (R_2 + R_4) = (L + L_h) \cdot R_2 \quad\ldots\ldots (118\text{a})$$

Daraus folgt
$$l_x = \frac{R_2}{R_2 + R_4} \cdot (L + L_h) \quad \ldots \ldots \ldots \quad (119)$$

Der Übergangswiderstand der Fehlerstelle gegen Erde spielt dabei keine Rolle, solange überhaupt noch galvanische Verbindung gegen Erde vorhanden ist. Dagegen hat er einen Einfluß auf die Größe des Brückenstroms, da — wie sich aus Abb. 94 ergibt — die Erde als Serienwiderstand zur Stromquelle wirkt. Um bei kleinem Übergangswiderstand und guter Erdleitung eine Beschädigung des Galvanometers zu vermeiden, schaltet man zuerst in Serie mit der Batterie einen Schutzwiderstand, der kurzgeschlossen werden kann. Für hohe Übergangswiderstände ist u. U. ein Zeiger-Galvanometer als Nullindikator nicht empfindlich genug. Man verwendet dann ein Spiegel-Galvanometer. Die praktische Ausführung mit Schleifdraht oder Stöpselbrücken wird im II. Band gezeigt werden. Um die Daten der Hilfsleitung, die nicht immer genau bekannt sind, auszuschalten, kann man auch mit 2 Hilfsleitungen arbeiten, wie dies in Abb. 95 dargestellt ist.

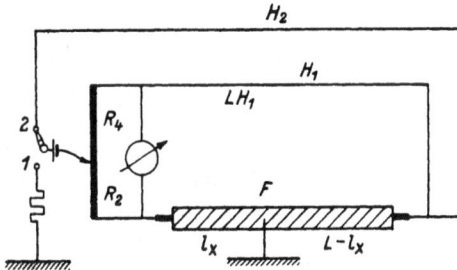

Abb. 95. Fehlerort-Brücke nach Heinzelmann mit zwei Hilfsleitungen.

Bei dieser von Heinzelmann[5]) angegebenen Methode wird der Umschalter U zuerst in die Stellung 1 gebracht. Man erhält dann mit der Hilfsleitung H_1:
$$l_x \cdot R_4 = (L - l_x + L_h) \cdot R_2 \quad \ldots \ldots \quad (120\,\mathrm{a})$$

Dann schaltet man in die Stellung 2 des Umschalters auf die Hilfsleitung H_2 um. Der Wert dieser Hilfsleitung geht, da sie nur in der Strom-Diagonale liegt, nicht in die Messung ein. Die Brücke ist nun ohne Einfluß der Fehlerstelle F. Man erhält bei erneuter Abgleichung:
$$L \cdot R_2' = L_h \cdot R_4' \quad \ldots \ldots \ldots \quad (120\,\mathrm{b})$$

Setzt man den Wert von L_h aus Gl. (120 b) in Gl. (120 a) ein, so erhält man:
$$l_x \cdot R_4 = \left(L - l_x + L \cdot \frac{R_2'}{R_4'} \right) \quad \ldots \ldots \quad (121)$$

und hieraus
$$l_x = L \cdot \frac{R_2}{R_2'} \cdot \frac{R_2' + R_4'}{R_2 + R_4} \quad \ldots \ldots \ldots \quad (122)$$

Da $R_2 + R_4 = R_2' + R_4'$ ist, ergibt sich

$$l_x = L \frac{R_2}{R_2'} \quad \ldots \ldots \ldots \ldots (123)$$

Um Zuleitungsfehler zu vermeiden, müssen Schleifdraht und Galvanometer bei den beiden Meßmethoden an das Kabel angeschlossen werden, wie dies Abb. 96 zeigt.

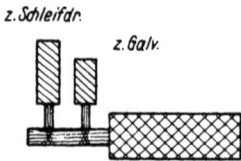

Abb. 96. Anschlüsse an das zu messende Kabel.

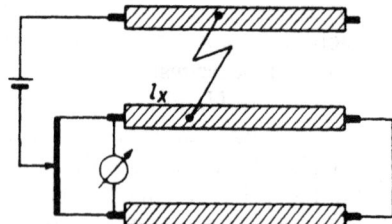

Abb. 97. Messung bei Kurzschluß ohne Erdung.

Bei Kurzschluß ohne Erdung verwendet man eines der beiden kurzgeschlossenen Kabel als Fehlermeßstrecke, das andere als Stromzuführung. Man benötigt dann noch ein drittes gesundes Kabel als Hilfsleitung (Abb. 97). Benutzt man eine weitere Hilfsleitung, so kann man auch hier das Verfahren von Heinzelmann anwenden.

Die besprochenen Meßverfahren werden von einer Reihe von Firmen in verschiedenen Variationen ausgeführt. Die praktisch wichtigen Anordnungen werden im II. Band besprochen werden.

Besonders bei Kurzschluß steigt nach eingetretenem Überschlag durch das folgende Wiedererhärten der Isolationsmasse der Übergangswiderstand an der Durchschlagstelle beträchtlich. Wendet man eines der beschriebenen Verfahren mit Niederspannung (ca. 100 V) an, so erhält man so kleine Ströme im Nullindikator, daß selbst mit Spiegelgalvanometern die Empfindlichkeit zu gering werden kann. Man hat daher auch Hochspannungsmeßbrücken zur Fehlerortsbestimmung gebaut. Eine solche Brücke beschreibt H. Mehlhorn[55]). Da mit Hochspannung an der Kurzschlußstelle ein kräftiger Strom fließt, brennt diese aus, so daß der Übergangswiderstand weiter sinkt. In manchen Fällen kann man dann mit Niederspannungsbrücken den Fehlerort bestimmen. Manchmal fließt aber bei Abschalten der Hochspannung die Fehlerstelle wieder mit Isolationsmasse zu. Man mißt nach Mehlhorn direkt mit Hochspannung in einer Schleifdrahtbrücke, wobei der Schleifdraht isoliert fernbedient wird. Die Hilfsleitung steht dann natürlich unter Hochspannung. Bei Drehstromkabeln verwendet man eine gesunde Ader als Hilfsleitung. Man kann mit der Hochspannungs-

Fehlerortsbrücke sowohl Erdschluß wie Kurzschluß ermitteln. (Praktische Ausführung s. II. Bd.)

Eine ausführliche Darstellung der verschiedenen Brücken-Methoden gibt Kögler[5]. Hier sind auch die Fehlerquellen und ihre Berücksichtigung erörtert.

β) Die Empfindlichkeit der Wheatstonebrücke.

Wie bereits S. 76 erörtert, kann man in einer Brücke verschiedene »Empfindlichkeiten« ermitteln. Was bei der Wheatstonebrücke am meisten interessiert, ist einerseits die Größe des Ausschlages am Nullgalvanometer, wenn die Brücke mittels eines Brückenzweiges durch eine kleine Änderung desselben aus dem Gleichgewicht gebracht, »verstimmt« wird, andererseits die Größe einer Veränderung eines zweiten Brückenzweiges, die notwendig ist, um die so verstimmte Brücke wieder in die Gleichgewichtslage zu bringen.

Zusammenhang zwischen Verstimmung und Ausschlag des Nullgalvanometers.

Die Feststellung dieses Zusammenhangs gestattet einerseits die Empfindlichkeit der Meßdiagonale hinsichtlich eines bestimmten Brückenzweigs zu ermitteln, andererseits — eine häufig erforderliche Aufgabe — die Interpolation zwischen zwei Abstimmungsgrenzen. Die letztere Anwendung wurde bereits S. 78 ausführlich besprochen. Es ist

$$i_g = i \cdot \frac{R_1 R_4 - R_2 R_3}{N_e} = e \cdot \frac{R_1 R_4 - R_2 R_3}{N_e'}.$$

Dann ergibt sich für eine Änderung ΔR_1 des Zweiges R_1

$$\frac{\Delta i_g}{\Delta R_1} = i \cdot \frac{R_4}{N_e + K} = e \cdot \frac{R_4}{N_e' + K'}, \quad \ldots \ldots \ldots (124)$$

wobei
$$K = \Delta R_1 (R_g + R_2 + R_4)$$
$$K' = \Delta R_1 [R_g (R_3 + R_4) + R_2 R_3 + R_3 R_4 + R_4 R_2]$$

ist. Hierbei ist angenommen, daß die Änderung von der Gleichgewichtslage aus geschehen, d. h. daß $R_1 R_4 - R_2 R_3 = 0$ sein soll.

Für sehr kleine Änderungen kann man die Korrektur K bzw. K' vernachlässigen. Im Grenzfall erhält man

$$\frac{\partial i_g}{\partial R_1} = i \frac{R_4}{N_e} = e \frac{R_4}{N_e'} \quad \ldots \ldots \ldots (125)$$

Für manche Aufgaben interessiert die Spannung an den Enden der Meßdiagonale. Es ist

$$e_g = i (R_1 R_4 - R_2 R_3) R_g / N_e = e (R_1 R_4 - R_2 R_3) R_g / N_e' \quad . (126)$$

Hieraus ergibt sich ebenfalls sehr einfach die Empfindlichkeit in bezug auf irgendeinen Brückenzweig für die Spannung an der Meß-Diagonale.

Besonders wichtig ist oft der Fall $R_g = \infty$, d. h. bei praktisch statischer Messung in der Meßdiagonale. Es ist dann

$$\left(\frac{\partial e_g}{\partial R_1}\right)_{R_g = \infty} = i \cdot \frac{R_4}{R_1 + R_2 + R_3 + R_4} = e \cdot \frac{R_4}{(R_1 + R_2)(R_3 + R_4)} \quad (127)$$

Zusammenhang zwischen Verstimmung und Aufhebung derselben.

Auch dieser Fall ist bereits S. 76 betrachtet worden. Es ergab sich dort z. B.

$$\varDelta R_2 = \varDelta R_1 \frac{R_4}{R_3} \quad \ldots \ldots \ldots \quad (128)$$

Die Aufhebung der Verstimmung R_1 durch R_2 kann man auch als »Rückführung« bezeichnen. Diese Rückführung spielt eine Rolle bei den Regelbrücken (S. 121).

Von besonderem Interesse ist auch der Einfluß weiterer Veränderungen in der Brücke auf die »Rückführung«. Auch diese Frage wird bei den Regelbrücken behandelt werden.

γ) *Optimale Empfindlichkeit der Wheatstonebrücke.*

Unter der optimalen Empfindlichkeit einer Wheatstonebrücke kann man auch hier wieder verstehen:

1. Den größtmöglichen Ausschlag des Meßdiagonal-Galvanometers bei einer bestimmten Verstimmung eines Brückenzweiges,

2. die größtmögliche »Rückführung« bei einer bestimmten Verstimmung.

Man hat jedoch zu beachten, daß in manchen Fällen zu der optimalen Lösung noch Nebenbedingungen zu erfüllen sind, z. B. daß die Wattbelastung eines bestimmten Zweiges einen bestimmten Wert nicht übersteigen soll. Derartige Nebenbedingungen — die bei den Ausschlagbrücken noch häufiger sind — können der Optimalbedingung widersprechen. Es ist dann nur ein relatives Optimum zu erzielen.

Optimalbedingungen für das Diagonal-Galvanometer [33]).

Hier hat man zwei Möglichkeiten zu unterscheiden:

a) Das Galvanometer kann der Brücke angepaßt werden.

b) Die Brücke muß dem Galvanometer angepaßt werden.

Je nach den beiden Möglichkeiten erhält man ganz verschiedene Optimalbedingungen.

Das Galvanometer kann der Brücke angepaßt werden. Gemäß S. 53 ist das Drehmoment des Nullgalvanometers

$$B = c \cdot i_g \sqrt{f \cdot R_g} \quad \ldots \ldots \ldots \ldots (129)$$

Hierbei bedeutet f den Füllfaktor der Galvanometerspule. Setzt man in die Gl. (129) den Wert von i_g ein, so erhält man

$$B = c \cdot i \cdot (R_1 R_4 - R_2 R_3) \cdot \sqrt{f \cdot R_g} / N_e$$
$$= c \cdot e \cdot (R_1 R_4 - R_2 R_3) \cdot \sqrt{f \cdot R_g} / N_e' \quad \ldots \ldots (130)$$

Das Maximum des Drehmoments ergibt sich dann für $\dfrac{\partial B}{\partial R_g} = 0$, d. h.

$$\sqrt{f \cdot R_g} \cdot \frac{\partial N_e}{\partial R_g} - N_e \cdot \frac{\partial \sqrt{f \cdot R_g}}{\partial R_g} = 0 \quad \ldots \ldots (131)$$

Nun ist

$$\frac{\partial N_e}{\partial R_g} = R_1 + R_2 + R_3 + R_4$$

und

$$\frac{\partial \sqrt{f \cdot R_g}}{\partial R_g} = \frac{1}{2\sqrt{f \cdot R_g}} \cdot \left(R_g \cdot \frac{\partial f}{\partial R_g} + f \right).$$

Es folgt somit

$$f \cdot R_g (R_1 + R_2 + R_3 + R_4) - f (R_1 + R_3)(R_2 + R_4) - N_e \cdot R_g \cdot \frac{\partial f}{\partial R_g} = 0$$
$$\ldots (132)$$

Es gibt nun verschiedene Möglichkeiten:

1. $f = \mathrm{const.}$ Dann ist:

$$R_{g\,\mathrm{opt}} = \frac{(R_1 + R_3)(R_2 + R_4)}{R_1 + R_2 + R_3 + R_4} \quad \ldots \ldots (133\,\mathrm{a})$$

bei konstantem Speisestrom der Brücke.

Für konstante Speisespannung erhält man

$$R_{g\,\mathrm{opt}} = \frac{\Pi}{(R_1 + R_2)(R_3 + R_4)}, \quad \ldots \ldots (133\,\mathrm{b})$$

wobei $\quad \Pi = R_1 R_2 R_3 + R_2 R_3 R_4 + R_3 R_4 R_1 + R_4 R_2 R_3.$

Der Widerstand der Spannungsquelle ist dabei vernachlässigt. Führt man diesen mit der Größe R_e ein, so erhält man

$$R_{g\,\mathrm{opt}} = \frac{R_e (R_2 + R_4)(R_1 + R_3) + \Pi}{N_e''}, \quad \ldots \ldots (134)$$

wobei $\quad N_e'' = (R_1 + R_2)(R_3 + R_4) + R_e \cdot (R_1 + R_2 + R_3 + R_4)$

ist. Für $R_e = 0$ erhält man den Fall (133a), für $R_e = \infty$ den Fall (133b), wie bereits von Schwendler gefunden wurde.

Berechnet man den Widerstand der Brücke vom Nullindikator aus, so erhält man

$$R_G = \frac{\Pi + R_e (R_i + R_3)(R_2 + R_4)}{R_e (R_1 + R_2 + R_3 + R_4) + (R_1 + R_2)(R_3 + R_4)} \qquad . \ (135)$$

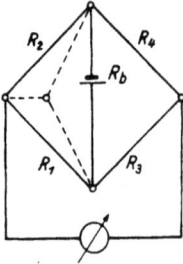

Abb. 98. Berechnung des Widerstands einer Wheatstonebrücke vom Galvanometer aus.

Man sieht ganz allgemein, daß für den günstigsten Fall der Widerstand des Galvanometers R_g gleich dem Widerstand R_G der Brücke vom Galvanometer aus betrachtet sein muß.

Die Berechnung geschieht analog wie die Berechnung der Brücke von der Stromquelle aus (S. 33). Der Gang der Berechnung über die Dreieck-Stern-Transformation ergibt sich aus Abb. 98.

Man sieht, daß man das Ergebnis von Ayrton und Perry (S. 54): $R_g = R_a$ auch hier erhält.

2. Isolationsstärke $t = $ const.

Die Berechnung geschieht analog der im vorigen Abschnitt für f const angegebenen. Es zeigt sich, daß dann

$$R_g / R_G = d / (d + 2t) \ . \ . \ . \ . \ . \ . \ . \ . \ (136)$$

sein muß, wobei d die Drahtstärke des Galvanometerrähmchens, t die Isolationsstärke der Wicklung ist. R_G ist wieder wie im vorigen Abschnitt der Widerstand der Brücke von der Galvanometerseite aus.

Man erhält also auch hier das Ergebnis von Maxwell wie S. 54 beim einfachen Stromkreis.

Ist t eine beliebige nichtlineare Funktion von d, so kann man analog die günstigste Bedingung aufstellen. Die Berechnung wird dann nur entsprechend verwickelter. Es hat sich übrigens gezeigt, daß die Lage des Optimums für die einzelnen Bedingungen ($f = $ const, $t = $ const usw.) sich nur wenig verschiebt[33]), daß man also stets die bequemste Funktion wählen kann.

Die Brücke muß dem Galvanometer angepaßt werden. Die Untersuchung der günstigsten Widerstandskombination ist von einer Reihe von Autoren versucht worden. Mehrere eingehende Untersuchungen hat J. Fischer[29]) durchgeführt, von denen besonders die letzte die verschiedenen Fälle sehr eingehend betrachtet. Im folgenden seien die Ergebnisse von Fischer zugrunde gelegt.

Es sind dabei folgende Fälle zu unterscheiden:

1. Die Speisespannung der Brücke sei konstant. Dies ist entweder dadurch möglich, daß man die Spannung e künstlich konstant hält oder dadurch, daß man den Widerstand der Brücke in bezug auf

die Stromquelle R_E sehr viel größer als den Widerstand der Stromquelle R_e wählt, daß also $R_E \gg R_e$ ist.

2. **Der Speisestrom der Brücke sei konstant.** Auch dies kann, wie bereits erwähnt, durch künstliche Mittel erzeugt werden oder dadurch, daß $R_E \ll R_e$ ist.

3. **Die Speiseleistung N der Brücke sei konstant.** Bezeichnet man mit $\psi = \dfrac{R_E}{R_e}$, so ist die der Brücke zugeführte Leistung

$$N = \frac{E^2}{R_e} \cdot \frac{1}{(1 + 1/\psi)(1 + \psi)} \quad \ldots \ldots \quad (137)$$

Das Maximum für $\psi = 1$ ist sehr flach.

Der Fall $N = \text{const}$ tritt also in großen Annäherungsbereich von

$$R_E \sim R_e$$

ein. Es ist dies der Zwischenfall zwischen den beiden ersten Fällen.

4. **Die Belastung eines Brückenzweiges, z. B. R_1 sei konstant.** Damit ist die Bedingung $i_1 = \text{const}$ verknüpft. Dieser Fall tritt in der Praxis sehr häufig bei Widerstandsthermometern, Bolometern usw. auf.

5. **Der — beliebige — Fall, daß E und R_e gegebene Größen seien.** Zur Vereinfachung sei im folgenden gesetzt:

$$m = R_2/R_1; \quad n = R_3/R_1; \quad p = R_4/R_1; \quad q = R_g/R_1,$$

so daß also im Gleichgewicht

$$m = R_4/R_3; \quad n = R_4/R_2 \text{ und } p = m \cdot n \text{ ist.}$$

Es ist dann der Widerstand der Brücke von der Stromquelle aus:

$$R_E = R_1 \cdot \frac{q \cdot (1 + m)(n + p) + m \cdot n + m \cdot n \cdot p + n \cdot p + p \cdot m}{q \cdot (1 + m + n + p) + (1 + n)(m + p)} \quad (138)$$

und der Widerstand der Brücke von der Galvanometerdiagonale aus:

$$R_G = R_1 \cdot \frac{s \cdot (1 + n)(m + p) + m \cdot n + m \cdot n \cdot p + n \cdot p + p \cdot m}{s \cdot (1 + m + n + p) + (1 + m)(n + p)}, \quad (139)$$

wobei $s = R_0/R_1$ ist und R_0 den Widerstand der Stromquelle bedeutet. Es ist ferner

$$i_g = J \cdot \frac{p - m \cdot n}{N_e} = E \cdot \frac{p - m \cdot n}{(R_E + R_e) \cdot N_e}, \quad \ldots \ldots \quad (140)$$

wobei

$$N_e = q(1 + m + n + p) + (1 + n)(m + p)$$

ist. Ferner ist

$$e_g = i_g \cdot R_g \quad \ldots \ldots \ldots \ldots \ldots \quad (141)$$

Es seien nun nach dem Vorgange von Fischer die verschiedenen Fälle betrachtet.

I. $R_g = \infty$. Maximale Spannungsempfindlichkeit.

1. $E = \text{const.}$

Dies bedeutet, wie bereits oben erwähnt, häufig, daß $R_E \gg R_e$ ist.

Es ist hier natürlich $i_g = 0$.

Ferner ist:

$$e_g = E \cdot \frac{p - m \cdot n}{(R'_E + R_e)(1 + m + n + p)}, \quad \cdots \cdots \quad (142)$$

wobei jetzt

$$R'_E = R_1 \frac{(1 + m)(n + p)}{(1 + m + n + p)} \quad \cdots \cdots \cdots \quad (143)$$

ist. Für gleichzeitig $R'_E \gg R_e$ erhält man also

$$e_g = E \cdot \frac{p - m \cdot n}{(1 + m)(n + p)} \quad \cdots \cdots \cdots \quad (144)$$

Da die Betrachtungen nur in nächster Nähe des Abgleichpunktes angestellt werden sollen, kann man auf jeden Fall für den Nenner setzen:

$$p = m \cdot n.$$

Man kann nun ferner annähernd setzen

$$(R_1 \cdot R_4 - R_2 R_3)/R_1{}^2 = \varDelta R_1/R_1.$$

Dann folgt

$$e_g = E \cdot \frac{\varDelta R_1}{R_1} \cdot \frac{1}{(1 + m)\left(1 + \dfrac{1}{m}\right)} \quad \cdots \cdots \cdots \quad (145)$$

Man erhält daraus ein Maximum von e_g für $m = 1$, d. h. $R_2 = R_1$, und es ist

$$(e_g)_{\text{opt}} = \frac{1}{4} \cdot E \cdot \frac{\varDelta R_1}{R_1} \quad \cdots \cdots \cdots \cdots \quad (146)$$

Wie sich aus Abb. 99, Kurve 1, ergibt, ist das Optimum sehr flach. Es folgt ferner aus Gl. (143) und Gl. (144):

$$R_E = R_1 \cdot \frac{2n}{1 + n} = 2 \cdot \frac{R_1 \cdot R_3}{R_1 + R_3}$$

und

$$R_G = R_1 \cdot \frac{1 + n}{2} = \frac{R_1 + R_3}{2}.$$

2. $J = \text{const.}$

Es ist

$$e_g = J \cdot \varDelta R_1 \cdot \frac{1}{\left(1 + \dfrac{1}{m}\right)\left(1 + \dfrac{1}{n}\right)} \quad \cdots \cdots \cdots \quad (147)$$

Optimum für $m = \infty$ oder praktisch für $R_2 \gg R_1$ und für

$$n = \infty \text{ oder praktisch für } R_3 \gg R_1$$

$$(e_g)_{\text{opt}} = J \cdot \varDelta R_1 \quad \cdots \cdots \cdots \cdots \quad (148)$$

Darstellung in Abb. 99, Kurve 2.

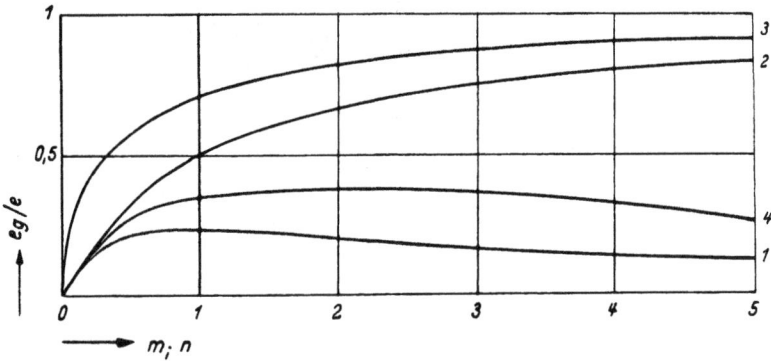

Abb. 99. Optimalkurven von e_g.

3. $N = $ const.

$$e_g = \sqrt{\frac{N}{R_1}} \cdot \varDelta R_1 \cdot \frac{1}{\left(1 + \frac{1}{m}\right) \cdot \sqrt{(1+m)\left(1 + \frac{1}{n}\right)}} \quad \ldots \ldots (149)$$

Optimum für $n = \infty$ oder praktisch für $R_3 \gg R_1$ und für $m = 2$, d. h. $R_2 = 2 R_1$.

Abb. 99, Kurve 3, zeigt e_g in Abhängigkeit von n und Kurve 4 in Abhängigkeit von m. Auch dieses Maximum ist sehr flach.

Für $n = \infty$ und $m = 2$ ist

$$(e_g)_{\text{opt}} = \frac{3}{3 \cdot \sqrt{3}} \cdot \sqrt{\frac{N}{R_1}} \cdot \varDelta R_1 \ldots \ldots \ldots \ldots (150)$$

4. $i_1 = $ const.

$$e_g = i_1 \cdot \varDelta R_1 \cdot \frac{1}{1 + \frac{1}{m}} \quad \ldots \ldots \ldots \ldots (151)$$

Optimum für $m = \infty$ oder praktisch für $R_2 \gg R_1$.

$$(e_g)_{\text{opt}} = i_1 \cdot \varDelta R_1 \quad \ldots \ldots \ldots \ldots \ldots (152)$$

Auch die Abhängigkeit von e_g von m ist durch Abb. 99, Kurve 2, dargestellt.

II. Maximale Stromempfindlichkeit.
1. $E = $ const.

Es ist

$$i_g = \frac{E}{R_1} \cdot \frac{\varDelta R_1}{R_1} \cdot \frac{1}{(1+m)\left[q\left(1 + \frac{1}{m}\right) + 1 + n\right]} \quad \ldots \ldots (153)$$

Optimum für $n = 0$ oder praktisch für $R_3 \ll R_1$ und für

$$m = \sqrt{\frac{q}{1 + n + q}}, \quad \text{d. h. für } R_2 = R_1 \cdot \sqrt{\frac{R_g}{R_1 + R_3 + R_g}},$$

also insgesamt für

$$m = \sqrt{\frac{q}{1+q}}, \quad \text{d. h. für } R_2 = \sqrt{\frac{R_g}{R_1 + R_g}}.$$

2. $J = \text{const}.$

Hier ergibt sich

$$i_g = J \cdot \frac{\varDelta R_1}{R_1} \cdot \frac{1}{\left(1 + \frac{1}{n}\right)\left[q\left(1 + \frac{1}{m}\right) + 1 + m\right]} \quad \ldots \ldots (154)$$

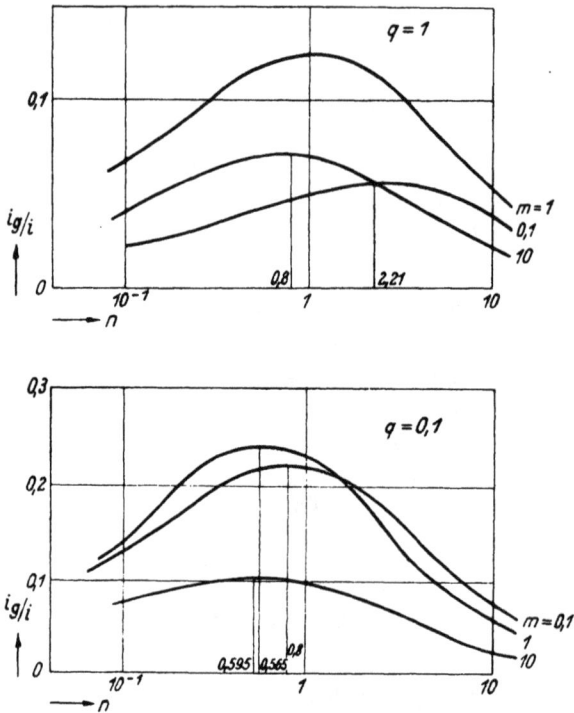

Abb. 100. Optimalkurven für i_g in Abhängigkeit von n mit Parameter m für $q = 0,1$ und $q = 1$.

Optimum für $m = \infty$ oder praktisch für $R_2 \gg R_1$ und für

$$n = \sqrt{q\left(1 + \frac{1}{m}\right) + 1}, \quad \text{d. h. für } R_3 = \sqrt{R_1 \cdot \left[R_1 + R_g\left(1 + \frac{R_1}{R_2}\right)\right]}$$

oder insgesamt für

$$n = \sqrt{q + 1}, \quad \text{d. h. für } R_3 = \sqrt{R_1(R_1 + R_g)}.$$

3. $N = \text{const}.$

Es ist

$$c_g = \sqrt{\frac{N}{R_1} \cdot \frac{\varDelta R_1}{R_1}} \cdot \frac{1}{\sqrt{\left(1 + \frac{1}{n}\right)(1+m) \cdot \left[q\left(1 + \frac{1}{m}\right) + 1 + n\right]}} \quad \ldots \ldots (155)$$

Optimum für

$$n = \frac{1}{4} \left[-1 + \sqrt{9 + 8\,q\,(1 + 1/m)} \right]$$

und für

$$m = \frac{q}{2\,(n + q + 1)} \left[1 + \sqrt{1 + 8\,(n + q + 1)/q} \right].$$

In Abb. 100 und 101 sind die Kurven für i_g in Abhängigkeit von n bzw. m mit m bzw. n als Parameter wiedergegeben für die Werte $q = 0,1$ und $q = 1$.

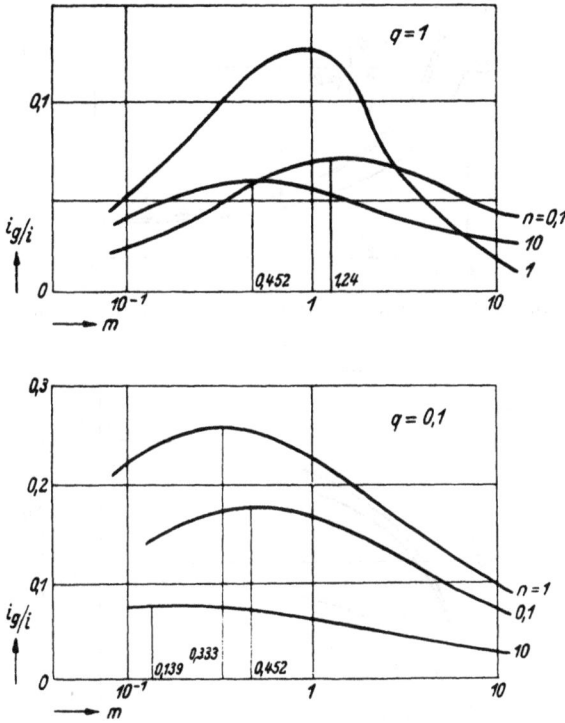

Abb. 101. Optimalkurven für i_g in Abhängigkeit von m mit Parameter n für $q = 0,1$ und $q = 1$.

4. $i_1 = \text{const.}$

Es ist

$$i_g = i_1 \cdot \frac{\Delta R_1}{R_1} \cdot \frac{1}{q\,(1 + 1/m) + 1 + m} \quad \dots \dots \dots (156)$$

Optimum für $n = 0$; d. h. praktisch für $R_1 \gg R_3$ und

$$m = \infty; \text{ d. h. praktisch für } R_1 \ll R_2,$$

also insgesamt für

$$R_3 \ll R_1 \ll R_2.$$

Abb. 102 und 103 zeigen die Kurven für i_g in Abhängigkeit von m bzw. n mit n bzw. m als Parameter bei $q = 0,01$ und $q = 10$.

III. Anpassung von Brücke und Nullindikator.

Es sei $R_g = \chi \cdot R_G$.

Wie bereits früher (S. 54) erwähnt, ist das Maximum so flach, daß χ in ziemlich weitem Variationsbereich um 1 liegen kann.

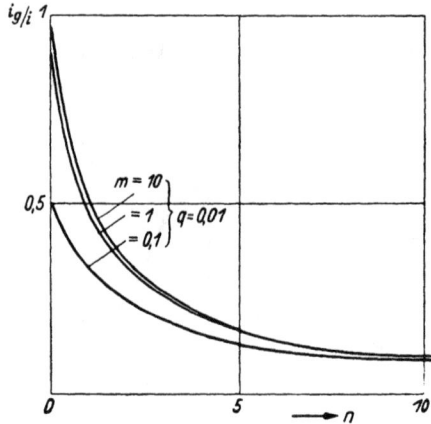

Abb. 102. Kurven für i_g in Abhängigkeit von n, mit m als Parameter. $q = 0,1$.

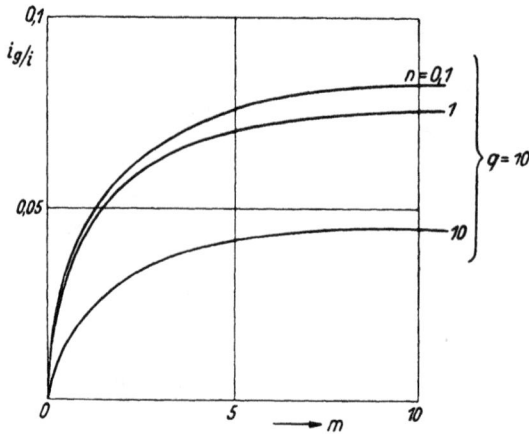

Abb. 103. Kurven für i_g in Abhängigkeit von m, mit n als Parameter. $q = 10$.

1. $E = \mathrm{const.}$

Es ist

$$i_g = \frac{E}{R_1} \cdot \frac{\Delta R_1}{R_1} \cdot \frac{1}{1+\chi} \cdot \frac{1}{(1+m)(1+n)} \quad \ldots \ldots \ldots (157)$$

Optimum für $n = 0$; d. h. praktisch für $R_3 \ll R_1$.

$\qquad m = 0$; d. h. praktisch für $R_2 \ll R_1$.

Daraus folgt:

$$(i_g)_{\mathrm{opt}} = \frac{E}{R_1} \cdot \frac{\Delta R_1}{R_1} \cdot \frac{1}{1+\chi} \quad \ldots \ldots \ldots \ldots (158)$$

und
$$R_E = 0; \quad R_G = 0; \quad R_g = 0.$$

Das bedeutet, daß bei $E = \text{const}$ der Widerstand der Brücke und des Indikators sehr klein sein müssen.

2. $J = \text{const}.$

Es ist:
$$i_g = J \cdot \frac{\Delta R_1}{R_1} \cdot \frac{1}{1 + \chi} \cdot \frac{1}{(1 + 1/n) \cdot (1 + n)} \quad \ldots \ldots \ldots \quad (159)$$

Optimum für $n = 1$; d. h. $R_2 = R_1$.

Das Optimum ist unabhängig von m. Es ist
$$R_E = \frac{R_1 + R_2}{2}; \quad R_G = 2 \cdot \frac{R_1 \cdot R_2}{R_1 + R_2} = \frac{R_g}{\chi}.$$

Die Anpassung bei $J = \text{const}$ ist also für beliebige Brückenwiderstände möglich.

3. $N = \text{const}.$

Es ist
$$i_g = \sqrt{\frac{N}{R_1}} \cdot \frac{\Delta R_1}{R_1} \cdot \frac{1}{1 + \chi} \cdot \frac{1}{(1 + n) \cdot \sqrt{(1 + 1/n)(1 + m)}} \quad \ldots \ldots \quad (160)$$

$m = 0$; d. h. praktisch für $R_2 \ll R_1$

$n = 1/2$; d. h. $R_3 = R_1/2$,

$R_E = R_1/3$; $R_G = 0$; $R_g = 0.$

4. $i_1 = \text{const}.$

Es ist
$$i_g = i_1 \cdot \frac{\Delta R_1}{R_1} \cdot \frac{1}{(1 + \chi)} \cdot \frac{1}{(1 + n)} \cdot \quad \ldots \ldots \ldots \ldots \quad (161)$$

Optimum für $n = 0$; d. h. praktisch für $R_3 \ll R_1$. i_g ist von m unabhängig.

Es ist
$$(i_g)_{\text{opt}} = i_1 \cdot \frac{\Delta R_1}{R_1} \cdot \frac{1}{(1 + \chi)} \quad \ldots \ldots \ldots \ldots \ldots \quad (162)$$

$$R_E = 0; \quad R_G = \frac{R_g}{\chi} = \frac{R_1 \cdot R_2}{R_1 + R_2}.$$

Der Fall ist analog $J = \text{const}.$

Fischer betrachtet außerdem den Fall, daß die Stromquelle durch E und R_e gegeben ist. Auf diesen Fall sowie auf weitere ausführliche Behandlung der erwähnten Fälle sei auf die Original-Literatur verwiesen.

Bei den angegebenen Fällen ist außer dem wirklichen Optimalwert auch die angenäherte praktische Möglichkeit angegeben. Aus den gezeigten Kurven ergibt sich, daß in den meisten Fällen das Optimum so flach ist, daß die praktische Abweichung von ihm durchaus zulässig ist. Es kommt vor — allerdings häufiger bei Ausschlagbrücken — daß noch Nebenbedingungen gegeben sind. Dann ist diese Bedingung in das Maximumproblem mit aufzunehmen, bzw. in manchen Fällen ein Kompromiß zwischen den verschiedenen Bedingungen zu finden. Es würde zu weit führen, alle derartigen Fälle hier zu behandeln. Sie lassen sich nach den gleichen Grundsätzen wie die angegebenen Beispiele lösen.

b) Die Thomsonbrücke.

Die Thomsonbrücke[56]) dient hauptsächlich zur Bestimmung sehr kleiner Widerstände in der Größenordnung von $10^{-6}...1\ \Omega$. Prinzipiell ist zu bemerken, daß sie eigentlich die theoretisch universellste Brücke darstellt, aus der sich die Wheatstonebrücke — und bei Wechselstrombrücken auch alle fast andern Brücken — durch Entartung bestimmter Zweige nach Null oder Unendlich ergeben. Die Thomsonbrücke hat gegenüber der Wheatstonebrücke den praktischen Vorteil, daß sich der Einfluß der Zuleitungswiderstände in weiten Grenzen eliminieren läßt. Man kann mittels der Thomsonbrücke auch sehr kleine Gleichspannungen bestimmen, wie im Abschnitt »Die Gleichstrombrücke mit mehreren Spannungsquellen« ausgeführt werden wird (S. 105). Die Thomsonbrücke ist auch unter der Bezeichnung »Kelvinbrücke«, »Thomson-Doppelbrücke« und »Doppelkurbelbrücke« bekannt geworden. Ausführliche Untersuchungen wurden von Jaeger[3,57]) und Jaeger, Lindeck und Diesselhorst[58]) angestellt.

Abb. 104 zeigt die Thomsonbrücke in ihrer gewöhnlichen Darstellung, Abb. 105 die gleiche Schaltung umgezeichnet.

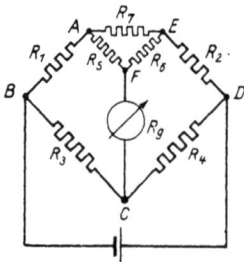

Abb. 104. Thomsonbrücke.   Abb. 105. Thomsonbrücke Abb. 104 umgezeichnet.

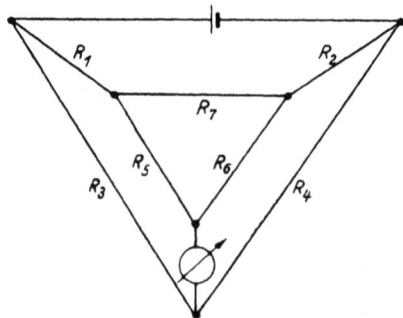

Die Berechnung erfolgt am einfachsten dadurch, daß man (Abb. 104) das Dreieck AEF mittels der Dreieck-Stern-Transformation umformt, wie dies bereits S. 33 gezeigt wurde. Man erhält dadurch eine einfache Wheatstonebrücke. Es ergibt sich für den Strom in der Meßdiagonale:

$$i_g = i\,\frac{Z}{N}, \dots \dots \dots \dots \quad (163)$$

wobei

$$Z = (R_1 R_4 - R_2 R_3)(R_5 + R_6 + R_7) - (R_3 R_6 - R_4 R_5) R_7 \quad (164)$$

und

$$N = R_5 R_6 (R_1 + R_2 + R_3 + R_4) +$$
$$+ (R_1 + R_3)(R_2 + R_4)(R_5 + R_6) +$$
$$+ R_7 (R_1 + R_3 + R_5)(R_2 + R_4 + R_6) +$$
$$+ R_g [(R_5 + R_6)(R_1 + R_2 + R_3 + R_4) +$$
$$+ R_7 (R_1 + R_2 + R_3 + R_4 + R_5 + R_6)] \quad \ldots \quad (165)$$

Die Abgleichung der Brücke ergibt sich dann für $i_g = 0$, d. h. für $Z = 0$ zu

$$(R_1 R_4 - R_2 R_3)(R_5 + R_6 + R_7) = R_7 (R_3 R_6 - R_4 R_5) \quad . \quad . \quad (166)$$

Man kann Gl. (166) auch in der Form schreiben:

$$\frac{R_1}{R_2} = \frac{R_3}{R_4} - \frac{R_7}{R_2} \cdot \frac{R_6}{R_5 + R_6 + R_7} \cdot \left[\frac{R_5}{R_6} - \frac{R_3}{R_4} \right] = \frac{R_3}{R_4} - K \quad . \quad . \quad (167)$$

Es ist dann

$$K = \frac{R_7}{R_2} \cdot \frac{R_6}{R_5 + R_6 + R_7} \cdot \left[\frac{R_5}{R_6} - \frac{R_3}{R_4} \right] \quad \ldots \quad (168)$$

Sonderbedingung: Für $R_3 : R_4 = R_5 : R_6$ wird dann $K = 0$, und es ergibt sich $R_1 : R_2 = R_3 : R_4$; in diesem Falle wird die Abgleichung unabhängig von R_7. Ist diese Sonderbedingung nicht erfüllt, so hat K die Bedeutung eines Korrektionsgliedes, das in erster Näherung proportional mit R_7 wächst.

In Abb. 106 ist die Thomsonbrücke in der gebräuchlichen Schaltung dargestellt, wobei in R_2 der zu messende Widerstand, in R_1 eine Vergleichs-Normale gelegt sei. Die Widerstände und Übergangswiderstände

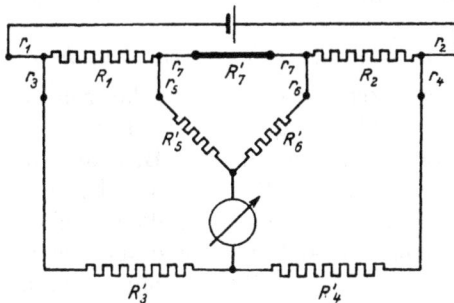

Abb. 106. Thomsonbrücke in der gebräuchlichen Anschlußform mit eingezeichneten Zuleitungswiderständen $r_1 \ldots r_7$.

der Zuführungen seien $r_1 \ldots r_7$. Die Zuführungen zu R_1 und R_2 dürfen sich erst unmittelbar an diesen Widerständen selbst gabeln, so daß innerhalb der Verzweigungspunkte praktisch nur die Widerstände R_1 bzw. R_2 vorhanden seien. Es sei gemäß Abb. 106:

$$R_3 = R_3' + r_3; \quad R_5 = R_5' + r_5; \quad R_7 = R_7' + 2r_7.$$
$$R_4 = R_4' + r_4; \quad R_6 = R_6' + r_6$$

Gl. (167) wird dann

$$\frac{R_1}{R_2} = \frac{R_3' + r_3}{R_4' + r_4} - K,$$

wobei

$$K = \frac{R_7' + 2r_7}{R_2 + r_2} \cdot \frac{R_6' + r_6}{R_5' + R_6' + R_7' + r_5 + r_6 + 2r_7} \cdot \left[\frac{R_5' + r_5}{R_6' + r_6} - \frac{R_3' + r_3}{R_4' + r_4} \right].$$

Hieraus folgt, daß r_5, r_6 und r_7 nur in das Korrektionsglied eingehen, also bei Erfüllung der obigen Sonderbedingung aus der Gleichgewichtsbedingung verschwinden. r_3 und r_4 sind dagegen auch in der Sonderbedingung enthalten und müssen daher entsprechend der verlangten Genauigkeit der Messung vernachlässigbar klein sein oder gesondert bestimmt und von dem erhaltenen Meßergebnis in Abzug gebracht werden.

Es muß für $K = 0$ also jetzt

$$(R_5' + r_5):(R_6' + r_6) = (R_3' + r_3):(R_4' + r_4)$$

sein.

Für $R_7 \ll (R_5 + R_6)$ ergibt sich

$$K = \frac{R_7}{R_2} \cdot \frac{1}{R_5/R_6 + 1} \left[\frac{R_5}{R_6} - \frac{R_3}{R_4} \right] \quad \dots \dots (169)$$

Meßmethoden besonders hoher Genauigkeit.

Diese von Jaeger, Lindeck und Diesselhorst[58]) entwickelten Methoden werden besonders zur Prüfung von Normalien verwendet. Es sind hauptsächlich drei Methoden angewandt worden.

λ) *Methode der sukzessiven Annäherung.*

Bei diesem Verfahren wird die Brücke roh auf das Verhältnis $R_1 : R_2 = R_3 : R_4 = R_5 : R_6$ abgeglichen. Dann wird mittels eines Nebenschlußwiderstandes zu einem der Brückenzweige der Strom in der Meßdiagonale exakt auf Null gebracht. Hierauf wird der Widerstand R_7 entfernt, so daß die Brücke nun als einfache Wheatstonebrücke arbeitet. Für die Stromlosigkeit der Meßdiagonale muß dann das Verhältnis $(R_1 + R_5):(R_2 + R_6) = R_3 : R_4$ sein. Dann wird wieder R_7 eingesetzt und erneut abgeglichen. Diese Abgleichung — einmal als Thomson-, einmal als Wheatstonebrücke — wird so lange fortgesetzt, bis in beiden Brückenformen gleichzeitig Gleichgewicht vorhanden ist. Dann ist

$$\frac{R_1}{R_2} = \frac{R_3' + r_3}{R_4' + r_4} = \frac{R_3'}{R_4'} \cdot \left[\frac{1 + r_3/R_3'}{1 + r_4/R_4'} \right] \quad \dots \dots (170)$$

Man kann nun r_3 und r_4 entweder dadurch bestimmen, daß man R_3' und R_4' kurzschließt oder dadurch, daß man r_3 und r_4 in einem Kompensationsverfahren gesondert bestimmt.

Man kann in Gl. (170) auch den Klammerausdruck dividieren und die Glieder höherer Ordnung von r_3/R_3' und r_4/R_4' vernachlässigen. Man erhält dann angenähert:

$$\frac{R_1}{R_2} = \frac{R_3'}{R_4'} \cdot [1 + r_3/R_3' - r_4/R_4'] = \frac{R_3'}{R_4'} \cdot [1 + r_3/R_3 - r_4/R_4] \quad (170\,a)$$

β) *Methode der Berechnung des Korrektionsgliedes.*

Addiert man zu

$$K = \frac{R_7}{R_2} \cdot \frac{R_6}{R_5 + R_6 + R_7} \cdot \left[\frac{R_5}{R_6} - \frac{R_3}{R_4}\right]$$

die aus Gl. (166) sich ergebende Gleichung:

$$\frac{1}{R_2\,R_4} \cdot \left[\frac{R_7\,(R_3\,R_6 - R_4\,R_5)}{R_5 + R_6 + R_7} - (R_1\,R_4 - R_2\,R_3)\right] = 0$$

so erhält man

$$K' = K = \frac{R_7}{R_2} \cdot \frac{R_2 + R_6}{R_5 + R_6} \cdot \left[\frac{R_1 + R_5}{R_2 + R_6} - \frac{R_3}{R_4}\right] \quad \ldots \ldots (171)$$

Man gleicht nun die Brücke mit und ohne R_7 ab und erhält damit den Faktor $\dfrac{R_1 + R_5}{R_2 + R_6} - \dfrac{R_3}{R_4}$ des Korrektionsgliedes K'.

Ist $R_6 \gg R_2$, so erhält man angenähert:

$$K' = \frac{R_7 \cdot R_6}{(R_5 + R_6) \cdot R_2} \cdot \left[\frac{R_1 + R_5}{R_2 + R_6} - \frac{R_3}{R_4}\right] \quad \ldots \ldots (172)$$

Man kann nun auch noch angenähert setzen:

$$\frac{R_2}{R_1 + R_2} = \frac{R_6}{R_5 + R_6}$$

und erhält dann

$$K' = \frac{R_7}{R_1 + R_2} \cdot \left[\frac{R_1 + R_5}{R_2 + R_6} - \frac{R_3}{R_4}\right] \quad \ldots \ldots (173)$$

γ) *Methode der gleichzeitigen Interpolation der Widerstände R_3, R_4, R_5 und R_6.*

Die Widerstände R_3 und R_4 werden von Jaeger auch als Verzweigungswiderstände, die Widerstände R_5 und R_6 als Überbrückungswiderstände bezeichnet. Der Widerstand R_7 heißt nach Jaeger Verbindungswiderstand.

Bei dieser Methode ändert man die Verhältnisse R_3/R_4 und R_5/R_6 um den gleichen Betrag.

Für $R_7 \ll R_5 + R_6$ kann man näherungsweise schreiben:

$$\frac{R_1}{R_2} = \frac{R_3'}{R_4'} \cdot \left[\frac{1 + r_3/R_3}{1 + r_4/R_4} \right] - K'', \quad \ldots \ldots \ldots \quad (174)$$

wobei

$$K'' = \frac{R_7}{R_2} \cdot \frac{1}{1 + R_5/R_6} \cdot \left[\frac{R_5}{R_6} - \frac{R_3}{R_4} \right] \quad \ldots \ldots \quad (175)$$

Hier ändert sich also bei gleichzeitiger Änderung der beiden Verhältnisse um den gleichen Betrag der Ausdruck nur im Nenner, d. h. um Größen zweiter Ordnung. R_7 und die Zuleitungswiderstände werden hier in der 1. Methode gesondert bestimmt.

Ist $R_3/R_4 = R_5/R_6 = 1$ in erster Näherung, so erhält man

I. $$\frac{R_1}{R_2} = \frac{R_3' + r_3}{R_4' + r_4} - K_1'' \quad \ldots \ldots \ldots \quad (176)$$

Vertauscht man nun R_3 mit R_4 und R_5 mit R_6, so ergibt sich

II. $$\frac{R_1}{R_2} = \frac{R_4'' + r_3}{R_3'' + r_4} - K_2'' \quad \ldots \ldots \ldots \quad (177)$$

Mittelt man nun I und II, so erhält man:

$$\frac{R_1}{R_2} = \frac{1}{2} \cdot \left[\frac{R_3'}{R_4'} + \frac{R_4''}{R_3''} \right] (1 + r_3/R_3 + r_4/R_4)$$

$$- \frac{R_7}{2R_2} \left[(r_5/R_5 - r_6/R_6) - (r_3/R_3 - r_4/R_4) \right] \quad \ldots \quad (178)$$

Da die Zuleitungswiderstände fast als paarweise gleich anzusehen sind, verschwindet das Korrektionsglied in erster Näherung.

Gebräuchliche Meßmethoden.

Bei allen Meßmethoden wird das Verhältnis $R_3 : R_4 = R_5 : R_6$ in irgendeiner Weise hergestellt.

Es sind zwei Grundtypen in Anwendung: die Schleifdrahtbrücken und die Kurbelbrücken.

Schleifdraht-Thomsonbrücken. Man bildet (Abb. 107) ein bestimmtes ganzzahliges Verhältnis $R_3 : R_4 = R_5 : R_6$ mittels der Stöpselwiderstände R_3, R_4, R_5, R_6. Dieses Verhältnis (1 : 100; 1 : 10; 1 : 1; 1 : 0,1) richtet sich nach der Größenordnung des Verhältnisses $R_N : R_X$. Als Vergleichswiderstand benutzt man einen kreisförmigen oder gestreckten geeichten Schleifdraht, der direkt in Ohm geteilt ist. Durch Herausnahme des Verbindungswiderstands R_7 kann man die Brücke auch als Wheatstonebrücke für Widerstände größer als 0,1 Ohm verwenden. Zur Eliminierung der etwa vorhandenen Thermokräfte führt man die gleiche Messung ein zweites Mal mit gewendetem Strom durch.

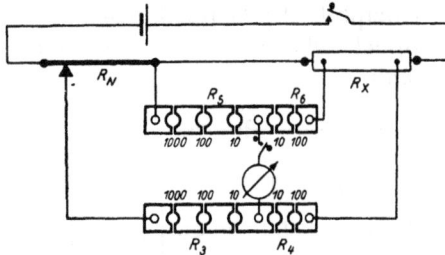

Abb. 107. Schleifdraht-Thomsonbrücke.

Bei nicht geeichtem Schleifdraht, der jedoch über seine ganze Länge gleichmäßig sein muß, kann man mittels zweier Messungen zum Ziel kommen. Es sei

1. Messung: $\qquad R_N = a \cdot l_1.$

Dann ist
$$R_x = a \cdot l_1 \cdot R_4/R_3.$$

Man ersetzt nun R_X durch einen Normalwiderstand N. Dann ist:

2. Messung: $\qquad N = a \cdot l_2 \cdot R_4/R_3.$

Aus den beiden Messungen folgt:

$$R_x = N \cdot l_1/l_2, \quad \ldots \ldots \ldots \ldots \ldots \quad (179)$$

wobei l_1 und l_2 die Längen des Schleifdrahtes in beiden Messungen bedeuten.

Sind R_X und N von verschiedener Größenordnung, so muß man R_X und R_N vertauschen. Es ist dann

$$N = a \cdot l_2 \cdot R_3'/R_4'$$

und somit

$$R_X = N \cdot \frac{R_4 \cdot R_4'}{R_3 \cdot R_3'} \cdot \frac{l_1}{l_2} \quad \ldots \ldots \ldots \quad (179\,a)$$

Doppelkurbelbrücken. Bei der Doppelkurbelbrücke wird ebenfalls ein fester Vergleichswiderstand R_N verwendet. Das Verhältnis $R_3 : R_5$ wird $1 : 1$ gewählt (bzw. $10 : 10$, $100 : 100$ usw.). R_4 und R_6 sind mechanisch gekoppelt, so daß stets $R_4 : R_6 = 1 : 1$ ist. Dabei sind R_4 (und damit auch R_6) kontinuierlich veränderbar. Es ist also jetzt

$$R_N : R_X = R_3 : R_4 = R_5 : R_6$$

und damit

$$R_X = R_N \cdot \frac{R_4}{R_3} = R_N \cdot \frac{R_6}{R_5} \quad \ldots \ldots \ldots \quad (180)$$

Bei Vertauschung von R_N mit R_X erhält man:

$$R_X = R_N \cdot \frac{R_3}{R_4} \quad \ldots \ldots \ldots \quad (180\,a)$$

Abb. 108 zeigt das Prinzipbild der Doppelkurbelbrücke. Die praktischen Ausführungen der Doppelkurbelbrücke wie auch der Schleifdrahtbrücke finden sich im II. Band.

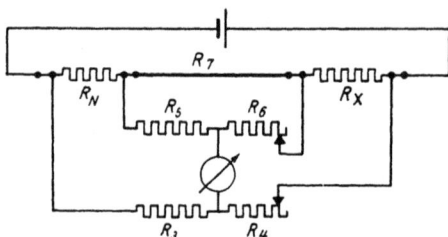

Abb. 108. Thomson-Doppelkurbel-Brücke.

Es ist aus dem Vorstehenden ohne weiteres verständlich, daß auch hier der Verbindungswiderstand zwischen R_N und R_X möglichst klein sein muß.

Die Empfindlichkeit der Thomsonbrücke in der Nullmethode ergibt sich aus der Gl. (163). Die Untersuchungen für die einzelnen Empfindlichkeiten werden naturgemäß wesentlich komplizierter als bei der Wheatstonebrücke. In Abb. 109 ist die Veränderung von R_X angegeben, bei der man 1° Ausschlag an einem Zeigergalvanometer erhält. Dabei ist die Thomson-Schleifdrahtbrücke der Siemens & Halske A.G. zugrunde gelegt und als Nullgalvanometer ein Laboratoriums-

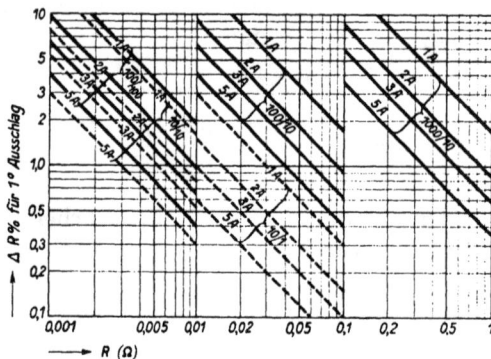

Abb. 109. Veränderung von R_x, bei der man 1° Ausschlag an einem Zeigergalvanometer erhält. (Thomson-Schleifdrahtbrücke von Siemens & Halske, Nullgalvanometer von 1 Ω, Empfindlichkeit 10 μA für 1° Ausschlag.)

Zeiger-Galvanometer von 1 Ohm Widerstand und einer Empfindlichkeit von 10 μA für 1° Ausschlag angenommen. Als Strom-Parameter ist der Brücken-Eingangsstrom i bei verschiedenen Verhältnissen $R_3 : R_5$ benutzt. Bei höherohmigen Galvanometern fallen die verschiedenen Kurven stärker zusammen[1]).

Man kann die Empfindlichkeit auch experimentell bestimmen. Man ändert den Abgleich-Widerstand — bei Schleifdrahtbrücken also den Schleifdrahtwiderstand, bei Doppelbrücken den Widerstand R_6 und damit R_4 — um die Widerstands-Einheit. Dadurch erhält man am Null-Galvanometer den Ausschlag. Ist nun die Änderung ΔR_X von R_X notwendig, um den Ausschlag ΔR_6 rückgängig zu machen, so ergibt sich für 1 Skalenteil des Null-Galvanometers die Empfindlichkeit

$$\Delta R_X = R_X \cdot \frac{\Delta R_6}{R_5} \cdot \frac{1}{\alpha} \qquad \ldots \ldots \ldots (181)$$

Man kann leicht durch Einsetzen von Zahlenwerten feststellen, daß die Empfindlichkeit der Thomsonbrücke sehr hoch ist.

Man kann die Thomsonbrücke auch automatisieren, ähnlich wie dies bei der Wheatstonebrücke der Fall ist.

c) Gleichstrombrücken mit mehreren Spannungsquellen.

Die Gleichstrombrücke mit mehreren Spannungsquellen stellt eigentlich ein Kompensationsverfahren dar, bei der eine Spannung durch eine andere bzw. durch einen veränderbaren Widerstand gemessen wird. Sie soll trotzdem — wegen ihres ausgesprochenen Brückencharakters — unter den Brückenmethoden betrachtet werden.

x) Wheatstonebrücken mit zwei Spannungsquellen.

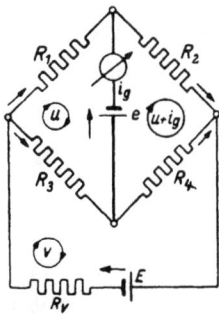

Abb. 110. Wheatstonebrücke mit zwei Spannungsquellen.

Die zu messende Spannung e befinde sich in der Meß-Diagonale (Abb. 110) in Reihe zum Nullindikator. Die Brücke wird dann so abgeglichen, daß die Meßdiagonale stromlos ist. Dies bedeutet — im Gegensatz zu den bisherigen Brückenverfahren, daß hier die Enden der Meßdiagonale nicht gleiche Spannung besitzen, sondern daß jetzt die Spannungsdifferenz an den Enden der Brücke entgegengesetzt gleich der Spannung e ist.

Wendet man die Maxwell-Zyklen an, so erhält man:

I. $\qquad u(R_1 + R_g + R_3) - v R_3 - (u + i_g) R_g = -e$

II. $\qquad (u + i_g)(R_2 + R_4 + R_g) - u R_g - v R_4 = e$

III. $\qquad v(R_3 + R_4 + R_v) - u R_3 - (u + i_g) R_4 = E,$

wobei R_v der Widerstand der Stromdiagonale einschl. der Stromquelle E, R_g der Widerstand der Meßdiagonale einschl. der Spannungsquelle e ist.

Für $i_g = i \cdot \dfrac{Z}{N}$ ist aus den obigen Gleichungen:

$$Z = [R_1 R_4 - R_2 R_3] \cdot E + [R_v (R_1 + R_2 + R_3 + R_4)$$
$$+ (R_1 + R_2)(R_3 + R_4)] \cdot e \quad \ldots \ldots \quad (182)$$

$$N = R_1 R_2 R_3 + R_2 R_3 R_4 + R_3 R_4 R_1 + R_4 R_1 R_2 + R_v \cdot R_g (R_1 + R_2 + R_3 + R_4)$$
$$+ R_v (R_1 + R_3)(R_2 + R_4) + R_g (R_1 + R_2)(R_3 + R_4) \quad . \quad (183)$$

Für $e = 0$ erhält man die Gl. (113).

Setzt man

$$R_1 R_4 - R_2 R_3 = A$$
$$R_1 + R_2 + R_3 + R_4 = B$$
$$(R_1 + R_2)(R_3 + R_4) = C,$$

so ist

$$i_g = [A \cdot E + (R_v \cdot B + C) \cdot e]/N \quad \ldots \ldots \quad (184)$$

Für $i_g = 0$ muß also sein:

$$A \cdot E + (R_v \cdot B + C) \cdot e = 0 \quad \ldots \ldots \quad (185)$$

Anwendung: Es sei e die Spannung eines Thermoelements[59]. Bezeichnet man mit e_h die EMK der heißen Lötstelle, mit e_k die EMK der kalten Lötstelle, so ist also $e = e_h - e_k$. Hierbei sei für die Temperatur t_k der kalten Lötstelle $e_k = c \cdot t_k$, für die Temperatur t_h der heißen Lötstelle $e_h = c \cdot t_h$. Es sei ferner zur Vereinfachung: $R_2 = R_3 = R_4 = R$. Der Widerstand R_1 sei veränderbar. Es sei $R_1 = R + \varDelta R_1$. Man kann nun verschiedene Aufgaben stellen:

1. Die Brücke soll stets mittels R_1 abgeglichen werden. Dann folgt:

$$\varDelta R_1 = - \frac{4\,R \cdot (R_v + R) \cdot e}{R\,E + (R_v + 2\,R) \cdot e} \quad \ldots \ldots \quad (186)$$

2. Es sei auch R_2 veränderbar, derart, daß mittels R_2 die Temperatur der kalten Lötstelle t_k dauernd kompensiert werde. Es sei also

$$R_2 = R + \varDelta R_2, \text{ wobei } \varDelta R_2 = \alpha \cdot R \cdot t_k \text{ sei.}$$

α ist der Temperaturkoeffizient des Widerstands R_2. Die übrigen Widerstände seien temperaturunabhängig. Dann ergeben sich näherungsweise zwei Bedingungen dadurch, daß für alle Werte von t_h die Koeffizienten von t_k verschwinden müssen:

I. $$R_v = - 2\,R \quad \ldots \ldots \ldots \ldots \quad (187\,a)$$

II. $$E = - \frac{4\,c}{\alpha} \quad \ldots \ldots \ldots \ldots \quad (187\,b)$$

Hieraus ergibt sich die Abgleichfunktion

$$\varDelta R_1 = \frac{- 4\,R \cdot (R_v + R) \cdot c \cdot t_h}{R \cdot E + (R_v + 2\,R) \cdot c \cdot t_h} = \frac{4\,R\,c \cdot t_h}{E} = - R\,\alpha \cdot t_h \quad . \quad (188)$$

Die Bedingung I ist nicht erfüllbar für endliche Widerstände; sie kann jedoch durch entsprechend kleine Werte von R_v und R näherungsweise erfüllt werden. Das negative Vorzeichen der Abgleichfunktion sagt lediglich über die Richtung der EMK E aus. Es ist klar, daß E konstant sein muß.

Analog schaltet man bei pH-Messungen die zu untersuchende Zelle an Stelle der im obigen Beispiel erwähnten Thermoelements.

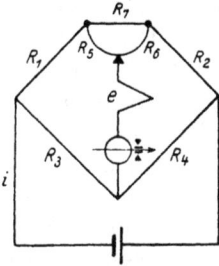

Abb. 111. Thomsonbrücke mit zwei Spannungsquellen.

β) *Thomsonbrücke mit zwei Spannungsquellen.*

Ihre Schaltung ist in Abb. 111 wiedergegeben. Man erzielt eine Abgleichung durch einen Schleifdraht $R_5 R_6$. Zur Kompensation der kalten Lötstelle wird der Widerstand R_3 aus temperaturempfindlichem Material hergestellt. Die allgemeine Nullbedingung lautet:

$$i\left[(R_5 + R_6)(R_1 R_4 - R_2 R_3) + R_7\{R_4(R_1 + R_5) - R_3(R_2 + R_6)\}\right]$$
$$= e\left[(R_5+R_6)(R_1+R_2+R_3+R_4)+R_7(R_1+R_2+R_3+R_4+R_5+R_6)\right] \quad \dots \quad (189)$$

Wählt man $R_1 = R_2 = R_4 = R$ und $R_3 = R + \varDelta R_3$ und berücksichtigt man, daß $R_5 + R_6 = \text{const} = R_0$ sein muß, so ergibt sich:

$$i\left[-R_0 \cdot \varDelta R_3 + R_7\{R(R_5 - R_6) - \varDelta R_3 (R + R_6)\}\right]$$
$$= e\left[(R_0 + R_7)(4R + \varDelta R_3) + R_0 R_7\right] \quad \dots \dots \quad (189a)$$

Hieraus lassen sich ähnliche Bedingungen wie bei der im vorhergehenden Abschnitt behandelten Wheatstonebrücke mit zwei Spannungsquellen entwickeln, wobei man infolge der größeren Anzahl von Brückenzweigen noch mehr Variationsmöglichkeiten erhält. Auch hier muß natürlich die Eingangsspannung der Brücke bzw. der Eingangsstrom konstant gehalten werden. Diese Anordnung ist von Leeds und Northrup und von Siemens und Halske zu einem schreibenden Kompensator (Kompensographen) für Thermospannungen benutzt worden (s. Bd. II).

Durch Änderung von R_7 kann man den Meßbereich variieren.

Auch die Thomsonbrücke kann man zur pH-Messung verwenden. Hierbei kann man z. B. mittels R_2 die Temperaturfunktion der Zelle kompensieren. Ist $\varDelta e = \lambda \cdot \varDelta t$ und $e = \lambda t + k$, wobei k die Funktion eines Argumentes x bedeutet ($k = f[x]$), so ist für $R_2 = R(1 + \alpha t)$ und $R_3 = R_4 = R_5 = R_6 = R_7 = R$:

$$E = -\left[\frac{2\lambda}{3\alpha} \cdot \frac{7R_v + 8R}{R} + \frac{\lambda}{\alpha} \cdot \frac{\varDelta R_1}{R^2}(R_v + 2R) + \frac{k}{R}(R_v + 2R)\right],$$

wenn man die Koeffizienten von t und t^2 vernachlässigt und α und λ als klein annimmt.

3. Gleichstrombrücken in der Ausschlagmethode.

Die Gleichstrom-Ausschlagbrücken haben in der betriebstechnischen Messung eine sehr große Bedeutung erlangt. Sie ermöglichen die laufende Messung der Veränderung eines oder mehrerer Brückenzweige. Der Vorteil gegenüber anderen Meßmethoden (z. B. der Bruger-Schaltung) liegt besonders darin, daß der elektrische Nullpunkt der Messung an beliebige Stelle gelegt werden kann. Es ist dies bereits früher erwähnt worden. Ein weiterer Vorteil ergibt sich aus der Tatsache, daß man gleichzeitig zwei entsprechende Brückenzweige im gleichen Sinne beeinflussen kann und damit zur doppelten Empfindlichkeit der Meßmethode gelangt. Ferner ist es möglich, eine zweite Veränderliche in einem oder in zwei entsprechenden Brückenzweigen im entgegengesetzten Sinne wirken zu lassen, also Differenzmessungen auszuführen. Zur Erläuterung sei z. B. auf die Messung mittels Widerstands-Thermometer verwiesen (S. 114), bei der man die Temperatur-Differenz zwischen einer bestimmten Temperatur und z. B. der Raumtemperatur auf diese Weise laufend feststellen kann.

a) Charakteristik der Wheatstone-Ausschlagbrücke.

Es ist bereits S. 79 die Gleichung für den Brückenstrom in der Meßdiagonale bei konstantem Speisestrom i angegeben worden. Es ist

$$i_g = i \cdot \frac{R_1 R_4 - R_2 R_3}{N_e} \quad \dots \dots \dots (190)$$

Analog erhält man den Brückenstrom bei konstanter Speisespannung e zu:

$$i_g = e \cdot \frac{R_1 R_4 - R_2 R_3}{N_e'}, \quad \dots \dots \dots (191)$$

wobei

$$N_e = R_g (R_1 + R_2 + R_3 + R_4) + (R_1 + R_3)(R_2 + R_4) \quad . . (192)$$

und

$$N_e' = R_g (R_1 + R_2)(R_3 + R_4) + R_1 R_2 R_3 + R_2 R_3 R_4 + R_3 R_4 R_1 + R_4 R_1 R_2$$
$$\dots \dots (193)$$

ist. Betrachtet man z. B. R_1 als veränderlichen Brückenzweig, so sieht man, daß R_1 sowohl im Zähler als im Nenner der obigen Gleichungen auftritt. Ganz allgemein erhält man also für $i_g = f(R_1)$ eine Hyperbel. Praktisch kann man jedoch die einzelnen Brückenzweige so wählen, daß der Nenner innerhalb eines gewissen Variationsbereiches als konstant angesehen werden kann. In diesem Bereich ist also die Funktion praktisch linear. Es ist klar, daß dies der Fall ist für $\Delta R_1 \ll R_1$, wobei ΔR_1 der Variationsbereich von R_1 ist. Bei konstantem Brücken-Eingangsstrom erhält man auch als Linearitätsbedingung: $\Delta R_1 \ll R_3$. Seltener wird die allgemeine Thomsonbrücke in der Ausschlagmethode benutzt. Für sie wäre: $\quad i_g = i \cdot Z/N,$

wobei Z und N aus Gl. (164) und Gl. (165) sich ergeben (s. S. 97). Die Linearitätsbedingung wäre hier

$$\Delta R_1 \ll R_1 \text{ oder auch } \Delta R_1 \ll R_3$$

bei konstantem Eingangsstrom. Für konstante Eingangsspannung läßt sich der Diagonalstrom und die Linearitätsbedingung ganz analog bestimmen.

Es ergeben sich für die Thomson-Ausschlagbrücke keine wesentlichen Vorteile gegenüber der Wheatstone-Ausschlagbrücke.

Es seien im folgenden eine Reihe von wichtigen Sonderfällen der Wheatstone-Ausschlagbrücke betrachtet:

Sonderfälle:

1. $R_2 = R_3 = R_4 = R$; $R_1 = R + \Delta R_1$.

Dann ist:

$$i_g = i \cdot \frac{R \cdot \Delta R_1}{\Delta R_1 (R_g + 2R) + 4R(R_g + R)} \quad \dots \dots (194)$$

Für $\Delta R_1 \ll R$ wird der Diagonalstrom i_g in erster Näherung:

$$i_g = i \cdot \frac{\Delta R_1}{4(R_g + R)} \quad \dots \dots \dots (194\text{a})$$

2. $R_2 = R_3 = R$, $R_1 = R_4 = R + \Delta R_1$.

Es ist

$$i_g = i \cdot \frac{2R \cdot \Delta R_1 + (\Delta R_1)^2}{(\Delta R_1)^2 + 2 \cdot \Delta R_1 (2R + R_g) + 4(R_g + R)} \quad \dots (195)$$

Für $\Delta R_1 \ll R$ ist näherungsweise:

$$i_g = i \cdot \frac{\Delta R_1}{2(R_g + R)} \quad \dots \dots \dots (195\text{a})$$

Man erhält also die doppelte Empfindlichkeit wie im vorhergehenden Fall.

3. $R_3 = R_4 = R$; $R_1 = R + \Delta R_1$; $R_2 = R - \Delta R_1$.

Es ergibt sich näherungsweise

$$i_g = i \cdot \frac{\Delta R_1}{2(R_g + R)}, \quad \dots \dots \dots (196)$$

d. h. die gleiche Empfindlichkeit wie im 2. Falle. Diese Anordnung ist praktisch wichtig dadurch, daß man $R_1 R_2$ als Spannungsteiler ausbilden kann.

4. $R_1 = R_4 = R + \Delta R_1$; $R_2 = R_3 = R - \Delta R_1$.

Es ist näherungsweise

$$i_g = i \cdot \frac{\Delta R_1}{R_g + R} \quad \dots \dots \dots \dots (197)$$

Hier hat man also die vierfache Empfindlichkeit gegenüber dem ersten Sonderfall. Eine derartige Anordnung würde demnach zwei mechanisch gekuppelten Spannungsteilern entsprechen.

5. $R_1 = R + \Delta R_1;\ R_4 = R - \Delta R,\ R_2 = R_3 = R.$

Hier ist näherungsweise

$$i_g = i \cdot \frac{-(\Delta R_1)^2}{4\,R\,(R_g + R)} \quad \ldots \ldots \ldots \quad (198)$$

Hier hängt also i_g quadratisch von ΔR ab. Es darf dabei aber nicht verkannt werden, daß auch der Nenner eine quadratische Funktion von R ist, daß also — da zudem $\Delta R^2 \ll \Delta R$ — die Empfindlichkeit einer derartigen Brücke sehr gering ist.

6. $R_1 = R + \Delta R_1;\ R_3 = R - \Delta R_1;\ R_2 = R_4 = R.$

Diese Anordnung ergibt ohne Vernachlässigung:

$$i_g = i \cdot \frac{\Delta R_1}{2\,(R_g + R)} \quad \ldots \ldots \ldots \quad (199)$$

Man sieht, daß hier auch in der exakten Lösung der Nenner konstant bleibt. Der gleiche Fall ergibt sich, wenn man R_1 mit R_2 und R_3 mit R_4 vertauscht. Eine derartige Anordnung ist von Grüß und Sieber vorgeschlagen worden. (Streng lineare Charakteristik!)

Die einzelnen Fälle sind für konstanten Brückenstrom aufgestellt worden. Analoge Betrachtungen, die leicht aus Gl. (191) abzuleiten sind, ergeben sich für konstante Brückenspannung.

Die gesamten Verhältnisse in einer Wheatstone-Ausschlagbrücke sind in der folgenden Zahlentafel zusammengestellt.

Zahlentafel 1.

Widerstand der Brücke in bezug auf die Stromquelle*) $R_E = N_e'/N_e$ Widerstand der Stromquelle: R_e			
$N_e = R_g(R_1 + R_2 + R_3 + R_4) + (R_1 + R_3)(R_2 + R_4)$ $N_e' = R_g(R_1 + R_2)(R_3 + R_4) + \Pi$ $\Pi = R_1 R_2 R_3 + R_2 R_3 R_4 + R_3 R_4 R_1 + R_4 R_1 R_2$ $\Delta_1 = R_g(R_3 + R_4) + R_3(R_2 + R_4)$ $\Delta_2 = R_g(R_3 + R_4) + R_4(R_1 + R_3)$ $\Delta_3 = R_g(R_1 + R_2) + R_1(R_2 + R_4)$ $\Delta_4 = R_g(R_1 + R_2) + R_2(R_1 + R_3)$ $\Delta_g = R_1 R_4 - R_2 R_3$			
	$i = \text{const}$	$e = \text{const}$ $R_e \neq 0$	$R_e \backsim 0$
i_1	$i \cdot \Delta_1/N_e$	$e \cdot \Delta_1/(R_E + R_e) \cdot N_e$	$e \cdot \Delta_1/N_e'$
i_2	$i \cdot \Delta_2/N_e$	$e \cdot \Delta_2/(R_E + R_e) \cdot N_e$	$e \cdot \Delta_2/N_e'$
i_3	$i \cdot \Delta_3/N_e$	$e \cdot \Delta_3/(R_E + R_e) \cdot N_e$	$e \cdot \Delta_3/N_e'$
i_4	$i \cdot \Delta_4/N_e$	$e \cdot \Delta_4/(R_E + R_e) \cdot N_e$	$e \cdot \Delta_4/N_e'$
i_g	$i \cdot \Delta_g/N_e$	$e \cdot \Delta_g/(R_E + R_e) \cdot N_e$	$e \cdot \Delta_g/N_e'$

*) Der Widerstand der Brücke in bezug auf den Indikator ist:

$$R_G = \frac{R_e(R_1 + R_3)(R_4 + R_4) + \Pi}{R_e(R_1 + R_2 + R_3 + R_4) + (R_1 + R_2)(R_3 + R_4)}.$$

Die Veränderung von gleichzeitig zwei Brückenzweigen zeigt die nächste Zahlentafel.

Zahlentafel 2.

Ver- änderliche Zweige	Variationen	Zweige	i_g/i
neben- einander	ungleich	$R_1 = R_0 + \Delta R_0$; $R_2 = R_0 + \Delta' R_0$; $R_3 = R_4 = R_0$	$\dfrac{R_0\,(\Delta R_0 - \Delta' R_0)}{N_a}$
gegenüber	ungleich	$R_1 = R_0 + \Delta R_0$; $R_2 = R_3 = R_0$ $R_4 = R_0 + \Delta' R_0$	$\dfrac{R_0\,(\Delta R_0 + \Delta' R_0) + \Delta R_0 \cdot \Delta' R_0}{N_a}$
neben- einander	gleich	$R_1 = R_2 = R_0 + \Delta R_0$; $R_3 = R_4 = R_0$;	0
neben- einander	gleich, ent- gegengesetzt	$R_1 = R_0 + \Delta R_0$; $R_2 = R_0 - \Delta R_0$; $R_3 = R_4 = R_0$	$\dfrac{\Delta R_0}{N_b}$
gegenüber	gleich	$R_1 = R_4 = R_0 + \Delta R_0$; $R_2 = R_3 = R_0$;	$\dfrac{2\,R_0\,\Delta R_0 + (\Delta R_0)^2}{N_c}$
gegenüber	gleich, ent- gegengesetzt	$R_1 = R_0 + \Delta R_0$; $R_2 = R_3 = R_0$; $R_4 = R_0 - \Delta R_0$	$-(\Delta R_0)^2/N_d$

Hierbei ist:

$$N_a = R_g\,(4\,R_0 + \Delta R_0 + \Delta' R_0) + (2\,R_0 + \Delta R_0)\,(2\,R_0 + \Delta' R_0)$$
$$N_b = 2\,(R_g + R_0) - (\Delta R_0)^2/2\,R_0$$
$$N_c = (2\,R_0 + \Delta R_0)\,(2\,R_g + 2\,R_0 + \Delta R_0)$$
$$N_d = 4\,R_0\,(R_g + R_0) - (\Delta R_0)^2.$$

Sind die Veränderungen klein gegenüber den Grundwiderständen der Brücke und — ohne Rücksicht auf das Vorzeichen — gleich, so ergibt sich die in den folgenden Zahlentafeln wiedergegebene Vereinfachung.

Zahlentafel 3.

Variation mit e i n e m veränderlichen Widerstand
Zweige: $R_1 + \Delta R_1$; R_2; R_3; R_4; $R_1 R_4 - R_2 R_3 = 0$ $\qquad i_g = i \cdot R_4 \cdot \Delta R_1/[R_g\,(R_1 + R_2 + R_3 + R_4) + (R_1 + R_3)\,(R_2 + R_4)]$
Spezialfall: $R_1 = R_2 = R_3 = R_4 = R_0$; $\Delta R_1 = \Delta R_0$ $\qquad i_g = i \cdot \Delta R_0/4\,[R_g + R_0]$

Zahlentafel 4.

Variation mit zwei veränderlichen Widerständen	
Der allgemeine Fall ergibt sich aus Zahlentafel 1 durch Vernachlässigung von ΔR im Nenner. Der allgemeine Unterfall, daß alle Widerstände und Grundwiderstände gleich, jedoch die Variationen verschieden sind, folgt aus Zahlentafel 2 durch Vernachlässigung von ΔR im Nenner. Spezialfall: Alle Widerstände und Grundwiderstände sind gleich, die Variationen sind gleich.	
Veränderliche Zweige	$i_g : i$
nebeneinander, Variation gleichsinnig	0
nebeneinander, Variation entgegengesetzt	$\Delta R_0 / 2 (R_g + R_0)$
gegenüber, Variation gleichsinnig	$\Delta R_0 / 2 (R_g + R_0)$
gegenüber, Variation entgegengesetzt	$- \Delta R_0^2 / 4 R_0 (R_g + R_0)$

Graphisches Rechenverfahren nach Rauschberg.

Eine graphische Lösung für die Ströme in den einzelnen Brückenzweigen und den Gesamtwiderstand der Brücke von der Stromquelle aus — bei bekannten Widerständen $R_1 ... R_4$ und R_g gibt Rauschberg[60]). Es ist:

$$\left.\begin{array}{l} \dfrac{u_1}{i_1} = \operatorname{tg} \alpha_1 = R_1 ; \quad \dfrac{u_2}{i_2} = \operatorname{tg} \alpha_2 = R_2 \text{ usw.} \\[2mm] \dfrac{u_g}{i_g} = \operatorname{tg} \alpha_g = R_g \end{array}\right\} \quad \ldots \ (200)$$

und

$$u = u_1 + u_2 = u_3 + u_4 \text{ usw.,}$$
$$u_1 = u_3 + u_5 \text{ usw.,}$$
$$i = i_1 + i_3,$$

wie ja bereits früher bei den Kirchhoff-Sätzen behandelt wurde. Ferner ist der Widerstand der Brücke von der Stromquelle aus:

$$R_E = \frac{u}{i} = \operatorname{tg} \alpha \ \ldots \ldots \ldots \ldots (201)$$

(Abb. 112 und 113.)

Man stellt zuerst R_g durch ein Rechteck beliebiger Größe dar, wobei das Seitenverhältnis $a/b = R_g$ sein muß (Abb. 114). An dieses Rechteck trägt man die Winkel $\alpha_1 ... \alpha_4$ so an, daß z. B. $\operatorname{tg} \alpha_1 = R_1 / 1$ ist. Man zeichnet dann von einem beliebigen Punkt P (Abb. 115) aus eine Spirale parallel zu den Rechteckseiten. Erweitert sich die Spirale nach dem ersten Umlauf, so wird sie in entgegengesetztem Umlaufsinn gezeichnet, bis die Gänge immer enger werden und schließlich in einem geschlossenen Rechteck $ABCD$ (Abb. 116) enden, das mit dem Recht-eck des Bildes 113 identisch ist. Daraus ergeben sich dann alle gesuchten Größen.

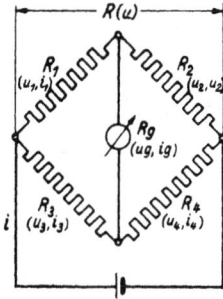

Abb. 112. Wheatstone-brücke.

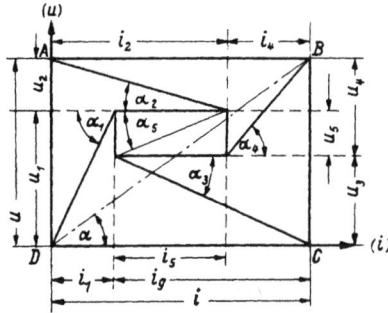

Abb. 113. Strom-Spannungs-Diagramm der Wheatstonebrücke nach Rauschberg.

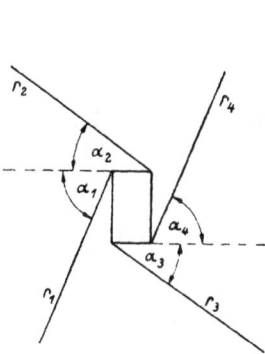

Abb. 114. Konstruktion des Rauschberg-Diagramms aus R_g.

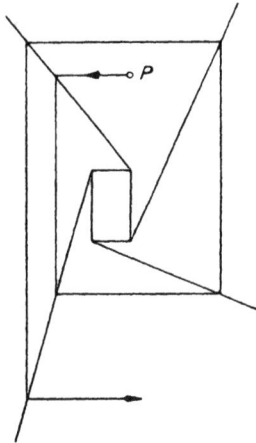

Abb. 115. Spiralen aus R_g und $\alpha_1 \dots \alpha_4$.

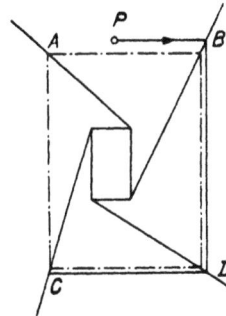

Abb. 116. Schließen der Spiralen zum Rechteck.

b) Empfindlichkeit der Ausschlagbrücke.

Die Empfindlichkeit von Ausschlagbrücken ergibt sich nach den gleichen Grundsätzen, wie die Empfindlichkeit von abgeglichenen Brücken. Während man bei letzteren jedoch nur kleine Abweichungen von der Abgleichlage in Betracht zieht, hat man bei den Ausschlag-brücken die Untersuchungen über den ganzen Variationsbereich der variablen Größe oder Größen zu erstrecken. Der Gang der Unter-suchung ist jedoch der gleiche: Man stellt die Bedingung zwischen ab-hängiger und unabhängiger variabler Größe, also z. B. zwischen dem Diagonalstrom der betr. Brücke und einem veränderlichen Widerstand auf und differenziert die erhaltene Funktion nach der unabhängigen Größe. Während jedoch bei der fast abgeglichenen Brücke der Zähler der ursprünglichen Funktion annähernd Null ist und dieser Wert in die Differential-Funktion eingesetzt wird, fällt diese Sonderbedingung hier weg. Aus Gl. (190) ergibt sich für die Empfindlichkeit der Brücke hinsichtlich des Diagonalstroms in bezug auf den Widerstand R_1:

$$\frac{\partial i_g}{\partial R_1} = i \cdot \left[\frac{\partial N_e}{\partial R_1} \cdot (R_1 R_4 - R_2 R_3) - R_4 \cdot N_e \right] \Big/ N_e^2 \quad . \quad . \quad . \quad (202)$$

wenn man den Brücken-Eingangsstrom J als konstant annimmt, wobei N_e und $N_e{}'$ den S. 106 angegebenen Wert besitzen. Der Wert für konstante Eingangsspannung ergibt sich analog.

Nicht immer ist jedoch der Grenzfall der Empfindlichkeit für unendlich kleine Änderungen der Bezugsgröße interessant. Häufig will man z. B. die Änderung des Diagonalstroms bei einer kleinen, aber endlichen Änderung der Bezugsgröße wissen. Ändert man z. B. R_1 um die endliche Größe ΔR_1, so ergibt sich:

$$\frac{\Delta i_g}{\Delta R_1} = i \frac{R_4}{N_e + K} \quad . \quad . \quad . \quad . \quad . \quad . \quad . \quad (203)$$

wobei $K = \Delta R_1 (R_g + R_2 + R_4)$ ist. Ebenso ergibt sich für konstante Eingangsspannung e:

$$\frac{\Delta i_g}{\Delta R_1} = \frac{e}{R_1} \cdot \frac{1}{R_1 + R_2 + R_3 + R_4 + R_g (R_1 + R_2)^2 / R_1 \cdot R_2 + K'} \quad (204)$$

wobei

$$K' = \frac{\Delta R_1}{R_1} [R_1 + R_2 + R_3 + R_g (R_1 + R_2) / R_1].$$

Führt man in Gl. (202) für die Abgleichung um die Gleichgewichtslage die weitere Bedingung $R_1 R_4 - R_2 R_3 = 0$ ein, so erhält man die bereits früher gewonnene Gl.

$$\frac{\partial i_g}{\partial R_1} = - i \frac{R_4}{N_e}.$$

Eine interessante Untersuchung über den Zusammenhang zwischen der Empfindlichkeit des Indikators und der Genauigkeit der Schaltung hat Spielhagen[61]) durchgeführt. Die hier gewonnenen Ergebnisse werden leider oft zu wenig beachtet. Spielhagen zeigt, daß bei zu geringer Empfindlichkeit des Indikators die Genauigkeit der Brückenschaltung nicht genügend ausgenutzt wird, während eine zu große Empfindlichkeit des Indikators eine nicht vorhandene Genauigkeit vortäuscht und bei Nullmethoden die Abgleichung erschwert. Diese Betrachtung gilt ganz allgemein. Es wird später noch gezeigt werden, daß z. B. bei Regelbrücken eine zu große Empfindlichkeit des Indikators

Pendelungen hervorruft und daß man u. U. deshalb sogar bei richtigem Zusammenhang zwischen Genauigkeit der Schaltung und Empfindlichkeit des Indikators die letztere künstlich herabdrücken muß.

Es wurde bereits früher (S. 106) gezeigt, daß die Charakteristik Diagonalstrom-Veränderung eines Brückenzweiges im allgemeinen nicht linear ist, daß man jedoch für bestimmte Bereiche die Charakteristik mit praktisch genügender Genauigkeit linear machen kann. (Die Schaltung von Grüß und Sieber ist, wie ebenfalls bereits erwähnt wurde, streng linear.) Man kann die Gleichung des Krümmungsradius des Diagonalstroms natürlich ohne weiteres aufstellen. Diese Gleichung ist jedoch in ihrer allgemeinen Form sehr unübersichtlich, so daß sie nur für bestimmte Dimensionierung Bedeutung hat. Ist z. B. $R_1 = R + \Delta R$, $R_2 = R$, $R_3 = R_4 = R'$, so ergibt sich, daß die Charakteristik eine um so geringere Krümmung aufweist, je mehr $R' \gg \Delta R$ ist.

c) Spezielle Gleichstrom-Ausschlagbrücken.

α) *Die Widerstandsthermometer-Brücke.*

Bekanntlich verändert sich der elektrische Widerstand der meisten Materialien mit der Temperatur, wie dies bereits in der Zahlentafel erwähnt wurde. Verwendet man nun in einem Zweig einer Wheatstonebrücke ein derartiges Material, so kann man die Brücke für eine bestimmte Temperatur abgleichen und erhält dann einen Ausschlag für höhere oder tiefere Temperaturen als die Abgleichtemperatur. Meistens

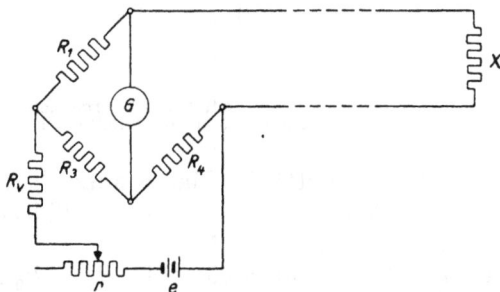

Abb. 117. Widerstands-Thermometer-Brücke, mit einem Widerstands-Thermometer.

verwendet man die Anordnung nur zur Messung oberhalb oder unterhalb einer bestimmten Temperatur. Man kann dann den Nullpunkt der Indikatorskala an den Anfangspunkt legen. Andernfalls ist der elektrische Nullpunkt innerhalb der Skala. Die einfache Schaltung zeigt Abb. 117, wobei X das Widerstands-Thermometer bedeutet. Als temperaturempfliches Material benutzt man Eisen, Nickel, Platin usw. Ein Nickeldraht, dessen Widerstand bei 0^0 C 100 Ohm beträgt, ändert sich z. B. bei einer Temperaturänderung von 1^0 C um etwa

0,5 Ohm, ein Platindraht um etwa 0,4 Ohm. Ist z. B. $R_1 = R_3 = R_4$ $= 100$, $R_g = 100$ und $R_2 = 100 + \varDelta R_2$ und werde der Brücken-Eingangsstrom auf 15 mA konstant gehalten, so ist:

$$i_g = 0,01 \text{ mA}; \quad e_g = 1 \text{ mV pro } {}^0\text{C},$$

wenn man als temperaturempfindliches Material Nickel verwendet.

Bei dieser Angabe ist bereits der Meßbereich so gewählt, daß man die Änderung des Diagonalstroms praktisch linear mit der Änderung von X, d. h. mit der Temperaturänderung annehmen kann. Es ist leicht, aus dem Vorhergehenden auch den Verlauf des Diagonalstroms exakt zu bestimmen.

Man bemißt den Widerstand der Zuleitungen zum Widerstands-Thermometer normalerweise so klein, daß die durch die Temperatur-Schwankungen in der Zuleitung hervorgerufenen Widerstands-Änderungen vernachlässigbar sind. Bei großen Entfernungen oder sehr großen Temperaturschwankungen der Zuleitung ist eine derartige Vernach-

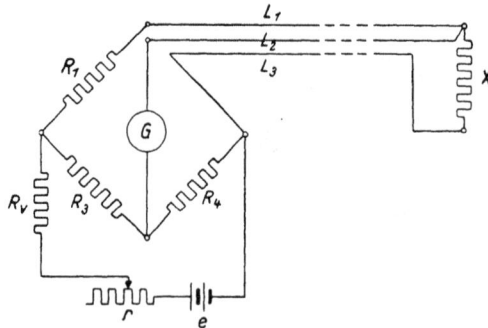

Abb. 118. Widerstands-Thermometer-Brücke mit einem Thermometer und Kompensation des Temperatur-Einflusses auf die Zuleitungen.

lassigung jedoch nicht mehr statthaft. Man benutzt dann die in Abb. 118 angegebene Schaltung. Man sieht, daß hier die Widerstands-Änderung der Zuleitung $L_1 ... L_3$ gleichzeitig in R_1 und R_3 und in die Diagonale eingehen. Ist die Brücke symmetrisch, d. h. $R_1 = R_2$ im Abgleichfall, so heben sich die Änderungen näherungsweise in den beiden Zweigen auf und es verbleibt nur die Widerstandsänderung der Diagonale. Da der Widerstand des Indikators jedoch im allgemeinen sehr viel größer als die Widerstandsänderung ist, kann man diese meist vernachlässigen.

In der in Abb. 117 und 118 angegebenen Schaltung wird die Temperaturänderung gegen einen festen Bezugspunkt gemessen. Man kann auch Temperaturdifferenzen bestimmen, wenn man R_1 und R_2 als Widerstands-Thermometer ausbildet. Wählt man R_1 und R_4 oder R_2 und R_3 als Widerstands-Thermometer im gleichen Medium, so erhält man die doppelte Empfindlichkeit bei festem Bezugspunkt. Legt man in R_1 und R_4 Widerstands-Thermometer im gleichen Medium und in R_2 und R_3 solche in einem andern Medium, so erhält man Temperatur-Differenz-Messungen mit doppelter Empfindlichkeit.

Einen wesentlichen Fortschritt in der Widerstands-Thermometrie bedeutete die spannungsunabhängige Messung und Registrierung durch Verwendung des Brücken-Kreuzspul-Instruments (Abb. 119). Sein Prinzip wurde bereits S. 56 erörtert. Dort wurde auch bereits als ein Anwendungsbeispiel (Abb. 74) der Siemens - Feuchtigkeitsmesser erwähnt [311]. Hier werden die Diagonalströme zweier Brücken mit gleicher Spannungsquelle miteinander dividiert. Interessant ist hierbei, daß die Dividendenbrücke eine Temperaturdifferenz (trockenes minus feuchtes Thermometer eines Psychrometers), die Divisorbrücke eine lineare Funktion einer (trockenen) Temperatur mißt und man auf diese Weise die Psychrometerfunktion nachbilden kann (s. Bd. II). Weitere Anwendungen (Thomasmesser, Hitzdrahtmesser) s. Lit. 316...319.

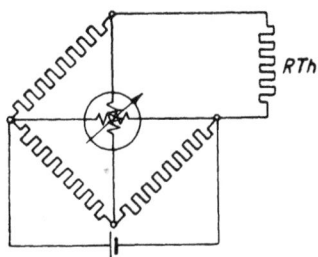

Abb. 119. Brücken-Kreuzspul-Schaltung des Widerstands-Thermometers.

Es ist auch möglich, zwei Brücken miteinander zu multiplizieren, wie am Schlusse des nächsten Abschnitts gezeigt werden wird.

β) Widerstands-Ferngeber.

Mit einem offenen oder geschlossenen Widerstands-Ferngeber (Abb. 82...84, S. 69) kann man Längs- und Drehbewegungen elektrisch übertragen. Anwendung finden derartige Schaltungen bei Manometern, Tachometern usw. (s. Bd. II). Man schaltet entweder den veränderbaren Widerstand in einen Zweig der Brücke oder — mit doppelter Empfindlichkeit — als Spannungsteiler in zwei nebeneinander liegende Zweige. Wählt man in der Schaltung von Grüß und Sieber (S. 108) zwei Zweige, die durch einen Brücken-Speisepunkt getrennt sind, so erhält man, wie bereits erwähnt, eine streng lineare Charakteristik.

Bei der Widerstands-Fernmessung ergibt sich noch ein weiterer Vorteil: Man kann damit nicht-elektrische Größen elektrisch summieren. In der Schaltung Abb. 120 erfolgt die Summierung mittels Reihen-Widerstände im gleichen Brückenzweig. Die Summierung ist dabei mathematisch exakt. In einer andern Schaltung (Abb. 121) müssen die Vorwiderstände groß gegenüber den veränderbaren Widerständen sein um Linearität der Summation zu erhalten.

Die Verwendung eines Quotientenmessers zur spannungsunabhängigen Messung wurde bereits im vorigen Abschnitt erwähnt; ebenso die Möglichkeit, zwei Brücken auf diese Weise durcheinander zu dividieren. Verwendet man in der Indikator-Diagonale statt eines Galvanometers einen Zähler, z. B. einen Elektrolytzähler, so erhält man die zeitliche Summe der veränderbaren Meßwerte (im Gegensatz zu der obengenannten Summations-Schaltung, die die Momentansumme verschiedener Meßwerte ergibt).

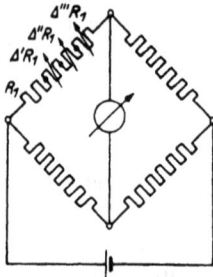

Abb. 120. Summierung von Widerständen im gleichen Brückenzweig.

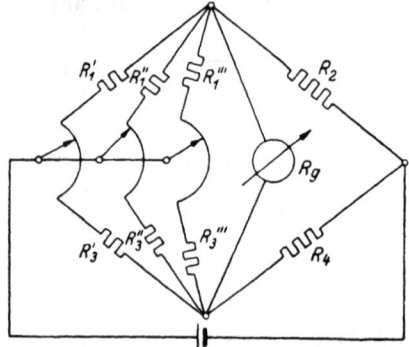

Abb. 121. Summierung von Widerständen nach Hartmann & Braun.

Man kann auch mit Hilfe zweier Brücken die Veränderungen zweier Meßwerte miteinander multiplizieren, wenn man den einen Meßwert in eine Brücke legt und den Diagonalstrom dieser Brücke als Speisestrom einer zweiten Brücke zuführt, in deren einem Zweig der andere Meßwert liegt. Die mathematische Ableitung ist unschwer zu erreichen, wenn man den Wert für den Diagonalstrom der einen Brücke als Speisestrom in die Gleichung für den Diagonalstrom der zweiten Brücke ein-

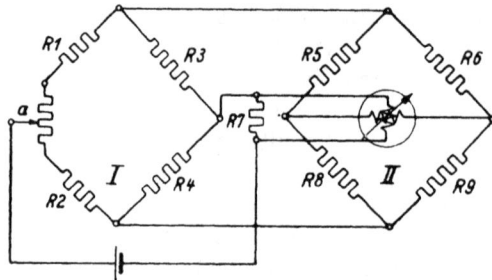

Abb. 122. Wärmemengenmesser der Siemens & Halske A.-G.

setzt. Ein Anwendungsbeispiel zeigt Abb. 122 in Gestalt eines Wärmemengen-Messers der Fa. Siemens & Halske. Bei diesem bewirkt die Umdrehung eines Flügelradzählers, der die Menge des Heizmediums (Heißwasser) mißt, über einen sog. Säbelzähler (s. Bd. II) die der Menge proportionale Verschiebung eines Widerstands a. Der Meßstrom der Brücke I wird einer Brücke II zugeführt, die zwei Widerstands-Thermometer enthält, deren eines im Vorlauf und deren anderes im Rücklauf des Heizmediums liegt. In der Meßdiagonale der Brücke II liegt die Stromspule eines Brücken-Kreuzspul-Instruments, dessen Richtspule parallel zu einem in Serie mit der Spannungsquelle und der Brücke I liegenden Widerstand R_7 angeordnet ist.

γ) Elektrische Gasanalyse.

Bei der elektrischen Gasanalyse wird die Änderung eines Widerstands durch die physikalischen Eigenschaften eines Gases oder durch die bei seiner Verbrennung auftretende Wärmetönung (Verbrennungswärme) benutzt. Von der physikalischen Änderung der Wärmeleitfähigkeit eines Gases je nach der Zusammensetzung macht der CO_2-Messer und der H_2-Messer Gebrauch, von der Wärmetönung durch Verbrennung der $CO + H_2$-Messer und der H_2-Messer für kleine Wasserstoffmengen.

Der Wärmeleitfähigkeits-Messer beruht auf der verschiedenen Wärmeleitfähigkeit der Gase. Bezeichnet man z. B. die Wärmeleit-

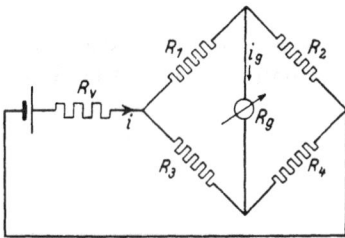

Abb. 123. Elektrische Gasanalyse mittels Bestimmung der Wärmeleitfähigkeit. Prinzip-Schaltung.

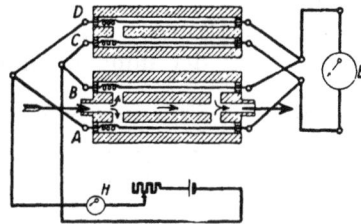

Abb. 124. Elektrische Gasanalyse mittels Wärmeleitfähigkeit. Prinzipbild bei doppelter Empfindlichkeit der Brücke.

fähigkeit von Luft 100, so ist die von Wasserstoff 700, von Kohlensäure 59, von Methan 126 usw. Heizt man daher die Zweige einer Brücke (Abb. 123) gleichmäßig und bringt einen Zweig (R_1) in Luft, einen anderen (R_2) in das zu untersuchende Gas, so wird sich der in Gas befindliche Zweig stärker abkühlen als der in Luft, wenn das Gas eine größere Wärmeleitfähigkeit als Luft besitzt, bzw. weniger, wenn seine Leitfähigkeit kleiner als Luft ist. Da im allgemeinen jedem Gemisch zweier Gase bei einer bestimmten Temperatur eine ganz bestimmte Wärmeleitfähigkeit zugehört, ist es möglich, die Skala des Meßinstruments direkt in Prozenten der Gasmischung zu eichen. Man wird dabei nicht immer Luft als Vergleichsgas verwenden, sondern ein entsprechend anderes Gas, wie z. B. bei Messung von hohen Wasserstoff-Konzentrationen reinen Wasserstoff oder Knallgas. Da für die meisten Gase der Zusammenhang zwischen Temperatur und Wärmeleitfähigkeit nicht linear ist, kann man häufig bei Dreistoff-Gemischen nach Grüß eine derartige Temperatur wählen, daß zwei Gase des Gemisches die gleiche Wärmeleitfähigkeit besitzen. Man erhält dann das prozentuale Verhältnis des dritten Gases zu der Summe der beiden andern Gase mit gleicher Wärmeleitfähigkeit. Man kann auch auf diese Weise z. B. den Gasgehalt einer Flüssigkeit, z. B. Wasser, bestimmen, wenn man das Gas aus der Flüssigkeit mittels eines anderen Gases verschiedener Wärmeleitfähigkeit austreibt und die Konzentration des Gases nach Durchgang durch die Flüssigkeit bestimmt.

Praktisch legt man nicht den Zweig R_1 in Luft, sondern die Zweige R_1 und R_4 und in das zu untersuchende Gas die Zweige R_2 und R_3. Man erhält dann die doppelte Empfindlichkeit der Brücke. Die Schaltung zeigt Abb. 124. Es ist notwendig, einen bestimmten Brücken-Speisestrom einzuhalten, was mittels Eisen-Wasserstoff-Widerstände geschieht. Es sei nebenbei bemerkt, daß die Strömungsgeschwindigkeit der Gase innerhalb weiter Grenzen keinen Einfluß hat.

Man hat derartige Apparate auch zur Bestimmung von SO_2, O_2 (gegen Knallgas), Aceton-Luftgemischen usw. verwendet. Die praktische Ausführung derartiger Wärmeleitfähigkeits-Messer wird im II. Band gezeigt werden.

In Abb. 125 ist der Zusammenhang zwischen dem Belastungsstrom eines Zweiges der doppelt empfindlichen Schaltung eines CO_2-Messers

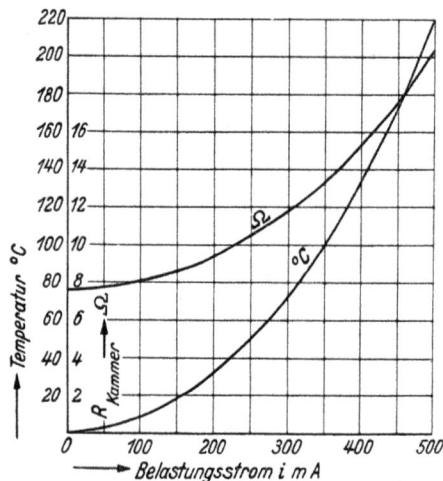

Abb. 125. Zusammenhang zwischen dem Belastungsstrom eines Zweiges der doppeltempfindlichen Schaltung eines CO_2-Messers und der Temperatur der Zweige.

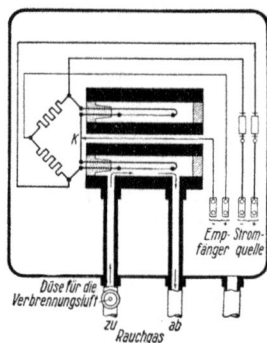

Abb. 126. Wärmetönungsmesser. Schematische Ausführung.

(R_1, R_4 in Luft, R_2, R_3 im Gas) und der Temperatur der Zweige und deren Widerstand wiedergegeben.

Beim Wärmetönungsmesser (CO + H_2-Messer) wird die Temperaturerhöhung bei der Verbrennung eines brennbaren Gases an einem als Katalysator ausgebildeten Meßdraht gemessen. Auch hier wird dessen Widerstands-Änderung bestimmt. Hierbei liegt ein Brückenzweig in Luft, ein anderer — nebenliegender — Zweig in dem zu untersuchenden Gas, wobei der letztere aus einem bei höherer Temperatur katalytisch wirkenden Draht besteht. Die schematische Ausführung zeigt Abb. 126. Die praktische Ausführung wird im II. Band wiedergegeben. Die Temperatur-Differenz ist innerhalb weiter Grenzen annähernd proportional dem Gehalt des zu untersuchenden Gases an brennbaren Bestandteilen.

δ) *Die Fünfeckbrücke.*

Nach einem Vorschlag von v. Grundherr kann man eine Wheatstonebrücke gleichzeitig zum Regeln, Zählen und Anzeigen bzw. Registrieren mit verschiedenen Empfindlichkeiten verwenden, wenn man die Brücke für jede einzelne Arbeitsmethode gleichzeitig in anderer Wheatstone-Schaltung benutzt. Die schematische Anordnung zeigt Abb. 127. Ist hier R_1 der veränderliche Widerstand, so ergibt sich z. B. für das Anzeige-Instrument G die Brücke $ABDE$, während für die Brücke $ACDE$ der Zähler betätigt wird. Beide Brücken haben also ganz verschiedene Abgleichstellungen und ganz verschiedene Empfindlichkeiten. Diese Schaltung läßt sich natürlich in mannigfaltigster Weise variieren, wie dies die Abb. 128 und 129 andeuten.

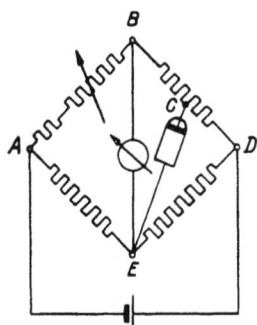

Abb. 127. Fünfeck-Brücke nach v. Grundherr.

Es ist klar, daß die in Abb. 129 angegebene variable Einstellung im allgemeinen auf die übrigen Indikatoren rückwirkt. Dies ist dann nicht der Fall, wenn der Widerstand des Indikators, der in seiner Null-

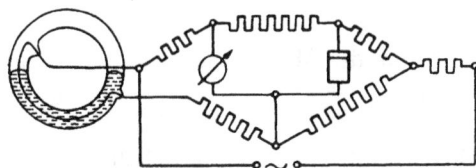

Abb. 128. Variation der Fünfeck-Brücke.

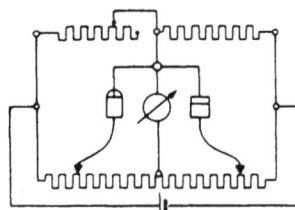

Abb. 129. Weitere Variation der Fünfeck-Brücke.

stellung und Empfindlichkeit variabel einstellbar sein soll, sehr groß ist gegenüber dem Widerstand der übrigen Indikatoren.

Die Berechnung geschieht auch hier am einfachsten, indem man die verschiedenen Dreiecke mittels der Dreieck-Stern-Transformation auflöst.

4. Gleichstrom-Regelbrücken.

Die Gleichstrom-Regelbrücken sind heute ein unentbehrliches Hilfsmittel der Regeltechnik geworden. Sie gestatten bei selbsttätigen Regelungen eine durch keine andere Schaltung erzielbare Mannigfaltigkeit. Die Theorie der selbsttätigen Regelung steht heute noch in den Anfängen, wenn man die Erfordernisse der Pendelungsfreiheit und der Kopplung mehrerer Freiheitsgrade der Regelung in Betracht zieht. Es ist nicht Aufgabe dieses Buches die Regelungs-Verfahren als solche zu betrachten. Hierüber sei vielmehr auf die einschlägige Literatur verwiesen[62, 322]). Im folgenden soll vielmehr die Anwendungsmöglichkeit von Gleichstrombrücken erörtert werden.

Aufgabe eines Regelverfahrens ist ganz allgemein die Steuerung einer bestimmten Zustandsgröße in Abhängigkeit von einer oder mehreren anderen Zustandsgrößen. Es können auch gleichzeitig oder in funktioneller Folge mehrere abhängige Zustandsgrößen in Funktion von einer oder mehreren anderen Größen gesteuert werden. Es ist auch möglich, daß die gesteuerten oder die steuernden Größen oder beide miteinander durch Nebenbedingungen verknüpft sind. Als Beispiel einer einfachen Regelung sei die Regelung der Temperatur eines Ofens erwähnt. Hier wird als Ausgangsgröße die zu erzielende Temperatur — in irgendeiner Weise festgelegt — benutzt. Die gesteuerte Größe ist z. B. die Brennstoffzufuhr, Dampfzufuhr u. dergl. Regelt man gleichzeitig in Abhängigkeit von der Brennstoffzufuhr z. B. die Zufuhr der Verbrennungsluft, so kommt man bereits zu einer komplizierteren Regelungsart. Es ist leicht einzusehen, daß man hier wiederum entweder die Luftzufuhr sekundär abhängig von der Brennstoffmenge oder primär gleichzeitig mit der Brennstoffregelung in direkter Abhängigkeit von der Temperatur steuern kann. Noch komplizierter werden die Verhältnisse, wenn man z. B. die Dampferzeugung eines Dampfkessels in Abhängigkeit vom Dampfverbrauch regelt. Hier kann man — um ein Beispiel zu bringen — noch das Verhältnis von Brennstoffmenge zu Luftmenge in Abhängigkeit von der Brennstoffart steuern.

Die angeführten Beispiele sollen nur die Mannigfaltigkeit der möglichen Regelungs-Aufgaben andeuten.

a) Regelung in Abhängigkeit von einer Veränderlichen.

Ein Beispiel einer derartigen Regelung mittels einer Wheatstonebrücke sei in Abb. 130 dargestellt. Hier bedeutet R_1 ein Widerstands-Thermometer, das sich z. B. in einer Flüssigkeit, deren Temperatur konstant gehalten werden soll, befindet. In der Meßdiagonale befindet sich ein Relais mit 2 Kontakten, wie dies S. 58 beschrieben wurde. Man kann nun beispielsweise mit dem Widerstand R_2 die Brücke so einstellen, daß für eine bestimmte Temperatur die Diagonale stromlos ist, für eine niedrigere Temperatur ein Diagonalstrom in einer bestimmten Richtung, für eine höhere Temperatur dagegen in der umgekehrten Richtung fließt. Es ist klar, daß dann der Zeiger des Relais nur bei der einzuhaltenden Temperatur sich in der Nullstellung befindet. Mit einem, den Zeiger abtastenden Fallbügel kann man nun je nach der Ausschlagrichtung des Relais-Zeigers z. B. eine elektrische Heizung in ihrer Energiezufuhr steigern oder verringern, das Ventil einer Ölzufuhr (bei Öfen mit Ölfeuerung) mehr oder weniger öffnen oder schließen usw. Nach Erreichung der gewünschten Temperatur wird — infolge einge-

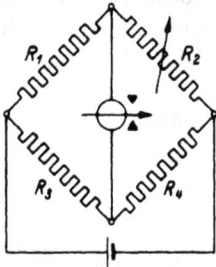

Abb. 130. Wheatstone-Regelbrücke.
Regelung einer Temperatur von einem
Widerstands-Thermometer aus.

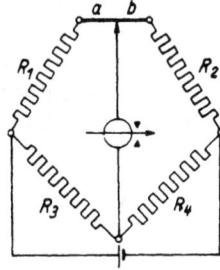

Abb. 131. Regelbrücke mit
Spannungsteiler.

tretenem Brücken-Gleichgewichts — der Zeiger des Relais-Galvano-meters in die Nullstellung gehen.

Empfindlicher als eine Einstellung des Widerstands R_2 ist die Verwendung eines Spannungsteilers in den Zweigen $R_3 R_4$ oder auch $R_1 R_2$. Ein Beispiel zeigt Abb. 131.

Statt auf Gleichgewicht der Brücke zu steuern, kann man natürlich auch auf einen bestimmten Ausschlag steuern und dann ein Galvanometer-Relais mit einstellbaren Kontakten benutzen, wie dies S. 58 angegeben wurde. Man beachte jedoch, daß im Falle einer Abgleichung auf Brückengleichgewicht die Eingangs-Spannung der Brücke keine Rolle spielt, während bei einer Regelung auf einen bestimmten Diagonalstrom Eingangs-Spannung bzw. Eingangsstrom konstant gehalten werden müssen.

Die Erreichung des gewünschten Zustandes wird bei dem angeführten Beispiel durch das Widerstands-Thermometer kontrolliert. Es wird also gewissermaßen die geregelte Größe (hier die Temperatur) in die Regelungs-Schaltung »zurückgeführt«. Man spricht daher von einer Regelung mit Rückführung der gewünschten Zustandsgröße.

Es ist auch möglich, eine Steuerung ohne eine derartige Rückführung anzuwenden, doch liegen derartige Betrachtungen außerhalb des Rahmens dieser Ausführungen.

Bei dem angeführten Beispiel wurde eine Regelung auf eine bestimmte feste Temperatur durchgeführt. Würde man den Widerstand R_2 mittels eines Uhrwerks, Synchronmotors u. dgl. zeitlich nach einer bestimmten vorgegebenen Gesetzmäßigkeit, z. B. mittels Kurvenscheiben verändern, so würde der Gleichgewichtszustand der Brücke in jedem Augenblick bei einer anderen Temperatur liegen. Vorausgesetzt, daß die verlangte Änderung der Temperatur nicht durch die Wärmeträgheit des zu steuernden Mediums unmöglich ist, würde man also die Temperatur des Mediums nach einem bestimmten Programm dauernd ändern. Man spricht dann von einer **Programmregelung**. Die technische Durchführung einer derartigen Programm-Regelung ist in der bereits erwähnten Literatur[62]) eingehend beschrieben. Hier sei nur schematisch die Verwendung einer Brückenschaltung in Abb. 132 dargestellt. Es ist klar, daß hier die Methodik der Regelbrücken nur an einzelnen Beispielen angeführt werden kann. In der Praxis ergeben sich eine große Anzahl von Variationen, die sich aber aus den erwähnten Grundelementen leicht kombinieren lassen.

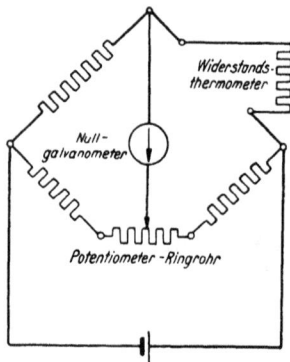

Abb. 132. Programm-Regelung mittels Widerstands-Thermometer.

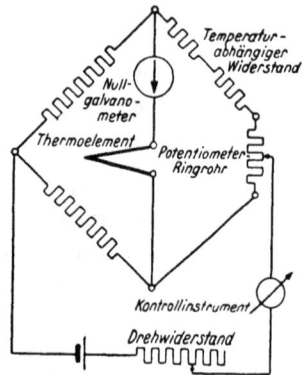

Abb. 133. Programm-Regelung mittels Thermoelement.

Der als Potentiometer-Ringrohr bezeichnete Spannungsteiler wird über eine Kurvenscheibe, die das Regel-Programm angibt, in Abhängigkeit von der Zeit laufend verstellt. Dadurch ändert sich die Gleichgewichtslage der Brücke und es entspricht je nach der Spannungsteiler-Stellung ein bestimmter Widerstand des Widerstands-Thermometers der Gleichgewichtsbedingung. Gleichzeitig wird bei nicht vorhandenem Brückengleichgewicht durch Quecksilber-Kontakte am Nullgalvanometer — einem Doppelfallbügel-Galvanometer — dem zu regelnden Ofen mehr oder weniger Heizstrom zugeführt.

Das in Abb. 132 ausgeführte Beispiel zeigt noch eine weitere Eigenart. Bezeichnet man den zum Zweig 3 der Brücke gehörigen Teil des Spannungsteilers mit a, den zum Zweig 4 gehörigen Teil mit b, so ist bei Brückengleichgewicht:

$$R_1 \cdot (R_4 + b) = R_2 \cdot (R_3 + a) \quad \ldots \ldots \quad (205\,\mathrm{a})$$

und daraus:

$$R_2 = \frac{R_1\,(R_4 + b)}{R_3 + a} \quad \ldots \ldots \ldots \quad (205\,\mathrm{b})$$

Führt man noch $R_2 = R_0 (1 + \alpha t)$ ein, wobei α den Temperaturkoeffizienten des Widerstands-Thermometers bedeutet, so ist für die einzuregelnde Temperatur:

$$t = \frac{1}{\alpha} \left[\frac{1}{R_0} \cdot \frac{R_1(R_4 + b)}{R_3 + a} - 1 \right] \quad \ldots \ldots \quad (206)$$

Man sieht hier deutlich, wie die einzuregelnde Temperatur sich mit b verschiebt. Der Spannungsteiler wirkt also als Nullpunktsschieber, eine Vorrichtung, die bei komplizierteren Regelungen u. U. von sehr großem Vorteil ist. Verwendet man statt eines Spannungsteilers einen einfachen veränderbaren Widerstand b, so erhält man eine reine Nullpunktsverschiebung, während hier die gleichzeitige Änderung von a auch eine zusätzliche Drehung bewirkt. Hiervon wird in dem Beispiel der elektrischen Kesselregelung (Seite 126) noch die Rede sein.

In Abb. 133 ist eine analoge Programm-Regelung unter Verwendung eines Thermoelements gezeigt. Es ist klar, daß man hier zwar eine Nullmethode vor sich hat, daß aber trotzdem die Eingangsspannung, bzw. der Eingangsstrom konstant gehalten werden müssen.

Außer zur Progamm-Regelung werden diese Schaltungen auch zur Kompensations-Messung benutzt. (S. II. Bd.)

Eine eigenartige Temperatur-Regelmethode mittels einer Wheatstonebrücke wurde in der Physikal.-Techn. Reichsanstalt ausgearbeitet[63]). Sie ist in Abb. 134 dargestellt. Hierbei ist R_1 das Widerstandsthermometer in einem Thermostaten. In der Meßdiagonale liegt ein Spiegelgalvanometer, dessen Lichtstrahl im Brückengleichgewicht auf eine Blende fällt. Schlägt das Galvanometer nach links aus, so trifft der Lichtstrahl eine Photo- oder Selenzelle und betätigt damit ein Relais. Hierdurch wird ein Widerstand in die Brücke eingeschaltet, so daß der Lichtzeiger zur Blende zurückkehrt. Damit wird das Relais und mit ihm der Widerstand wieder abgeschaltet. Die Energiezufuhr erfolgt zum Thermostaten mittels des Relais R ebenfalls pendelnd, so daß der Thermostat Zeit hat, sich infolge seiner Wärmeträgheit auf die gewünschte Temperatur einzustellen bzw. diese aufrecht zu halten. Mittels einer derartigen Schaltung wurde z. B. ein Thermostat mit Palminfüllung bei 100^0 C auf $0{,}001^0$ konstant gehalten.

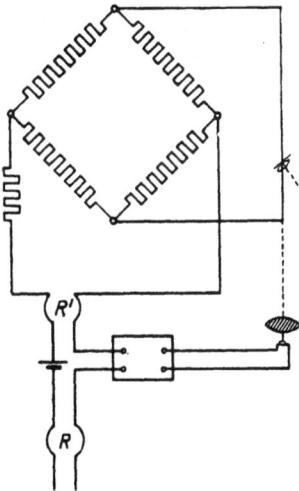

Abb. 134. Temperatur-Regelung der Phys.-Techn. Reichsanstalt.

Das erwähnte Beispiel führte bereits auf Vorrichtungen zur Überwindung der Wärmeträgheit von wärmetechnischen Geräten. Es hat sich als notwendig erwiesen, in wärmegesteuerten Geräten der Herstellung des thermischen Gleichgewichts die dazu notwendige Zeit zu lassen, wenn man nicht in Überreglungen und damit Pendelungen geraten will. Es sei auch hierfür nur ein weiteres Beispiel aus der Brückenreglung gegeben. Schaltet man in den Zweig R_2 einen Widerstand ein, der bei einem Ausschlag des Brückenrelais sich gleichzeitig in Richtung eines neuen Gleichgewichtszustandes verändert, so verhindert man damit eine länger andauernde Regelung. Der veränderliche Widerstand R_2 ist dabei mit einem Mechanismus versehen, der eine langsame Rückkehr in die alte Widerstands-

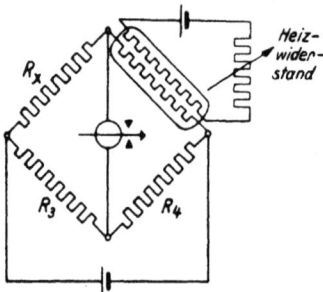

Abb. 135. Verzögerungs-Regelung mit „thermischer Rückführung". Prinzipbild.

lage ergibt. Bleibt der Ausschlag des Brückenrelais, d. h. die Forderung einer Regelung über längere Zeit erhalten, ist also auch nach erfolgtem Wärmeausgleich der gewünschte Zustand noch nicht erreicht, so erfolgt ein weiterer Regelimpuls. Würde aber die vom ersten Impuls betätigte Regelung bereits den gewünschten Endzustand hervorgerufen haben, so erfolgt, da jetzt die Brücke in ihrer ursprünglichen Form bereits abgeglichen ist, kein weiterer Regelimpuls mehr. Die Rückkehr des veränderbaren Widerstands R_2 in die alte Lage ist dabei synchron mit dem Wärmeausgleich des zu regelnden Gerätes (z. B. mittels Steuerung über Ölbremsen) einstellbar. Derartige »Verzögerungs-Regelungen« wurden ursprünglich rein mechanisch in der Turbinensteuerung als »Isodrombremsen« ausgeführt und haben mehr und mehr in der Wärmesteuerung allgemein Eingang gefunden.

Neuerdings verwendet die Siemens & Halske A. G. statt eines mechanisch verstellbaren Widerstands einen durch einen benachbarten Heizdraht heizbaren Widerstand, der in einem Brückenzweig liegt (Abb. 135). Durch dessen Widerstandsänderung erhält die Brücke ebenfalls eine vorübergehend veränderte Gleichgewichtslage. Da die Heizung nach der Erwärmung des Widerstandsdrahtes aufhört, kommt dieser allmählich in die alte Gleichgewichtslage (thermische Rückführung).

b) Regelung in Abhängigkeit von mehreren Veränderlichen.

Die Möglichkeit der Regelung einer abhängigen Veränderlichen von mehreren voneinander unabhängigen Größen wurde bereits in der Einleitung zu diesem Kapitel erörtert. Es wurde auch bereits erwähnt, daß die unabhängigen Veränderlichen untereinander noch in irgendeiner funktionalen Beziehung stehen können. Umgekehrt können mehrere Veränderliche von einer unabhängigen Größe aus geregelt werden. Und als Kombination der verschiedenen Verfahren ist es schließlich möglich, daß mehrere abhängige Größen von mehreren unabhängigen Größen gesteuert werden, wobei entweder die abhängigen oder die unabhängigen Größen oder auch beide noch funktionale Beziehungen untereinander haben können. Man sieht die große Mannigfaltigkeit der Aufgaben. Es gibt natürlich verschiedene Wege zur Lösung derartiger Fragen, zum Teil rein mechanischer Art. Geht man jedoch auf elektrische Regelungsmethoden über, so bieten gerade die Regelbrücken die größte Variationsmöglichkeit.

ᴧ) *Regelung einer abhängigen Größe von mehreren unabhängigen Größen.*

Ein Beispiel einer derartigen Regelung wurde bereits S. 122 in der Programm-Regelung erwähnt. Hier ist die abhängige Größe die Brennstoffzufuhr des Ofens, die unabhängigen Größen sind einerseits die Zeit, andrerseits die augenblicklich herrschende Temperatur. Ein anderes Beispiel wäre die Regelung der Luftzufuhr eines Dampfkessels in Abhängigkeit vom Dampfverbrauch und vom Heizwert des Brennstoffes. Diese Aufgabe ist ein Teilproblem der später zu erläuternden allgemeinen Kesselreglung. Eine andere Aufgabe ist die Regelung eines Gasgemisches aus zwei Einzelgasen, wenn gleichzeitig das Gesamtgemisch einen be-

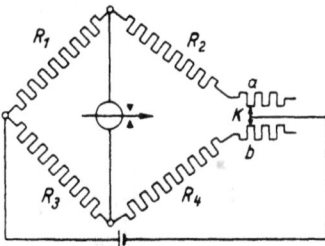

Abb. 136. Regelbrücke mit »Verhältnisschieber«.

stimmten Heizwert aufweisen soll. Eine derartige Aufgabe ist ausführlich in der erwähnten Literatur[62]) ausgeführt. Es sei hierbei angenommen, daß das eine Gas mit gegebener an sich variabler Menge strömen möge, während das zweite Gas als Zusatzgas gesteuert werde. Abb. 137 zeigt die Ausführung. Als neues Element der Regelung kommt hier die Steuerung eines Verhältnisses hinzu. Diese ist mit dem »Verhältnisschieber« (Abb. 136) möglich. Ist R_1 ein der Gasmenge 1 proportional veränderlicher Widerstand, R_2 ein der Gasmenge 2 proportionaler Widerstand und wird der Doppelwiderstand K von einem Heizwertmesser aus gesteuert, so ist

$$\frac{R_1}{R_3} = \frac{R_2 + a}{R_4 + b} \quad \cdots \cdots \cdots \cdots (207)$$

Es ist also

$$R_2 = \frac{R_1}{R_3}(R_4 + b) - a \quad \cdots \cdots \cdots (207\,a)$$

Mit der Änderung von b erhält man also eine Änderung des Verhältnisses R_2/R_1. Für $a = 0$ erhält man eine reine Verhältnisänderung, für $a \gtrless 0$ gleichzeitig eine Nullpunktsverschiebung, wie sie bereits Seite 123 betrachtet wurde. Das Relais in der Meßdiagonale steuert hierbei die Menge 2 in Abhängigkeit von der Menge 1 und vom Heizwert des Gasgemisches.

Hier haben wir gleichzeitig ein Beispiel bei dem die Veränderlichen 1 und 2 durch die Forderung eines von einer dritten Größe (dem Heizwert) bestimmten Verhältnisses verbunden sind.

β) Regelung mehrerer abhängiger Größen von einer unabhängigen Größe.

Als Beispiel sei die Regelung der Brennstoffzufuhr und der Verbrennungsluft eines Dampfkessels in Abhängigkeit vom Dampfdruck in der Dampfsammelleitung erwähnt. Hierbei wirkt also der Druck

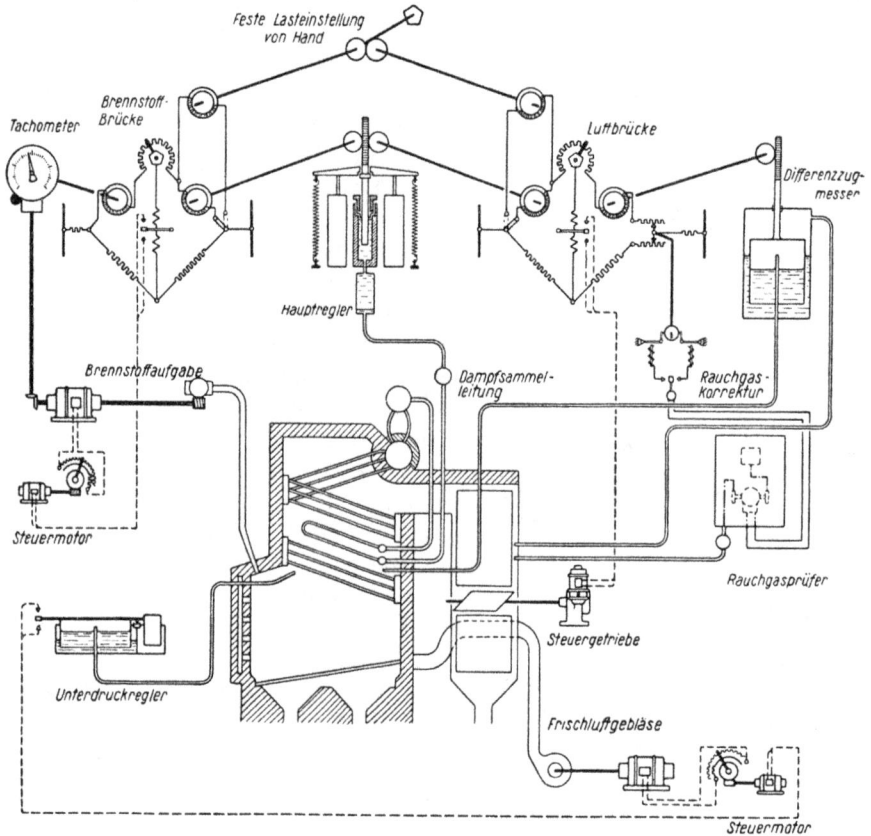

Abb. 137. Prinzipbild einer automatischen Kesselreglung (Siemens & Halske A.-G.).

in der Dampfsammelleitung über je einen Ringwiderstand auf zwei Wheatstonebrücken, von denen die eine in R_2 die Rückführung der geregelten Brennstoffzufuhr, die andere in R_2 die Rückführung der geregelten Luftmenge besitzt (s. hierzu Abb. 137).

γ) *Regelung mehrerer abhängiger Größen von mehreren unabhängigen Größen.*

Hier kann gleich das vorhergehende Beispiel erweitert werden. Ändert sich nämlich in der vorhergehenden Schaltung der Heizwert des Brennstoffs, so würde bei gleicher Luftzufuhr für eine bestimmte Brennstoffmenge der Brennstoff nicht genügend ausgenutzt werden. Es würde entweder zu wenig Luft vorhanden sein, so daß die Verbrennung unvollständig wird, oder zuviel, so daß unnötig große Luftmenge erwärmt und die damit verbrauchte Wärmemenge ihrem eigentlichen Zweck — der Dampferzeugung — entzogen wird. Man könnte nun ähnlich Abb. 136 mittels eines Verhältnisschiebers eine der beiden Brücken des vorigen Beispiels von einem Heizwertmesser aus steuern. Da aber kontinuierliche Heizwertmesser für feste Brennstoffe nicht in Gebrauch sind, kann man z. B. vom Kohlensäuregehalt des Abgases ausgehen und über einen elektrischen Kohlensäuremesser das Verhältnis Brennstoff-Luft regeln. Eine derartige Schaltung zeigt als Prinzipbild einer Kesselreglung der Siemens & Halske A. G. Abb. 137. Es sei nebenbei erwähnt, daß man noch einen Schritt weitergehen kann und auch noch bei ungenügender Verbrennung den Kohlenoxyd-Wasserstoffgehalt der Abgase elektrisch berücksichtigen kann. Hierüber sei jedoch auf die spezielle Regel-Literatur[62]) verwiesen.

5. Die Gleichstrombrücke als Rechenoperator.

Bereits in den vorhergehenden Kapiteln sind eine Reihe von Rechenoperationen mit Hilfe von Gleichstrombrücken behandelt worden. Dieselben seien hier nach dem Gesichtspunkte einer Rechenoperation nochmals zusammengefaßt und ergänzt.

a) Addition und Subtraktion[64]).

In Abb. 120 ist bereits eine Addition dargestellt. Es ist hier

$$R_1 = R_1' + \varDelta' R_1 + \varDelta'' R_1 + \varDelta''' R_1 + \cdots$$

Vernachlässigt man dabei für auch in der Summe kleine Änderungen von R_0 die Änderung des Nenners der Gleichung für den Diagonalstrom, so erhält man für $R_1' R_4 - R_2 R_3 = 0$

$$i_g = i \cdot R_4 \left(\varDelta' R_1 + \varDelta'' R_1 \right) / N_e \quad \ldots \ldots \quad (208)$$

Man kann auch statt nur im Zweig 1 zu addieren auch gleichzeitig im Zweig 4 addieren und erhält dann:

$$i_g = i \cdot \frac{R_4' \varDelta R_1 + R_1' \varDelta R_4}{N_e} \quad \ldots \ldots \quad (209)$$

für kleine Änderungen von R_1 und R_4, also für näherungsweise konstanten Nenner und $R_1' R_4' - R_2 R_3 = 0$.

Je nach Wahl von R_1' und R_4' kann man die Änderungen mit ver-schiedenen Faktoren versehen, ihnen also ein verschiedenes »Gewicht« geben.

In Abb. 121 wurde bereits die von der Fa. Hartmann & Braun ge-wählte Additions-Schaltung wiedergegeben. Es wurde auch bereits erwähnt, daß auch hier die Grundwiderstände groß gegenüber den Ände-rungen sein müssen.

Die Ausführung der zur Addition gelangenden Widerstände ist in der verschiedensten Weise möglich. Der Ringwiderstand und das Ring-rohr wurden bereits früher erwähnt. Eine andere Ausführung, die

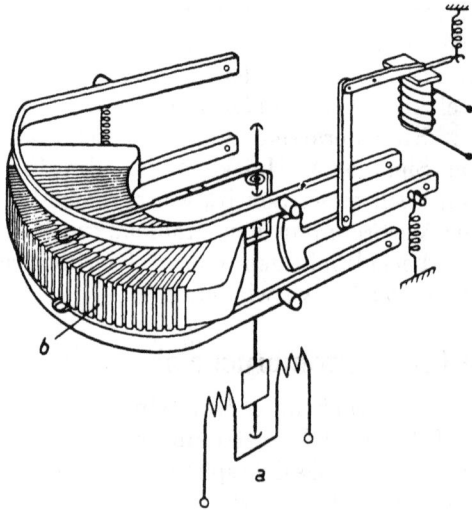

Abb. 138. Umwandlung eines Galvanometer-Ausschlags in eine Widerstands-Änderung nach F. Eichler und M. Schleicher (Siemens & Halske A.-G.)

a = Meßwerk, b = Spannungsteiler.

gleichzeitig dazu dient, den Ausschlag eines Meß-Instruments in eine Widerstands-Änderung umzuwandeln und damit fern zu übertragen, ist von F. Eichler und M. Schleicher (DRP. 441 059) angegeben worden. Das Instrument zeigt im Prinzip Abb. 138.

Die Subtraktion in Brückenschaltungen läßt sich ebenso einfach durchführen wie die Addition. Man verwendet dann Widerstände in zwei nebeneinander liegenden Zweigen. Man kann hier analog der Addition die einzelnen Größen mit verschiedenen »Gewichten« belegen.

Es ist im Prinzip auch denkbar, die veränderbaren Widerstände logarithmisch abzustufen und von andern Regelgrößen zu steuern. Addiert oder subtrahiert man dann diese Widerstände, so multipliziert oder dividiert man die Grundgrößen.

b) Multiplikation und Division.

Eine Multiplikation zweier Größen in einer Brücke ergibt sich, wenn man zwei gegenüberliegende Widerstände in Abhängigkeit von irgendwelchen Grundgrößen verändert und die Brücke in einer Regelschaltung stets automatisch mittels eines dritten Zweiges abgleicht. Sind z. B. R_1 und R_4 die veränderbaren Widerstände und wird mit R_2 abgeglichen, so daß stets $R_1 R_4 - R_2 R_3 = 0$, so folgt daraus

$$R_2 = [R_1 \cdot R_4]/R_3 \quad \ldots \ldots \ldots \quad (210)$$

Man kann z. B. mit einem Kompensographen den Wert des Widerstands R_2 registrieren oder anzeigen. Verändert man R_1 und R_3 und registriert die Änderung von R_2 mittels automatischer Abgleichung, so ergibt sich eine Division zweier Größen.

Eine andere Form der Multiplikation ergibt sich, wenn man in je einer Brücke eine Größe verändert und die in den Meß-Diagonalen erhaltenen Ströme einem Produkt-Instrument (dynamometrischem Instrument) zuführt. Verwendet man als Produkt-Instrument einen Gleichstrom-Wattstundenzähler, so integriert man laufend das Produkt.

Es sei noch erwähnt, daß man durch Verwendung eines Gleichstrom-Amperestundenzählers (Elektrolytzählers, Motorzählers) natürlich auch Momentanadditionen oder überhaupt Momentangrößen laufend integrieren kann, wie dies z. B. beim Rauchgasprüfer (CO_2-Messer, S. 117) verwendet wird.

Die Division zweier Größen mittels zweier Brücken hat bereits bei der Erörterung des Brückenkreuzspul-Instruments (S. 56) Erwähnung gefunden. Es ist auch eine praktische Anwendung im elektrischen Feuchtigkeitsmesser der Siemens & Halske A. G. (S. 57) bereits beschrieben worden. Man sieht hier gleichzeitig, wie man Dividend und Divisor als bestimmte lineare Funktionen ausbilden kann.

Mit den angegebenen Beispielen sind die Möglichkeiten noch keineswegs erschöpft. Es ist durchaus denkbar mittels Reglerschaltungen elektrische Rechenmaschinen auszubilden. Dabei kann man evtl. durch Verwendung von Leitkurven oder entsprechend gewickelter Widerstände auch kompliziertere Funktionen addieren, subtrahieren, multiplizieren und dividieren.

Im vorhergehenden wurde auch bereits gezeigt, wie man Meßgrößen über elektrische Widerstände integrieren kann.

6. Die Gleichstrombrücke mit Elektronenröhren.

Brücken mit Elektronenröhren werden aus 2 Gründen verwendet:

    a) als Gleichrichter-Schaltungen,
    b) als Meßschaltungen.

Die Gleichrichter-Schaltungen sind den S. 218 zu behandelnden Trocken-Gleichrichter-Schaltungen sehr ähnlich und sollen dort erwähnt werden.

In Gleichstrom-Meßschaltungen hat die Brückenform den Zweck, Verstärker-Schaltungen zu ermöglichen, bei denen Spannungs-Schwankungen der Heiz- und Anodenbatterie weitgehend eliminiert werden.

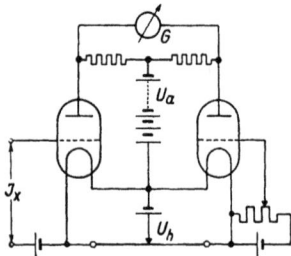

Abb. 139. Gleichstrombrücke mit Elektronenröhren n. Wynn-Williams und Brentano. Prinzipbild.

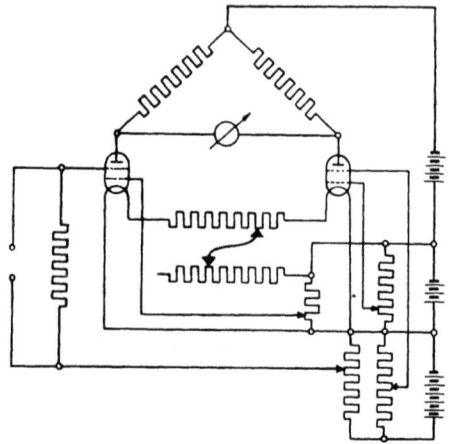

Abb. 140. Gleichstrombrücke mit Elektronenröhren nach Du Bridge.

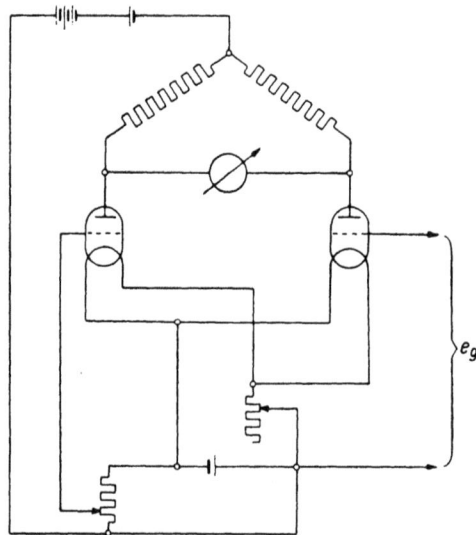

Abb. 141. Gleichstrombrücke mit Elektronenröhren nach Tödt.

Derartige Schaltungen werden besonders zur Verstärkung von Photozellen-Strömen benutzt. Bei Wynn-Williams[65]) wird die Verschiedenartigkeit der Charakteristik der Elektronenröhren durch verschiedene Heizung ausgeglichen, wobei die Heizungen parallel liegen und die eine

Heizung besonders geregelt wird. Ähnlich verwendet Brentano[66]) für jede Heizung besondere Regelwiderstände. Eine beiden Schaltungen ähnliche Brücke hat Sewig[67]) (Abb. 139) angegeben. Eine Schaltung mit

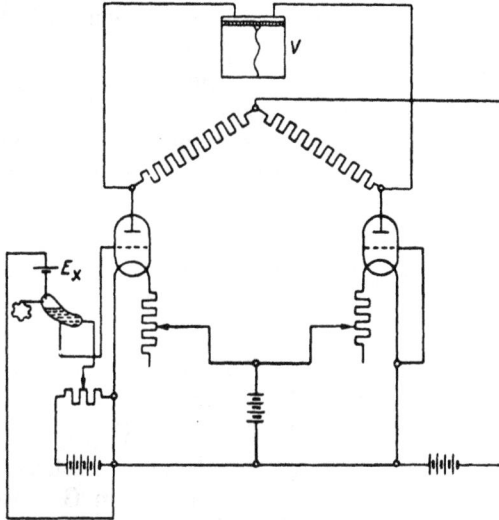

Abb. 142. Gleichstrombrücke mit Elektronenröhren nach Neubert (I. G. Farben).

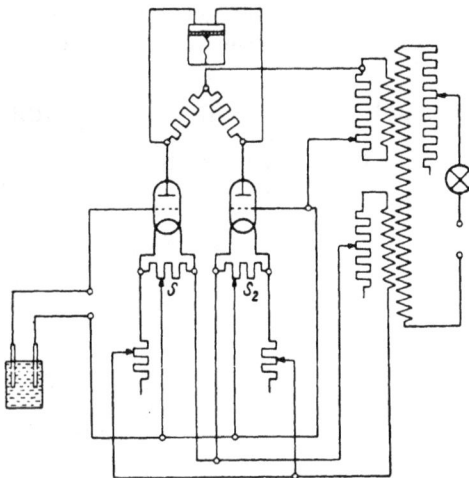

Abb. 143. Gleichstrombrücke mit Elektronenröhren nach A. Müller (I. G. Farben).

Doppelgitter-Röhren nach Du Bridge[68]) zeigt Abb. 140. Eglin[69]) hat mit derartigen Schaltungen noch Ströme von 10^{-14} A gemessen.

Sehr beliebt sind Brückenschaltungen mit Röhren auch bei potentiometrischen Messungen. Eine Übersicht über diese Schaltungen hat

9*

P. Gmelin[70]) gegeben. So verwendet Tödt[71]) eine der Wynn-Williams-Schaltung ähnliche Anordnung (Abb. 141). Nach einer unveröffentlichten Arbeit von P. Neubert aus dem Werk Leverkusen der I. G.-Farben (zuerst mitgeteilt von P. Gmelin[70])) wird abwechselnd das zu messende Potential und ein Vergleichs-Potential mittels eines Uhrwerkschalters an die Brückenschaltung gelegt und beiden Spannungen registriert. Damit werden etwaige Nullpunktsschwankungen der Brückenschaltungen aufgezeichnet, so daß man die erhaltene Kurve der zu messenden Spannung entsprechend reduzieren kann (Abb. 142). Eine ebenfalls von Gmelin[70]) zuerst mitgeteilte Schaltung von A. Müller aus der Betriebskontrolle Oppau der I. G. Farben verwendet für alle vorkommenden Spannungen Netzanschluß. Die günstigste Einstellung der Brücke erfolgt durch Einstellung der Gittervorspannungen mittels der beiden Spannungsteiler S_1 und S_2, die parallel zur Heizspannung der Röhren liegen (Abb. 143).

Die Röhrenschaltungen für Gleichstrom werden häufig für Wechselstrom benutzt und umgekehrt. Der Leser wird für weitere Schaltungen auf die Röhrenschaltungen mit Wechselstrom (S. 206 u. ff.) verwiesen.

Es ist klar, daß man derartige Schaltungen auch zu Regelzwecken verwenden kann, indem man als Galvanometer ein Galvanometer-Relais verwendet. Ebenso kann man an derartige Schaltungen Kompensations-Methoden anschließen und mittels einer Gegenspannung zur Meßspannung die Brücke nur zur Steigerung der Regelempfindlichkeit benutzen, während als Maßgröße die einzustellende Gegenspannung dient.

7. Gleichstrombrücken als Strom- und Spannungs-Regler.

Derartige Regelschaltungen werden gewöhnlich im Zusammenhang mit stromempfindlichen Widerständen (Eisenwiderständen, Glühlampen usw.) ausgeführt.

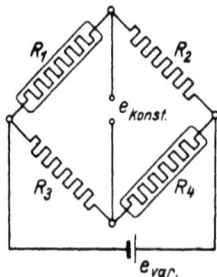

Abb. 144.
Gleichstrombrücke als Stromregler nach W. C. Heraeus.

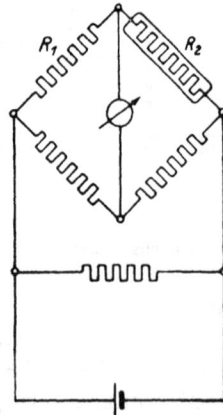

Abb. 145. Schaltung zur Überwachung des Ladungszustandes einer Akkumulatorenbatterie nach A. N. Erickson.

Nach der Schaltung von W. C. Heraeus (DRP. 413736 u. 421482) (Abb. 144) sind die Widerstände R_1 und R_4 aus einem Material mit hohem Temperaturkoeffizienten und befinden sich in Vakuum oder Wasserstoff, die Widerstände R_2 und R_3 aus Material mit geringem Temperaturkoeffizienten. Man kann für R_1 und R_4 z. B. Glühlampen verwenden. Man erhält dann bei Schwankungen der Speisespannung in der Meßdiagonale annähernd konstanten Strom.

Eine von A. N. Erickson angegebene Schaltung (Abb. 145) gestattet den Ladungszustand einer Sammlerbatterie zu überwachen. Es ist hier R_2 ein temperaturempfindlicher Widerstand (Hitzdraht). Die Brücke wird so abgeglichen, daß sie für eine bestimmte Spannung im Gleichgewicht ist, während bei auftretender Unterspannung das Indikator-Instrument einen Ausschlag ergibt.

8. Messung des Widerstands galvanischer Elemente mittels Gleichstrombrücken.

Man kann selbstverständlich den Widerstand von galvanischen Elementen mittels Wechselstrom bestimmen. Eine Gleichstromschaltung ohne fremde Hilfsspannung ist von Mance angegeben worden (Abb. 146). Die Brücke wird so abgeglichen, daß bei geöffnetem und geschlossenem Taster S_2 der gleiche Strom in der Meßdiagonale erhalten wird. Es ist dann

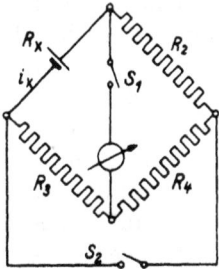

$$R_x = \frac{R_2 \cdot R_3}{R_4} \quad \ldots \ldots \quad (211)$$

Gleichzeitig erhält man den Strom, der dabei bei geöffnetem Schalter S_2 dem Element entnommen wird, zu:

$$i_x = i_g \cdot \frac{R_g + R_2 + R_4}{R_2 + R_4} \quad \ldots \quad (212)$$

Abb. 146. Messung des Widerstands galvanischer Elemente mittels einer Gleichstrombrücke.

Verändert man R_2 und R_4 unter Beibehaltung der Abgleichbedingung, so kann man auf diese Weise den inneren Widerstand des Elements in Abhängigkeit von der Strombelastung feststellen.

VII. Gleichspannungs-Kompensatoren.

Der Zweck der Kompensations-Schaltungen, Messung von Spannungen ohne Stromentnahme aus der zu messenden Spannungsquelle, ist bereits früher (S. 74) erörtert worden. Außer diesen eigentlichen Kompensations-Schaltungen gibt es noch solche, bei denen nur ein bestimmter, fester Teil der zu messenden Spannung kompensiert, die verbleibende Restspannung aber in einem Strommeß-Verfahren bestimmt wird. Man kann derartige Methoden auch als „Unterdrückungs-Methoden" bezeichnen, da sie eine Grundspannung unterdrücken und den Meßbereich mit dieser Grundspannung beginnen.

Man verwendet neuerdings, besonders zur Eichung von Gleichstromzählern, auch Kompensations-Schaltungen zur Erzeugung bestimmter Normal-Gleichspannungen.

1. Eigentliche Kompensations-Methoden.

Die älteste Kompensations-Methode ist von Poggendorff[72]) angegeben worden. Eine Ergänzung hierzu gab später Du Bois-Raymond. Die Poggendorff-Du-Bois-Raymond-Schaltung zeigt Abb. 147.

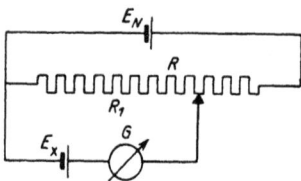

Abb. 147. Poggendorf-Du Bois-Raymond-Schaltung.

Dem Normal-Element E_N wird mittels eines Spannungsteilers R eine Teilspannung entnommen, so daß das Galvanometer G stromlos ist. Diese Teilspannung ist dann der zu messenden Spannung umgekehrt gleich, und es ist:

$$E_X = E_N \cdot R_1/R \ . \ . \ . \ . \ (213)$$

Das Normalelement ist jedoch bei dieser Schaltung nicht vollkommen stromlos. Der entnommene Strom ist vielmehr $E_N/(R + R_E)$, wenn R_E den inneren Widerstand des Normalelements bedeutet. U. U. kann dieser Strom bereits das Normalelement verändern. Es wird heute fast durchweg die eigentliche Messung nicht mit dem Normalelement vorgenommen. Dieses dient vielmehr nur dazu, eine besondere Hilfsspannung, der unbeschadet geringe Ströme entnommen werden können, auf einen bestimmten Wert einzustellen. Mit dieser Hilfsspannung werden dann die eigentlichen Kompensations-Messungen durchgeführt.

Abb. 148 zeigt die Schaltung des Feussner-Kompensators. E_N ist hierbei bereits die nach dem Normalelement eingestellte Hilfs-

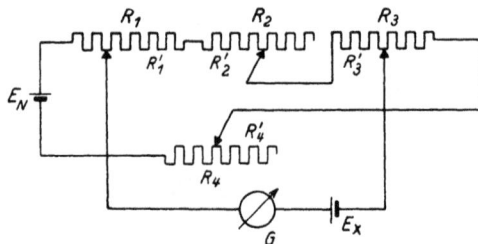

Abb. 148. Prinzipschaltung des Feussner-Kompensators.

spannung. Die Einstellung der Hilfsspannung wird weiter unten noch gezeigt werden. Die Widerstände $R_1...R_4$ sind Dekadenwiderstände. R_2 und R_4 sind als Doppelwiderstände gekuppelt. Es ist dabei $R_2 = R_4$

und $R_2' = R_4'$. Unabhängig von der Stellung der einzelnen Kurbeln bleibt der Gesamtwiderstand der Schaltung konstant. Dies bewirkt, daß die Spannung der Hilfsspannung bzw. des Normalelements sich bei verschiedenen Einstellungen der Kompensations-Widerstände nicht ändert. Die erste und letzte Dekade sind Einfachwiderstände. Von

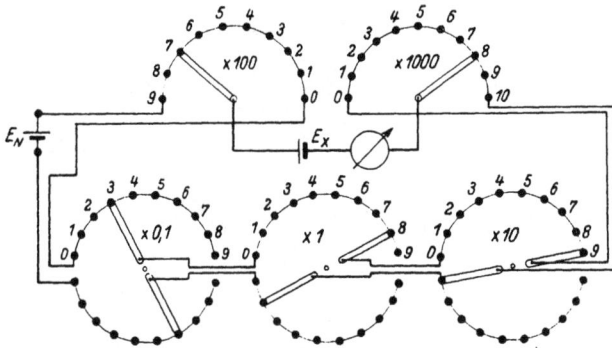

Abb. 149. Feussner-Kompensator, Ausführungs-Prinzip.

ihnen erfolgt die Abzweigung zur Meßspannung und dem damit in Reihe geschalteten Nullgalvanometer. In der Abbildung ist nur eine Dekade als Doppelwiderstand gezeichnet. In Wirklichkeit hat man deren mehrere. Es ist

$$E_x = E_N \cdot (R_1' + R_2' + R_3')/R, \quad \text{wobei } R = R_1 + R_2 + R_3. \quad (214)$$

Man nimmt $E_N/R = 10^{-n}$, wobei n eine ganze Zahl ist. Die Übergangswiderstände der Kontakte, mit Ausnahme der beiden Endkurbeln, gehen in die Messung ein.

Die Ausführung zeigt Abb. 149 im Prinzipbild. Die ausgeführten Formen werden im II. Band erörtert werden.

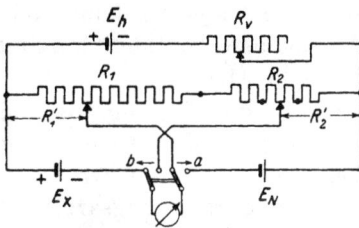

Abb. 150. Einstellung der Hilfsspannung am Raps-Kompensator. Prinzip-Schaltbild.

Die Einstellung einer Hilfsspannung nach einem Normal-Element ist in Abb. 150 beim Raps-Kompensator[73] gezeigt. In der Schalterstellung a wird der Vorwiderstand R_v solange verändert, bis das Galvanometer keinen Ausschlag mehr ergibt. Dabei muß vorher die auf dem Prüfschein angegebene Spannung des Normalelements mit dem Widerstand R_2' eingestellt werden. Dieser Widerstand enthält im allgemeinen einen festen Teil von $10\,180\,\Omega$ und einen variablen Teil von $10\,\Omega$, entsprechend dem Variationsbereich der einzelnen Normal-Elemente. Es ist dann

$$E_N = E_h \cdot \frac{R_2'}{R_1 + R_2 + R_v} \quad \ldots \ldots \ldots \quad (215)$$

Beim Raps-Kompensator wird dann die zu messende Spannung mittels des Widerstands R_1' kompensiert. Es ist

$$E_x = E_h \cdot \frac{R_1'}{R_1 + R_2 + R_v} \quad \ldots \ldots \ldots \text{(216)}$$

Aus Gl. (213) und (214) ergibt sich dann

$$E_x = E_N \cdot R_1' / R_2' \quad \ldots \ldots \ldots \ldots \text{(217)}$$

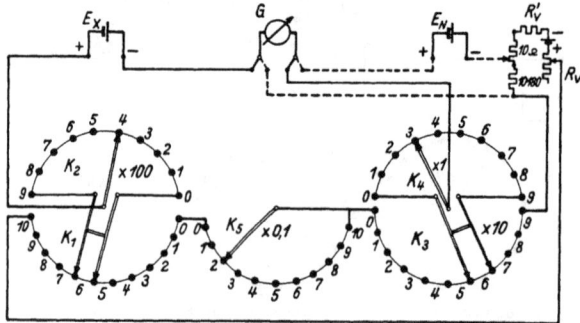

Abb. 151. Raps-Kompensator. Ausführungs-Prinzip.

Abb. 151 zeigt die praktische Ausführung im Prinzipbild. Dabei ist der oben mit R_1 bezeichnete Widerstand derart aufgeteilt, daß einem Widerstand der Tausender-Dekade die ganze Hunderter-Dekade, einem Widerstand der Zehner-Dekade die ganze Einer-Dekade parallel liegt. Die angegebenen Werte sind nicht die Widerstands-Werte, sondern die Ablesewerte. In Wirklichkeit ist

$$K_1 = 11 \times 1000 \, \Omega; \quad K_2 = 9 \times 1000 \, \Omega; \quad K_3 = 10 \times 10 \, \Omega;$$
$$K_4 = 9 \times 10 \, \Omega; \quad K_5 = 10 \times 0{,}1 \, \Omega.$$

Der Gesamtwiderstand bleibt beim Raps-Kompensator nicht konstant, sondern ändert sich mit der $0{,}1 \, \Omega$-Dekade. Die Änderung kann dabei im Höchstfalle $1 \, \Omega$, also bei $11\,000 \, \Omega$ Gesamtwiderstand maximal $0{,}01\%$ betragen. (Praktische Ausführung s. Bd. II.)

Der Diesselhorst-Kompensator[74] hat den Vorzug, daß die etwa an den Kontakten auftretenden Thermokräfte keine Rolle spielen. Dies wird dadurch bewirkt, daß die Kurbelkontakte nur im Stromkreis liegen. Der E_x und das Galvanometer enthaltende Spannungskreis enthält dagegen nur feste Verbindungen (Abb. 152). Der kompensierende Strom i wird in zwei ungleiche Teile I und II geteilt, die in einem festen Verhältnis (im allgemeinen 1 : 10) stehen. Es ist:

$$\text{Widerstand des Kreises I:} \quad R_I = R_1 + R_2 + b + c \quad \text{(218)}$$
$$\text{Widerstand des Kreises II:} \quad R_{II} = R_2 + R_3 + d \quad \ldots \quad \text{(219)}$$

Für $R_1 = 10 \times 0{,}11 = 1{,}1 \, \Omega$, $R_2 = 11 \times 1 = 11 \, \Omega$, $R_3 = 10 \times 0{,}11$ $= 1{,}1 \, \Omega$; $b = 0{,}11 \, \Omega$, $c = 80 \, \Omega$, $d = 910 \, \Omega$, ist $R_I : R_{II} = 92{,}21 :$

$922,1 = 1 : 10$. Es dann auch $i_1 : i_2 = 1 : 10$. Daraus folgt bei Stromlosigkeit des Galvanometers:

$$E_{BC} = E_{DE} = i/11 \cdot [10\,R_L' + 11\,R_2' + R_3' - R_2 - R_3 + 10\,b] \quad (220)$$

Für $R_1' = n \cdot 0,11\,\Omega$, $R_2' = (m+1) \cdot 1\,\Omega$, $R_3' = p \cdot 0,11\,\Omega$ ist dann

$$E_{BC} = E_{DE} = i\,[m + 0,1 \cdot n + 0,01\,p] \quad \ldots \ldots \quad (221)$$

In jedem Teilkreis ist beim Diesselhorst-Kompensator der Widerstand
konstant. Durch die höherohmigen Zusatzwiderstände c und d können

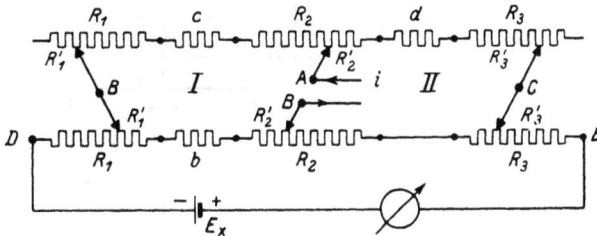

Abb. 152. Diesselhorst-Kompensator. Prinzip-Schaltbild.

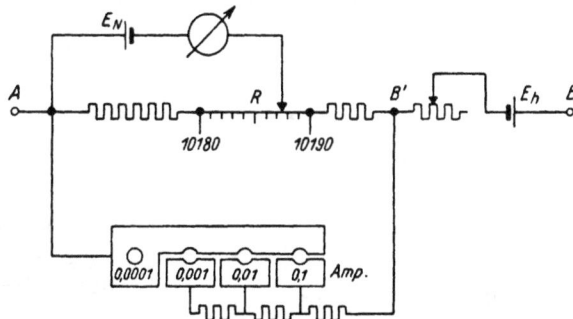

Abb. 153. Einstellung der Hilfsspannung beim Diesselhorst-Kompensator.

die Übergangswiderstände an den Kurbelkontakten vernachlässigt werden. Man kann bei genügend empfindlichem Galvanometer eine weitere
Dekade über den kleinsten Widerstand hinaus interpolieren.

Die Einstellung der Hilfsspannungsquelle mit einem Normal-
element zeigt Abb. 153.

Beim Bruger-Kompensator (Abb. 154) kann der Ein- und Austritt des Kompensations-Stromes an einer beliebigen Stelle der Hun-
derter- bzw. Tausender-Dekade erfolgen. Die Einstellung der Zehntel-
Ohm erfolgt mit einem Schleifdraht.

Beim neuen Siemens-Kompensator findet eine Kaskaden-
Schaltung der einzelnen Stufen statt (Abb. 155). Auch dieser Kompensator ist thermokraftfrei.

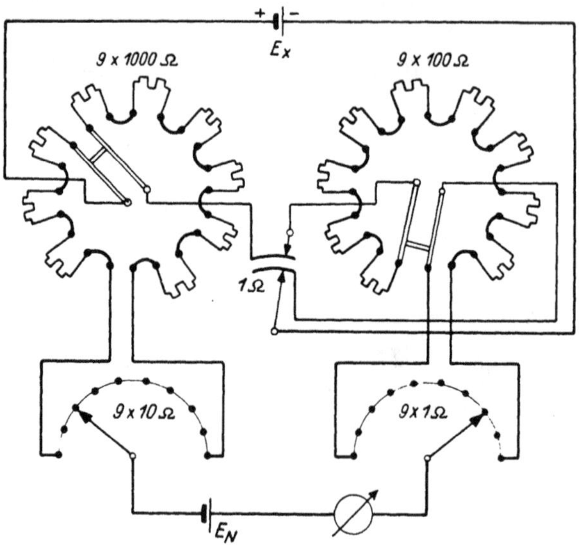

Abb. 154. Bruger-Kompensator (Hartmann & Braun), Prinzip-Schaltbild.

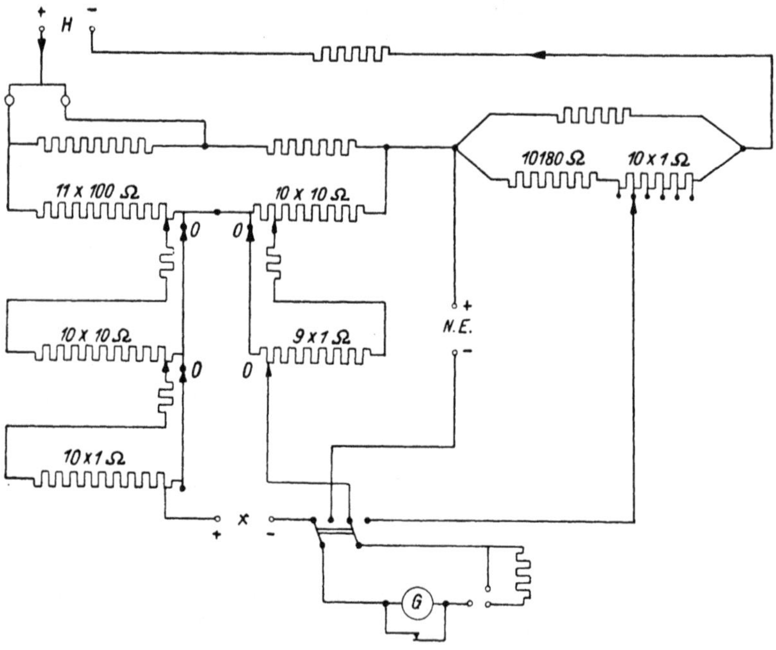

Abb. 155. Siemens-Kaskaden-Kompensator.

Bei den sog. »technischen Kompensatoren« verzichtet man von vorneherein auf ein Normalelement und mißt statt dessen mittels eines besonderen Strommessers die Stromabgabe des Hilfselements. Man stellt dabei die Stromabgabe auf einen bestimmten festen Wert ein. Dies hat gleichzeitig den Vorteil, daß der Strommesser nur für den festen Eichpunkt eine große Genauigkeit besitzen muß. Man kann zur

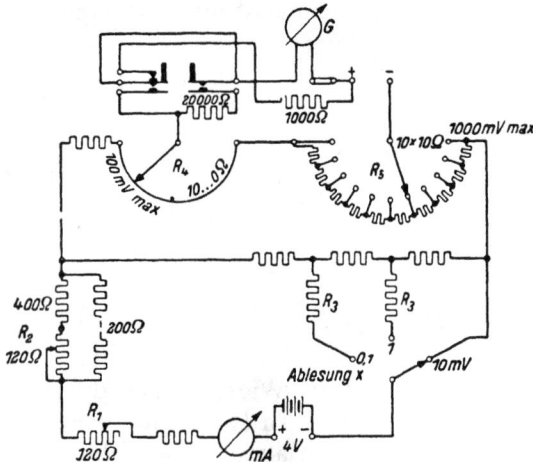

Abb. 156 a. Technischer Kompensator — Schaltschema.

R_1, R_2 = Vorwiderstände zur Grob- und Feinregulierung des Hilfsstromes,
R_3 = Widerstände für verschiedene Meßbereiche,
R_4, R_5 = Kompensationswiderstände, mA = Strommesser für den Hilfsstrom, G = Nullgalvanometer.

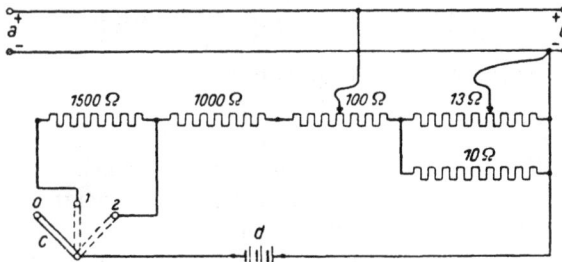

Abb. 156 b. Schaltschema für das Zusatzgerät zum technischen Kompensator.
a = Instrument, b = Kompensator, c = Schalter, d = Taschenlampenbatterie.

Erzielung einer größeren Ablesegenauigkeit den Anfangsbereich des Strommessers mechanisch unterdrücken. Ein derartiger technischer Kompensator der Siemens & Halske A. G. ist im Prinzip in Abb. 156a dargestellt. Die Widerstände sind dabei direkt in mV Kompensations-Spannung geeicht mit einem durch den Meßbereich-Schalter gegebenen Multiplikator. Dieser technische Kompensator dient zur betriebs-mäßigen Messung besonders von Thermospannungen.

Mittels eines Zusatzgeräts mit Hilfsspannung kann man das Gerät auch zur Eichung von Gleichspannungsmessern benutzen (Abb. 156b).

Ein anderer technischer Kompensator ist in Abb. 157 wiedergegeben. Dieser soll nur die Einstellung bestimmter Spannungswerte ermöglichen. Er dient vor allem zur Eichung von Gleichstrom-Zählern.

Im Gegensatz zu den bisher betrachteten Methoden, bei denen aus einer Widerstands-Einstellung eine bestimmte Kompensations-Spannung

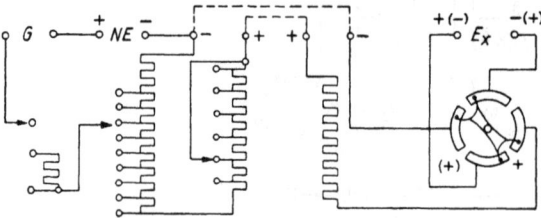

Abb. 157. Technischer Kompensator zur Einstellung von bestimmten Spannungswerten.

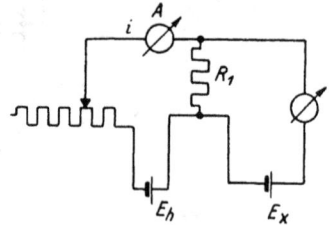

Abb. 158. Lindeck-Rothe-Schaltung.

berechnet oder evtl. an den betr. Widerständen direkt abgelesen wird, verwendet die Schaltung von Lindeck und Rothe[75]) außer dem Null-Galvanometer ein zweites Galvanometer, das den zur Kompensation erforderlichen Strom abzulesen gestattet. Aus Abb. 158 ergibt sich, daß

$$E_x = R_1 \cdot i \dots \dots \dots \dots (222)$$

2. Unterdrückungs-Methoden.

Bei diesen wird, wie bereits erwähnt, nur der Anfangsbereich einer Spannungs-Messung mittels eines Kompensationsverfahrens unterdrückt, die Restspannung dagegen gemessen. Eine derartige Schaltung zeigt Abb. 159. Derartige Schaltungen sind zuerst von Brooks[76]) angegeben worden.

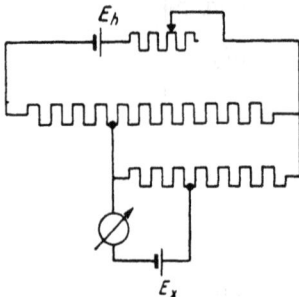

Abb. 159. Unterdrückungs-Schaltung (»Halbpotentiometrische« Schaltung).

Man kann auch für Unterdrückungsmethoden ein Differentialgalvanometer verwenden, dessen eines Rähmchen je nach dem zu unterdrückenden Bereich einen bestimmten konstanten Strom erhält. Statt zweier getrennter Rähmchen kann man auch ein einziges Rähmchen mit Anzapfung für eine besondere Gegenspannung benutzen.

VIII. Wechselstrom-Indikatoren.

1. Null-Indikatoren.

Wir haben früher bereits gesehen (S. 9), daß wir bei Wechselströmen neben der Amplitude (und Frequenz) auch in vielen Fällen die Phasenlage gegen eine Normalphase zu berücksichtigen haben. Dementsprechend haben wir zu unterscheiden zwischen Nullindikatoren mit absoluter Null-Anzeige, bei denen also eine Stromanzeige eintritt, solange am Null-Indikator eine Spannungs-Differenz vorhanden ist und Null-Indikatoren mit Berücksichtigung der Phasenlage. Bei letzteren ist es möglich, daß keine Stromanzeige auftritt, trotzdem am Indikator eine Spannungs-Differenz vorhanden ist. Man muß ferner noch unterscheiden zwischen frequenz-unempfindlichen Indikatoren, bei denen eine Anzeige bei jeder Frequenz erfolgt, und frequenzempfindlichen Indikatoren, bei denen eine Anzeige nur für eine bestimmte Frequenz bzw. ein bestimmtes Frequenzband vorhanden ist. Es ist allerdings zu bemerken, daß die meisten frequenz-unempfindlichen Indikatoren auch nur in einem bestimmten — allerdings sehr großen — Frequenzbereich ansprechen.

a) Null-Indikatoren mit absoluter Nullanzeige.

Der bekannteste Null-Indikator dieser Gruppe ist das Telephon. Seine Empfindlichkeit ist sehr hoch. Nach Keinath[26]) ist ein Fernhörer bei 500 Hz noch bei 0,01 nW, bei 50 Hz noch bei 1 μ W hörbar. Das Frequenzband ist innerhalb des Hörbereiches sehr breit. Will man nur eine bestimmte Frequenz hörbar machen, so verwendet man das Resonanztelephon. Mittels eines auf die Telephonmembran aufgesetzten Spiegels hat M. Wien[77]) bereits eine Art Vibrations-Galvanometer geschaffen.

Es ist nicht immer angenehm, mit einem Fernhörer in Brücken- und Kompensations-Schaltungen zu arbeiten. In Räumen mit starken Geräuschen ist seine Anwendung sehr erschwert, wenn nicht ganz unmöglich. Man benutzt daher zur optischen Anzeige auch sehr häufig das Vibrations-Galvanometer[78]). Dieser Indikator ist frequenzempfindlich und wird mechanisch auf bestimmte Frequenzen abgestimmt. Die verschiedenen Formen sollen im II. Band näher besprochen werden.

Das elektrodynamische Instrument und der thermische Indikator sind ausgesprochene Ausschlag-Instrumente und sollen dort behandelt werden (s. a. Bd. II). Der thermische Indikator hat bekanntlich eine quadratische Strom-Ausschlag-Charakteristik, so daß seine Empfindlichkeit in der Nähe des Nullpunkt sehr gering ist. Trotzdem verwendet man speziell das Thermokreuz gelegentlich für Null-Methoden.

Eine große Rolle in der Wechselstrom-Meßtechnik allgemein spielt neuerdings das Gleichrichter-Instrument. Man hat dabei zwei wesentliche Typen zu unterscheiden: den Trocken-Gleichrichter und den mechanischen Gleichrichter.

Der Trockengleichrichter ist bekanntlich dadurch gekennzeichnet, daß er für die eine Stromrichtung einen andern Widerstand besitzt wie für die andere. Man benutzt Selen- und Kupferoxydul-Gleichrichter. Die Charakteristik des Kupferoxydul-Gleichrichters ist in Abb. 160 gezeigt. Man sieht aus dieser Charakteristik, daß sich der Widerstand in der »Sperr-Richtung« von dem Widerstand in der »Durchlaß-Richtung« erst von einem gewissen Spannungswert an unterscheidet, daß also erst hier ein Gleichrichter-Effekt auftritt. Daraus ergibt sich aber, daß man derartige Trockengleichrichter nicht ohne weiteres für Nullmethoden verwenden kann. Für derartige Zwecke muß man die Gleichrichter mit einer konstanten Spannung vorspannen, wie dies von Carsten und Walter[181]) durchgeführt wurde (s. S. 220). Die praktische Ausführung der Trockengleichrichter sowie ihre technischen Daten werden im II. Band behandelt werden.

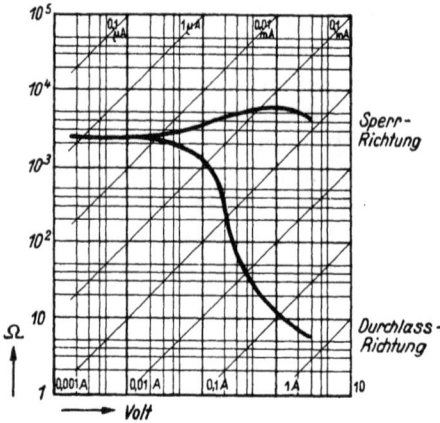

Abb. 160. Spannungs-Widerstands-Charakteristik eines Kupferoxydul-Gleichrichters.

Der Vollständigkeit halber sei noch das Wechselstrom-Nullgalvanometer der Fa. Gans u. Goldschmidt erwähnt[293]). Nähere Ausführungen hierüber siehe Bd. II. Zur Aufhebung der Selbstinduktion des Nullinstruments und gleichzeitig zur elektrischen Aussiebung der höheren Harmonischen hat die Fa. Hartmann u. Braun eine Resonanzschaltung in der Meßdiagonale vorgenommen (Gebrauchsm. Nr. 1239.439).

Über die Steigerung der Empfindlichkeit von Null-Indikatoren durch mechanische Resonanz finden sich eingehende Angaben bei Zöllich[312]).

b) Phasenempfindliche Null-Indikatoren.

Ein in letzter Zeit zu großer Bedeutung gelangtes Bauelement der Wechselstrom-Meßtechnik ist der mechanische Gleichrichter. Von diesem sind zwei Formen zu erwähnen, der rotierende Gleichrichter und der Schwinggleichrichter. Der rotierende Gleichrichter (A. Pfaffenberger[79]) benutzt einen mit der gleichzurichtenden Spannung synchron laufenden Motor und läßt die Meßspannung über einen Kollektor gleichrichten. Durch Verstellung der Kollektorbürsten kann man die Phase zwischen Motorspannung und Meßspannung variieren und damit der Meßspannung eine bestimmte Phasenlage erteilen.

Der Schwinggleichrichter[80, 81]) benutzt eine zwischen den Polen eines Elektromagneten schwingende Zunge. Auch hier sind Erregerfrequenz und Frequenz der Meßspannung gleich. Die Meßspannung liegt dabei an der schwingenden Zunge. Wichtig ist hierbei, daß die Kontaktzeit der Zunge absolut konstant bleibt. Dies ist neuerdings durch sehr kleine Amplituden der Zunge gelungen. Es ist nicht unbedingt erforderlich, daß die Kontaktzeit eine halbe Periode umfaßt. Durch Einfügen eines Phasenschiebers in den Erregerkreis kann man das Kontaktintervall längs der Kurve der Meßspannung beliebig verschieben und damit einen beliebigen Teil der Kurve gleichrichten. Die praktische Ausführung wird im II. Band gezeigt werden. (Über die Anwendung des Schwinggleichrichters s. S. 214 u. ff.)

Auch der Trockengleichrichter kann phasenempfindlich geschaltet werden, wie dies von Walter[181] ausgeführt wurde.

2. Ausschlagmesser.

Als Wechselstrom-Ausschlagmesser kann man alle Wechselstrom-Strom- bzw. Spannungsmesser verwenden. Je nach ihrer Eigenart erhält man eine lineare Charakteristik (z. B. bei fremderregten Dynamometern) oder eine quadratische Abhängigkeit des Ausschlages vom Meßstrom (z. B. bei den Thermoumformern) oder eine willkürliche, von der Bauart abhängige Charakteristik (z. B. bei den Dreheisen-Instrumenten). Wie sich aus Abb. 160 ergibt, erhält man bei den Trockengleichrichtern im Anfangsbereich eine annähernd quadratische Charakteristik, später eine praktisch lineare Abhängigkeit*). Es würde hier zu weit führen, die verschiedenen Ausschlagmesser zu betrachten. Hierüber sei auf die einschlägigen Werke, vor allem auf das Buch von Keinath[1]) und die Spezial-Aufsätze im Archiv für technisches Messen verwiesen. Es sei hier nur kurz erwähnt, daß man auch ausgesprochene Nullinstrumente, wie das Vibrations-Galvanometer als Ausschlag-Instrumente verwenden kann.

Eine besondere Gruppe von Ausschlag-Instrumenten ergibt sich bei den halb-abgeglichenen Brücken (S. 214 u. ff.). Hier verwendet man das gleiche Instrument einmal als Nullindikator, dann als Ausschlagmesser. Es ist daher in den meisten Fällen notwendig, dem Instrument verschiedene Empfindlichkeiten erteilen zu können, was bei Übergang von der Wechselstrommessung über Schwinggleichrichter usw. auf Gleichstrom-Instrumente durch wahlweise Verwendung von Vor- bzw. Nebenwiderständen zum Gleichstrom-Instrument keine Schwierigkeiten be-

---

*) Daß man auch mittels Trockengleichrichtern lineare Charakteristiken bis zum Nullpunkt erzielen kann, wird bei den Gleichrichter-Brücken (Seite 219) besprochen werden.

reitet. Wie sich später bei den halb-abgeglichenen Brücken zeigen wird, kann man mit Hilfe der phasenempfindlichen Gleichrichter auch auf bestimmte Phasenlagen des Meßstromes einstellen.

3. Wechselstrom-Relais.

Bei Regelschaltungen verwendet man häufig Wechselstrom-Relais. Hierzu können die verschiedenen hochempfindlichen Relais (s. Bd. II) benutzt werden. Eine besondere Gruppe stellen die frequenz-empfindlichen Relais dar, die nur auf eine bestimmte Frequenz bzw. auf ein bestimmtes Frequenzband ansprechen.

Natürlich kann man jeden Indikator dadurch frequenzempfindlich machen, daß man vor ihn einen Siebkreis schaltet, der nur die gewünschte Frequenz auf den Indikator durchläßt. Hiervon macht man besonders in der Fernmeldetechnik häufig Gebrauch.

IX. Wechselstromquellen.

Die Wechselstromquellen sollen hier nur kurz erwähnt werden. Eine ausführliche Besprechung der verschiedenen praktischen Ausführungen sei dem II. Band vorbehalten. Man unterscheidet vor allem einwellige und mehrwellige Wechselstromquellen. Wie beim Indikator kann man auch hier eine mehrwellige Wechselstromquelle zu einer einwelligen machen, indem man eine Siebkette zwischen die Stromquelle und die Meßschaltung legt. Mehrwellige Stromquellen sind in den meisten Fällen unerwünscht, da sie bei vielen Nullmethoden keine ausgesprochene Nullstellung, sondern nur ein Minimum ergeben. Bei frequenzempfindlichen Bauelementen in Brücken und Kompensatoren (z. B. Drosseln mit Eisen) erhält man u. U. bei Mehrwelligkeit der Stromquelle direkt falsche Ergebnisse. Hat man nur Bauelemente, die sich nicht mit Frequenz ändern, so kann man die Mehrwelligkeit der Stromquelle in den meisten Fällen durch frequenzempfindliche Indikatoren kompensieren. Praktisch einwellig sind der Stimmgabelsummer, der Röhrensummer (in Rückkopplungs- oder Überlagerungsschaltung), die einfache Frequenzmaschine mit rotierendem vielpoligem Magneten und die Frankesche Maschine. Mehrwellig sind der Wagner-Hammer und die aus ihm hervorgegangenen Anker- und Membransummer (Topfsummer). Für Netzfrequenzmessungen kann man in vielen Fällen die Netzoberwellen vernachlässigen, in anderen Fällen muß man dagegen zwischen Netz- und Meßschaltung eine Siebkette schalten. Hochfrequenzquellen (Röhrenschaltungen) sind praktisch immer einwellig. Gedämpfte Hochfrequenzgeneratoren (Löschfunken) finden in der Brückenmessung kaum mehr Anwendung. Funkeninduktoren (Tonfrequenz) sind mehrwellig und werden nur noch selten benutzt.

X. Schirmung und Erdung.

Bei Wechselstrombrücken spielt die richtige Schirmung und Erdung eine um so größere Rolle, je höher die benutzte Frequenz ist. Die Schirmung einer Schaltung hat den Zweck, einerseits den Einfluß fremder elektrischer oder magnetischer Streufelder auf die Schaltung zu verhindern, andererseits die Auswirkung der in einem Zweig der Schaltung selbst auftretenden Streufelder auf Nachbarzweige zu vermeiden. Die elektrischen Streufelder ergeben kapazitive Kopplung derart, daß sich zu den gewollten Schaltungselementen Kapazitäten zufügen. So besitzt jede Spule außer ihrem Ohm-Widerstand und ihrer Selbstinduktion eine durch die Kapazität der einzelnen Windungen gegeneinander entstehende Eigenkapazität. Es wird bei den Normalien der Wechselstrombrücken und Kompensatoren (Bd. II) gezeigt werden, wie man diese Eigenkapazität beschränken oder gewollt hervorrufen kann. Außer der Eigenkapazität der einzelnen Schaltelemente selbst gibt es noch eine Kopplungskapazität zwischen den einzelnen Zweigen der Schaltung. Diese Schaltungskapazität der allgemeinen Wechselstrombrücke wird bei der allgemeinen Wheatstonebrücke — auf diese lassen sich bekanntlich mittels der Dreieck-Stern-Transformation alle anderen Brücken zurückführen — behandelt werden (S. 171). Außer der kapazitiven Kopplung der Zweige untereinander besteht noch eine kapazitive Kopplung der einzelnen Zweige gegen Erde. Die Schirmung hat die Aufgabe statt der willkürlichen und undefinierten kapazitiven Kopplungen definierte Kopplungen in die Schaltung einzuführen. Dies geschieht durch Unkleidung von Schaltelementen und Schaltleitungen mit Metallhüllen. Gleichzeitig wird diese Umhüllung so gewählt, daß die Kapazität vom Schaltelement bzw. von der Schaltleitung zur Umhüllung möglichst klein wird. Man verbindet dann diese Schirmhüllen entweder mit bestimmten Punkten der Schaltung oder mit der Erde, wie noch weiter unten gezeigt werden wird. Die gefürchtetste kapazitive Kopplung in Meßschaltungen ist die sog. Handkapazität. Während nämlich die übrigen kapazitiven Kopplungen zwar auch unerwünscht sind, aber bei einer einmal bestehenden und festen Schaltung feststellbare bzw. berücksichtbare Werte besitzen, ändert sich die Handkapazität mit der Annäherung des Messenden an einzelne Teile der Schaltung je nach der Art und der Größe der Annäherung. Derartige Handkapazitäten müssen durch geeignete Schirmung ganz besonders vermieden werden. Bei sehr kleinen veränderbaren Kapazitäten (Drehkondensatoren) bildet die Schaltkapazität eine Zusatzkapazität, die die untere Grenze des Variationsbereiches heraufsetzt. Die erste geschirmte Brücke wurde von Campbell[82]) angegeben. Eine allgemeine Theorie der Schirmung hat zuerst Ferguson[83]) aufgestellt. Besonders zu erwähnen ist auch die Durchbildung geschirmter Brücken durch Giebe[84]).

Durch die Schirmung erreicht man weiterhin, daß die vorhandene Kopplungskapazität in zwei oder mehrere hintereinander geschaltete Kopplungskapazitäten umgewandelt, die resultierende Kopplungs-

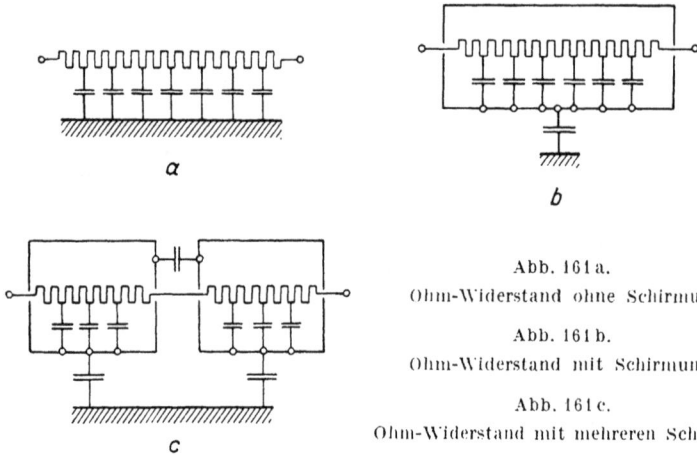

Abb. 161 a.
Ohm-Widerstand ohne Schirmung.

Abb. 161 b.
Ohm-Widerstand mit Schirmung.

Abb. 161 c.
Ohm-Widerstand mit mehreren Schirmen.

kapazität somit verkleinert wird. Dies sei an einigen Beispielen erläutert*). Abb. 161a stellt einen Ohm-Widerstand ohne Schirmung dar. Seine kapazitive Kopplung z. B. gegen Erde verteilt sich als Parallelkapazitäten über den ganzen Widerstand. Umgibt man den gesamten Widerstand mit einem Metallschirm, so erhält man eine kapazitive Kopplung des Widerstandes gegen diesen Schirm und weiter eine kapazitive Kopplung dieses Schirms gegen Erde (Abb. 161b). Die beiden Kopplungskapazitäten sind also hintereinander geschaltet. Man kann nun noch ein weiteres tun und den Ohm-Widerstand in mehrere einzelne, für sich geschirmte Widerstände auflösen. Dann erhält man eine in Abb. 161c dargestellte und — wie

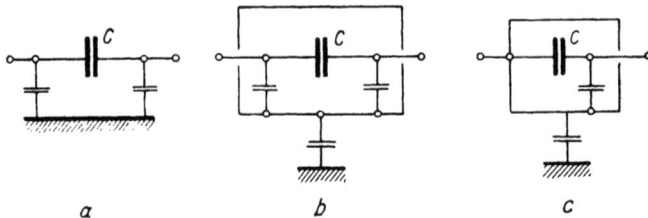

Abb. 162 a. Kapazität ohne Schirmung.
Abb. 162 b. Kapazität mit Schirmung.
Abb. 162 c. Kapazität mit Schirmung und Verbindung des Schirms mit einem Kondensator-Belag.

sich leicht übersehen läßt — gegenüber Abb. 161b noch kleinere Kopplungskapazität. Das gleiche Bild ergibt sich für Selbstinduktionen statt des in dem Beispiel angegebenen Ohm-Widerstands. Man kann die

---

*) Bild 161 u. 162 n. Hague[4]).

schirmende Metallhülle auch mit einem bestimmten Punkt des Ohm-Widerstands bzw. der Selbstinduktion verbinden oder den Schirm erden oder auch beide Verbindungen vornehmen. Die richtige Verbindungsform ergibt sich aus der jeweiligen Meßschaltung. Abb. 162a zeigt analog einen ungeschirmten Kondensator und seine kapazitive Kopplung gegen Erde, Abb. 162b die Wirkung eines Metallschirmes. Verbindet man hier eine Seite des Kondensators mit dem Schirm, so fällt die kapazitive Kopplung gegen den Schirm auf dieser Seite natürlich weg (Abb. 162c).

Neben der elektrischen (kapazitiven) Kopplung ist auch noch die magnetische Kopplung zu berücksichtigen. Diese bedingt eine gegenseitige Induktion zwischen den einzelnen Zweigen der Schaltung. Sie ist am größten bei Spulen, während sie bei Leitungen im allgemeinen gegenüber der kapazitiven Kopplung zu vernachlässigen ist. Die induktive Kopplung kann entweder durch Fremdfelder auf eine Spule oder — bei Vorhandensein mehrerer Spulen — durch die Einwirkung der Spulenfelder aufeinander hervorgerufen werden. Das magnetische Fremdfeld beseitigt man durch Schirmung der ganzen Schaltung oder ihrer beeinflußten Teile mittels ferromagnetischer Schirme. (In neuester Zeit haben sich hier besonders die Permalloy-Legierungen als sehr wirksam erwiesen.) Auf die gleiche Weise kann man auch die einzelnen Spulen gegeneinander magnetisch abschirmen. Hierbei ist zu beachten, daß die Schirmhüllen geschlitzt sein müssen, um das Auftreten von Wirbelströmen zu verhindern. Das Streufeld von eisenhaltigen Spulen (Transformatoren und Drosselspulen) kann man verkleinern, wenn man den Magnetkern schließt und hochpermeable Legierungen für ihn verwendet. Bei Hochfrequenz erzeugt man u. U. auch absichtlich in nicht-magnetischen Schirmen Wirbelstromfelder, die die Wirkung des Magnetfeldes nach außen aufheben.

Neben der elektrischen und magnetischen Kopplung können auch noch galvanische Kopplungen unerwünschte Überbrückungen der einzelnen Zweige einer Meßschaltung hervorrufen. Diese galvanischen Kopplungen rühren von ungenügender Isolation her und sind dementsprechend durch Verwendung hochisolierender Materialien vermeidbar (s. Bd. II).

Neben der Schirmung spielt die Erdung von Meßschaltungen eine große Rolle. Die Erdung bezweckt die Regulierung der kapazitiven und der galvanischen Kopplung gegen Erde. Bei den Abb. 161 und 162 ist bereits diese Kopplung gegen Erde beispielsweise verwendet worden. Bei der Erdung legt man absichtlich einen bestimmten Punkt der Schaltung an Erde. Dies kann durch eine direkte Verbindung eines Punktes erfolgen oder mit Hilfe einer Kunstschaltung, wie sie z. B. K. W. Wagner vorgeschlagen hat. Die Erdung bei Meßbrücken wird in der vollständigen Wheatstonebrücke näher untersucht werden. Eine

Theorie der Erdung von Wheatstonebrücken hat O g a w a [14]) durchgebildet. Sie wird ebenfalls bei der vollständigen Wheatstonebrücke zu
erörtern sein (S. 171).

Eine besondere Form der Erdung ist die S y m m e t r i e r u n g. Bei
dieser wird die Erdung derart vollzogen, daß bestimmte Schaltzweige
symmetrisch gegen Erde liegen und der Einfluß der Erde sich auf diese
Weise aufhebt. Eine derartige Symmetrierung stellt z. B. die bereits
erwähnte K. W. Wagner-Schaltung dar (s. S. 172).

XI. Hilfsmittel für Wechselstrom-Brücken und -Kompensatoren.

Im folgenden seien einige Schaltelemente erwähnt, wie sie zusätz-
lich bei Wechselstrom-Meßschaltungen häufig benötigt werden. Es sind
der Phasenschieber, der Verstärker und Eingangs- und Ausgangs-
Anpassung.

1. Phasenschieber.

Der Phasenschieber ist in einem Anwendungsbeispiel bereits bei
den phasenempfindlichen Gleichrichtern erwähnt worden. Man verwendet zwei Grundformen, den Drehstrom-Phasenschieber und den
Einphasen-Phasenschieber. Der Drehstrom-Phasenschieber benötigt alle
3 Phasen eines Drehstrom-Netzes (Abb. 163). Er hat den Vorteil, daß

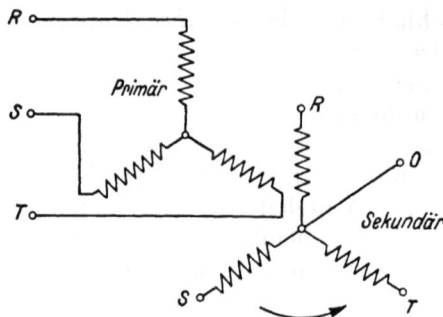

Abb. 163. Prinzip des Drehstrom-Phasenschiebers.

die aus dem Stern und aus dem Dreieck abgenommenen Spannungen
aufeinander senkrecht stehen, so daß man zu einer beliebig einstellbaren
Phasenlage stets gleichzeitig die dazu senkrechte Phase erhält, ein häufig
gut ausnutzbarer Vorteil (s. S. 214). Ein weiterer Vorteil liegt in der
Tatsache, daß der dem Phasenschieber entnommene Strom unabhängig
von der Phasenlage ist. Nachteilig in manchen Fällen ist die Notwendigkeit eines Drehstrom-Netzes.

Den letzteren Nachteil umgeht der Einphasen-Phasenschieber. In Abb. 164 ist eine von K e i n a t h und dem Verfasser angegebene Brückenschaltung gezeigt. Hier erhält man für praktisch unendlich großen Widerstand R eine Phasenvariation von 180°. Auf der anderen Seite hat diese Schaltung allerdings den Nachteil, daß die Variation des Widerstands R eine Abhängigkeit des entnommenen Stromes von der eingestellten Phase ergibt. Diesen Nachteil vermeidet praktisch eine von P o l e c k angegebene Schaltung (Abb. 165). Die meisten Brücken mit Kapazitäten und Selbstinduktionen haben übrigens die Eigenschaft, die Phasenlage von Eingangs- und Ausgangsspannung gegeneinander mit der Veränderung einer Variablen zu verschieben.

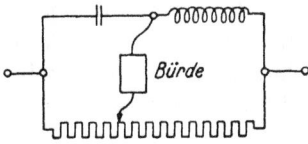

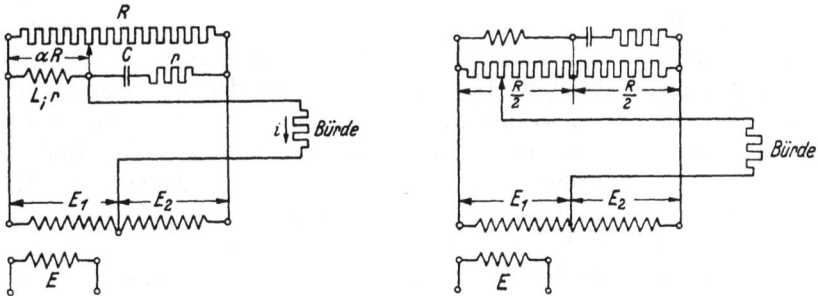

Abb. 164. Einphasen-Phasenschieber nach Keinath und Krönert.

Abb. 165a und b. Einphasen-Phasenschieber nach Poleck.

2. Verstärker.

In den Wechselstrom-Meßschaltungen spielen — wie bereits S. 61 erwähnt — Röhrenverstärker eine weit größere Rolle als in Gleichstrom-Schaltungen. Hier ist bei den praktisch vorkommenden Frequenzen — unter 50 Hz werden selten angewandt — eine Transformator-Verstärkung ausreichend. Bei Nullstrom-Verstärkung spielt dabei die Linearität zwischen Eingangsspannung und Ausgangsstrom keine Rolle. Diese Nullstrom-Verstärkung ist Telefunken geschützt (DRP. 359902). Für Ausschlagmessungen strebt man im allgemeinen eine lineare Abhängigkeit des Ausgangsstromes von der Eingangsspannung an. Es kann jedoch auch vorkommen, daß man in derartige Verstärkerschaltungen absichtlich eine nichtlineare Charakteristik legt um z. B. nichtlineare Funktionen im Eingangskreis dadurch in lineare Funktionen im Ausgang umzuwandeln. Auch für Verstärkerschaltungen gilt natürlich das im vorigen Kapitel über Schirmung und Erdung Gesagte. Die üblichen Verstärkerschaltungen sind aus der Radiotechnik so bekannt, daß eine Wiedergabe sich hier erübrigt.

3. Eingangs- und Ausgangs-Anpassung.

Es ist bei den Gleichstrombrücken bereits gesagt worden, daß man die günstigste Schaltung im allgemeinen dann erhält, wenn Stromquelle und Verbraucher gleichen Widerstand besitzen. Während es sich bei den Gleichstromschaltungen lediglich um eine Anpassung der Ohmschen Widerstände handelt, müssen hier die Wechselstromwiderstände angepaßt werden. Die Anpassung ist eine doppelte:

1. Die Anpassung der Stromquelle an die Brücke und
2. die Anpassung des Indikators an die Brücke.

Für den Indikator bildet die Brücke bzw. die Kompensations-Schaltung die Stromquelle.

Nicht immer ist eine direkte Anpassung der Widerstände möglich oder überhaupt vorteilhaft. In diesen Fällen kann man sich sehr einfach dadurch behelfen, daß man zwischen die einzelnen Kreise (Stromquelle — Meßschaltung — Indikator) Übertrager setzt, deren Primär- und Sekundärspulen den zugehörigen Kreisen in ihrem Wechselstromwiderstand angepaßt sind. U. U. kann man mit den Übertragern gleichzeitig eine Spannungstransformation verknüpfen. In anderen Fällen spielen diese Anpassungs-Transformatoren zugleich die Rolle von Isolier-Transformatoren, d. h. sie verhindern eine galvanische Kopplung der beiden induktiv gekoppelten Kreise. Die Übertrager werden häufig gleichzeitig als Schirmung benutzt, indem man zwischen die Windungen Schirme legt. Dadurch verringert man den kapazitiven Einfluß der Stromquelle. Auch zur Erdung benutzt man die Anpassungs-Transformatoren, indem man entweder den Kern erdet oder primär- bzw. sekundärseitig die Windung in der Mitte mit der Erde verbindet. Derartige Schaltungen werden bei den Brücken öfters zu erwähnen sein. Natürlich muß der Übertrager ein sehr geringes magnetisches Streufeld besitzen um die Schaltung selbst nicht induktiv zu beeinflussen.

Eingehende Untersuchungen über Eingangs- und Ausgangs-Anpassung bei Wechselstrombrücken hat Walcher[194] ausgestellt.

XII. Die Normalien der Wechselstrom-Brücken und des ·Kompensators.

Entsprechend der größeren Anzahl von Variablen in einer Wechselstromschaltung gegenüber einer Gleichstromschaltung (Frequenz, ohmscher, kapazitiver und induktiver Widerstand, Phase, Verlustfaktor usw.) sind die Anforderungen an die Normalien der Wechselstrom-Schaltung wesentlich höher als an die der Gleichstromschaltung. Zu den Ohm-Widerständen kommen hier außerdem Selbstinduktionen, Kapazitäten und Gegeninduktionen.

1. Ohm-Widerstände.

Bei der Betrachtung der Ohm-Widerstände für Gleichstrom-Brücken und Kompensatoren wurden für die Präzisions-Widerstände folgende Bedingung aufgestellt:

1. Zeitliche Konstanz,
2. kleinster Temperaturkoeffizient des Widerstands,
3. Thermokraftfreiheit der Übergangsstellen zweier Materialien.

Während für Wechselstromschaltungen, in denen keine Gleichrichtung stattfindet, die dritte Bedingung keine Rolle spielt, kommen für Wechselstrom 4 weitere Bedingungen hinzu[*]):

4. kleinste Eigenkapazität,
5. kleinste Selbstinduktion,
6. kleinste Kapazität gegen Erde,
7. kleinstes magnetisches Streufeld.

Die Bedingungen 5 und 7 stehen dabei in engstem Zusammenhang. Aus der Forderung 5 und 6 ergibt sich der Fehlwinkel des betr. Widerstands — wie noch gezeigt werden wird. Die Forderung 6 ergibt die evtl. notwendige kapazitive Schirmung und Erdung, die Forderung 7 die magnetische Schirmung bzw. zusammen mit Forderung 5 besondere konstruktive Maßnahmen für die Widerstände in sich.

Der Fehlwinkel eines Widerstands ist

$$\operatorname{tg} \delta = \omega \left(L/R - RC - \omega^2 C \cdot L^2/R \right) \quad \ldots \ldots \quad (223)$$

oder angenähert:

$$\operatorname{tg} \delta = \omega \left(L/R - RC \right) = \operatorname{tg} \omega T, \quad \ldots \ldots \quad (224)$$

wobei R den Ohm-Widerstand, C die Kapazität, L die Selbstinduktion und ω die Kreisfrequenz des durchfließenden Stromes bedeuten. $T = L/R - RC$ heißt die Zeitkonstante.

Die Bestimmung des Fehlwinkels wird bei den verschiedenen Brücken behandelt werden. Aus der Gl. (224) ergibt sich, daß man zur Beseitigung des Fehlwinkels folgende Möglichkeiten hat:

1. Man macht L und C unabhängig voneinander so klein wie möglich.
2. Man gleicht L gegen C ab, d. h. man macht $L/R - RC = 0$.

Der Drahtquerschnitt, den man an sich so klein wie möglich wählt, hängt von der maximal verlangten Belastung ab. Im allgemeinen wird bei Spulenanordnung (für Niederfrequenz, für Hochfrequenz ist die Spulenform nicht immer erreichbar) ein Überwiegen der induktiven

---

[*]) Für Wechselstromschaltungen mit Gleichrichtung spielen Thermokräfte jedoch dann eine Rolle, wenn deren Stromfluß in Richtung der Gleichrichtung liegt (bei Doppelwegschaltungen also stets).

Komponente der Zeitkonstante haben, so daß man die kapazitive Komponente u. U. künstlich vergrößern muß.

Die kapazitive Komponente ist um so größer, je größer die Potentialdifferenz zweier benachbarter Windungen der Spule ist. Man unterteilt daher die Spulen weitgehend. Die induktive Komponente steigt mit dem vom durchfließenden Strom erzeugten Wechselfeld. Man unterteilt daher die Spulen derart, daß die einzelnen Wechselfelder einander entgegenwirken.

Die verschiedenen Widerstandsformen werden im II. Band behandelt werden.

Die Fehler der Präzisionswiderstände müssen bei der Messung berücksichtigt werden. Dies kann auf zwei Arten geschehen:

1. Man bestimmt die Fehler der Widerstände gesondert und reduziert das Meßergebnis unter Berücksichtigung der Fehler. Dies ist fast durchweg bei der Berücksichtigung der Abweichung des Ohm-Widerstands vom Sollwert (Prüfschein) üblich.

2. Man kompensiert die bekannten Fehler in der Schaltung selbst. Dieses Verfahren ist nicht immer ganz einfach.

Neben dem Einzelwiderstand ist die Kombination mehrerer Widerstände von Bedeutung. Hier spielt die möglichst geringe kapazitive und induktive Kopplung eine Rolle. Man schirmt daher häufig die Widerstände gegeneinander oder wählt ihre gegenseitige Lage zum mindesten so, daß die Kopplungen die zulässige Größe nicht übersteigen. Häufig schirmt man außerdem die ganze Widerstandskombination insgesamt noch gegen Erde und gegen Fremdfelder. (Über die praktische Anordnung s. Bd. II.) Wie bereits bei der Schirmung und Erdung erwähnt (S. 145) ist besonders die Handkapazität durch besondere Schirme zu vermeiden.

Wie bei den Gleichstromschaltungen hat man auch hier 2 Typen von Ohm-Widerständen: feste Widerstände und veränderbare Widerstände. Die veränderbaren Widerstände sind auch hier entweder stufenweise veränderbar (Stöpsel- oder Kurbelwiderstände) oder kontinuierlich veränderbar (Schleifdrähte). Da letztere einlagig unifilar verwendet werden, besitzen sie neben ihrer Eigenkapazität auch eine nicht immer vernachlässigbare Selbstinduktion. Man verwendet sie daher nur zur Erzielung kleiner Variations-Bereiche, während man größere Bereiche durch Stufenwiderstände herstellt. Als feste Widerstände hoher Ohmzahl benutzt man neuerdings auch häufig Karbowid-Widerstände. Um die Notwendigkeit sehr hoher veränderbarer Ohm-Widerstände zu vermeiden hat Wirk besondere Schaltungen, die die Verwendung niederohmiger veränderbarer Widerstände ermöglichen, angegeben (s. S. 231).

2. Selbstinduktionen.

Bei den Selbstinduktionen hat man zwischen eisenhaltigen und eisenlosen Selbstinduktionen zu unterscheiden. Man verwendet sie als feste Selbstinduktionen (Selbstinduktions-Normalien) und veränderbare Selbstinduktionen (Variometer, Induktometer). Auch für die Selbstinduktionen hat man eine Reihe von Forderungen, ähnlich denen für Ohm-Widerstände. Diese sind nach Hague:

1. Zeitliche Konstanz,
2. kleinster Ohm-Widerstand bei möglichst großer Selbstinduktion,
3. Unabhängigkeit der Selbstinduktion vom durchfließenden Strom,
4. möglichst große Unabhängigkeit der Selbstinduktion (und des Ohm-Widerstandes) von der Frequenz.

a) Eisenlose Selbstinduktionen.

Von den verschiedenen Formeln zur Berechnung der Selbstinduktionen eisenloser Spulen sei hier abgesehen, zumal hierüber eine sehr ausgedehnte Literatur vorhanden ist. (Es seien nur z. B. die Kurven von Coursey erwähnt). Wichtig ist bei der Dimensionierung die Frequenz insofern, als mit steigender Frequenz natürlich die Eigenkapazität eine immer größere Rolle spielt und bei großer Dimensionierung u. U. diese Kapazität bereits einen kapazitiven Kurzschluß der Spule darstellen kann. Denkt man sich die Eigenkapazität der Spule parallel geschaltet und ist deren Ohm-Widerstand R und deren Selbstinduktion L, so ergibt sich der Gesamtwiderstand zu

$$\mathfrak{Z} = \frac{R + j\,\omega\,[L\,(1 - \omega^2\,C\,L) - C\,R^2]}{(1 - \omega^2\,C\,L)^2 + \omega^2\,C^2\,R^2} \quad \cdot \quad \cdot \quad \cdot \quad \cdot \quad (225)$$

Für sehr kleines C erhält man daraus näherungsweise:

$$\mathfrak{Z} = \frac{R + j\,\omega\,[L\,(1 - \omega^2\,C\,L) - C\,R^2]}{1 - 2\,\omega^2\,C\,L} \quad \cdot \quad \cdot \quad \cdot \quad \cdot \quad (226)$$

Setzt man $\mathfrak{Z} = R' + j\,\omega\,L'$, so erhält man*)

$$R' = R\,(1 + 2\,\omega^2\,C\,L)$$
$$L' = L\,(1 + \omega^2\,C\,L) - C\,R^2 \quad \cdot \quad \cdot \quad \cdot \quad \cdot \quad \cdot \quad (227)$$

Je höher die Frequenz ist, desto weniger kann man natürlich in Gl. (225) das quadratische Glied von C vernachlässigen.

---

*) $\dfrac{1}{1 - 2\,\omega^2\,C\,L} \sim 1 + 2\,\omega^2\,C\,L$ gesetzt und die quadratischen Glieder von C vernachlässigt.

Nach dem Vorgang von Hague muß man ferner den Isolationswiderstand der Selbstinduktionsspule berücksichtigen. Dieser äußert
sich wie ein Parallelwiderstand zur Spule. Bezeichnet man ihn mit R_p,
so ergibt sich nach Hague ein resultierender Widerstand (unter Vernachlässigung der Eigenkapazität der Spule) zu:

$$\mathfrak{Z} = \frac{R_p([R(R + R_p) + \omega^2 L^2] + j\,\omega\,L\,R_p)}{(R + R_p)^2 + \omega^2 L^2} \quad \ldots \quad (228)$$

Hieraus folgt der effektive Wirkwiderstand der Spule zu:

$$R' = \frac{R(R + R_p) + \omega^2 L^2}{(R + R_p)^2 + \omega^2 L^2} \cdot R_p \quad \ldots \quad (229)$$

und deren effektive Selbstinduktion zu:

$$L' = \frac{R_p^2}{(R + R_p)^2 + \omega^2 L^2} \cdot L \quad \ldots \quad (230)$$

Veränderbare Selbstinduktionen kann man entweder dadurch herstellen, daß man zwei Spulen derart hintereinander schaltet,
daß die eine Spule in der andern drehbar oder in der andern verschiebbar
ist. Im ersteren Falle erhält man als maximale Selbstinduktion:

$$L_1 + L_2 + 2M$$

und eine minimale Selbstinduktion:

$$L_1 + L_2 - 2M$$

in letzterem Falle eine maximale Selbstinduktion von

$$L_1 + L_2 + 2M$$

und eine minimale Selbstinduktion von:

$$L_1 + L_2$$

Eine besondere von Fremdfeld-Einflüssen weitgehend freie Selbstinduktion ist in der Achterspule gegeben. Auch hier kann man eine
veränderbare Selbstinduktion dadurch herstellen, daß man eine zweite
Achterspule über der ersten — festen — drehbar anordnet.

Die verschiedenen Ausführungsformen fester und veränderbarer
eisenfreier Selbstinduktionen werden im II. Band behandelt werden.

b) Eisenhaltige Selbstinduktionen.

Bei Selbstinduktionen mit Eisenkern hat man zu berücksichtigen,
daß die Selbstinduktion sich zu μL_0 ergibt, wobei μ die Permeabilität
bedeutet. μ ist vom Magnetisierungsstrom abhängig. Dies wird manchmal besonders ausgenutzt, indem man eine bestimmte feste Gleichstrom-
Vormagnetisierung wählt. Eine größere Unabhängigkeit von der Permeabilität erhält man, wenn man bis zur Sättigung mit Gleichstrom

vormagnetisiert oder die Wechselstrom-Magnetisierung im Sättigungs-gebiet wählt. Allerdings muß man dann u. U. mit dem Auftreten von Oberwellen rechnen. Unterhalb der Sättigung wird die Abhängigkeit vom Magnetisierungs-Strom kleiner, wenn man keine geschlossenen Eisenkerne, sondern solche mit Luftspalt benutzt. Eine nicht unbe-deutende Rolle spielt bei Eisendrosseln der Wirbelstrom-Verlust. Diesen kann man durch möglichst dünne Kernbleche stark vermindern. Neuer-dings verwendet man auch Drosseln mit Eisenpulver in einer Bettungs-masse (z. B. »Ferrocart«). Auch hier sei für die praktischen Ausführungen auf Band II verwiesen.

Ganz allgemein ist für Selbstinduktionen und Ohm-Widerstände zu beachten, daß im Hochfrequenzgebiet der Skineffekt (Hauteffekt) eine nicht unbeträchtliche Rolle spielt. Nach Zenneck ist für den Skineffekt eines runden Drahtes:

$$R_N = R \cdot \left(1 + \frac{\pi^2}{192} \cdot \frac{\omega^2}{\varrho^2} \cdot \frac{d^4}{10^{18}}\right), \quad \ldots \ldots \quad (231)$$

wobei d der Durchmesser in cm, $\varrho = 17 \cdot 10^{-7}$ bei Kupfer ist. Bei sehr hoher Frequenz nimmt der Widerstand linear mit d und prop. $\sqrt{\dfrac{\omega}{\sigma}}$ zu, wobei σ der spez. Ohm-Widerstand ist.

3. Gegeninduktionen.

Veränderbare Gegeninduktionen werden nur noch selten benutzt. Dagegen versieht man feste Gegeninduktionen mit Anzapfungen der Primär- oder Sekundär-Spule oder beider.

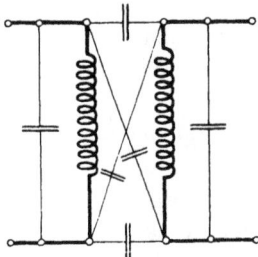

Auch Gegeninduktionen werden mit und ohne Eisenkern hergestellt. Es gilt für sie das bei den Selbstinduktionen Gesagte.

Bei den Gegeninduktionen hat man außer der Eigenkapazität der einzelnen Spulen auch noch die kapazitive Kopplung von Primärspule gegen Sekundärspule zu beachten. Abb. 166 zeigt die möglichen Kapazitäten. Gegeninduk-tionen können entweder in einem Punkte gal-vanisch gekoppelt sein (Autotransformatoren)

Abb. 166. Kap. Kopplungen von gegenseitigen Induktionen.

oder keine galvanische Verkettung besitzen. Über die zu beachtenden Fehler (Übersetzungsfehler, Winkelfehler) sei auf die einschlägige Lite-ratur über Meßtransformatoren[1]) verwiesen.

4. Kapazitäten.

Auch Kapazitäten werden fest und veränderbar benutzt. Für kleine Kapazitäten verwendet man als Dielektrikum Luft, für größere Kapazitäten Glimmer, Öl oder — für hohe Spannungen — Preßluft. Neuerdings sind als Dielektrikum keramische Massen sehr hoher Dielektrizitätskonstante (Kondensa, Kerafar) im Handel erschienen. Für sehr große Kapazitäten benutzt man Elektrolytkondensatoren.

Die höchsten Anforderungen werden natürlich an die Kapazitätsnormalien gestellt. Nach Zickner[86]), auf dessen Arbeiten hier noch besonders verwiesen sei, unterscheidet man absolute Normale und Gebrauchs-Normale (Sekundärnormale). Während bei den ersteren die Kapazität aus den geometrischen Dimensionen errechnet wird, eicht man die letzteren durch Vergleich mit diesen. Als wichtigste Anforderungen an einen Meßkondensator sind zu nennen:

1. Möglichst geringe dielektrische Verluste,
2. möglichst hohen elektrischen Isolationswiderstand,
3. genau definiertes elektrisches Feld des Kondensators bei möglichst geringer Streuung nach außen.

Zur Vermeidung von dielektrischen Verlusten verwendet man für absolute Normalien als Dielektrikum nur Luft. Bei Verwendung unter hohen Spannungen erhöht man die Durchschlagfestigkeit durch Benutzung von Preßluft, Kohlensäure oder Stickstoff. Die Verwendung von Luftkondensatoren ist begrenzt durch die geforderte Kapazitätshöhe und durch den zulässigen Raum, da naturgemäß Luft mit der Dielektrizitätskonstante $\varepsilon = 1$ sehr große Dimensionen des Kondensators ergibt. Darüber hinaus benutzt man als Dielektrikum bei Niederspannung Glimmer und bei Hochspannung Glas. Neuerdings werden auch keramische Massen (Calit, Calan, Kondensa, Ultra-Calan usw.) verwendet. Die Verlustwinkel der einzelnen Dielektrika werden im II. Band aufgeführt. Ebenso werden dort die technischen Ausführungen der einzelnen Kondensatoren geschildert.

Eine Kapazität hat außer der Kapazität ihrer Belege gegeneinander auch noch Kapazität dieser Belege gegen Erde. Die Kapazität gegen Erde von ungeschirmten und geschirmten Kondensatoren ist bereits in Abb. 162a...c dargestellt worden. Ausführliche Untersuchungen über Kapazitäten hat u. a. Ogawa angestellt. Der Verlustwinkel eines Kondensators hängt von der Gebrauchstemperatur und von der angelegten Spannung ab. Untersuchungsergebnisse hierüber hat besonders Keinath[87]) veröffentlicht.

Für die Herstellung stetig veränderbarer Kondensatoren verwendet man heute fast ausschließlich Drehkondensatoren, bei denen ein Plattensatz fest, ein anderer zwischen diesem festen Plattensatz beweglich ist. Normal-Luftdrehkondensatoren sind besonders von Zickner[86]) beschrieben worden. (Über die verschiedenen Ausführungsformen sei auch hier auf den II. Band verwiesen.)

5. Schalter.

Es seien hier nur die für sie erforderlichen Bedingungen erwähnt. Diese sind die gleichen wie diejenigen für Widerstände und Kapazitäten, d. h. ein Schaltelement muß:

1. Zwischen seinen zu überbrückenden Teilen möglichst hohen Isolationswiderstand besitzen,
2. möglichst geringe Kapazität gegen andere Schaltelemente und gegen Erde aufweisen,
3. möglichst kleinen Eigenwiderstand haben und
4. zwischen festem und beweglichem Schaltteil möglichst kleinen Übergangswiderstand verursachen.

Dazu kommt ferner für alle Schaltungen, bei denen Wechselströme mittels Gleichrichter und Gleichstrom-Instrument gemessen werden, die Vermeidung von Thermokräften zwischen den festen und beweglichen Schaltelementen und außerdem die Vermeidung von induktiven Kopplungen zwischen den einzelnen Schaltkreisen.

Zur Erzeugung hoher Isolationswiderstände wählt man die Kriechwege zwischen den einzelnen Schalterteilen möglichst groß und verwendet, wie bei Gleichstrom-Schaltern Materialien von hohem Isolationswert. Die Vermeidung von Kopplungskapazitäten erfolgt durch möglichst geringe Ausdehnung der Schaltelemente und durch Schirmung. Letztere ist auch besonders wichtig zur Verhütung der sog. Handkapazität, wie bereits in dem Kapitel »Schirmung und Erdung« erwähnt wurde. Die möglichst geringe Ausdehnung der Schaltelemente verhindert auch gleichzeitig größere induktive Kopplungen.

Als Schaltelemente sind besonders zu erwähnen: der Stöpselschalter und der Drehschalter. Gelegentlich werden auch Hebelschalter und Taster benutzt. Doch soll auf die verschiedenen Schaltelemente selbst erst im II. Band eingegangen werden.

XIII. Die Wechselstrombrücken.

Es ist im Rahmen eines kurzgefaßten Buches natürlich unmöglich, sämtliche in der Literatur erwähnten oder im Handel befindlichen Wechselstrombrücken zu behandeln. Die Zahl der besonders in den letzten Jahren für besondere Zwecke geschaffenen Brücken geht in die Hunderte. Zudem sind die Variationen oftmals nur besonderen Bedürfnissen angepaßt. Dagegen soll im folgenden der Versuch gemacht werden, die hauptsächlichsten Brückenformen in Typengruppen zusammenzufassen. Es ist dabei aber zu bemerken, daß eine derartige Systematisierung wie jedes Schema unmöglich sich ohne Lücken und

ohne gegenseitige Reibungen durchführen läßt. Es ist oft eine gewisse
Willkür nicht zu vermeiden, die besonders da deutlich zutage tritt,
wo eine Schaltung durch Entartung einer anderen umfassenderen zustande kommt. Mehr noch als bei den Gleichstrombrücken verwischt
sich bei den Wechselstrombrücken der Übergang von ihnen zu den
Kompensationsschaltungen. Es wird daher manches bei den Brücken
zu behandeln und bei den Kompensatoren ebenfalls zu erwähnen sein
und umgekehrt. Auch wird im folgenden manche Schaltung zu den
Kompensatoren gerechnet werden, die von anderen Autoren als Brücke
angesprochen wird. Es seien hier einige zusammenfassende Arbeiten
erwähnt, die verschiedene Brücken nach bestimmten Gesichtspunkten
betrachten. Es ist dies das Buch von Brion und Vieweg[290]), sowie
mehrere Arbeiten von Walcher über Methoden der Kapazitätsmessung[302]), eine kombinierte Wechselstrom-Meßbrücke[303]) und neue Schleif-
draht-Meßeinrichtungen[304]). Zusammenfassungen finden sich natürlich
auch in den verschiedenen Firmenprospekten und Firmenzeitschriften.
Tabellarische Übersichten über die verschiedenen Meßbrücken, ge-
ordnet nach ihrem Verwendungszweck, sollen im II. Band gebracht
werden. Die Aufgabe dieses Bandes ist lediglich eine Zusammenfassung nach den Aufbau-Grundsätzen.

1. Allgemeines.

Die Grundlagen für die Berechnung von Wechselstrombrücken sind
bereits in der physikalischen Einleitung des Buches behandelt worden.
Es wurde dort bereits hervorgehoben, daß im Prinzip die gleichen Berechnungs-Methoden wie für Gleichstrombrücken gelten, sobald man die
auftretenden Widerstände nicht mehr als reelle Größen, sondern als
komplexe Elemente auffaßt. Besonders wichtig ist, daß man auch hier
alle Brücken durch die Dreieck-Stern-Transformation auf die Wheatstonebrücke zurückführen kann.

Wie ebenfalls bereits in der physikalischen Einleitung erörtert
wurde, hat man das endgültige komplexe Ergebnis in zwei reelle Bedingungen aufzulösen. U. U. ist es wichtig, die erhaltenen Bedingungen
gegenseitig so umzuformen, daß man eine neue abgeleitete Bedingung,
z. B. für den Verlustwinkel bestimmter Größen u. dgl. erhält. Dies ist
besonders für halbabgeglichene Brücken und für Brücken mit phasenempfindlichen Indikatoren von Bedeutung. Wie man von einer Wechsel-
strom-Brücke das Vektor-Diagramm und die Ortskurve erhält, ist ebenfalls bereits untersucht worden (S. 41...48)*).

---

*) Vektor-Diagramme und Ortskurven werden im folgenden aus Raum-
gründen nur gelegentlich beispielsweise benutzt werden. Es ist aber dringend zu
empfehlen, beim Entwurf von Wechselstrom-Brücken und -Kompensatoren von
diesen wertvollen Hilfsmitteln möglichst ausgiebig Gebrauch zu machen.

Die Untersuchung der Empfindlichkeit von Wechselstrom-brücken ist infolge der doppelten Zahl von Bedingungsgleichungen natürlich hier wesentlich verwickelter. Es dürfte sich auch kaum lohnen, derartige Untersuchungen ganz allgemein anzustellen. Bei einzelnen Brücken (z. B. der Wheatstonebrücke S. 168) wird auf die Empfindlichkeit noch eingegangen werden.

Bei der Abgleichung von Wechselstrombrücken derart, daß die Meß-Diagonale stromlos wird, hat man — wie bereits erwähnt — im allgemeinen zwei Bedingungsgleichungen zu erfüllen. Es sind zwei Möglichkeiten zu unterscheiden:

a) Die beiden Abgleichungen beeinflussen sich gegenseitig nicht.
b) Die beiden Abgleichungen beeinflussen sich gegenseitig.

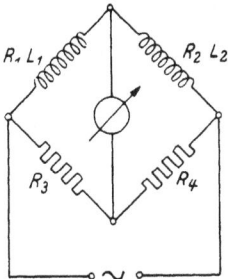

Abb. 167. Selbstinduktions-brücke.

Der erste Fall ist natürlich der erstrebens-werte, der zweite leider bei der Mehrzahl der Wechselstrombrücken der normale. Es sei dies an einem Beispiel erörtert. In der in Abb. 167 wiedergegebenen Selbstinduktionsbrücke sei $R_2 L_2$ die gesuchte mit dem Ohmwiderstand R_2 be-haftete Selbstinduktion L_2. Die Abgleichungs-bedingung ergibt sich dann zu:

$$(R_1 + j \omega L_1) \cdot R_4 = (R_2 + j \omega L_2) \cdot R_3 \qquad (232)$$

oder aufgelöst in zwei reelle Bedingungen:

I. $\qquad R_1 R_4 = R_2 R_3$ . . . . (232a)

II. $\qquad L_1 R_4 = L_2 R_3$ . . . . (232b)

Gleicht man die Brücke mit Hilfe des Ohm-Widerstands R_4 nach Gl. I ab, so ändert man damit auch gleichzeitig die Bedingung II. Ebenso ändert man die Bedingung I, wenn man zuerst die Bedingung II mittels des Widerstands R_3 erfüllt. Man kann also nur Schritt für Schritt ab-wechselnd die eine Bedingung erfüllen (wobei die andere Bedingung wieder außer Gleichgewicht kommt) und dann die andere und muß nur dafür sorgen, daß die Entfernung der andern Bedingung aus dem Gleichgewicht dabei immer kleiner wird. Wir werden bei den unten folgenden Konvergenzbedingungen sehen, daß die Reihenfolge der Ab-gleichung dabei eine Rolle spielt. Benutzt man im obigen Beispiel statt R_3 und R_4 die Selbstinduktion L_1 (die nun natürlich veränderbar sein muß), nachdem man vorher die Bedingung I mittels des Widerstands R_4 erfüllt hat, so wirkt jetzt die Abgleichung von II mittels L_1 nicht mehr auf I zurück. Noch vollständiger wird die Unabhängigkeit der Abgleichungen z. B. bei den Brücken vom Andersontyp, da man hier in jeder der beiden Bedingungen eine Variable finden kann, die nur in einer Bedingung vorkommt.

Wie bereits oben erwähnt, ist bei der Abgleichung einer Wechselstrombrücke die Reihenfolge nicht immer gleichgültig. Man kann sich
vielmehr bei unglücklich gewählter Reihenfolge immer mehr von der
endgültigen Gleichgewichtslage (Erfüllung der beiden Bedingungen)
entfernen. Die Untersuchung der Konvergenzbedingungen ist
von Küpfmüller[25]) durchgeführt worden und soll im folgenden gezeigt werden. Es sei dazu das in Abb. 167 bereits angegebene Beispiel
einer Selbstinduktionsbrücke benutzt, wobei wieder L_2 die unbekannte
Selbstinduktion mit dem ebenfalls unbekannten Ohm-Widerstand R_2
sei. Nach den S. 46 gegebenen Ausführungen über die Ortskurven ist
die Brückendeterminante

$$\vartheta = (R_2 + j\,\omega\,L_2)\cdot R_3 - (R_1 + j\,\omega\,L_1)\cdot R_4 = \mathfrak{A} + j\,\mathfrak{B}\ .\ .\ (233)$$

Man kann nun, wie bereits an dieser Brücke oben gezeigt wurde, verschiedene Variable als Abgleichvariable benutzen. Die möglichen Paare
dieses Beispiels sind:

$$\begin{array}{cccc}
R_1 & L_1 & R_3 & R_4 \\
R_1 & R_3 & R_4 & L_1 \\
R_1 & R_4 & & \\
R_3 & L_1 & &
\end{array}$$

Die mögliche Anzahl Abgleichbedingungen ergibt sich leicht aus der
vorhandenen Anzahl von Variablen n zu $\dfrac{n\cdot(n-1)}{1\cdot 2}$, also in diesem
Beispiel zu $\dfrac{4\cdot 3}{1\cdot 2} = 6$.

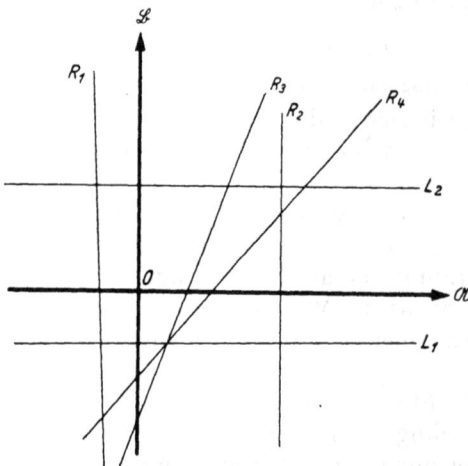

Abb. 168. Ortskurven der Selbstinduktions-
brücke Abb. 167.

Jeder Variablen entspricht,
wie früher bereits gezeigt, eine
Ortskurve. Die Ortskurven für
das gewählte Beispiel sind lauter Geraden (Abb. 168). Doch
kann man bei Auftreten von
Kreisen diese durch Multiplikation mit einem passenden
komplexen Faktor auch leicht
in Gerade überführen. Es wurde
bereits bei der Betrachtung der
Ortskurven gezeigt, daß $\mathfrak{D}$ den
senkrechten Abstand des Koordinaten-Anfangspunktes von
der betr. Geraden darstellt. Nur
wenn die Ortskurve durch den
Nullpunkt geht, kann man mit
einer einzigen Abgleichung die
Nullbedingungen erfüllen. Im andern Fall wird man stets einem rela-
tiven Minimum zustreben, und es ist klar, daß man dieses dann erreicht

hat, wenn man sich auf der Ortgeraden in dem Stoßpunkt der Senkrechten vom Koordinaten-Anfangspunkt auf die Ortsgerade befindet. Wieweit dieser Punkt exakt erreichbar ist, hängt von der Empfindlichkeit der betr. Schaltung (einschl. ihres Indikators) ab. Hat man diesen Punkt (mit der entsprechenden Einstellgenauigkeit) erreicht, so gleicht man mit der zweiten Variablen auf der zu dieser gehörigen Ortskurve ab. Dann geht man wieder zur ersten Variablen über usw. Man hat nun bei dieser sukzessiven Abgleichung zwei Möglichkeiten zu unterscheiden:

a) Die Abgleichung kann nur sprungweise erfolgen.

Dies ist z. B. bei Stöpsel- oder Kurbelwiderständen der Fall, bei denen die Unterteilung bei einer bestimmten untersten Stufe aufhört. Es sei zuerst die Abgleichung mittels R_3 und R_4 betrachtet, und zwar sei zuerst die Abgleichung mittels R_4 vom Punkt P (Abb. 169) begonnen. Es sei dabei die Minimum-Abgleichung nicht korrekt bis zum Punkt 1, sondern infolge der Stufen von R_3 nur bis $1'$ möglich. Dann geht man zur Abgleichung mittels R_4 bis zum Punkt $2'$, dann wieder mittels R_3 bis zum Punkt 3 über usw. Man sieht, daß man trotz der Streuung der

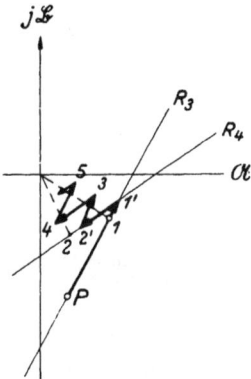

Abb. 169. Sprungweise Abgleichung. Beginn mit R_3.

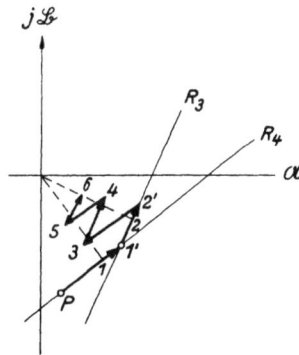

Abb. 170. Sprungweise Abgleichung. Beginn mit R_4.

Abgleichung (bei exakter Abgleichung müßten alle Abgleichpunkte auf den Verbindungslinien $O\,1'$ bzw. $O\,2'$ liegen) allmählich zum Nullpunkt gelangt.

Es sei nun die Abgleichung mittels R_4 begonnen. Liegt der Anfangspunkt der Abgleichung dabei in P, so kommt man ebenfalls allmählich in den Nullpunkt (Abb. 170). Hätte man als Abgleichelemente solche, die in der Ortskurve Parallelen ergeben (z. B. einen Serienwiderstand zu L_2 und den Widerstand R_1), so wäre eine Abgleichung überhaupt nicht möglich. Man sieht leicht ein, daß die Abgleichung am raschesten vor sich geht, wenn die zugehörigen Ortskurven aufeinander senkrecht stehen.

b) Die Abgleichung kann praktisch kontinuierlich erfolgen.

Dies ist der Fall, wenn man über Schleifdrahtwiderstände und kontinuierlich veränderbare Selbstinduktionen und Kondensatoren verfügt. An der im vorigen Abschnitt erwähnten Abgleichung ändert sich dann nur insofern etwas, als die Abgleichung bei praktisch exakter Einstellung auf die Verbindungslinien $O\,1'$ bzw. $O\,2'$ der Abb. 169 evtl. rascher verläuft.

Eine ganz andere Form der Abgleichung erhält man dagegen, wenn man sukzessive auf die Gleichungen $\mathfrak{A} = 0$ und $\mathfrak{B} = 0$ einstellt, wie es sich praktisch durch die Bedingungsgleichungen ergibt. In Abb. 171 ist dies mittels der Widerstände R_3 und R_4 dargestellt. Es sei dabei in Abb. 171a mit dem Widerstand R_3 im Punkt P begonnen. Gleicht man

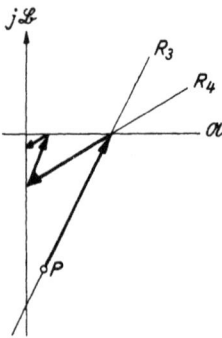

Abb. 171a. Kontinuierliche Abgleichung mit Konvergenz.

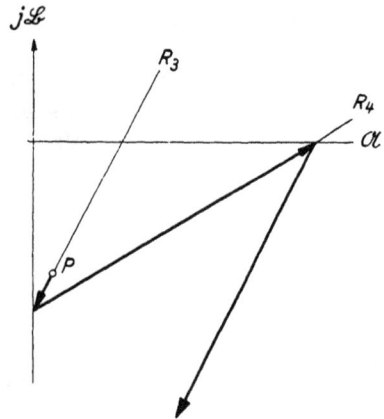

Abb. 171b. Kontinuierliche Abgleichung mit Divergenz.

dabei zuerst auf $\mathfrak{B} = 0$ ab, und dann mittels R_4 auf $\mathfrak{A} = 0$, so erhält man ebenfalls eine gegen den Nullpunkt konvergente Abgleichung. Ganz anders wird aber die Abgleichung, wenn man, mit R_3 beginnend, von P aus zuerst auf $\mathfrak{A} = 0$ abgleicht und dann mittels R_4 auf $\mathfrak{B} = 0$. Man erhält dann eine divergente Abgleichung und entfernt sich immer mehr vom Nullpunkt (Abb. 171b).

Man ersieht also, daß die von Küpfmüller geforderte Abgleichung stets (mit Ausnahme von parallelen Ortskurven) zu einer Konvergenz führt, die gebräuchliche Abgleichung jedoch bei unrichtiger Wahl der Reihenfolge zu einer Divergenz führen kann. Die Abgleichung nach Küpfmüller erfordert dabei allerdings die vorherige Überlegung des Minimums der Brückendeterminante.

Es wurde weiter oben erwähnt, daß man auch bei nichtlinearen Ortskurven auf Gerade zurückgehen kann. In Abb. 70 ist bereits eine Kondensatorbrücke gezeigt worden (S. 47), deren Ortskurven, Abb. 71,

z. T. Kreise sind. Die Brückendeterminante wurde zu

$$\vartheta = (R_2 + 1/j\,\omega\,C_2)\cdot R_3 - (R_1 + 1/j\,\omega\,C_1)\cdot R_4 = R_3/\mathfrak{G}_2 - (R_1 + 1/j\,\omega\,C_1)\cdot R_4$$
$$\text{.... (234)}$$

angegeben, wobei $\mathfrak{G}_2 = \dfrac{1}{R_2} + j\,\omega\,C_2$ ist. Multipliziert man die Brücken-determinante mit $\mathfrak{G}_2 = 1/R_2 + j\,\omega\,C_2$, so erhält man eine neue Brücken-determinante

$$\vartheta' = \mathfrak{G}_2\cdot\vartheta = \left[R_3 - \frac{R_1\,R_4}{R_2} - R_4\cdot\frac{C_2}{C_1}\right] + j\cdot R_4\left[\frac{1}{\omega\,R_2\,C_1} - \omega\,R_1\,C_2\right] \quad (235)$$

Die Ortskurve von R_3 ist also eine Parallele zur $\mathfrak{A}$-Achse, die Ortskurven von R_1, R_4 und C_1 bilden gegen die $\mathfrak{A}$-Achse die Winkel α_1, α_2 und α_3, wobei

$$\operatorname{tg}\alpha_1 = \omega\,C_2\cdot R_2; \quad \operatorname{tg}\alpha_2 = -\frac{1 - \omega^2\,R_1\,R_2\,C_1\,C_2}{\omega\,R_1\,C_1 - \omega\,R_2\,C_2}; \quad \operatorname{tg}\alpha_3 = \frac{1}{\omega\,C_2\,R_2}$$

ist. Daraus folgt, daß die Ortsgeraden von R_1 und C_1 aufeinander senk-recht stehen. Der Winkel von R_4 verändert sich mit R_1 und C_1 und ist bei Brückengleichgewicht Null.

Küpfmüller hat für die Beurteilung der Konvergenz einer Abglei-chung das Konvergenzmaß eingeführt. In Abb. 172 sind zwei Orts-kurven L und M dargestellt, nach denen eine Brücke abgeglichen werden soll. Es sei mit der Einstellung von M begonnen. Der günstigste Einstellpunkt wäre dabei der Punkt M_1, um den jedoch — infolge der durch die Empfind-lichkeit der Schaltung gegebenen Einstellun-sicherheit M_1 um den Wert $\pm\,M_1A$ schwan-ken kann. Es sei der ungünstigste Wert A angenommen und nun mittels L die zweite Ab-gleichung vorgenommen, wobei sich als gün-stigster Wert L_1 und um diesen die Streuung $\pm\,L_1B$ ergibt. Die Änderung des Stromes im Nullinstrument entspricht — bis auf einen kon-stanten Faktor — der Differenz der Radienvektoren OA und OB, wenn man annimmt, daß die zweite Abgleichung im Punkte B erreicht wurde.

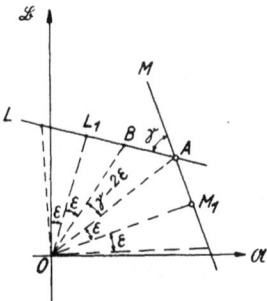

Abb. 172. Konvergenzmaß
nach Küpfmüller.

Die Konvergenz ist also um so größer, je größer das Verhältnis $\dfrac{OA}{OB}$ ist. Nach Küpfmüller ist das Konvergenzmaß

$$K = \log\frac{OA}{OB} \quad\ldots\ldots\ldots\ldots\quad (236)$$

Der Logarithmus wird gewählt, weil dann K in einem verhältnismäßig engen Bereich bleibt. Die Zahl der Einstellungen, die vorgenommen

werden müssen, damit der Strom im Indikator auf $1/n$ seines Anfangswertes sinkt, ist dann
$$m = \frac{\log n}{K}.$$

Küpfmüller gibt nun folgendes Kriterium für die Konvergenz der Einstellung:

Konvergenzmaß K	Konvergenz der Einstellung
$> 0{,}6$	sehr gut
$0{,}3 \ldots 0{,}6$	gut
$0{,}15 \ldots 0{,}3$	mäßig
$< 0{,}15$	schlecht

Man sieht ferner, daß
$$K = \log \frac{\cos \varepsilon}{\cos (\gamma - \varepsilon)} \quad \ldots \ldots \ldots \quad (237)$$

ist, für $\gamma > 2\,\varepsilon$. Andernfalls wird $K = 0$, die Einstellung konvergiert nicht. Nach Küpfmüller ist ε für Fernhörer $18^0 \ldots 30^0$, für Zeigerinstrumente $3^0 \ldots 25^0$. Die Einstellung mit dem Fernhörer ist schlechter als die mit einem Gleichrichter-Zeigerinstrument.

Die Abgleichbedingungen unter Berücksichtigung der Konvergenz bei phasenempfindlichen Indikatoren hat Poleck eingehend untersucht. Davon soll bei den Brücken mit derartigen Indikatoren noch die Rede sein (S. 214).

2. Wechselstrom-Brücken vom Wheatstonetyp.

Die Wechselstrombrücken vom Wheatstonetyp entsprechen ganz allgemein dem in Abb. 173 angegebenen Schema. Hierbei sind $\mathfrak{Z}_1 \ldots \mathfrak{Z}_4$ beliebige komplexe Widerstände, so daß

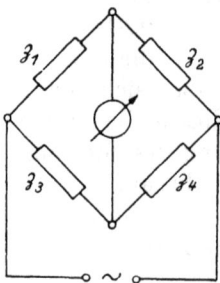

$$\mathfrak{Z} = R + j\,X$$

ist. Wie bereits S. 19 erwähnt, kann man statt des komplexen Widerstands $\mathfrak{Z}$ auch den komplexen Leitwert $\mathfrak{G}$ verwenden, so daß also

$$\mathfrak{G} = 1/\mathfrak{Z} = \frac{1}{R + j\,X} = \frac{R - j\,X}{R^2 + X^2} = g + j\,b.$$

Im Falle der Abgleichung ist analog der Gleichstrom-Wheatstone-brücke:

$$\mathfrak{Z}_1 \cdot \mathfrak{Z}_4 = \mathfrak{Z}_2 \cdot \mathfrak{Z}_3.$$

Abb. 173. Allgemeine Wheatstonebrücke.

Setzt man für $\mathfrak{Z} = R + j\,X$ ein, so ergeben sich die beiden reellen Bedingungen:

I. $\qquad R_1 R_4 - X_1 X_4 = R_2 R_3 - X_2 X_3 \quad \ldots \ldots \quad (238a)$

II. $\qquad R_1 X_4 + X_1 R_4 = R_2 X_3 + X_2 R_3 \quad \ldots \ldots \quad (238b)$

Die beiden Gleichungen, die 2 Abgleichungen verlangen, reduzieren sich auf eine, wenn entweder in I oder in II in jedem der vier Summenprodukte ein Faktor Null ist. Es sind folgende Fälle möglich:

1. $R_1 = R_2 = R_3 = R_4 = 0$. Man erhält dann als einzige Gleichung: $X_1 X_4 = X_2 X_3$.

Praktisch ist diese Brücke nur mit vier verlustfreien Kapazitäten zu verwirklichen. Bei Selbstinduktionen ist die Bedingung näherungsweise dann vorhanden, wenn der Ohm-Widerstand gegenüber der Selbstinduktion vernachlässigbar klein ist.

2. $X_1 = X_2 = X_3 = X_4 = 0$. Dies ergibt mit $R_1 R_4 = R_2 R_3$ die nur mit rein Ohm-Widerständen versehene Wheatstonebrücke, die bekanntlich mit Gleichstrom abgeglichen werden kann.

3. $R_1 = R_2 = X_3 = X_4 = 0$. Es ist dann $X_1 R_4 = X_2 R_3$. Für X_1 und X_2 als Selbstinduktionen gilt das in 1. Gesagte.

4. $X_1 = X_2 = R_3 = R_4 = 0$ ist mit dem vorigen Fall identisch.

5. $R_1 = R_3 = X_2 = X_4 = 0$. Auch dieser Fall ist mit Fall 3. identisch.

6. $X_1 = X_4 = 0$. Diese Brücke läßt sich für $X_2 \neq 0$, $X_3 \neq 0$ nicht abgleichen. Sie ist aber eine bekannte Phasenschieber-Schaltung.

Nicht alle Wheatstonebrücken lassen sich mit einer Gleichstrom- und einer Wechselstrom-Bedingung abgleichen. Dies ist nur dann der Fall, wenn Gl. I sich auf Ia. $R_1 R_4 - R_2 R_3 = 0$ reduziert, wenn also

Ib. $$X_1 X_4 - X_2 X_3 = 0 \qquad \dots \dots \dots \dots (239)$$

ist. Die Bedingung II muß dabei gleichzeitig erhalten bleiben, so daß man jetzt über 2 Hauptbedingungen und eine Nebenbedingung verfügt. Ein Beispiel, in dem Ib identisch Null ist, stellt die in Abb. 167 angegebene Selbstinduktionsbrücke dar.

In den verschiedenen bereits betrachteten Beispielen ist in den Abgleichbedingungen manchmal die Kreisfrequenz enthalten, in anderen Gleichungen dagegen nicht. Es ergibt sich allgemein die Frage: Unter welchen Bedingungen ist eine Wechselstrombrücke vom Wheatstonetyp im abgeglichenen Zustand frequenzabhängig bzw. frequenzunabhängig? Die Betrachtung der Frequenzabhängigkeit der Wheatstonebrücke hat dabei universelle Bedeutung, da man — wie bereits erwähnt — jede Brücke in eine Wheatstonebrücke transformieren kann und bei der Transformation etwa vorhandene Frequenzbedingungen nicht verlorengehen. Es ist auch leicht verständlich, daß man — außer zum Zwecke der Frequenzmessung selbst — immer Frequenzunabhängigkeit anstreben wird, da man dann von etwaigen Schwankungen der Frequenz der Speisespannung aber auch weitgehend von Oberwellen unabhängig

ist. Über die Störungen durch Oberwellen bei Brückenmessungen hat
Dettmar[308]) eingehende Untersuchungen angestellt. Die Arbeit betrachtet vor allem den Einfluß von Oberwellen auf das Meßobjekt
selbst bei Vornahme von Verlustfaktor-Messungen, dann aber auch die
bei Vergleich von wattmetrischen Methoden mit Resonanzschaltungen
auftretenden Diskrepanzen. Dabei muß man unterscheiden zwischen
einer Frequenzabhängigkeit der einzelnen Elemente und einer Frequenzabhängigkeit der Schaltung. Die Frequenzabhängigkeit von Kondensatoren und eisenlosen Drosseln ist dabei in den Abgleichbedingungen
enthalten, nicht aber etwaige nichtlineare Frequenzabhängigkeiten von
gesättigten Eisendrosseln u. dgl. Derartige nichtlineare Frequenzabhängigkeiten sind in den seltensten Fällen schaltungstechnisch zu überwinden.
Dagegen sollen hier die allgemeinen Bedingungen für die Frequenzunabhängigkeit von Wheatstonebrücken untersucht werden, bei denen die
Frequenz linear in den Scheinwiderstand der vorhandenen Kapazitäten
und Selbstinduktionen eingeht. Man erhält folgende Hauptfälle:

1. Fall. $X_1 ... X_4$ sind alle vom gleichen Typus, d. h. alle Blindwiderstände sind entweder insgesamt induktiv oder insgesamt kapazitiv.
Dann ist die Brücke frequenzunabhängig, wenn Gl. I in die beiden getrennten Gleichungen I a und I b zerfällt, wobei Gl. I a natürlich auch
identisch Null sein kann. Es ist dies bei der Kapazitätsbrücke mit
4 Kapazitäten, sowie mit 4 Selbstinduktionen, die Ohm-Widerstände
besitzen dürfen, der Fall. Ein Unterfall ist hierbei, daß $X_3 = X_4 = 0$
ist. Dann erhält man

I a. $\qquad\qquad R_1 R_4 - R_2 R_3 = 0$

I b. $\qquad\qquad X_1 X_4 - X_2 X_3 = 0$

II. $\qquad\qquad X_1 R_4 = X_2 R_3.$

Es kann natürlich auch gleichzeitig $R_1 = R_2 = 0$ sein, wodurch die
Gl. I a identisch Null wird und nur noch eine Abgleichbedingung (II)
vorhanden ist. Beispiele hierfür sind die Brücken mit zwei Selbstinduktionen oder zwei Kapazitäten in nebeneinander liegenden Zweigen.
Ist $X_1 = X_4 = 0$, so erhält man

I. $\qquad\qquad R_1 R_4 - R_2 R_3 + X_2 X_3 = 0.$

Diese Brücke, bei der also zwei Blindwiderstände in gegenüberliegenden
Zweigen sich befinden, ist also frequenzabhängig. Nach S. 165 ist sie
außerdem überhaupt nicht vollständig abgleichbar.

2. Fall. X_1 sei von entgegengesetztem Typ wie X_4.

Die Gleichung I ist nur dann frequenzunabhängig, wenn gleich-
zeitig X_2 vom entgegengesetzten Typ wie X_3 ist. Es ergeben sich zwei
Unterfälle: a) X_1 ist mit X_2 typengleich, d. h. von X_3 verschieden.
Dann ist Frequenzunabhängigkeit nur dann vorhanden, wenn sich

Gl. II in die beiden getrennten Gleichungen

II a. $\qquad R_1 X_4 = R_2 X_3$ und

II b. $\qquad R_4 X_1 = R_3 X_2$

auflöst. Ein Beispiel hierfür ist die in Abb. 174 wiedergegebene Brücke mit Kapazitäten, Selbstinduktionen und Ohm-Widerständen. Es ist:

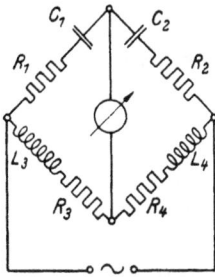

Abb. 174. Wheatstonebrücke mit Kapazitäten, Selbstinduktionen und Ohm-Widerständen.

I. $\qquad R_1 R_4 - R_2 R_3 = \dfrac{L_4}{C_1} - \dfrac{L_3}{C_2}$

II. $\qquad \omega R_1 L_4 - \dfrac{R_4}{\omega C_1} = \omega R_2 L_3 - \dfrac{R_3}{\omega C_2}.$

Die Gl. II. ist also dann frequenzunabhängig, wenn sie in die beiden Gleichungen

II a. $\qquad R_1 L_4 - R_2 L_3 = 0$

II b. $\qquad \dfrac{R_4}{C_1} - \dfrac{R_3}{C_2} = 0$

zerfällt. Ist dabei noch $R_1 = R_4 = 0$, so verschwindet die Gl. II a identisch Null. Ebenso verschwindet die Gl. II b, wenn $R_3 = R_4 = 0$, was zwar theoretisch nicht möglich, häufig aber mit praktisch genügender Annäherung der Fall ist.

b) X_1 sei typengleich mit X_3 und daher von X_2 verschieden. Man erhält dann die Bedingungsgleichungen

II a. $\qquad R_1 X_4 = R_3 X_2$ und

II b. $\qquad R_4 X_1 = R_2 X_3.$

Dieser Fall ergibt sich aus dem vorigen dadurch, daß man Stromquelle und Indikator vertauscht.

Bei den bisherigen Betrachtungen ist stets angenommen, daß Blindwiderstände und Ohm-Widerstände desselben Zweiges in Reihe liegen. Sie gelten dagegen nicht mehr, wenn Ohm-Widerstände teils in Reihe, teils parallel auftreten, wie sich leicht aus den — allerdings dann komplizierter werdenden — Bedingungsgleichungen ableiten läßt. Ein Beispiel einer solchen frequenzabhängigen Brücke ist die in Abb. 179 angegebene Wien-Robinsonbrücke, die direkt zur Frequenzmessung (S. 175) benutzt wird.

Eine Einteilung der Wechselstrom-Wheatstonebrücken nach der Form zweier Brückenzweige, die in festem Verhältnis zueinander stehen, hat Ferguson[88]) vorgenommen. Er geht dabei von der Bedingung

$$\mathfrak{Z}_1 \mathfrak{Z}_4 = \mathfrak{Z}_2 \mathfrak{Z}_3 \quad \cdots \cdots \cdots \cdots (240)$$

aus, die er in der Form

$$\mathfrak{Z}_4 = (R_4 + j X_4) = \frac{\mathfrak{Z}_2 \cdot \mathfrak{Z}_3}{\mathfrak{Z}_1} \quad \cdots \cdots (240a)$$

schreibt, wobei $\mathfrak{Z}_4$ der unbekannte Brückenzweig ist. Setzt man hier $R_4 + j X_4 = A + j B$, so muß eine der Abgleichungen durch A, die andere durch B möglich sein, wobei A und B reelle Werte sind. Verwendet man für den Zweig 1 einen komplexen Widerstand mit parallelen Elementen, so kann man Gl. (240a) in der Form

$$\mathfrak{Z}_4 = \mathfrak{Z}_2 \mathfrak{Z}_3 (g_1 + j\, b_1) \quad \cdots \cdots \cdots \quad (240\,\mathrm{b})$$

schreiben. Das Produkt $\mathfrak{Z}_2 \mathfrak{Z}_3$ ist jetzt rein reell oder rein imaginär, und man kann jetzt mit zwei parallelen Komponenten abstimmen. Gleicht man Gl. (240a) mit $\mathfrak{Z}_2 = R_2 + j X_2$ ab, so ist $\mathfrak{Z}_3/\mathfrak{Z}_1$ konstant. Das Verhältnis ist jetzt rein imaginär oder rein reell. Nach der Art des Produktes $\mathfrak{Z}_2 \mathfrak{Z}_3$ oder des Verhältnisses $\mathfrak{Z}_3/\mathfrak{Z}_1$ erhält Ferguson eine Gruppeneinteilung von Wheatstonebrücken.

Empfindlichkeit von Wechselstrom-Wheatstonebrücken.

Man kann bei der Untersuchung von Wechselstrom-Wheatstonebrücken hinsichtlich ihrer Empfindlichkeit auf zwei Wegen vorgehen. Der erste Weg ergibt sich analog den Gleichstrombrücken, indem man die Gleichung für den Strom in der Meßdiagonale

$$i_g = i \cdot \frac{\mathfrak{Z}_1 \mathfrak{Z}_4 - \mathfrak{Z}_2 \mathfrak{Z}_3}{\mathfrak{R}_e} = e \cdot \frac{\mathfrak{Z}_1 \mathfrak{Z}_4 - \mathfrak{Z}_2 \mathfrak{Z}_3}{\mathfrak{R}_e{}'}, \quad \cdots \cdots \quad (241)$$

wobei

$$\mathfrak{R}_e = \mathfrak{Z}_g (\mathfrak{Z}_1 + \mathfrak{Z}_2 + \mathfrak{Z}_3 + \mathfrak{Z}_4) + (\mathfrak{Z}_1 + \mathfrak{Z}_3)(\mathfrak{Z}_2 + \mathfrak{Z}_4)$$

und

$$\mathfrak{R}_e{}' = \mathfrak{Z}_g (\mathfrak{Z}_1 + \mathfrak{Z}_2)(\mathfrak{Z}_3 + \mathfrak{Z}_4) + \mathfrak{Z}_1 \mathfrak{Z}_2 \mathfrak{Z}_3 + \mathfrak{Z}_2 \mathfrak{Z}_3 \mathfrak{Z}_4 + \mathfrak{Z}_3 \mathfrak{Z}_4 \mathfrak{Z}_1 + \mathfrak{Z}_4 \mathfrak{Z}_1 \mathfrak{Z}_2$$

ist, aufstellt und diese Gleichung für das nunmehr komplexe i_g in zwei reelle Gleichungen auflöst und diese analog der Gleichstromgleichung behandelt[*]). Der allgemeine Fall führt naturgemäß zu sehr umfangreichen Gleichungen und hat wenig praktisches Interesse. Man wird bei dieser Methode vielmehr bereits die Gleichungen zuerst für den zu untersuchenden Spezialfall aufstellen und dann erst die Trennung in zwei reelle Gleichungen vornehmen.

Die zweite Methode beruht darauf, daß man die Wirkung einer »Verstimmung« der Brücke auf den Strom in der Meßdiagonale untersucht. Die »Verstimmung« wird dadurch bewerkstelligt, daß man die zu untersuchende Größe nach Herstellung des Brückengleichgewichts um einen bestimmten Betrag ändert. Eine derartige Untersuchung ist von Schering[32]) und in einer noch unveröffentlichten Arbeit von L. Merz durchgeführt worden.

---

[*]) Der Widerstand der Stromquelle ist dabei vernachlässigt. Wo dies nicht möglich ist, braucht man nur in die — früher behandelten — entsprechenden Gleichstrom-Gleichungen diesen Wert und die komplexen Werte $\mathfrak{Z}$ einzusetzen.

Bezeichnet man die Spannungen der einzelnen Brückenzweige mit $\mathfrak{U}_1...\mathfrak{U}_4$, so ist im abgeglichenen Zustande $\mathfrak{U}_1 = \mathfrak{U}_3$ und $\mathfrak{U}_2 = \mathfrak{U}_4$.

Ist weiter $\mathfrak{U}_e$ die Spannung zwischen den Ecken B und D und $\mathfrak{U}_a$ die Spannung zwischen den Ecken A und C, so ist im abgeglichenen Zustande $\mathfrak{U}_a = 0$ und

$$\mathfrak{U}_1 = \mathfrak{U}_3 = \mathfrak{U}_e \cdot \frac{\mathfrak{Z}_1}{\mathfrak{Z}_1 + \mathfrak{Z}_2} = \mathfrak{U}_e \cdot \frac{\mathfrak{Z}_3}{\mathfrak{Z}_3 + \mathfrak{Z}_4}$$

$$\mathfrak{U}_2 = \mathfrak{U}_4 = \mathfrak{U}_e \cdot \frac{\mathfrak{Z}_2}{\mathfrak{Z}_1 + \mathfrak{Z}_2} = \mathfrak{U}_e \cdot \frac{\mathfrak{Z}_4}{\mathfrak{Z}_3 + \mathfrak{Z}_4}.$$

Ändert man nun $\mathfrak{Z}_1$ um $\varDelta \mathfrak{Z}_1$, so erhält man

$$\mathfrak{U}_1' = \mathfrak{U}_e \cdot \frac{\mathfrak{Z}_1 + \varDelta \mathfrak{Z}_1}{\mathfrak{Z}_1 + \varDelta \mathfrak{Z}_1 + \mathfrak{Z}_2}.$$

Die Spannungsdifferenz zwischen den Eckpunkten der Meßdiagonale ist dann

$$\varDelta \mathfrak{U}_a = \mathfrak{U}_1' - \mathfrak{U}_3 = \mathfrak{U}_e \cdot \left[\frac{\mathfrak{Z}_1 + \varDelta \mathfrak{Z}_1}{\mathfrak{Z}_1 + \varDelta \mathfrak{Z}_1 + \mathfrak{Z}_2} - \frac{\mathfrak{Z}_3}{\mathfrak{Z}_3 + \mathfrak{Z}_4} \right]$$

oder

$$\varDelta \mathfrak{U}_a = \mathfrak{U}_e \cdot \frac{(\mathfrak{Z}_1 \mathfrak{Z}_4 - \mathfrak{Z}_2 \mathfrak{Z}_3) + \mathfrak{Z}_4 \varDelta \mathfrak{Z}_1}{(\mathfrak{Z}_1 + \varDelta \mathfrak{Z}_1 + \mathfrak{Z}_2)(\mathfrak{Z}_3 + \mathfrak{Z}_4)}.$$

Dies ist die »Verstimmungsspannung«. Da nun $\mathfrak{Z}_1 \mathfrak{Z}_4 - \mathfrak{Z}_2 \mathfrak{Z}_3 = 0$ ist, folgt unter Vernachlässigung der Verstimmung $\varDelta \mathfrak{Z}_1$ im Nenner:

$$\varDelta \mathfrak{U}_a = \mathfrak{U}_e \cdot \frac{\mathfrak{Z}_4 \cdot \varDelta \mathfrak{Z}_1}{(\mathfrak{Z}_1 + \mathfrak{Z}_2)(\mathfrak{Z}_3 + \mathfrak{Z}_4)}.$$

Der Strom in der Meßdiagonale ist somit

$$\varDelta i_g = \frac{\varDelta \mathfrak{U}_a}{\mathfrak{Z}g + \mathfrak{Z}a} = \mathfrak{U}_e \cdot \frac{\mathfrak{Z}_4 \cdot \varDelta \mathfrak{Z}_1}{(\mathfrak{Z}_1 + \mathfrak{Z}_2)(\mathfrak{Z}_3 + \mathfrak{Z}_4)} \cdot \frac{1}{\mathfrak{Z}g + \mathfrak{Z}a}, \qquad (242)$$

woraus man durch eine einfache Umformung erhält:

$$\varDelta i_g = \frac{\varDelta \mathfrak{Z}_1}{\mathfrak{Z}_1} \cdot \frac{\mathfrak{U}_e}{\mathfrak{Z}_1 + \mathfrak{Z}_2 + \mathfrak{Z}_3 + \mathfrak{Z}_4} \cdot \frac{1}{1 + \mathfrak{Z}g/\mathfrak{Z}a} \quad \ldots \quad (242a)$$

Diese von S c h e r i n g angegebene Formel vernachlässigt die Glieder mit $\varDelta \mathfrak{Z}_1$ im Nenner. Berücksichtigt man diese, so erhält man nach M e r z

$$\varDelta i_g = \frac{\varDelta \mathfrak{Z}_1}{\mathfrak{Z}_1} \cdot \frac{\mathfrak{U}_e}{\mathfrak{U}},$$

wobei

$$\mathfrak{U} = \mathfrak{Z}_1 + \mathfrak{Z}_2 + \mathfrak{Z}_3 + \mathfrak{Z}_4 + \mathfrak{Z}g \cdot \frac{(\mathfrak{Z}_1 + \mathfrak{Z}_2)^2}{\mathfrak{Z}_1 \cdot \mathfrak{Z}_2} + K \quad \ldots \quad (243)$$

und

$$K = \frac{\varDelta \mathfrak{Z}_1}{\mathfrak{Z}_1} \cdot \left[\mathfrak{Z}_1 + \mathfrak{Z}_2 + \mathfrak{Z}_3 + \mathfrak{Z}g \cdot \frac{\mathfrak{Z}_1 + \mathfrak{Z}_2}{\mathfrak{Z}_2} \right] \quad \ldots \quad (244)$$

ist. Statt den in der Meßdiagonale durch die Verstimmung hervorgerufenen Strom zu bestimmen, kann man ermitteln, welche Veränderung einer anderen Variablen der Brücke notwendig ist, um die Brücke erneut auf Stromlosigkeit der Meßdiagonale abzugleichen.

Das Vektordiagramm einer Wechselstrom-Wheatstonebrücke ist bereits auf S. 42 als Beispiel von Brücken-Vektordiagrammen gezeigt worden. Es kann daher hier darauf verwiesen werden.

Die vollständige Wheatstonebrücke verlangt die Berücksichtigung der gegenseitigen Induktionen der einzelnen Brückenzweige und deren kapazitive Kopplung gegeneinander und gegen Erde. Die Untersuchung der Wheatstonebrücke mit gegenseitigen induktiven Kopplungen ist von Heaviside[89]) und von Karapetoff[90]) durchgeführt worden. Die kapazitiven Kopplungen und deren Einfluß auf die Erdungsbedingungen hat Ogawa[14]) eingehend betrachtet. Man könnte natürlich alle diese Kopplungen in einem einzigen Gleichungssystem ausdrücken. Doch würde dies zu sehr unübersichtlichen und umfangreichen Formeln führen. Es seien daher auch hier induktive und kapazitive Kopplungen getrennt betrachtet, wobei aber bei jeder dieser Kopplungen die möglichen Wirk-Komponenten zu den reinen Blindkomponenten der Kopplungen zugehörig angesehen sein sollen. Bei den induktiven Kopplungen sei m_{ik} der komplexe Koeffizient der gegenseitigen Induktion zwischen dem $i$ten und dem $k$ten Brückenzweig. Man erhält dann als Bedingung für die Stromlosigkeit der Meßdiagonale:

$$(\mathfrak{Z}_4 + \alpha)(\mathfrak{Z}_1 + \mathfrak{Z}_3 + \delta) = (\mathfrak{Z}_3 + \gamma)(\mathfrak{Z}_2 + \mathfrak{Z}_4 + \beta) \ . \ . \ . \ (245)$$

oder

$$[\mathfrak{Z}_1\mathfrak{Z}_4 - \mathfrak{Z}_2\mathfrak{Z}_3] + \alpha(\mathfrak{Z}_1 + \mathfrak{Z}_3 + \delta) - \gamma(\mathfrak{Z}_2 + \mathfrak{Z}_4 + \beta) + \mathfrak{Z}_4 \cdot \delta - \mathfrak{Z}_3 \cdot \beta = 0$$
$$\ . \ . \ . \ . \ (246)$$

Hierbei bedeuten:

$$\left. \begin{array}{l} \alpha = m_{23} + m_{24} - m_{26} + m_{34} + m_{35} + m_{45} - m_{46} - m_{56} \\ \beta = m_{12} + m_{14} - m_{15} + m_{23} + 2\,m_{24} + m_{25} + m_{34} + m_{35} + m_{45} \\ \gamma = m_{13} + m_{14} - m_{16} + m_{34} - m_{35} - m_{36} - m_{45} + m_{56} \\ \delta = m_{12} + 2\,m_{13} + m_{14} + m_{15} + m_{23} - m_{25} + m_{34} - m_{35} - m_{45} \end{array} \right\} (247)$$

Hierbei ist schon berücksichtigt, daß $m_{ik} = m_{ki}$ sein muß.

Es ist leicht ersichtlich, daß es — infolge der Möglichkeit von 15 induktiven Kopplungen einer Wheatstonebrücke — 15 verschiedene Brücken mit 1 Kopplung, $\dfrac{15 \cdot 14}{1 \cdot 2}$ Brücken mit 2 Kopplungen usw. gibt. Dabei werden im allgemeinen allerdings z. B. Brücken mit der Kopplung m_{14} mit denen der Kopplung m_{23} als prinzipiell gleichartig anzusehen sein. Man ersieht aber schon aus derartigen zahlenmäßigen Betrachtungen, welche ungeheure Fülle von Möglichkeiten allein bei den

Brücken vom Wheatstonetyp vorhanden sein. Derartige statistische Untersuchungen sind — wie erwähnt — besonders von Ferguson vorgenommen worden.

Bei den kapazitiven Kopplungen verwendet man zweckmäßig statt der Scheinwiderstände die Scheinleitwerte (s. a. S. 19), so daß also für reine kapazitiv-ohmsche Kopplung

$$\mathfrak{G} = 1/R + j\,\omega\,C$$

ist. Eingehende Untersuchungen — besonders in Hinblick auf die auftretenden Erdungsbedingungen — sind in den bereits erwähnten Arbeiten von Ogawa zu finden, außerdem in dem bereits mehrfach zitierten Werk von Hague, dem in den folgenden Betrachtungen in der Hauptsache gefolgt ist. Bezeichnet man mit $\mathfrak{G}_{12}$ usw. die Scheinleitwerte der einzelnen Zweige der Brücke mit den Eckpunkten 1, 2, 3, 4 und mit $\mathfrak{G}_{10}$ usw. die Scheinleitwerte der Eckpunkte gegen Erde, so ist nach Hague die komplexe Abgleichbedingung (Abb. 175)

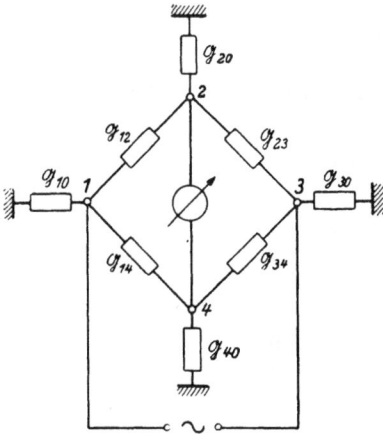

Abb. 175. Vollständige Wheatstonebrücke.

$$\left(\mathfrak{G}_{12} + \frac{\mathfrak{G}_{10} \cdot \mathfrak{G}_{20}}{\varDelta}\right) \cdot \left(\mathfrak{G}_{34} + \frac{\mathfrak{G}_{30} \cdot \mathfrak{G}_{40}}{\varDelta}\right) = \left(\mathfrak{G}_{23} + \frac{\mathfrak{G}_{20} \cdot \mathfrak{G}_{30}}{\varDelta}\right) \cdot \left(\mathfrak{G}_{14} + \frac{\mathfrak{G}_{10} \cdot \mathfrak{G}_{40}}{\varDelta}\right),$$

$$\dots \dots (248)$$

wobei $\varDelta = \mathfrak{G}_{10} + \mathfrak{G}_{20} + \mathfrak{G}_{30} + \mathfrak{G}_{40}$ ist.

Die Berechnung erfolgt mittels der Kirchhoff-Sätze am einfachsten unter Anwendung der Transformation von Rosen und Russell (S. 40). Man kann Gl. (248) auch in der Form schreiben:

$$(\mathfrak{G}_{12} \cdot \mathfrak{G}_{34} - \mathfrak{G}_{23} \cdot \mathfrak{G}_{14})$$

$$+ \frac{1}{\varDelta} \cdot [\mathfrak{G}_{12} \cdot \mathfrak{G}_{30} \cdot \mathfrak{G}_{40} + \mathfrak{G}_{34} \cdot \mathfrak{G}_{10} \cdot \mathfrak{G}_{20} - \mathfrak{G}_{23} \mathfrak{G}_{10} \mathfrak{G}_{40} - \mathfrak{G}_{14} \mathfrak{G}_{20} \mathfrak{G}_{30}]$$

$$+ \frac{1}{\varDelta^2} [\mathfrak{G}_{10} \mathfrak{G}_{20} \mathfrak{G}_{30} \mathfrak{G}_{40} - \mathfrak{G}_{10} \mathfrak{G}_{20} \mathfrak{G}_{30} \mathfrak{G}_{40}] = 0 \dots \dots (249)$$

Daraus ergibt sich die normale Abgleichbedingung $\mathfrak{G}_{12} \mathfrak{G}_{34} - \mathfrak{G}_{23} \mathfrak{G}_{14} = 0$ für

$$\mathfrak{G}_{12} \cdot \mathfrak{G}_{30} \cdot \mathfrak{G}_{40} + \mathfrak{G}_{34} \cdot \mathfrak{G}_{10} \cdot \mathfrak{G}_{20} - \mathfrak{G}_{23} \cdot \mathfrak{G}_{10} \cdot \mathfrak{G}_{40} - \mathfrak{G}_{14} \cdot \mathfrak{G}_{20} \cdot \mathfrak{G}_{30} = 0 \quad (250)$$

Diese Bedingung besagt also, daß die vorhandenen Erdkapazitäten auf die Abgleichung der Brücke ohne Einfluß sind. Schreibt man die

Gl. (250) in der Form

$$\mathfrak{G}_{12} \cdot \mathfrak{G}_{30} \left(\mathfrak{G}_{40} - \mathfrak{G}_{20} \cdot \frac{\mathfrak{G}_{14}}{\mathfrak{G}_{12}} \right) = \mathfrak{G}_{23} \cdot \mathfrak{G}_{10} \left(\mathfrak{G}_{40} - \mathfrak{G}_{20} \frac{\mathfrak{G}_{34}}{\mathfrak{G}_{23}} \right)$$

und berücksichtigt, daß $\mathfrak{G}_{14}/\mathfrak{G}_{12} = \mathfrak{G}_{34}/\mathfrak{G}_{23}$ ist, so ergibt sich:

$$\mathfrak{G}_{10}/\mathfrak{G}_{30} = \mathfrak{G}_{12}/\mathfrak{G}_{23} = \mathfrak{G}_{14}/\mathfrak{G}_{34} \ \cdot \ \cdot \ \cdot \ \cdot \ \cdot \ \cdot \ (251)$$

Man kann auch die Gl. (250) in der Form

$$\mathfrak{G}_{12} \cdot \mathfrak{G}_{40} \left(\mathfrak{G}_{30} - \mathfrak{G}_{10} \cdot \frac{\mathfrak{G}_{23}}{\mathfrak{G}_{12}} \right) = \mathfrak{G}_{14} \cdot \mathfrak{G}_{20} \left(\mathfrak{G}_{30} - \mathfrak{G}_{10} \frac{\mathfrak{G}_{34}}{\mathfrak{G}_{14}} \right)$$

schreiben und erhält dann, da $\mathfrak{G}_{23}/\mathfrak{G}_{12} = \mathfrak{G}_{34}/\mathfrak{G}_{14}$, die Bedingung

$$\mathfrak{G}_{20}/\mathfrak{G}_{40} = \mathfrak{G}_{12}/\mathfrak{G}_{14} = \mathfrak{G}_{23}/\mathfrak{G}_{34} \ \cdot \ \cdot \ \cdot \ \cdot \ \cdot \ \cdot \ (252)$$

Diese beiden Bedingungen Gl. (251) und (252) sind von Carvallo[91]) aufgestellt worden.

Es ist klar, daß diese Bedingungen sich nur erfüllen lassen, wenn sich die Erdkapazitäten wirklich in der angegebenen Form definieren lassen und sich nicht über die ganzen Brückenzweige verteilen. Eine solche diskontinuierliche Verteilung ist durch geeignete Schirmung der einzelnen Brückenzweige zu erzielen.

Die Carvallo-Bedingungen ergeben zwar eine Unabhängigkeit der Brücke gegen Erdkapazitäten, sie fordern aber nicht, daß der Indikator selbst Erdpotential besitzt. Dies ist aber nötig, wenn der Indikator z. B. in Form eines Kopfhörers in seiner Erdkapazität verschieden sein kann. Die gleichzeitige Erfüllung der Carvallo-Bedingungen und des Erdpotentials des Indikators ist in der K. W. Wagner-Erdung[93])

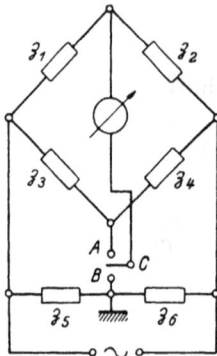

Abb. 176. K. W. Wagner-Erdung.

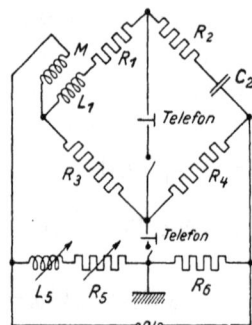

Abb. 177. Dye-Abgleich der Carey-Foster-Brücke.

gegeben, die Abb. 176 in ihrer allgemeinsten Form zeigt. Man gleicht dabei zuerst die Brücke selbst durch Verbindung von C mit A auf Minimum ab. (Völlige Stromlosigkeit des Indikators würde bedeuten, daß bereits die Erdungsbedingungen mit erfüllt sind, also keine be-

sondere Abgleichung auf Erde mehr nötig ist.) Dann verbindet man
C mit B und gleicht erneut mittels $\mathfrak{Z}_5$ und $\mathfrak{Z}_6$ auf Stromlosigkeit des Indikators ab. Falls noch nicht völlige Stromlosigkeit zu erzielen ist, geht
man erneut auf die Hauptbrücke über usw. Es ist leicht ersichtlich, daß
bei der endgültigen Abgleichung der Brücke in beiden Schalterstellungen
sowohl die Carvallo-Bedingungen, wie auch die — indirekte — Erdung
des Indikators erfüllt sind. Die Scheinwiderstände $\mathfrak{Z}_5$ und $\mathfrak{Z}_6$ sind je
nach der Hauptbrücke verschieden, entsprechend den gegenseitigen
Abgleichmöglichkeiten von Scheinwiderständen. Eine dem K. W.
Wagner-Abgleich ähnliche Schaltung ist für die Carey-Foster-Brücke
(S. 199) von Dye[92]) angegeben worden und in Abb. 177 dargestellt.

Auf Schwierigkeiten stößt der K. W. Wagner-Abgleich dann, wenn
die Stromquelle selbst geerdet ist, wie Ogawa in den bereits erwähnten
Arbeiten nachgewiesen hat. Es ist dann zweckmäßig, die Stromquelle
selbst durch einen Übertrager zu isolieren und zwischen Primär- und
Sekundärwicklung eine Schirmung mit Erde einzuführen. Ogawa hat
selbst verschiedene Übertragerarten angegeben. Eine andere Erdungs-
form ist von Butterworth[17]) angegeben worden. In manchen Fällen
genügt auch die einseitige direkte Erdung der Indikatordiagonale oder
der Stromdiagonale der Brücke, wie dies besonders bei den verschiedenen
Abarten der Scheringbrücke (S. 190 u. ff.) üblich ist.

Grundsätzlich sind alle Brücken mit 4 Eckpunkten als zum Wheatstonetyp gehörig zu bezeichnen. Es empfiehlt sich aber hier eine weitere
Unterteilung zu treffen. Eine solche ergibt sich am einfachsten nach
den in den einzelnen Gruppen vorhandenen Widerstandselementen.
Es sei daher im folgenden die nachstehende Unterteilung gewählt:

    A. Frequenzabhängige Brücken (Frequenzbrücken).

    B. Frequenzunabhängige Brücken.

Die Bedingungen für die Frequenzabhängigkeit von Brücken vom
Wheatstonetyp ist bereits S. 166 erörtert worden.

A. Frequenzabhängige Brücken (Frequenzbrücken).

Die praktische Auswahl derartiger Brücken erfolgt am zweck-
mäßigsten nach dem verlangten Frequenzbereich, sowie nach dem Ge-
sichtspunkt der einfachsten Handhabung und der Vermeidung von
Rechenoperationen. Anwendung finden derartige Brücken entweder
zur Frequenzbestimmung als Hauptzweck oder zur Verwendung dieser
bestimmten Frequenz in einer anderen Brücke, deren Elemente z. T.
frequenzabhängig sind. Als Nullindikatoren verwendet man im Ton-
frequenzgebiet hauptsächlich das Telephon, für tiefe Frequenzen außerdem das Vibrationsgalvanometer. Auch elektrodynamische Nullinstrumente finden Anwendung.

Die meisten Frequenzbrücken sind einwellig, d. h. sie lassen sich nur auf eine bestimmte Frequenz abgleichen, während die etwa sonst noch vorhandenen Frequenzen die Meßdiagonale passieren. Es wird noch bei der Brücke von Belfis und Wolff gezeigt werden, daß sich auf diese Weise Klirrfaktoren*) bestimmen lassen. Nach einem Vorschlag von Poleck kann man auf diese Weise auch die Oberwellen ohne die Grundwelle in einem vergrößerten Maßstab neben der Grundwelle

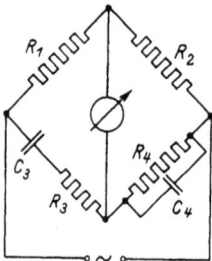

Abb. 178. Wien-Brücke.

einem Oszillographen zuführen (»Oberwellen-Mikroskop«). Auf der anderen Seite folgt aber auch bei derartigen Brücken, daß sie bei starken Oberwellen keine Abstimmung auf Tonlosigkeit gestatten, ja u. U. ein nur sehr flaches Minimum ergeben. Es ist dann nötig, die Stromquelle absolut einwellig zu gestalten, was durch Zwischenschalten von Siebketten zwischen Stromquelle und Brücke bzw. zwischen Brücke und Indikator erfolgt. Die bekannteste Frequenzbrücke mit Kapazitäten ist die Wien-Brücke[94]) (Abb. 178), die in zwei nebeneinander liegenden Zweigen nur Ohm-Widerstände, im 3. Zweig eine Kapazität mit Ohm-Widerstand in Reihe und im 4. Zweig eine Kapazität mit parallelem Ohm-Widerstand enthält. Es ist:

$$R_1 = (1/R_4 + j\,\omega\,C_4)\,(R_3 - j/\omega\,C_3)\cdot R_2 \quad \ldots \ldots \quad (253)$$

und daraus die beiden reellen Bedingungen:

I. $$R_1/R_2 - R_3/R_4 = C_4/C_3 \quad \ldots \ldots \quad (253\,\mathrm{a})$$

II. $$\omega^2 = \frac{1}{C_3\,C_4\,R_3\,R_4} \quad \ldots \ldots \quad (253\,\mathrm{b})$$

Wien hat diese Brücke zum Vergleich zweier Kapazitäten benutzt. Löst man die Gleichungen nach $R_3 = R_x$ und $C_3 = C_x$ auf, so erhält man:

$$R_x = \frac{R_1\,R_4}{R_2\,[\omega^2\,R_4{}^2\,C_4{}^2 + 1]} \quad \ldots \ldots \quad (254\,\mathrm{a})$$

$$C_x = \frac{R_2\,[\omega^2\,R_4{}^2\,C_4{}^2 + 1]}{\omega^2\,C_4\,R_4{}^2\,R_1} \quad \ldots \ldots \quad (254\,\mathrm{b})$$

Eine besondere Abart der Wien-Brücke, in der verschiedene Spannungen für die beiden Kapazitäten verwendet werden, ist die Atkinson-Brücke. Diese hat in neuester Zeit besondere Bedeutung bei der Bestimmung des Verlustwinkels von Kondensatoren usw. unter Hochspannung gewonnen. Sie wird jedoch zweckmäßiger als Kompensator angesprochen und soll in dem letzten Abschnitt des Buches besprochen werden (S 254).

*) Unter Klirrfaktor versteht man das Verhältnis
$$\frac{\text{Effektivwert aller Oberwellen}}{\text{Effektivwert der Grundwelle}}.$$

Wählt man nach Robinson[95]) $R_1 = 2 \cdot R_2$ und $C_3 = C_4 = C$, so ist $R_3 = R_4 = R$ und

$$\omega = 1/CR \dots \dots \dots \dots (255)$$

Diese Brücke wird am häufigsten zur Frequenzbestimmung benutzt. Die Abgleichung erfolgt mittels R, wobei R_3 und R_4 durch eine Doppelkurbel gemeinsam variiert werden. Man kann — wie in der Ausführung von Siemens & Halske — die Widerstände R_3 und R_4 aus mehreren Parallelwiderständen zusammensetzen, die nach Frequenzstufen abgestuft sind. Durch die Wahl von C_3 und C_4 kann man die Meßbereiche variieren, so daß die Brücke einen Frequenzbereich von 15...12000 Hz umfaßt, bei einer Meßgenauigkeit von $\pm$ 1 Hz unter 100 Hz und von $\pm$ 1% über 100 Hz. Für Frequenzen unter 100 Hz zerhackt man zur besseren Hörbarkeit die zu bestimmende Frequenz im Ausgangskreis

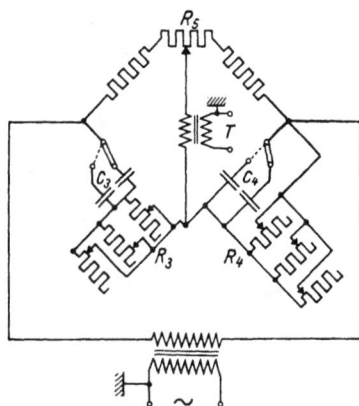

Abb. 179. Wien-Robinson-Brücke der Siemens & Halske A.-G.

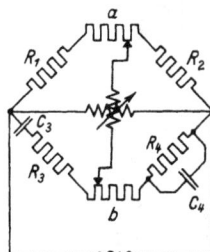

Abb. 180. Registrierende Frequenzbrücke von Leeds & Northrup.

mittels eines Zerhackers. Die Eingangsspannung und die Erdung werden mit Eingangs- und Ausgangs-Transformatoren angepaßt (Abb. 179). Die praktische Ausführung der Brücke wird im II. Band gezeigt werden.

Von der Firma Leeds & Northrup wurde eine registrierende Frequenz-Meßbrücke entwickelt. Das Nullinstrument — ein fremderregtes Elektrodynamometer — ist als Relais ausgebildet (Abb. 180) und verstellt die Schleifdrahtwiderstände a und b so lange, bis die Brücke im Gleichgewicht ist. Mit den Schleifdraht-Widerständen ist die Schreibfeder bzw. ein Zeiger gekuppelt. Das Instrument (s. a. Bd. II) dient zur Bestimmung technischer Frequenzen.

Die Robinson-Brücke ist mehrmals als Frequenzbrücke angegeben worden, so von Cone[96]) und von Kurokawa und Hoashi[97]).

Eine Brücke, in der statt Kapazitäten Selbstinduktionen verwendet werden, zeigt Abb. 181. In den Widerstand R_3 ist dabei der Eigenwiderstand der Selbstinduktion L_3 mit einbegriffen, während der

Eigenwiderstand der Selbstinduktion L_4 mit R_4' bezeichnet sei*). Es ist dann

I. $\qquad R_1 \cdot R_4 \cdot L_4 = R_2 \cdot [(R_4 + R_4') \cdot L_3 + R_3 L_4] \ \ . \ . \ . \ . \ .$ (256a)

und

II. $\qquad \omega^2 = \dfrac{R_1 R_4 R_4' - R_2 R_3 (R_4 + R_4')}{R_2 L_3 L_4} \ \ . \ . \ . \ .$ (256b)

Die Abgleichung erfolgt mittels R_3 und R_4. Die Brücke ist bereits von Wien — allerdings nicht als Frequenzbrücke — angegeben worden. Als Frequenzbrücke wird sie z. B. von Kurokawa und Hoashi[97] verwendet.

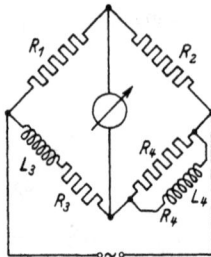

Abb. 181. Frequenzbrücke mit Selbstinduktionen.

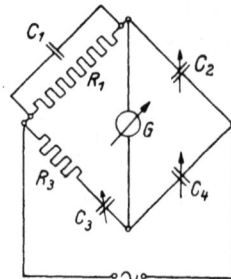

Abb. 182. Fleming-Dyke-Brücke.

Eine Brücke mit 4 Kapazitäten ist von Fleming und Dyke[98] angegeben worden. Hier ist (Abb. 182):

$$-\frac{j}{\omega C_4} = (1/R_1 + j\,\omega\,C_1) \cdot (R_3 - j/\omega\,C_3) \cdot \left(-\frac{j}{\omega\,C_2}\right) \ \ . \ . \ (257)$$

und daraus

$$C_2/C_4 = C_1/C_3 + R_3/R_1 \ . \ . \ . \ . \ . \ . \ . \ (257a)$$

$$\omega^2 C_1 C_3 \cdot R_1 R_3 = 1 . \ . \ . \ . \ . \ . \ . \ . \ (257b)$$

Will man hieraus z. B. die Werte von C_1 und R_1 ermitteln, so ergibt sich:

$$C_1 = \frac{C_2 C_3}{C_4 (1 + \omega^2 C_3{}^2 R_3{}^2)} \ . \ . \ . \ . \ . \ . \ (258a)$$

$$R_1 = \frac{C_4 (1 + \omega^2 C_3{}^2 R_3{}^2)}{\omega^2 C_2 C_3{}^2 R_3} \ . \ . \ . \ . \ . \ (258b)$$

Es ist klar, daß hier nur bei bekannter Frequenz und Einwelligkeit der Spannung eine Messung möglich ist. Man kann die Einwelligkeit jedoch mit Hilfe eines Vibrationsgalvanometers umgehen, muß aber dann die gemessene Frequenz besonders bestimmen. Statt des Vibrationsgalvanometers kann man auch mit Hilfe eines Wellensiebs Einwelligkeit von vornherein oder im Indikator erzielen.

---

*) Anm. b. d. Korr.: In Abb. 181 ist irrtümlicherweise R_4' mit R_4 bezeichnet.

Bei der in Abb. 183 gezeigten »Resonanzbrücke« befindet sich im 1. Zweig außer der Kapazität eine Selbstinduktion. Es ist

$$R_4 (R_1 + j\,\omega\,L_1 - j/\omega\,C_1) = R_2\,R_3 \quad \ldots \ldots \quad (259)$$

oder

$$R_4\,R_1 = R_2\,R_3 \quad \ldots \ldots \ldots \quad (259\,\mathrm{a})$$

$$\omega^2 = 1/L_1\,C_1, \quad \ldots \ldots \ldots \quad (259\,\mathrm{b})$$

d. h. im Falle der Abgleichung ist der 1. Zweig auf Resonanz abgestimmt. Grüneisen und Giebe[99]) verwenden diese Brücke zur Messung einer Selbstinduktion mit Hilfe eines Standard-
Luftkondensators. Die Abgleichung der Brücke wird
durch Oberwellen gestört. Man verwendet daher für
tiefe Frequenzen zweckmäßig ein Vibrationsgalvanometer als Nullindikator. Die Brücke eignet sich sehr
gut zur Bestimmung des Klirrfaktors einer Stromquelle mit Oberwellen. Bei dem Klirrfaktormesser
von Siemens & Halske wird dabei ein Richtspan-
nungszeiger (Röhrenvoltmeter) benutzt und die an
diesem erhaltene Spannung mit einem abgegriffenen Teil der Gesamtspannung verglichen. Nach
Belfils[100]) und Wolff[101]) kann man auch die
einzelnen Oberwellen bestimmen, indem man die Brücke der Reihe nach
auf die einzelnen Oberwellen abstimmt, was sich durch relative Minimas
am Indikator anzeigt. Der verbleibende Reststrom ist dann jedesmal
die Grundwelle einschließlich der nicht abgeglichen-
nen Oberwellen. Die einzelnen Oberwellen lassen
sich errechnen, allerdings wohl nur dann mit genügender Genauigkeit, wenn ihr Anteil im Vergleich
zur Grundwelle gleich oder größer ist.

Auf der 5. internationalen Hochspannungs-
konferenz (Paris 1929) hat Chiodi eine Brücke zur
Oberwellenmessung erwähnt, die in Abb. 184 dargestellt ist. Hierbei ist U die zu prüfende Spannung,
U_n der auf die $n$te Oberwelle entfallene Anteil
derselben. Man schaltet zuerst in der Meßdiagonale
auf die Stellung 1, so daß der Widerstand R' einge-
schaltet ist. Nun werden C_1 und R_3 so lange verändert, bis das Galvanometer in der Meßdiagonale den kleinsten Wert zeigt. Es ergibt sich dann
der Oberwellen-Anteil zu

$$i_g = \frac{\alpha}{\beta} \cdot U_n, \quad \ldots \ldots \ldots \ldots \quad (260)$$

wobei $\alpha = 1 - R_4/(R_3 + R_4)$ und $\beta = R_g + R_2 + R_3 R_4/(R_3 + R_4)$ ist.

Legt man den Schalter nun in die Stellung 2 und bestimmt i_g bei
verschiedenen Stellungen von C', so erhält man eine Kurve (i_g, C').

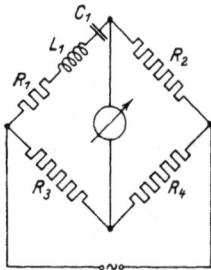

Abb. 183. Resonanz-
brücke.

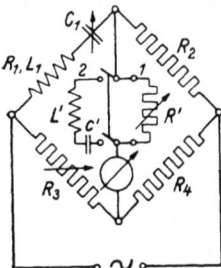

Abb. 184. Chiodi-Brücke
zur Oberwellenmessung.

Da jeder Stellung von C'' eine bestimmte Periodenzahl entspricht, kann man die Spannungsanteile für die verschiedenen Harmonischen in Abhängigkeit von der Periodenzahl bestimmen.

Eine Brücke zur Feststellung der Harmonischen, die auch zu Dämpfungs-Messungen benutzt werden kann, ist von Kirke[297]) angegeben worden. Hierbei befinden sich in den Zweigen 1 und 2 einer Wheatstonebrücke je ein Ohm-Widerstand. Der Zweig 3 enthält einen veränderbaren Ohmwiderstand, der Zweig 4 eine veränderbare Selbstinduktion L_4 und eine veränderbare Kapazität C_4. Bei abgeglichener Brücke ist

$$(2 \pi \nu)^2 = \frac{1}{L_4 \cdot C_4}.$$

Giebe und Alberti[280]) verwenden die Resonanzbrücke zur Absolutbestimmung der Frequenz elektrischer Schwingungen zwischen 1,6 und 344 kHz. Es werden dabei die Grundwelle und die Oberwellen eines Röhrensenders gemessen. Eine auf die Grundwelle abgestimmte Brücke ist dabei mit einer auf eine Oberwelle abgestimmten Brücke gekoppelt, wobei sich die einzelnen Kreise nicht gegenseitig stören dürfen. Die dabei verwendete Giebe-Bifilarbrücke wird weiter unten behandelt werden.

Haworth[116]) benutzt eine der Resonanzbrücke ähnliche Schaltung (Abb. 185), in der sich jedoch 2 Selbstinduktionen befinden und eine Abstimmung auf Resonanz nicht stattfindet. Die Methode dient zur Bestimmung der Kapazität und des Widerstands von Elektrolytzellen. (Der Widerstand R_x der Zelle ist dabei in Reihe zur Kapazität geschaltet gedacht.) Man schließt dabei die zu messende Zelle zuerst kurz und gleicht die Brücke mittels des veränderbaren Widerstands R_3' und der veränderbaren Selbstinduktion L_1' ab. Es ergibt sich für $R_2 = R_4$ die Abgleichbedingung:

I. $\qquad\qquad R_1 + j \omega L_1' = R_3' + j \omega L_3$ . . . . . . (261a)

Schaltet man nun die Zelle ein und gleicht erneut mittels R_3'' und L_1'' ab, so erhält man

II. $\qquad R_x + j \omega L_1'' + R_x - j/\omega C_x = R_3'' + j \omega L_3$ . . . (261b)

Durch Subtraktion von Gl. I. und II. ergibt sich

$$R_x + j \omega (L_1'' - L_1') = j/\omega C_x = R_3'' - R_3'$$ . . . . . (262)

oder

$$R_x = R_3'' - R_3'$$ . . . . (262a)

$$C_x = \frac{1}{\omega^2 (L_1'' - L_1')}$$ . . . . (262b)

Eine andere Form der Resonanzbrücke gibt Cone[96]) an. Hier kann (Abb. 186) $\mathfrak{Z}_2$ induktiv oder kapazitiv sein*). Ist $\mathfrak{Z}_2$ induktiv, so

---

*) Anm. b. d. Korr. $\mathfrak{Z}_2$ ist im Bild 186 irrtümlicherweise als $\mathfrak{C}_2$ bezeichnet.

stellt man den Schalter auf II, ist es kapazitiv, auf I. Macht man gleichzeitig $R_1 = R_3$, so ergibt sich:

a) Für $\mathfrak{Z}_2$ induktiv, d. h. $\mathfrak{Z}_2 = R_2 + j\omega L_2$:

$$R_2 = \frac{R_4}{1 + \omega^2 R_4{}^2 C_5{}^2} \quad \cdots \cdots \cdots \quad (263\,\mathrm{a})$$

$$L_2 = \frac{R_2{}^2 C_5}{1 + \omega^2 R_4{}^2 C_5{}^2} \quad \cdots \cdots \cdots \quad (263\,\mathrm{b})$$

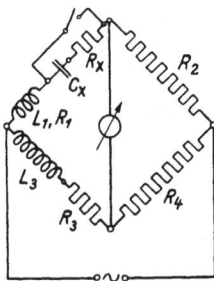

Abb. 185. Haworth-Brücke.

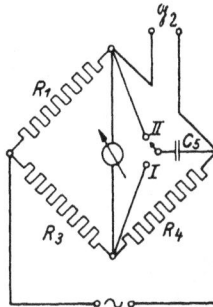

Abb. 186. Cone-Resonanz-Brücke.

b) Für $\mathfrak{Z}_2$ kapazitiv, d. h. $\mathfrak{Z}_2 = R_2 - j/\omega C_2$:

$$R_2 = \frac{R_4}{1 + \omega^2 R_4{}^2 C_5{}^2} \quad \cdots \cdots \cdots \quad (263\,\mathrm{c})$$

$$C_2 = \frac{1 + \omega^2 R_4{}^2 C_5{}^2}{\omega^2 R_4{}^2 C_5} \quad \cdots \cdots \cdots \quad (263\,\mathrm{d})$$

Setzt man im Falle a) $X_2 = \omega L_2$ und im Falle b) $X_2 = +1/\omega C_2$, so
sieht man, daß in beiden Fällen R_2 und X_2 die gleichen Formeln ergeben.
Die Brücke dient hauptsächlich zur Bestimmung von $\mathfrak{Z}_2$.

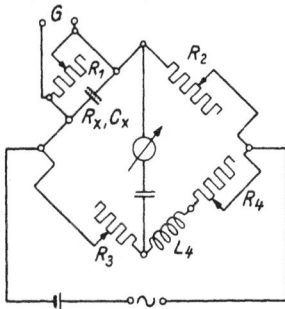

Abb. 187. Bauder-Jannsen-Brücke zur
Messung von Elektrolytkondensatoren.

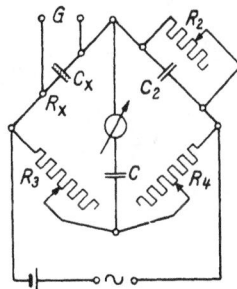

Abb. 188. Bauder-Jannsen-Brücke
nur mit Kondensatoren.

Eine von B a u d e r und J a n n s e n [102]) angegebene Brücke zur Messung
der Kapazität und des Verlustwinkels von Elektrolytkondensatoren

zeigt Abb. 187. Hierbei wird der Wechselspannung eine Gleichspannung überlagert. Als Indikator dient ein Vibrations-Galvanometer, das mit einem Kondensator gegen Gleichstrom blockiert ist. Gleichzeitig wird mittels eines Oszillographen die an dem Elektrolytkondensator auftretende Spitzenspannung des Wellenstroms beobachtet. Denkt man sich den Verlustwiderstand R_x des Elektrolytkondensators als mit der Kapazität C_x in Reihe liegend, so ergibt sich als Verlustwinkel:

$$\operatorname{tg} \delta = \omega\, C_x\, R_x \quad \ldots \ldots \ldots \quad (264)$$

Es ist dann

$$C_x = \frac{[(R_1 R_4 - R_2 R_3)^2 + \omega^2 R_1{}^2 L_4{}^2]}{\omega^2 R_1{}^2 R_2 R_3 L_4} \quad \ldots \quad (264\,\mathrm{a})$$

oder bei Vernachlässigung von $(R_1 R_4 - R_2 R_3)$ als Additionsglied:

$$C_x = \frac{L_4}{R_2 R_3} \quad \ldots \ldots \ldots \quad (264\,\mathrm{a}')$$

Ferner ist:

$$R_x = \frac{(R_1 R_4 - R_2 R_3)\, R_1 R_2 R_3}{[(R_1 R_4 - R_2 R_3)^2 + \omega^2 R_1{}^2 L_4{}^2]} \quad \ldots \quad (264\,\mathrm{b})$$

oder, wenn man hier ebenfalls $(R_1 R_4 - R_2 R_3)$ als Additionsglied vernachlässigt:

$$R_x = \frac{(R_1 R_4 - R_2 R_3) \cdot R_2 R_3}{\omega^2 R_1 L_4{}^2} \quad \ldots \ldots \quad (264\,\mathrm{b}')$$

Daraus ergibt sich näherungsweise:

$$\operatorname{tg} \delta = (R_1 R_4 - R_2 R_3)/\omega R_1 L_4 \quad \ldots \ldots \quad (265)$$

Die genannten Verfasser verwenden außer der angeführten Brücke auch eine nur mit Kondensatoren versehene Brücke (Abb. 188). Bei dieser ist

$$C_x = \frac{R_4 (\omega R_2{}^2 C_2{}^2 - 1)}{\omega R_2{}^2 R_3 C_2} \sim \frac{C_2 R_4}{R_3} \quad \ldots \ldots \ldots \quad (266\,\mathrm{a})$$

$$R_x = \frac{R_2{}^2 R_3}{\omega R_2 R_4 (\omega R_2{}^2 C_2{}^2 - 1)} \sim \frac{R_3}{\omega^2 R_2 R_4 C_2{}^2} \quad \ldots \quad (266\,\mathrm{b})$$

und daraus:

$$\operatorname{tg} \delta = \frac{1}{\omega R_2 C_2} \quad \ldots \ldots \ldots \quad (266\,\mathrm{c})$$

Ferner wird von ihnen auch die Scheringbrücke verwendet, auf die jedoch weiter unten (S. 190 u. ff.) noch näher eingegangen werden soll.

Die von Pirani[103, 104]) zur Messung von Selbstinduktionen vorgeschlagene Brücke zeigt Abb. 189. Pirani benutzt hierzu ein ballistisches

Galvanometer. Es ist in der Wechselstrombrücke:

$$R_1 = \frac{R_2 R_3 [\omega^2 R_1'^2 C_1^2 + 1] - R_1' R_4}{R_4 [\omega^2 R_1'^2 C_1^2 + 1]} \quad \ldots \quad (267\,\mathrm{a})$$

$$L_1 = \frac{R_1'^2 C_1}{\omega^2 R_1'^2 C_1^2 + 1} \quad \ldots\ldots\ldots \quad (267\,\mathrm{b})$$

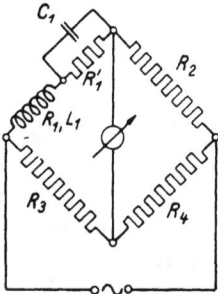

Abb. 189. Pirani-Brücke.   Abb. 190. Wien-Niven-Brücke.

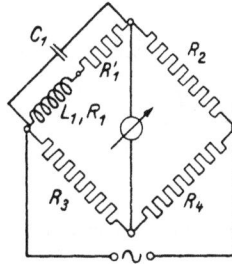

Eine ähnliche Schaltung (Abb. 190) benutzt M. Wien[105]) nach einem ursprünglichen Vorschlag von Niven[106]). Es ist hier:

$$R_1 = \frac{R_2 R_3 R_4 - R_1' (R_4^2 - \omega^2 C_1^2 R_2^2 R_3^2)}{R_4^2 - \omega^2 C_1^2 R_2^2 R_3^2} \quad \ldots \quad (268\,\mathrm{a})$$

$$L_1 - \frac{C_1 R_2^2 R_3^2}{R_4^2 - \omega^2 C_1^2 R_2^2 R_3^2} \quad \ldots\ldots\ldots \quad (268\,\mathrm{b})$$

Das Ergebnis sieht sehr kompliziert aus. Wir haben jedoch hier einen Fall, der sich durch eine einfache Überlegung wesentlich vereinfachen läßt. Faßt man nämlich $R_1 + R_1'$ zusammen als R (das sich leicht durch eine Gleichstromabgleichung feststellen läßt), so ergibt sich die einfache Bedingung

$$L_1 = \frac{C_1 R_2 R_3 R}{R_4} \quad \ldots\ldots\ldots \quad (268\,\mathrm{b}')$$

Bei der Piranibrücke wie bei der Wienbrücke kann man entweder eine Selbstinduktion mittels einer Kapazität bestimmen oder umgekehrt.

In der von Grover[107]) angegebenen Schaltung zur Bestimmung des Verlustwinkels kleiner Kapazitäten (Abb. 191) ist:

$$\mathrm{tg}\,\delta_2 = \frac{\mathrm{tg}\,\delta_4 [R_1 R_3 - \omega^2 L_1 L_3] + \omega [L_1 R_3 + R_1 L_3]}{\omega \cdot \mathrm{tg}\,\delta_4 [R_1 L_3 - L_1 R_3] + \omega^2 L_1 L_3 + R_1 R_3}, \quad (269)$$

wobei $\mathrm{tg}\,\delta_2 = \omega C_2 R_2$ und $\mathrm{tg}\,\delta_4 = \omega C_4 R_4$ ist.

Setzt man in der Groverbrücke $L_3 = 0$ und $R_4 = 0$, so erhält man die von Owen[108]) angegebene Brücke zur Bestimmung von Selbstinduktionen (Abb. 192). Es ist dann:

$$L_1 = C_4 R_2 R_3 \quad \ldots \ldots \ldots \quad (270\text{a})$$

$$R_1 + R_1' = \frac{C_4}{C_1} \cdot R_3 \quad \ldots \ldots \ldots \quad (270\text{b})$$

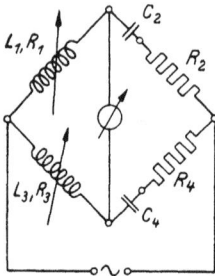

Abb. 191. Grover-Brücke.

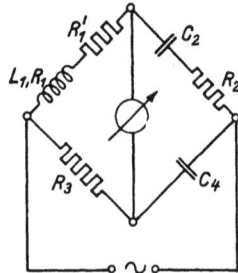

Abb. 192. Owen-Brücke.

Diese Brücke ist also **frequenzunabhängig**. Dabei ist vorausgesetzt, daß der Kondensator C_4 praktisch verlustwinkelfrei ist. Man gleicht die Brücke mit R_2 und den in Serie zur Selbstinduktion (deren Ohmscher Widerstand R_1 sei) geschalteten Widerstand R_1' ab.

Eine **geschirmte Owenbrücke** ist in Abb. 193 dargestellt. Sie wird in den Bell-Telephon-Laboratorien, New York, hergestellt und ist

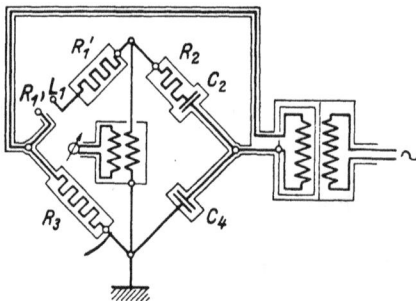

Abb. 193. Geschirmte Owen-Brücke nach Ferguson.

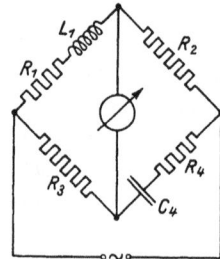

Abb. 194. Hay-Brücke.

von Ferguson[109]) und von Bartlett[110]) beschrieben worden. Es sei auch auf die ausführliche Darstellung in dem Buche von Hague hingewiesen.

Macht man in der Groverbrücke $C_2 = \infty$ (d. h. schließt man den Kondensator C_2 kurz) und $L_3 = 0$, so erhält man die von Hay[111]) angegebene Brücke zur Messung großer Selbstinduktionen. Es ist (Abb. 194):

$$R_1 = \frac{\omega^2 R_2 R_3 R_1 C_4^2}{(\omega^2 R_4^2 C_4^2 + 1)} \quad \ldots \ldots \quad (271\text{a})$$

$$L_1 = \frac{R_2 R_3 C_4}{(\omega^2 R_4^2 C_4^2 + 1)} \quad \ldots \ldots \quad (271\text{b})$$

Natürlich muß auch bei dieser Brücke die Frequenz bekannt und konstant sein. Landon[112]) und Hartshorn[113]) haben mittels der Hay-Brücke die Selbstinduktion eisenhaltiger Drosseln gemessen, wobei diese gleichzeitig mit Gleichstrom vormagnetisiert wurden. Der Blockkondensator C_y (Abb. 195) verhindert den Gleichstromdurchgang durch den Indikator (einem Vibrations-Galvanometer) und dient gleichzeitig dazu, zusammen mit dem Übertrager die Diagonale auf Spannungs-Resonanz abzustimmen. Die an der Brücke liegende Wechselspannung wird — unabhängig von der überlagerten Gleichspannung mit Hilfe des Kondensators C_v geregelt. Der Kondensator C_v blockiert den Gleichstrom gegen Erde.

Man kann mittels der Haybrücke auch Frequenzen bestimmen, wie dies von Kurokawa und Hoashi[97]) ausgeführt wurde. Es ist dann:

$$\omega^2 = R_1/R_4 L_1 C_4 \ldots \ldots \ldots \ldots (272)$$

Von M. Wien[114]) ist eine weitere, nur Selbstinduktionen enthaltende Brücke zur Bestimmung von Selbstinduktionen angegeben worden. Hier (Abb. 196) ist:

$$\left[\frac{(R_1 + j\omega L_1) \cdot R_1'}{(R_1 + R_1') + j\omega L_1} + R_1''\right] \cdot (R_1 + R_4')$$
$$= (R_2 + R_2')(R_3 + R_3' + j\omega L_3) \ldots (273)$$

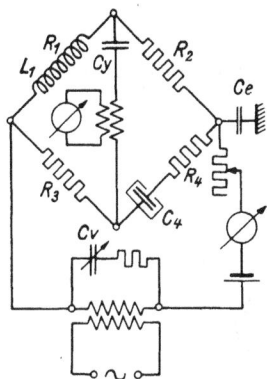

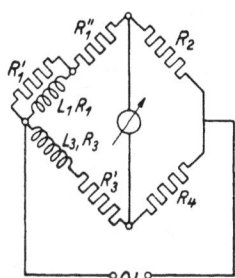

Abb. 196. Wien-Selbstinduktions-Brücke.

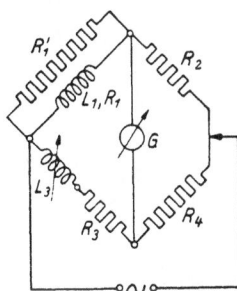

Abb. 197. Dolezalek-Brücke.

Das Ergebnis ist, wie man aus Gl. (273) sieht, ziemlich unübersichtlich. Die Abgleichung erfolgt mittels L_3 und R_1'' sowie R_2' und R_4', ferner durch R_1'' und R_3'. Macht man nach Dolezalek[115]) $R_1'' = 0$, so wird die Gleichung für L_1 unabhängig von L_2, so daß dieses nicht bekannt zu sein braucht (Abb. 197).

Eine andere ähnliche Schaltung von Dolezalek zur Messung kleiner Selbstinduktionen ist frequenzunabhängig.

Von der Physikalisch-Technischen Reichsanstalt[117] wurde eine der Haybrücke ähnliche geschirmte Schaltung zur Messung des Verlustwinkels von Pupinspulen angegeben. Bezeichnet man den Verlust-

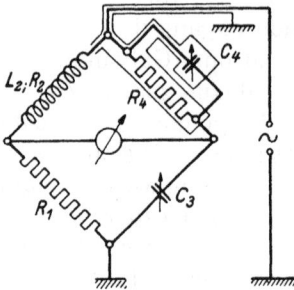

Abb. 198. Pupinspulen-Meßbrücke der PTR.

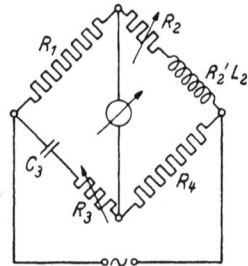

Abb. 199. Soucy-Bayly-Frequenzbrücke.

winkel einer Selbstinduktion L mit dem Ohmwiderstand r mit tg δ, so ist tg $\delta = R/\omega L$. Es ist bei dieser Brücke (Abb. 198):

$$\operatorname{tg} \delta_2 = R_2/\omega C_2 = R_4 \omega C_4 \quad \ldots \ldots \ldots \quad (274a)$$

$$L_2 = R_1 R_4 C_3 / (1 + \operatorname{tg}^2 \delta_2). \quad \ldots \ldots \quad (274b)$$

Abb. 199 zeigt eine von Soucy und Bayly[118] angegebene Frequenzbrücke. Es ist

$$R_1 R_4 = (R_2 + R_2' + j\omega L_2)(R_3 - j/\omega C_3') \quad \ldots \ldots \quad (275)$$

und hieraus

$$\omega = \frac{(R_2 + R_2')}{\sqrt{L_2 (R_1 R_4 C_3 - L_2)}} = (R_2 + R_2') \cdot \text{const.} \ldots \quad (275a)$$

Die Abgleichung erfolgt mittels der induktionsfreien Widerstände R_2 und R_3.

Beim Klirrfaktormesser der Siemens & Halske A.G. wird die in Abb. 200 dargestellte Resonanzbrücke auf die Grundwelle abgestimmt. Die Effektivsumme der Oberwellen kann dann direkt am Röhrenvoltmeter abgelesen und durch Vergleich mit der Gesamtspannung in Prozenten von dieser angegeben werden.

Zu den frequenzabhängigen Brücken gehört eigentlich auch die Rimington-Niven-Brücke. Sie ergibt sich aus der — frequenzunabhängigen — Maxwell-Wien-

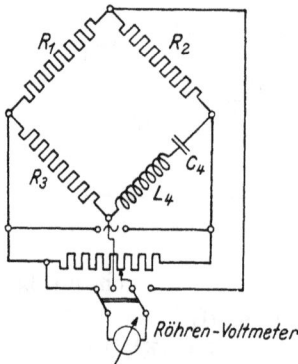

Abb. 200. Klirrfaktormesser der Siemens & Halske A.-G.

Brücke (S. 197), wenn man das der Meßdiagonale zugekehrte Ende von C_4 auf R_4 verschiebbar anordnet.

Von den frequenzabhängigen Brücken mit gegenseitigen Induktionen sind alle Brücken zu erwähnen, bei denen die eine Seite der Gegeninduktion in der Meßdiagonale liegt und dort wie eine Kompensationsspannung wirkt. Diese Brücken werden in einem besonderen

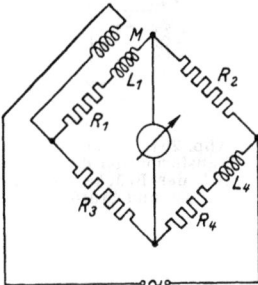

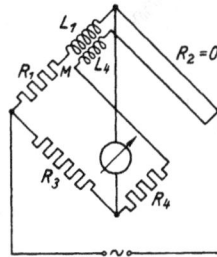

Abb. 201. Butterworth-Frequenzbrücke.   Abb. 202. Kurokawa-Frequenzbrücke.

Kapitel behandelt werden (S. 210 u. ff.). Es sind dies vor allem die Brücken von Schering und Engelhardt, Hughes-Campbell und Kennelly-Velander. Bei der Brücke von Butterworth[119]) liegt die eine Seite der Gegeninduktion in der Speisediagonale (Abb. 201). In dieser — besonders zur Eichung von Röhrenoszillatoren benutzten — Brücke ist:

$$\omega^2 L_4 [M - L_1] = R_2 R_3 - R_1 R_4 \quad \ldots \ldots \ldots (276a)$$

$$L_1 L_4 + L_4 R_1 = M [R_2 + R_4] \quad \ldots \ldots (276b)$$

Die Einstellung erfolgt mittels M und R_3, wobei $L_1 = L_4$ gemacht wird. Dunand[120]) macht $L_1 = M = 2L_4$ und $R_3 = 0$ sowie $R_1 = R_4$. Es ist dann:

$$\omega L_4 = R_4 \quad \ldots \ldots \ldots (277a)$$

$$R_2 = 2 R_4 \quad \ldots \ldots \ldots (277b)$$

Hier erfolgt die Abgleichung durch gleichzeitige Änderung von R_1, R_2 und R_4.

In der Schaltung von Kurokawa[121]) (Abb. 202) ist $R_2 = 0$. Es ist dann für $R_1 = R_4 = R$:

$$\omega = \frac{R}{\sqrt{L_1 L_4 - M^2}} \quad \ldots \ldots \ldots (278)$$

Die Abgleichung erfolgt mittels R_3. Infolge $R_2 = 0$ gehört diese Brücke eigentlich zu den entarteten Brücken.

Die Brücke von Sase und Mutô[122]) enthält in einem Brückenzweig einen geschlossenen Sekundärkreis (Abb. 203), wobei die gestrichelte Verbindung in Wirklichkeit nicht besteht, sondern nur für die nachfolgende Berechnung mittels Dreieck-Stern-Transformation eingezeichnet ist. Die Dreieck-Stern-Transformation des Zweiges 1 mit Nebenzweig

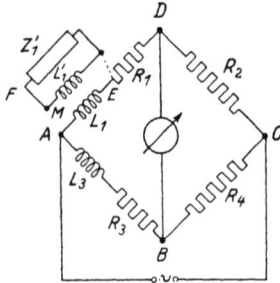

Abb. 203. Frequenzbrücke von Sase und Mutô.

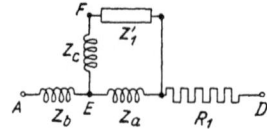

Abb. 204. Dreieck-Stern-Transformation des Zweiges AD der Brücke von Sase und Mutô.

ergibt die Ersatzfigur Abb. 204. Es ist:

$$\mathfrak{Z}_1 = \mathfrak{Z}_b + R_1 + \frac{\mathfrak{Z}_a \cdot (\mathfrak{Z}_c + \mathfrak{Z}_1')}{\mathfrak{Z}_a + \mathfrak{Z}_c + \mathfrak{Z}_1}, \qquad (279)$$

oder

$$\mathfrak{Z}_1 = j\omega L_1 + j\omega M + R_1 + \frac{-j\omega M (\mathfrak{Z}_1' + j\omega L_1' + j\omega M)}{\mathfrak{Z}_1' + j\omega L_1'}. \quad (279a)$$

Für $\mathfrak{Z}_{1_0} = R_1 + j\omega L_1$ und $\mathfrak{Z}_1'' = \mathfrak{Z}_1' + j\omega L_1'$ ist

$$\mathfrak{Z}_1 = \mathfrak{Z}_{1_0} + \omega^2 M^2/\mathfrak{Z}_1'' \qquad \cdots \cdots \cdots (280)$$

Ist $\mathfrak{Z}_1' = R_1'$, also $\mathfrak{Z}_1'' = R_1' + j\omega L_1'$, wobei in R_1' auch der Ohm-Widerstand von L_1' enthalten sein soll, so ergibt sich

$$\mathfrak{Z}_1 = \mathfrak{Z}_{1_0} + \frac{\omega^2 M^2}{R_1' + j\omega L_1'} \qquad \cdots \cdots \cdots (281)$$

oder

$$R = R_1 + \frac{\omega^2 M^2 R_1'}{R_1'^2 + \omega^2 L_1'^2} \qquad \cdots \cdots \cdots (281a)$$

$$L = L_1 - \frac{\omega^2 M^2 L_1'}{R_1'^2 + \omega^2 L_1'^2} \qquad \cdots \cdots \cdots (281b)$$

Bei sekundärer Ohm-Belastung nimmt also der Ohm-Widerstand des Zweiges AD zu, die Selbstinduktion ab. Im Grenzfall $R_1' = 0$ wird $R = R_1$ und $L = L_1 - M/L_1'$. Im Grenzfall $R_1' = \infty$ wird $R = R_1$ und $L = L_1$. Ist hierbei $\mathfrak{Z}_1' = R_1' - j/\omega C_1'$, so wird

$$\mathfrak{Z}_1 = \mathfrak{Z}_{1_0}'' + \frac{\omega^2 M^2}{R_1' + j\omega L_1' - j/\omega C_1'} \qquad \cdots \cdots (282)$$

Ist speziell $R_1' \ll \omega L_1' - 1/\omega C_1'$, so ergibt sich

$$R = R_1 \qquad \cdots \cdots \cdots \cdots \cdots (282a)$$

$$L = L_1 - \frac{\omega^2 M^2 C_1'}{\omega^2 L_1' C_1' - 1} \qquad \cdots \cdots \cdots (282b)$$

Für den Fall der Ohm-Belastung folgt dann für die spezielle Brücke von Sase und Mutô*):

$$(R + j\omega L) \cdot R_4 \cdot (R_3 + j\omega L_3) \cdot \omega^2 M^2 \cdot (R_1' - j\omega L_1') \quad . \quad . \quad (283)$$

oder

$$\left(R_1 + \frac{\omega^2 M^2 R_1'}{R_1'^2 + \omega^2 L_1'^2}\right) \cdot R_4 = R_2 R_3 \quad . \quad . \quad . \quad . \quad (283\,\text{a})$$

$$\left(L_1 - \frac{\omega^2 M L_1'}{R_1'^2 + \omega^2 L_1'^2}\right) \cdot R_4 = R_2 L_3 \quad . \quad . \quad . \quad . \quad (283\,\text{b})$$

Macht man hierin $R_2 = R_4$ und $L_3 = L_1 - \frac{1}{2} L_1'$, sowie $R_3 = R_1 + \frac{1}{2} R_1'$, so ergibt sich:

$$\omega = R_1'/L_1' \quad . \quad . \quad . \quad . \quad . \quad . \quad . \quad . \quad (284)$$

Die Abgleichung erfolgt dann mittels R_1', so daß man einen linearen Zusammenhang zwischen ω und R_1' erhält. Diese Brücke wird von den Yokogawa Electric Meter Works, Tokyo, gebaut.

Zu den frequenzabhängigen Schaltungen gehören auch eine Reihe von Kompensations-Schaltungen, die von verschiedenen Autoren (z. B. Hague) als Brücken behandelt werden. Vor allem sind hierzu Schaltungen zur Messung gegenseitiger Induktionen (Strom- und Spannungswandler-Meßschaltungen) zu erwähnen. Alle diese Methoden sollen hier jedoch unter den Kompensationsschaltungen im letzten Abschnitt des Buches behandelt werden. Es ist klar, daß bei einer Reihe von Brücken zur Bestimmung von Kapazitäten die Abgleichbedingungen frequenzunabhängig sind, während in die Gleichung für den Verlustwinkel der zu bestimmenden Kapazität die Frequenz eingeht. Diese Brücken sollen jedoch als frequenzunabhängig angesehen und an der entsprechenden Brücke betrachtet werden.

Aus dem Rahmen der bisher behandelten Brücken herausfallend, ist noch eine Brücke zur Bestimmung von Wechselstromleistungen nach dem Vorschlag von E. Paul zu erwähnen (Deutsche Patentanm. P 62249). Hierbei bestehen die Zweige 1, 3 und 4 einer Wheatstonebrücke aus Ohmwiderständen, während der Zweig 2 den Verbrauchwiderstand, z. B. einen Lautsprecher in Serie mit einem Hitzdraht-Wattmeter enthält.

Typen-Einteilung der frequenzabhängigen Brücken vom Wheatstone-Typ.

In den vorhergehenden Ausführungen ist eine besondere Typen-Unterteilung vermieden worden. Man könnte eine solche jedoch auch hier — ähnlich wie dies bei den frequenzunabhängigen Brücken des nächsten Kapitels der Fall sein wird — durchführen. Man könnte

---

*) Die Angaben hierüber, sowie über die vorher erwähnte Brücke von Kurokawa sind dem bereits wiederholt zitierten Buch von Hague entnommen.

Brücken, bei denen Kapazitäten und Ohm-Widerstände in Reihe und parallel vorkommen, als Brücken vom »Wien-Typ« bezeichnen. Ähnlich wären Brücken mit Kapazitäten und Selbstinduktionen als Brücken vom »Maxwell-Typ« zu benennen.

Es ergab sich ferner aus den Ausführungen wohl von selbst, daß die Frequenzabhängigkeit sich nur auf die Abgleichbedingungen bzw. auf die gesuchten Größen Ohm-Widerstand, Kapazität, Selbstinduktion, Gegeninduktion bezog, nicht aber z. B. auf den Verlustwinkel von Kapazitäten, der im Prinzip frequenzabhängig ist. Wo nur für den letzteren eine Frequenzabhängigkeit vorhanden ist, nicht aber für die anderen genannten Größen, soll die Schaltung als frequenzunabhängig gelten.

Die Empfindlichkeit von Frequenzbrücken allgemein hat Mandel[281] untersucht.

B. Frequenzunabhängige Brücken vom Wheatstone-Typ.

Die Zahl der in der Abgleichung frequenzunabhängigen Brücken ist so groß, daß eine weitere Unterteilung wünschenswert erscheint. Natürlich kann man die Unterteilung nach verschiedenen Gesichtspunkten vornehmen, so z. B. nach dem Anwendungsgebiet der betr. Brücke. Da aber häufig die gleiche Brücke für verschiedene Messungen sich eignet, soll hier die Unterteilung nach der Bauart erfolgen.

Daß die Brücken mit nur Ohm-Widerständen frequenzunabhängig sind — wenigstens theoretisch, während praktisch auch die Ohm-Widerstände mit Kapazität und Selbstinduktion behaftet sind — ist verständlich. Sie besitzen auch nur da eine Anwendungsmöglichkeit, wo man auch praktisch etwaige Kapazitäten vernachlässigen kann, z. B. bei einer Reihe von Messungen des Widerstands von Elektrolytzellen mit Wechselstrom. Die Abgleichung erfolgt dann häufig mittels eines ausgespannten oder in Form einer Walze aufgerollten Schleifdrahts, wie dies im II. Band näher erörtert werden wird. Diese Methode genügt jedoch selbst bei Elektrolytzellen nicht immer.

a) Wheatstonebrücken mit Kapazitäten und Ohm-Widerständen.

α) *Brücken mit Kapazitäten und Ohm-Widerständen in Reihe. (Brücken vom »de Sauty-Typ«).*

Eine aus der einfachen de Sauty-Brücke (Abb. 205) hervorgegangene allgemeine de Sauty-Brücke zeigt Abb. 206. Hier ist:

$$(R_1 + R_{C_1} - j/\omega C_1) \cdot R_4 = R_2 \cdot (R_3 + R_{C_3} - j/\omega C_3) \quad . \quad (285)$$

Die Verlustwinkel-Differenz zwischen den Kapazitäten C_1 und C_3 ist dann:

$$\operatorname{tg} \delta_1 - \operatorname{tg} \delta_3 = \omega C_1 R_{C_1} - \omega C_3 R_{C_3} = \frac{\omega C_3}{R_2} (R_1 R_4 - R_2 R_3), \quad (286)$$

wenn R_{C1} und R_{C3} die Verlustwiderstände der Kapazitäten C_1 und C_3 bedeuten.

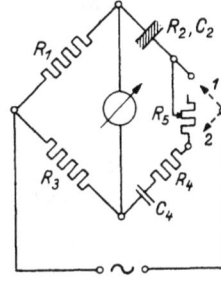

Eine de Sauty-Brücke mit umschaltbarem Zusatzwiderstand zeigt Abb. 207.

Eine Kapazitäts-Meßbrücke verwendet F. H. Mayer[305] zur Messung von Farbfilmdicken. Hierbei ist die Meßkapazität als Doppelelektrode, die auf den Farbfilm aufgesetzt wird, ausgebildet.

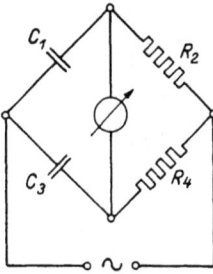

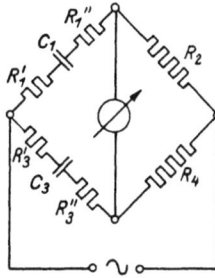

Abb. 205. Einfache de Sauty-Brücke.   Abb. 206. Allgemeine de Sauty-Brücke.   Abb. 207. de Sauty-Brücke mit umschaltbarem Zusatzwiderstand.

β) Brücken mit Kapazitäten und parallelen Ohm-Widerständen.

Derartige Brücken kann man als »Leitwert-Brücken« bezeichnen, da man, wie früher erörtert, bei Kapazitäten und parallelen Ohm-Widerständen häufig zweckmäßig besser mit dem Schein-Leitwert als mit dem Schein-Widerstand rechnet. Eine derartige Brücke zeigt Abb. 208. Es ist:

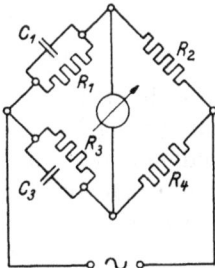

$$\frac{1}{1/R_1 + j\omega C_1} \cdot R_4 = R_2 \cdot \frac{1}{1/R_3 + j\omega C_3} \quad (287)$$

d. h.

$$(1/R_3 + j\omega C_3) \cdot R_4 = R_2 \cdot (1/R_1 + j\omega C_1) \quad (288)$$

Hieraus folgt

$$R_1 R_4 = R_2 R_3 \quad \ldots \ldots (288a)$$

$$R_4 C_3 = R_2 C_1 \quad \ldots \ldots (288b)$$

Abb. 208. Leitwertbrücke.

γ) Brücken mit Kapazitäten und Ohm-Widerständen parallel und in Reihe. (Brücken vom »Wien-Typ«.)

Darunter fällt z. B. die bereits S. 174 behandelte Wien-Brücke und die ebenfalls dort betrachtete Wien-Robinson-Brücke.

Eine besondere Gruppe in den Brücken vom Wien-Typ bilden die verschiedenen Schering-Brücken[123...127], die frequenzunabhängig sind. Ein Teil dieser Scheringbrücken fällt unter die Brücken vom Anderson-Typ und soll dort (S. 225 u. ff.) behandelt werden, ein anderer Teil unter die Thomsonbrücken (S. 228). Die Scheringbrücken haben aus dem Bedürfnis heraus, den Verlustwinkel von Kabeln unter Hochspannung zu bestimmen, ihre Bedeutung erlangt. Später wurde ihre Anwendung auf Hochspannungskondensatoren allgemein ausgedehnt und schließlich auf die Untersuchung von Dielektriken, z. B. auch von Meßwandlern erweitert. Die einfache Scheringbrücke zeigt Abb. 209.

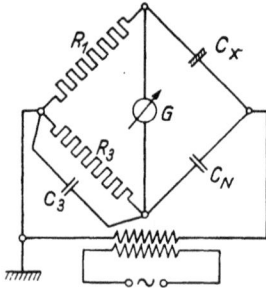

Abb. 209.
Einfache Scheringbrücke.

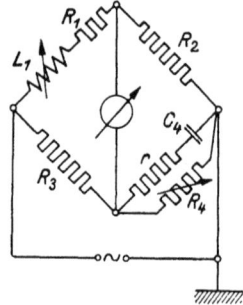

Abb. 210. Scheringbrücke nach Zickner
zur Messung großer Kapazitäten.

Hier ist C_x der zu messende Kondensator mit dem in Reihe gedachten Verlustwiderstand R_x und damit dem Verlustwinkel:

$$\operatorname{tg}\delta_x = \omega\, C_x R_x \ \ldots \ldots \ldots \ldots \ (289)$$

Es ist:

$$R_x = R_1\, C_3 / C_N \ \ldots \ldots \ldots \ (289\,a)$$

$$C_x = R_3\, C_N / R_1 \ \ldots \ldots \ldots \ (289\,b)$$

$$\operatorname{tg}\delta_x = \omega\, R_3\, C_3 \ \ldots \ldots \ldots \ (289\,c)$$

Die Abgleichung erfolgt mittels C_3 und R_1. Als Indikator dient meistens ein Vibrationsgalvanometer. Der Verfasser hat auch mit Erfolg Messungen mittels Schwinggleichrichter und Gleichstrom-Galvanometer ausgeführt. Bei Verwendung von Spiegelgalvanometern, die man in ihrer Zuführung abschirmt, kann man die Empfindlichkeit sogar wesentlich steigern; jedoch ist dann Einwelligkeit oder Verwendung eines Wellensiebs erforderlich.

Die einfache Scheringbrücke läßt sich allerdings nur für kleine Kapazitäten verwenden. Für größere Kapazitäten benutzt man die Scheringbrücken vom Anderson-Typ (S. 226).

Eine Scheringbrücke zur Messung großer Kapazitäten hat Zickner[128] in der in Abb. 210 dargestellten Weise vorgeschlagen. Es ist hier

I.

$$C_4 = \frac{L_1\,(1 + \operatorname{tg}^2\delta)}{R_2\,R_4} \ \ldots \ldots \ldots \ (290\,a)$$

II.

$$\omega\,C_4 \cdot r = \operatorname{tg}\delta = \frac{1}{\omega\,L_1}\left(R_1 - \frac{R_2\,R_3}{R_{4\sim}}\right) \ \ldots \ (290\,b)$$

Dabei bedeutet $R_{4\sim}$ die Wechselstrom-Einstellung des Widerstands R_4 bei 50 Hz. Es werden bei dieser Schaltung extrem kleine Widerstandswerte in den Brückenzweigen vermieden. Dadurch kann auch der Einfluß der Induktivität der Widerstände und der Widerstand der Zuleitungen vernachlässigt werden. Es ist ferner für Gleichstrom

III. $$R_1 = R_2 R_3/R_4 = \quad \dots \dots \dots \quad (290\,c)$$

Setzt man den Wert von R_1 aus Gl. (290c) in Gl. (290b) ein, so erhält man

$$\operatorname{tg}\delta = \frac{R_2 R_3}{\omega L_1} [1/R_{4=} - 1/R_{4\sim}] \quad \dots \dots \quad (291)$$

Aus Gl. (291) und (290b) läßt sich auch der Wert von r berechnen. Dabei ist der zu untersuchende Kondensator C_4 durch eine ideale Kapazität C_4 und einen vorgeschalteten Widerstand r ersetzt gedacht. L_1 ist ein Drehspulvariometer mit dem Widerstand R_1. R_2 und R_3 sind winkelfreie Widerstände. Ebenso ist R_4 ein dem Kondensator (C_4, r) parallel geschalteter winkelfreier Widerstand.

Nach einer Patentanmeldung der Firma Felten & Guilleaume wird der Vergleichskondensator als Faradayscher Käfig ausgebildet,

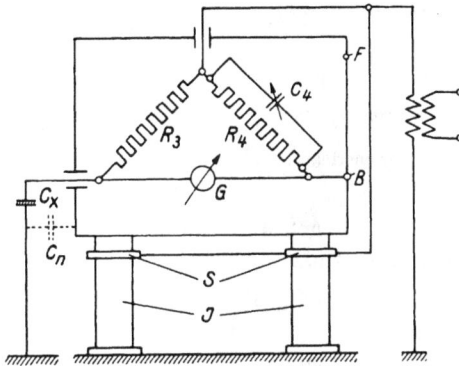

Abb. 211. Scheringbrücke der Fa. Felten & Guilleaume mit Faraday-Käfig.

wie dies Abb. 211 zeigt. Es sind hierbei C_x die gesuchte Kapazität, C_N — als Vergleichskapazität — die Kapazität des Faradayschen Käfigs gegen Erde, J Stützisolatoren und S metallische Schutzringe. Es ist

$$C_x = \frac{R_4}{R_3} \cdot C_N \quad \dots \dots \dots \dots \quad (292\,a)$$

$$\operatorname{tg}\delta = R_4 \cdot \omega \cdot C_4 \quad \dots \dots \dots \dots \quad (292\,b)$$

Während man sonst bei Hochspannungsmessungen als Normalkondensator gewöhnlich Preßgaskondensatoren verwendet (s. Bd. II), ist dies hier nicht erforderlich.

Man kann mittels der einfachen Scheringbrücke auch hohe Spannungen messen, wie dies von Jenß[129]) vorgeschlagen wurde (Abb. 212). Es ist hier

$$C_2 = \frac{C_2' \cdot C_2''}{C_2' + C_2''} \quad \dots \dots \dots \dots \quad (293a)$$

$$\operatorname{tg} \delta_2 = \frac{C_2}{C_2''} \cdot \operatorname{tg} \delta_2'' \quad (\delta_2'' \sim 10^{-3}) \quad \dots \dots \quad (293b)$$

$$\operatorname{tg} \delta_x = \operatorname{tg} \delta_1 = R_4 \omega C_4 \quad \dots \dots \dots \dots \quad (293c)$$

$$C_x = C_1 = C_2 \cdot \frac{R_4}{R_3} \quad \dots \dots \dots \dots \quad (293d)$$

C_2' = Normalkondensator, C_2'' = Präzisionskondensator in Reihe mit C_2' (Zweig links oben). C_1 = zu messender Kondensator (rechts oben).

Bei abgeglichener Brücke beeinflußt die rechte Hälfte der Schaltung nicht die linke. (Bei nichtabgeglichener Brücke liegt vor dem Vibrations-

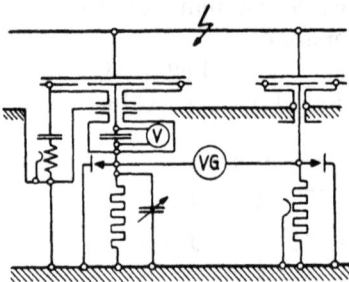

Abb. 212. Geschirmte Scheringbrücke nach Jenß.

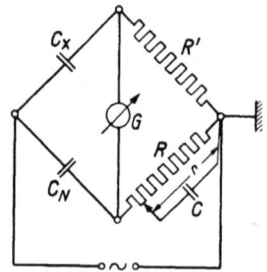

Abb. 213. Abwandlung der Scheringbrücke nach W. Geyger.

Galvanometer VG ein hoher Schutzwiderstand.) V ist ein statisches Voltmeter. Es ist annähernd

$$U \sim U_2'' \cdot \frac{C_2''}{C_2} \quad \dots \dots \dots \dots \quad (294)$$

Man kann auch statt C_2'' einen Widerstand verwenden, doch hängt dann die Meßgenauigkeit von der Konstanz der Frequenz ab. Außerdem wird bei kleinem C_2/R_2 der Widerstand sehr groß. Im einzelnen muß hierüber auf die Original-Literatur verwiesen werden.

Eine Scheringbrücke zur Verlustwinkelmessung hat Geyger[162]) in der in Abb. 213 angegebenen Form vorgeschlagen. Es ist:

$$\operatorname{tg} \delta = \frac{r^2}{R} \omega C \quad \dots \dots \dots \dots \quad (295)$$

Aus der Abbildung ist ersichtlich, daß hierbei r variiert wird.

Man kann nach einem Vorschlage von Schulze und Zickner[130]) mit Hilfe der Scheringbrücke auch Kapazitätsänderungen registrieren, wie dies Abb. 214 andeutet. Man gleicht dabei zuerst die Brücke mittels C_1, C_3 und C_4 ab. Die Änderung von C_x kann dann nach einer Eichung

der Verstärker-Apparatur direkt am Registrier-Galvanometer G festgestellt werden.

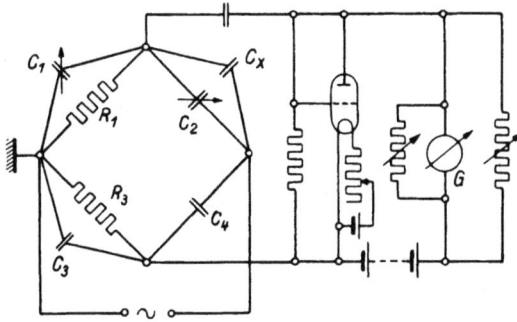

Abb. 214. Registrierende Scheringbrücke nach Schulze und Zickner.

Eine Anordnung zur Aufzeichnung sehr kleiner Kapazitätsänderung
mittels einer geschirmten Brücke ist auch von Nissen[315]) angegeben
worden.

Es sei auch noch eine von Kautzmann[131]) angegebene Scheringbrücke zur Verlustwinkel-Messung erwähnt. Hierbei ist dem Widerstand R_1 ein Schleifdraht σ in Reihe geschaltet. R_1 ist ein Kurbel-
Dekaden-Widerstand, R_3 ist ein konstanter Widerstand von $1000/\pi =$
$319\,\Omega$. Es ist

$$C_x = C_N \cdot R_3/(R_1 + \sigma) \ \ldots \ldots \ldots \ (296\,\mathrm{a})$$

$$\mathrm{tg}\,\delta = R_3\,\omega \cdot C_3 \ldots \ldots \ldots \ldots \ (296\,\mathrm{b})$$

Läßt man C_3 weg und schaltet in Reihe zu R_1 ein Selbstinduktions-
Variometer L_1, so ist (Abb. 215):

$$C_x = C_N \cdot R_3/(R_1 + \sigma + R_L) \ \ldots \ldots \ (297\,\mathrm{a})$$

$$\mathrm{tg}\,\delta = \omega\,L_1/(R_1 + \sigma + R_L) \ \ldots \ldots \ (297\,\mathrm{b})$$

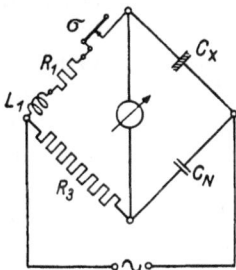

Abb. 215. Verlustfaktorbrücke
nach Kautzmann.

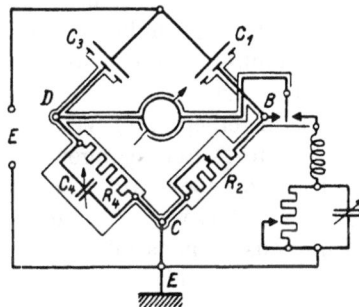

Abb. 216. Geschirmte Scheringbrücke
nach Benedict.

Eine geschirmte Scheringbrücke ist von Benedict[132]) angegeben
worden (Abb. 216). Bei der sog. »invertierten Scheringbrücke« ist

die Erde an *A* statt an *E* gelegt. Der variable Scheinwiderstand $\mathfrak{Z}$ dient zur Einstellung der Schirmung auf das Galvanometer-Potential.

Eine Anordnung von Hartshorn[133]) zur Messung sehr kleiner Kapazitäten zeigt Abb. 217. Die Brücke ist zur Erreichung einer hohen Genauigkeit sehr sorgfältig geschirmt.

Die verschiedenen Anwendungen der Scheringbrücke, wie sie z. B. Bormann und Seiler, Bogordizky und Maigeldinov u. a. gegeben haben, werden im II. Band besprochen werden. Die Empfindlichkeit der Scheringbrücke hat außer Schering selbst[32]) Miller[134]) untersucht.

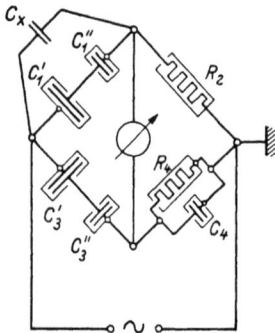

Abb. 217. Geschirmte Scheringbrücke
nach Hartshorn.

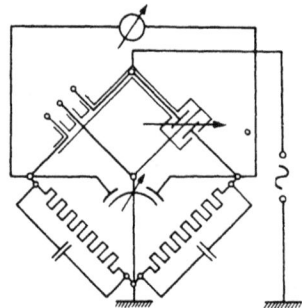

Abb. 218. Scheringbrücke nach Zickner
für sehr kleine Kapazitäten.

Von den zahlreichen Arbeiten über die Scheringbrücken seien der Vollständigkeit halber noch einige kurz erwähnt: Über Fehler bei Verlustwinkelmessungen infolge von Kapazitätsverschiebungen während der Periode der angelegten Wechselspannung hat Tschiassny[283]) Untersuchungen angestellt. Schon vorher hat Beldi[284]) den Einfluß der Kapazität der Meßleitungen und der Abschirmungen untersucht, ebenso Schaudinn[285]) und Brockbank[286]). Eine besonders abgeschirmte Scheringbrücke mit Röhrenverstärker benutzt Konried[287]) zur Untersuchung von Isolierstoffen in elektrischen Feldern mit übergelagerten magnetischen Feldern. Eine fahrbare Scheringbrücke (s. a. Bd. II) beschreiben Hill, Watts und Burr[288]). Verschiedene Erdungs- und Schirmungs-Schaltungen finden sich bei Dannatt[289]). Schließlich sei auch noch auf die zusammenfassenden Ausführungen von Brion und Vieweg[290]) hingewiesen.

Eine Zusammenstellung verschiedener Brücken zur Verlustfaktor-Messung geben auch Ford und Reynolds[309]). Die in dieser Arbeit enthaltenen praktischen Ausführungen der Gen. Electr. Comp. werden im II. Bd. besprochen werden.

Eine Meßmethode für sehr kleine Kapazitäten unter 1 pF hat Zickner[135]) angegeben (Abb. 218). Hierbei wird zur Erzielung einer sehr kleinen Normalkapazität ein veränderbarer Kondensator ohne

Anfangskapazität dadurch hergestellt, daß man zwischen die Belege einen mit der Gesamtschirmung verbundenen Schirm zwischenschiebt. Der zu messende Kondensator kann mit seinem Gehäuse an die Brückenschirmung angeschlossen werden. Die praktische Ausführung wird im II. Band besprochen werden.

b) Brücken mit Selbstinduktionen und Ohm-Widerständen („Selbstinduktionsbrücken").

Die einfache Brücke mit 2 Selbstinduktionen ist bereits von Maxwell[12]) unter Verwendung eines ballistischen Galvanometers angegeben worden, um 2 Selbstinduktionen miteinander zu vergleichen. Es ist:

$$(R_1 + j\,\omega\,L_1) \cdot R_4 = (R_3 + j\,\omega\,L_3) \cdot R_2 \quad \ldots \ldots \quad (298)$$

Daraus ergibt sich:

I. $\qquad\qquad R_1 R_4 = R_2 R_3 \ldots \ldots \ldots \ldots$ (298a)

II. $\qquad\qquad R_4 L_1 = R_2 L_3, \ldots \ldots \ldots \ldots$ (298b)

wobei der Widerstand R' entweder in R_1 oder in R_3 enthalten ist.

Die Abgleichung ist sehr einfach, wenn die Vergleichsinduktivität L_3 veränderbar ist. Man kann dann die Bedingung I mit Gleichstrom, die Bedingung II durch Variation von L_3 erfüllen. Die Widerstände R_3 und R_4 lassen sich als Schleifdraht ausbilden, wie dies Abb. 219 zeigt.

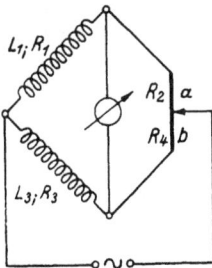

Abb. 219. Maxwell-Brücke mit Schleifdraht.

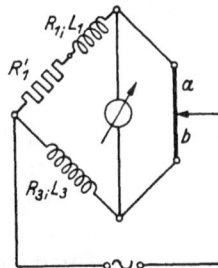

Abb. 220. Maxwell-Brücke mit Schleifdraht und Zusatzwiderstand.

Ganz allgemein interessant ist der Fall, daß die zu untersuchende Selbstinduktion $L_1 = L_x$ Wirbelstrom- oder Hysterese-Verluste aufweist. In diesem Falle gibt man, wie Skirl[54]) ausführt, dem Widerstand $R_1 = R_x$ einen veränderbaren Zusatzwiderstand R_1' (Abb. 220). Es ist dann

I. $\qquad\qquad (R_x)_\sim = R_3 \cdot a/b - R_1' \quad \ldots \ldots \ldots$ (299a)

II. $\qquad\qquad L_x = L_3 \cdot \dfrac{a}{b} \quad \ldots \ldots \ldots \ldots$ (299b)

Der Widerstand $(R_x)_\sim$ ist dann nicht mehr der reine Ohm-Widerstand der zu untersuchenden Selbstinduktion, sondern der durch die Verluste scheinbar vergrößerte Widerstand, wenn man die beiden Bedingungen nur mit Wechselstrom durch abwechselnde Veränderung von L_3 und R_1' erfüllt. Man gleicht nun nochmals mit Gleichstrom ab, wobei man nur R_1' verändert, und erhält einen Wert $(R_x)_=$. Es ist dann:

$$(R_x)_= = R_3 \cdot \frac{a}{b} - R_1'' \quad \ldots \ldots \ldots \quad (300)$$

und somit

$$(R_x)_\sim - (R_x)_= = R_1'' - R_1' \quad \ldots \ldots \quad (301)$$

Dies ist der Verlustwiderstand der Selbstinduktion L_x.

Zur Vermeidung von inneren und äußeren Einflüssen hat Giebe[84] eine besondere bifilare Leitungsführung angewandt, die Abb. 221 im

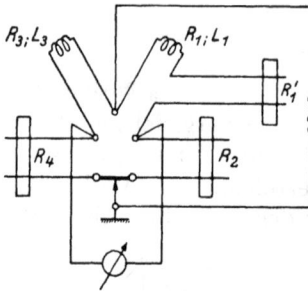

Abb. 221.
Giebe-Bifilarbrücke.

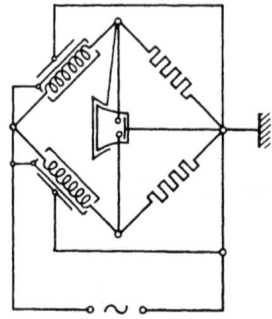

Abb. 222. Abgeschirmte Maxwell-
Brücke nach Hague.

Prinzip wiedergibt. Die 4 Brücken-Eckpunkte sind dabei nahe aneinander gelegt. Die Widerstände R_2 und R_4 sind als Schleifdrähte ausgebildet, ebenso der Zusatzwiderstand R_1'. Die Fehlwinkel von R_2 und R_4 (durch Eigenkapazität und Selbstinduktion) werden dadurch gleich. Man schirmt noch die Zuleitungen und den Indikator. Man mißt mit der Bifilarbrücke auch die Zeitkonstante von kleinen Drahtwiderständen.

Abb. 222 zeigt nach den Angaben von Hague[4] die Abschirmung einer Brücke mit 2 Selbstinduktionen.

c) Wheatstonebrücken mit Ohm-Widerständen, Kapazitäten und Selbstinduktionen. (Brücken vom »Maxwell-Wien-Typ«.)

Verschiedene derartige Brücken wurden bereits bei den frequenzabhängigen Wheatstonebrücken besprochen. Eine frequenzunabhängige Brücke ist ebenfalls von Maxwell[12] zur ballistischen Messung angegeben und von M. Wien[94] zur Wechselstrom-Messung benutzt worden (Abb. 223). Es ist:

$$R_2 \cdot R_3 \cdot (1/R_4 + j\,\omega\,C_4) = R_1 + j\,\omega\,L_1 \quad \ldots \ldots \quad (302)$$

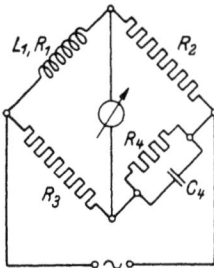

Abb. 223. Maxwell-Wien-Brücke.

und daraus

$$\frac{R_2 \cdot R_3}{R_4} = R_1 \quad \ldots \ldots \quad (302\,\mathrm{a})$$

$$R_2 R_3 C_4 = L_1 \quad \ldots \ldots \quad (302\,\mathrm{b})$$

Die Abstimmung erfolgt mittels R_2, R_3 und R_4. Bei Messung von C_4 macht man zweckmäßig L_1 veränderbar, bei Messung von L_1 benutzt man einen veränderbaren Kondensator C_4.

Aus der Maxwell-Wien-Brücke sind die verschiedenen Brücken vom Anderson-Typ hervorgegangen (s. S. 222).

d) Wheatstonebrücken mit gegenseitigen Induktionen.

Ausgenommen seien auch hier alle Brücken, bei denen die Sekundärseite der gegenseitigen Induktion in der Meßdiagonale liegt. Diese werden in einem besonderen Kapitel behandelt (S. 210). Ferner seien alle die Schaltungen ausgenommen, die man als reine Kompensations-Verfahren ansprechen muß. Diese finden im letzten Teil des Buches Erörterung (S. 39 u. ff.).

Die Brücken mit gegenseitigen Induktionen werden am einfachsten berechnet, wenn man die gegenseitige Induktion mittels der Dreieck-Stern-Transformation in drei Selbstinduktionen auflöst. Nach dem Satz von L. Merz ist dies immer möglich, auch wenn bereits eine galvanische Kopplung vorhanden ist und eine zweite sich als notwendig erweist (S. 39).

α) Brücken mit einer gegenseitigen Induktion.

Eine Brücke mit einer gegenseitigen Induktion zeigt Abb. 224a. Löst man die gegenseitige Induktion gemäß Abb. 224b auf, so ergibt sich:

$\mathfrak{Z}_a = -m$; $\mathfrak{Z}_b = R_1 + j\omega L_1 + m$; wobei $m = j\omega M$ und $\mathfrak{Z}_c = R_1 + j\omega L_1$.

Es ist dann

$$\mathfrak{Z}_b \cdot R_4 = (\mathfrak{Z}_a + R_3) \cdot R_2 \quad \ldots \ldots \ldots \quad (303)$$

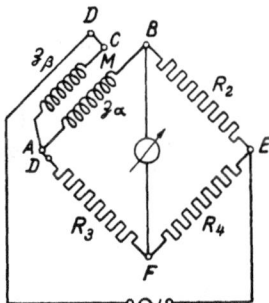

Abb. 224a. Maxwell-Wien-Brücke mit einer gegenseitigen Induktion.

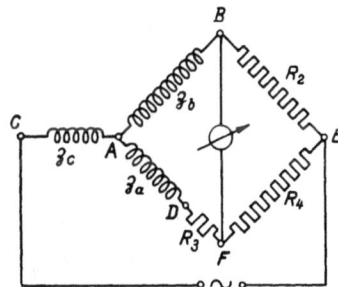

Abb. 224b. Auflösung der Maxwell-Wien-Brücke mit einer gegenseitigen Induktion.

und somit:

$$(R_1 + j\,\omega\,L_1 + m)\cdot R_4 = (-m + R_3)\cdot R_2 \quad \ldots \ldots \quad (304)$$

Hieraus folgt:

I.
$$R_1 \cdot R_4 = R_2\,R_3 \quad \ldots \ldots \ldots \quad (305\,\mathrm{a})$$

$$L_1 \cdot R_4 + M\,R_4 = -\,M \cdot R_2 \quad \ldots \ldots \quad (305\,\mathrm{b})$$

oder

II.
$$L_1 = -\,M \cdot (R_2 + R_1)/R_4.$$

Diese Brücke ist ebenfalls bereits von Maxwell[12]) zur ballistischen Messung angegeben und von M. Wien[94]) zur Verwendung mit Wechselstrom erweitert worden. Hier kann man die Selbstinduktion L_1 mit Hilfe der gegenseitigen Induktion bestimmen und umgekehrt. Die Abgleichung ist nur mittels der Ohm-Widerstände der Brücke möglich, da die gegenseitige Induktion und die Selbstinduktion nicht veränderbar sind. Sie muß daher, wie bei der einfachen Selbstinduktions-Brücke, durch »Eingabelung« erfolgen. Aus Gl. (305 b) ergibt sich, daß $L_1 > M$ sein muß. Die umständliche Methode der »Eingabelung« ist von Rowland vermieden worden. Löst man die Rowland-Brücke mittels der Dreieck-Stern-Transformation auf, so erhält man eine Brücke vom Anderson-Typ, so daß diese weiter unten behandelt werden soll (S. 227).

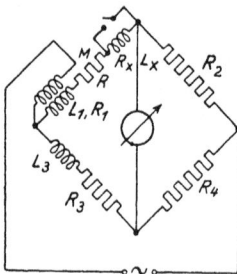

Die Maxwell-Brücke ist von Campbell[136]) zur Messung großer Selbstinduktionen benutzt worden (Abb. 225). Hier ist die gegenseitige Induktion M veränderbar. Es ergibt sich aus der Praxis, daß die Veränderbarkeit von M nur in engen Grenzen notwendig ist.) Die Abgleichung erfolgt, indem man zunächst die gesuchte

Abb. 225. Maxwell-Wien-Brücke zur Messung von Selbstinduktionen nach Campbell.

Selbstinduktion L_x kurzschließt. Es ist dann für $M = M_a$ und $R = R_a$:

$$(R_1 + R_a)\cdot R_4 = R_2 \cdot R_3 \quad \ldots \ldots \ldots \quad (306\,\mathrm{a})$$

$$(L_1 + M_a)\cdot R_4 + M_a \cdot R_2 = R_2 \cdot L_3 \quad \ldots \ldots \quad (306\,\mathrm{b})$$

Öffnet man nun die Selbstinduktion L_x und gleicht erneut mittels $M = M_b$ und $R = R_b$ ab, so folgt:

$$(R_1 + R_b + R_x)\cdot R_4 = R_2 \cdot R_3 \quad \ldots \ldots \ldots \quad (306\,\mathrm{c})$$

$$(L_1 + L_x + M_b)\cdot R_4 + M_b \cdot R_2 = R_2 \cdot L_3 \quad \ldots \ldots \quad (306\,\mathrm{d})$$

Aus den 4 Gleichungen ergibt sich:

$$R_x = R_a - R_b \quad \ldots \ldots \ldots \ldots \quad (307\,\mathrm{a})$$

$$L_x = (R_2 + R_4)\cdot (M_a - M_b)/R_4 \quad \ldots \ldots \quad (307\,\mathrm{b})$$

Für $R_2 = R_4$ ist dann:

$$L_x = 2\,(M_a - M_b) \quad \ldots \ldots \ldots \quad (307\,\mathrm{c})$$

In einer früher angegebenen Schaltung verwendet Campbell[137]) im Zweig 3 nur einen Ohm-Widerstand. Die Messung erfolgt ohne R durch Variation von R_3 und M. Die Ergebnisse sind analog den vorstehenden. Bei sehr genauen Messungen muß man die kleinen Selbstinduktionen von R_2 und R_4 berücksichtigen, wie dies ebenfalls von Campbell bereits untersucht wurde. Die Verwendung von $R_2 = R_4$ mit einem veränderbaren Zusatzwiderstand R_3' stammt von Heaviside[139]). Für $L_3 = L_1$ erhält man dann:

$$R_x = R_2'' - R_3' \quad \cdots \cdots \cdots \quad (308\,a)$$

$$L_x = 2\,(M_b - M_a) \quad \cdots \cdots \cdots \quad (308\,b)$$

Die Abgleichung erfolgt hierbei mit R_3' bzw. R_3'' und M. Die Verwendung einer zweiten Gegeninduktion statt der Selbstinduktion L_3 wird im nächsten Abschnitt behandelt werden.

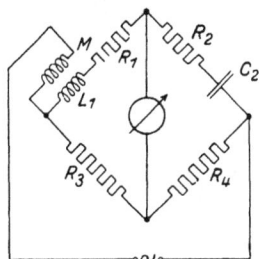

Abb. 226. Carey-Foster-Brücke.

Sehr bekannt geworden zur Messung von gegenseitigen Induktionen ist die Carey-Foster-Brücke[140]) (Abb. 226). Auch diese Brücke wurde zuerst ballistisch verwendet und von Heydweiller[141]) durch Hinzufügung des Widerstands R_2 auch zur Messung mit Wechselstrom geeignet gemacht. Es ist:

$$[R_1 + j\,\omega\,(L_1 + M)]\cdot R_4 = (R_2 - j/\omega\,C_2)\cdot(R_3 - j\,\omega\,M) \quad . \quad (309)$$

Hieraus folgt:

$$R_1\,R_4 = R_2\,R_3 - M/C_2 \quad \cdots \cdots \quad (309\,a)$$

$$(L_1 + M)\cdot R_4 = -R_2\,M - \frac{1}{\omega^2}\cdot\frac{R_3}{C_2} \quad \cdots \cdots \quad (309\,b)$$

Die Brücke ist in dieser Form also frequenzabhängig. Wählt man aber $R_3 = 0$, so ist

$$R_1\,R_4 = -M/C_2 \quad \cdots \cdots \cdots \quad (310\,a)$$

$$(L_1 + M)\cdot R_4 = -R_2\cdot M \quad \cdots \cdots \quad (310\,b)$$

Infolge der gegenseitigen Induktion M verschwindet das R_2 enthaltende Glied der Abgleichungsbedingung nicht. Es muß $L_1 > M$ sein. Ist dies nicht der Fall, so muß man L_1 eine zusätzliche Selbstinduktion L_1' zufügen*). Die Messung von M geschieht durch Abgleichung mit R_1, R_2 oder C_2. Man kann mittels der Carey-Foster-Brücke auch die Kapazität C_2 messen. In diesem Fall gleicht man mit M — das dann veränderbar sein muß — und R_2 ab. Für genaue Messungen muß man auch hier die kleine Selbstinduktion von R_2 und R_4 berücksichtigen. Untersuchungen über die Fehlermöglichkeiten der Carey-Foster-Brücke sind von Butterworth[17]) angestellt worden. Sie sind in dem schon öfters zitierten Buch von Hague[4]) beschrieben.

---

*) Anm. b. d. Korr.: oder in M Sekundär- und Primärspule vertauschen.

Zur Messung großer Selbstinduktionen ist eine Variation der Carey-Foster-Brücke von Schering angegeben worden. Diese Schaltung hat die eine Seite der Gegeninduktion in der Meßdiagonale (S. 210).

In Abb. 177 (S. 172) ist bereits eine von Dye angegebene Abgleichung der Erdkapazität der Carey-Foster-Brücke gezeigt worden.

Chatterjee[142]) gibt eine Anordnung zur Messung des Kopplungskoeffizienten von eisenfreien Transformatoren mit Hilfe der Heydweiller-Carey-Foster-Brücke.

Eine Carey-Foster-Brücke zur Messung der Kapazität und des Verlustfaktors von Glimmerkondensatoren ist von Curtis, Sparks, Hartshorn und Astbury[292]) angegeben worden. Die technische Ausführung wird im II. Band beschrieben werden.

Eine besondere Gruppe von Brücken mit einer gegenseitigen Induktion ergibt sich, wenn man nach Walsh[143]) 2 Brückenzweige in-

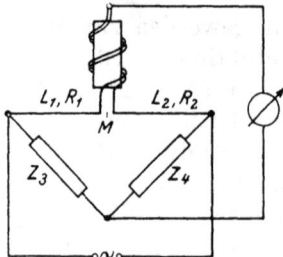

Abb. 227. Brücke mit gegenseitiger Induktion in zwei Brückenzweigen nach Walsh (bei niederohmiger Spannungsquelle und hochohmigem Indikator).

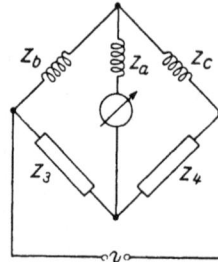

Abb. 228. Auflösung der Walsh-Brücke

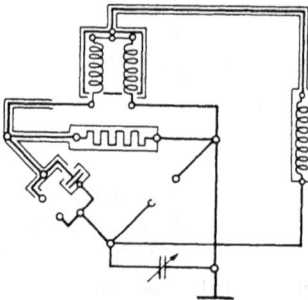

Abb. 229. Abgeschirmte Walsh-Brücke.

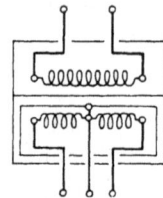

Abb. 230. Geschirmter Dreiwindungs-Transformator nach Walsh.

duktiv miteinander koppelt (Abb. 227). Löst man diese Brücke mittels der Dreieck-Stern-Transformation auf, so ergibt sich (Abb. 228):

$$\mathfrak{Z}_4 \cdot [R_1 + j\,\omega\,(L_1 + M)] = \mathfrak{Z}_3 \cdot [R_2 + j\,\omega\,(L_2 + M)] \quad . \quad . \ (311)$$

Bei sehr enger Kopplung der Spulen ist näherungsweise:

$$M^2 = L_1 \cdot L_2.$$

Macht man nun $L_1 = n^2 L_2$, so ergibt sich $M = n \cdot L_2$ und daraus:
$$\mathfrak{Z}_4 \left[R_1 + j\,\omega L_2 \cdot n\,(n+1) \right] = \mathfrak{Z}_3 \cdot \left[R_2 + j\,\omega L_2\,(n+1) \right].$$
Wählt man dazu $R_1 = n \cdot R_2$, so folgt:
$$\mathfrak{Z}_4 / \mathfrak{Z}_3 = 1/n \quad \dots \dots \dots \dots \quad (312)$$
Man kann erreichen, daß bei kleinstem Strom in der Speisediagonale der Strom in der Meßdiagonale ein Maximum erreicht*). Von den ver-

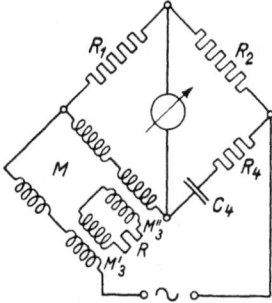

schiedenen von Walsh angegebenen Schaltungen sei besonders eine Abschirmungs-Schaltung (Abb. 229) und ein geschirmter Dreiwindungs-Transformator (Abb. 230) erwähnt.

Die Walsh-Schaltungen sind in ihrer Tragweite noch keineswegs erschöpfend untersucht und versprechen noch eine Reihe von Vorteilen.

Eine neue Form der Carey-Foster-Brücke mit Zwischenkreis ist von Campbell[144] zur Verlustwinkel- und Kapazitätsmessung von Kondensatoren angegeben worden. Sie

Abb. 231. Carey-Foster-Brücke nach Campbell mit Zwischenkreis.

beruht auf der Verwendung eines Zwischenkreises von Campbell (Brit. Patent Nr. 350789) zur Verringerung der Fehler von gegenseitigen Induktionen und ist in Abb. 231 wiedergegeben. Nach Angaben von Hague in dem bereits erwähnten Buche (3. Aufl. S. 403) ist für $R_1 = 0$ und $M = L_3$, sowie $R \gg L_3'$ (wobei L_3' die Selbstinduktion des Zwischenkreises bedeutet):
$$\cos \varphi \sim \omega\,M_3'' \cdot M_3' / M \cdot R \quad \dots \dots \dots \dots \quad (313a)$$
$$M/C_4 \sim \left[R_3 + \frac{\omega^2\,M_3''\,(M_3'' - M_3')}{R} \right] \cdot R_2 - \frac{\omega^2\,M_3'' \cdot M_3' \cdot R_4}{R} \quad (313b)$$
Die Brücke ist also frequenzabhängig. Ist jedoch bei gleichzeitiger Änderung von M_3' und M_3'' annähernd $M_3'' = M_3'$, so folgt bei Vernachlässigung des zweiten Gliedes der Gl. (313b):
$$C_4 \sim M/R_2 R_3 \quad \dots \dots \dots \dots \quad (313c)$$
Von Mittelmann[265] ist eine Brücke zur angenäherten Bestimmung des Übersetzungsverhältnisses von Transformatoren angegeben worden. Hierbei liegt die Primärspule im Zweig 4, die Sekundärspule des Transformators im Zweig 3, während die Zweige 1 und 2 als Schleifdraht ausgebildet sind. (R_1 entspricht dabei Schleifdrahtlänge a, R_2 der Schleifdrahtlänge b). Bezeichnet man mit w_1 die Primärwindungszahl, mit w_2 die Sekundärwindungszahl und mit J_t den Primärstrom, so ergibt sich:
$$\frac{a}{b} = \frac{J_t\,[(w_1 + w_2) \cdot k_H + k_2\,w_2] \cdot w_2}{J_t\,[(w_1 + w_2) \cdot k_H + k_1 \cdot w_1] \cdot w_1} \quad \dots \dots \quad (314)$$

*) Bei hochohmiger Spannungsquelle sind in Abb. 227 und 228 Spannungsquelle und Indikator zu vertauschen.

Hierbei sind k_H, k_1 und k_2 Konstanten (Streukoeffizienten). Vernachlässigt man die Streukoeffizienten k_1 und k_2, so erhält man angenähert

$$\frac{w_2}{w_1} = \frac{a}{b} \quad \ldots \ldots \ldots \ldots \ldots \quad (315)$$

β) Brücken mit zwei Gegeninduktionen.

Auch hier seien die Brücken, bei denen eine Wicklung einer oder
der beiden Gegeninduktionen in der Meßdiagonale liegt, gesondert behandelt.

Eine derartige Brücke hat ebenfalls bereits Maxwell[12]) angegeben.
(Abb. 232). Diese Brücke wird am einfachsten berechnet, indem man
den Punkt E mit dem Punkt G (gedacht) verbindet und beide Gegeninduktionen in einen Stern von Selbstinduktionen auflöst.

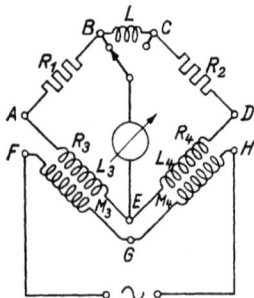

Abb. 232. Maxwell-Brücke mit
zwei gegenseitigen Induktionen
nach Campbell.

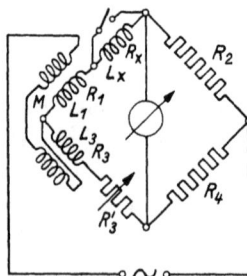

Abb. 233. Maxwell-Campbell-
Brücke zur Messung kleiner
Selbstinduktionen.

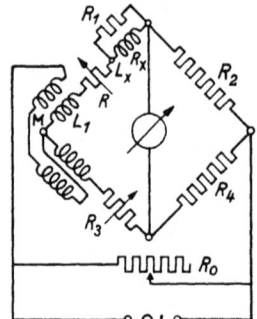

Abb. 234. Erweiterung der
Maxwell-Campbell-Brücke
Abb. 233 nach Dye.

Die Methode wurde von Maxwell ballistisch benutzt und von Campbell zu einer Wechselstrombrücke erweitert. Will man M_3 mit Hilfe
von M_4 bestimmen und ist M_4 veränderbar, so kann man M_4 so lange
verändern bis der Indikator ein Minimum ergibt. Für $R_1 = R_2$ ist dann
$M_3 = M_4$. Die Selbstinduktion L ist dabei nicht erforderlich. Bei
höheren Frequenzen ist die Methode jedoch infolge der Eigenkapazität
der Gegeninduktionen nicht anwendbar. Hat man 2 verschiedene
Gegeninduktionen, so ergibt sich:

$$(R_1 + R_3 + j\omega L_3)\cdot M_4 = (R_2 + R_4 + j\omega L_4)\cdot M_3 \ldots (316)$$

und daraus:

$$(R_1 + R_3)\cdot M_4 = (R_2 + R_4)\cdot M_3 \ldots \ldots (317a)$$

$$L_3 M_4 = L_4 \cdot M_3 \ldots \ldots \ldots (317b)$$

Hier legt man L in den Kreis mit der kleineren Selbstinduktion und
verändert den Wert von L. (L ist also zu L_3 oder L_4 addieren.)

Seite 199 ist bereits eine Erweiterung der Campbell-Brücke erwähnt worden, bei der die gegenseitige Induktion in den Zweigen 1 und 3 liegt. Bei dieser Brücke (Abb. 233) ist bei zwei Abgleichungen mit offenem und geschlossenem L_x

$$R_x = R_1'' - R_1' \quad . \quad . \quad . \quad . \quad . \quad . \quad . \quad . \quad (315\,\mathrm{a})$$

$$L_x = 2\,(M'' - M') \quad . \quad . \quad . \quad . \quad . \quad . \quad . \quad (315\,\mathrm{b})$$

Die Brücke dient, wie die einfache Campbell-Brücke, zur Bestimmung von kleinen Selbstinduktionen.

Dye[145, 273] hat diese Brücke auf die Messung großer Selbstinduktionen ausgedehnt (Abb. 234). Der gesuchten Selbstinduktion ist dabei ein Ohm-Widerstand R_1 parallel geschaltet. Man mißt einmal mit offenem und dann mit geschlossenem R_1' und erhält M', R_1' bei angeschlossenem R_1' und M'', R'' bei offenem R_1'

$$R_x = \frac{R_1^{2\prime} \cdot (R'' - R')}{(R'' - R')^2 + \omega^2\,[2\,(M'' - M')]^2} - R_1' \quad . \quad . \quad . \quad (318\,\mathrm{a})$$

$$L_x = \frac{2\,(M'' - M')}{(R'' - R')^2 + \omega^2\,[2\,(M'' - M')]^2} \quad . \quad . \quad . \quad . \quad (318\,\mathrm{b})$$

R' und R'' sind also die beiden Werte von R. Ebenso sind M' und M'' die beiden Werte von M. Die Dye-Brücke ist jedoch nicht mehr frequenzunabhängig.

Eine erweiterte Maxwellbrücke mit zwei Gegeninduktionen ist zur Messung von Verlustwinkeln von Bruun[266] angegeben worden. Bruun benutzt als Stromquelle einen Röhrengenerator und in der Meßdiagonale einen induktiv angekoppelten Detektorkreis mit einem Spiegel-Galvanometer.

Eine besondere Bedeutung haben in letzter Zeit die invertierten Maxwell-Campbell-Brücken gewonnen. Sie entstehen aus den gewöhnlichen Maxwell-Campbell-Brücken, wenn man Spannungsquelle und Indikator vertauscht, sind also eigentlich Brücken mit Wicklungen von Gegeninduktionen in der Meßdiagonale (S. 210). Der besseren Übersicht wegen sollen sie jedoch hier erwähnt werden. Sie werden von Thal in seinen Verlustwinkelbrücken verwendet, wobei vor dem Indikator ein phasenempfindlicher Gleichrichter (Schwinggleichrichter) liegt. Die gleiche Schaltung wird bei der magneto-elastischen Druckdose[323] neuerdings benutzt, um den Temperatur-Einfluß zu eliminieren. Hier bestehen die Zweige 1 und 2 aus Ohmwiderständen, die Zweige 3 und 4 aus je einer Druckdose, wobei die Primärwicklungen der Druckdosen in die Brückenzweige, die Sekundärwicklungen zusammen mit einem Gleichrichter und dem Indikator-Instrument als Meßdiagonale geschaltet sind. Die Druckdose im Zweig 3 dient als Meßdose, die Druckdose im Zweig 4 bleibt unbelastet.

Natürlich sind die invertierten Maxwell-Campbell-Brücken nicht mehr frequenz-unabhängig, sobald sie in der Ausschlagmethode benutzt werden*).

γ) *Brücken mit mehr als zwei gegenseitigen Induktionen.*

Derartige Brücken sind in der Praxis ziemlich selten. Die allgemeine Wheatstonebrücke mit beliebigen gegenseitigen Induktionen ist von Heaviside[89]) und Karapetoff[90]) untersucht worden. Sie wurde bereits bei den Betrachtungen über gegenseitige Induktionen behandelt (S. 170).

Eine von Karapetoff angegebene Schaltung findet sich bei den Thomsonbrücken (S. 230).

e) Wheatstonebrücken zur Messung der Leitfähigkeit von Flüssigkeiten.

Bei der einfachen Wheatstone-Leitfähigkeitsbrücke (Abb. 235) wird der Blindwiderstand der Brückenzweige vernachlässigt. Für die Widerstände R_3, R_4 verwendet man meist einen Schleifdraht oder einen Walzendraht (Bd. II). Kapazitäten in den Brückenzweigen, besonders auch die Kapazität der Meßzelle verhindern eine Nullabgleichung der Brücke. Man erhält dann sogar oft ein so flaches Minimum, daß die Genauigkeit einer derartigen einfachen Brücke sehr gering wird. Befindet sich die Meßzelle im Zweig 1, so legt man parallel zum Widerstand R_2 eine veränderbare Kapazität C_2 und gleicht mit dieser die Blindkomponente der Brücke ab.

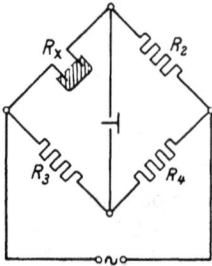

| Abb. 235. Einfache Wheat-stone-Leitfähigkeitsbrücke. | Abb. 236. Leitfähigkeitsbrücke nach Dolezalek und Gahl. | Abb. 237. Messung des inneren Widerstands eines galvanischen Elements nach Jaeger. |

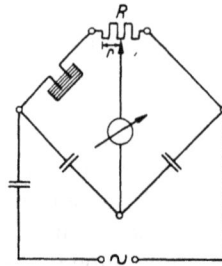

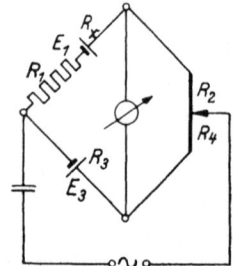

Auch die S. 178 angegebene Brücke von Haworth wird zur Leitfähigkeitsmessung benutzt, ebenso wie eine Variante derselben von Taylor[146]).

---

*) Ähnlich der Messung von Drucken mit der magneto-elastischen Druckdose ist eine von Keinath[321]) vorgeschlagene induktive Temperaturmessung. Bei dieser befindet sich in einem Brückenzweig eine offene Drossel, die sich über eine Kalanderwalze, deren Temperatur gemessen werden soll, schließt. Die in der Walze auftretenden Wirbelströme und Hysterese-Verluste (bei Eisenwalzen) hängen von der Walzen-Temperatur ab.

Bei der von Haworth[147]) angegebenen Variation der Heaviside-Campbell-Brücke (S. 178) wird an Stelle der Selbstinduktion L_x die Zelle und dieser parallel ein Widerstand geschaltet.

Eine eingehende Zusammenstellung der Leitfähigkeitsbrücken findet sich bei Jones und Josephs[148]). Im Prinzip lassen sich alle Brücken zur Leitfähigkeitsmessung verwenden, bei denen der Verlustwinkel einer Kapazität bestimmt wird. Eine Zusammenfassung der verschiedenen Methoden zur Leitfähigkeitsmessung hat der Verfasser versucht[70]).

Bei der Brücke von Nernst und Hagn[149]) zur Messung des Widerstands galvanischer Elemente befindet sich, wie bei den folgenden Schaltungen in der Speisediagonale eine Kapazität, die die Ableitung des Elementstromes über die Wechselstromquelle verhindert. In Zweig 1 liegt die zu messende Zelle, im 2. Zweig ein veränderbarer Widerstand und in den beiden anderen Zweigen Kapazitäten. Eine Erweiterung dieser Schaltung haben Dolezalek und Gahl[150]) in der in Abb. 236 dargestellten Form gegeben. Es ist hier

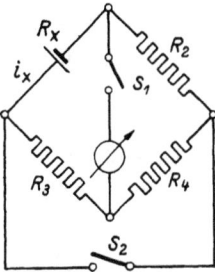

Abb. 238. Messung des inneren Widerstands eines galvanischen Elements nach Mance.

$$R_x = (R - r) \cdot \frac{C_4}{C_3} - r \quad \ldots \ldots \ldots \quad (319)$$

Die ebenfalls zur Messung des inneren Widerstands von galvanischen Elementen bestimmte Schaltung von Jaeger[3]) zeigt Abb. 237. Bei dieser — die eine Brückenschaltung mit einer Gleichstrom-Kompensation vereinigt — liegt im 3. Zweig der Brücke eine Vergleichsspannung. Der Widerstand R_1 wird dabei zuerst kurzgeschlossen, so daß man die Abgleichbedingung:

$$R_x = R_2 R_3 / R_4 \quad \ldots \ldots \ldots \ldots \quad (320a)$$

erhält. Bei geöffnetem R_1 ergibt sich dann:

$$R_x = R_2' \cdot R_3 / R_4' - R_1 \quad \ldots \ldots \ldots \quad (320b)$$

Daraus folgt:

$$R_x = R_1 \cdot \frac{R_2 / R_4}{R_2' / R_4' - R_2 / R_4} \quad \ldots \ldots \quad (321)$$

Bei diesen Schaltungen ist das zu messende galvanische Element stromlos. Eine Schaltung ohne Wechselstrom hat Mance angegeben. Hier wird die Brücke (Abb. 238) so abgeglichen, daß sich der Strom in der Meßdiagonale nicht ändert, wenn der Schalter S_2 geöffnet oder geschlossen ist. Es ist dann

I. $\qquad R_x = R_2 R_3 / R_4 \quad \ldots \ldots \ldots \ldots \ldots \quad (322a)$

II. $\qquad i_x = i_y \frac{R_g + R_2 + R_4}{R_2 + R_4}$ bei offenem S_2 $\ldots$ (322b)

Die Schaltung mißt den Widerstand des Elements bei Strombelastung. Man kann dabei diese variieren und nach Null extrapolieren.

Die Schaltung ist bereits S. 133 beschrieben worden und hier nur nochmals der Vollständigkeit halber erwähnt.

Von Nernst[151]) ist eine Brücke mit nur Elektrolytwiderständen angegeben worden. Ein Mehrelektrodengefäß verwendet die Brücke von Shedlovsky[152]). Interessant ist die registrierende Brücke der Firma Leeds & Northrup, doch muß über die letztgenannten Brücken auf die Originalarbeiten sowie auf die erwähnte Zusammenfassung des Verfassers verwiesen werden.

Bei den Leitfähigkeitsmessungen interessiert in den meisten Fällen die Kapazität der Meßzelle nicht. Sie muß nur zur Erreichung einer guten Abgleichung der Brücke möglichst eliminiert werden. Dagegen ist manchmal die Bestimmung der Dielektrizitätskonstanten oder des Verlustwinkels des Elektrolyten wichtig. In diesem Falle muß man auch die Kapazität der Zelle bestimmen. In letzter Zeit sind hierüber Arbeiten von Güntherschultze und Betz[153]) und von Lorenz und Klauer[154]) erschienen.

Bei der Bestimmung der Leitfähigkeit ist die Berücksichtigung der Temperatur wichtig. Hiervon wird im II. Band die Rede sein. Auch über die verschiedenen Formen der Elektroden und die technischen Ausführungen der Brücken soll dort gesprochen werden. Es sei hier noch die zur Anwendung gelangende Periodenzahl des Wechselstroms erwähnt. Noch bei 50 Hz macht sich bei Präzisionsmessungen ein Polarisationseffekt bemerkbar. Noch stärker tritt dieser bei niedrigeren Perioden oder bei gewendetem Gleichstrom in Erscheinung. Man kann hier aber trotzdem sehr gute Ergebnisse erzielen, wenn man den Elektrolyten unter Druck hält. Nähere Angaben werden im II. Band gegeben werden.

f) Brücken mit Elektronenröhren.

Die Elektronenröhre in der Meßdiagonale ist bereits S. 149 besprochen worden. Hier wird diese als Nullstrom-Verstärker benutzt. Eine derartige Schaltung für Leitfähigkeitsbrücken findet sich z. B. bei Muchlinsky[155]). Eine andere Verstärkerschaltung in der Ausschlagmethode wird von Schulze und Zickner in der bereits erwähnten Brücke zur Messung von Kapazitäts-Änderungen benutzt (S. 193).

Eine Verstärkerschaltung zur Oszillographie von Strömen in Isolierstoffen unter Verwendung der Scheringbrücke ist von Gemant[156]) angegeben worden.

Im folgenden sollen einige Brücken erwähnt werden, bei denen eine oder mehrere Elektronenröhren in den Brückenzweigen selbst liegen. Die Schaltungen von Wynn-Williams, Brentano und Sewig sind bereits S. 130 behandelt worden.

Eine Schaltung zur Erzeugung von pulsierenden Strömen ist von der Allgemeinen Elektricitäts-Gesellschaft zum Patent angemeldet worden und Abb. 239 wiedergegeben. Hierbei liegt im Zweig 1 eine Photozelle, die durch die Lampe L beleuchtet wird.

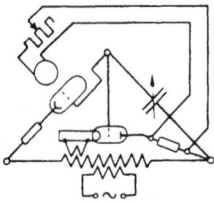

Abb. 239. Schaltung der AEG. zur Erzeugung pulsierender Ströme.

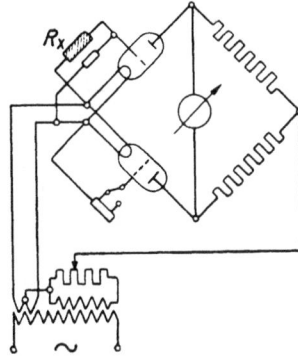

Abb. 240. Leitfähigkeits-Brücke nach Becker.

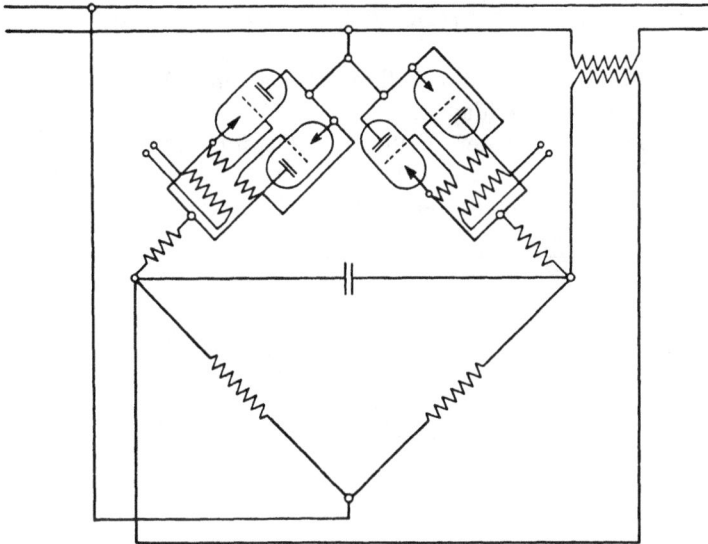

Abb. 241. Schaltung der AEG. zur Erzeugung einer unveränderlichen Wechselspannung.

Eine Brücke zur Messung der Leitfähigkeit zeigt Abb. 240 nach einem Patent von W. A. Becker (D. R. P. 602632).

Eine Schaltung zur Erzeugung einer unveränderlichen Wechselspannung nach einer Patent-Anmeldung der Allgemeinen Elektricitäts-Gesellschaft (A. 65707 Kl. 2 i d 2) zeigt Abb. 241.

Eine der Wynn-Williams-Schaltung ähnliche Schaltung wird in der Radiotechnik häufig als Gegentaktschaltung benutzt. Hierbei kann die zu messende bzw. zu verstärkende Spannung entweder an beiden Gittern liegen (Abb. 242), wobei ein in der Mitte angezapfter Eingangs-

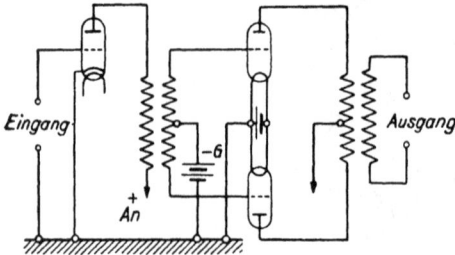

Abb. 242. Gegentaktschaltung mit Eingangs- und Ausgangs-Übertrager.

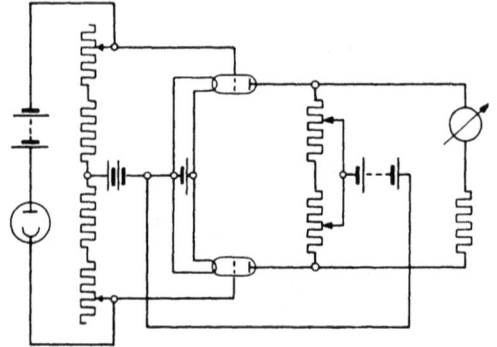

Abb. 243. Gegentaktschaltung nach Loftin-White.

Übertrager verwendet wird, oder nach einem Vorschlag von Loftin-White nur an einem Gitter (Abb. 243). In letzterem Falle ist kein Eingangsübertrager erforderlich.

Eine andere der Wynn-Williams-Schaltung ähnliche Anordnung hat Hasché[157]) vorgeschlagen.

Die Vereinigung einer Brückenschaltung mit einer Gegentakt-Schaltung gibt Mc. Namara[158]) an. Hier wirkt die Gegentakt-Schaltung als Nullstrom-Verstärker (Abb. 244). Diese Schaltung besitzt

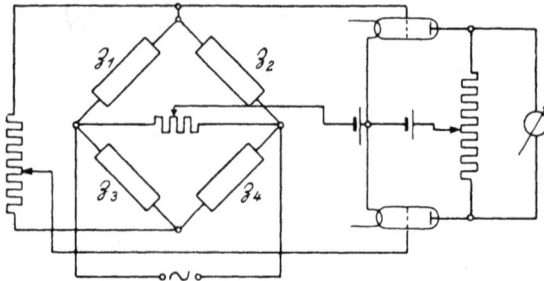

Abb. 244. Gegentaktschaltung nach McNamara.

eine sehr hohe Empfindlichkeit. Sie ist in der gezeichneten Form von der Gleichheit der Charakteristik der beiden Elektronenröhren unabhängig.

In Abb. 245 ist die Ausbalanzierung der Röhrenkapazität eines Kurzwellen-Verstärkers nach einem Vorschlag von Whiting[159]) gezeigt. Barlow (Brit. Pat. 376066) mißt mit Hilfe einer Röhrenbrücke

Wechselströme (Abb. 246). Eine Röhrenbrücke zur Messung der EMK von elektrolytischen Zellen verwendet Partridge[161]). Eine Schaltung mit mehreren Elektronenröhren und zwei Wheatstonebrücken zur Messung von Spannungsunterschieden haben Ric und Levy (D. Pat. Anm. R. 68833 Kl. 21 2, 27) angegeben. Der Wynn-Williams-Schaltung analog

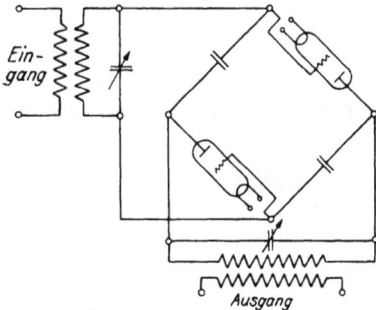

Abb. 245. Whiting-Schaltung.

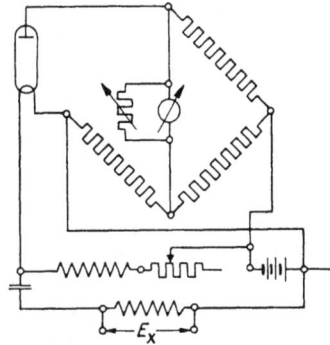

Abb. 246. Barlow-Schaltung.

ist auch eine Schaltung von Campbell[160]) zur Messung von Photozellen. Ähnlich verwenden Hollmann und Schultes[163]) eine Wynn-Williams-Schaltung zur Nachhall-Messung von Räumen. Es sei hierüber auf die Original-Literatur verwiesen.

Eine Brücke mit Elektronenröhre und Elektrolytzelle zur Messung von Wanderwellen hat Fucks[164]) vorgeschlagen. Es sei auch noch ein neuer Wechselstrom-Nullindikator mit einer Elektronenröhre in Kippschaltung erwähnt, der von König[165]) angegeben wurde.

Die Messung des inneren Widerstands von Elektronenröhren wurde zuerst von Barkhausen[282]) angegeben. Der innere Widerstand von Elektronenröhren ist zwar kein Ohm-Widerstand, kann aber für kleine Stromänderungen wie ein solcher behandelt werden. Ist e_a die Anodenspannung, i_a der Anodenstrom bei der konstanten Gitterspannung e_g, so ist der innere Widerstand der Röhre

$$R = e_a / i_a.$$

Man legt die Röhre mit Anode und Kathode in einen Zweig einer Wheatstone-Schleifdrahtbrücke, wobei die Anodenbatterie ebenfalls in dem Zweige liegt.

Ein Röhrenvoltmeter in Brückenschaltung zur Messung von Wasserstoff-Ionen-Konzentrationen beschreibt McFarlane[291]).

g) Brücken mit Photozellen.

Ein Teil dieser Brücken ist bereits im vorigen Kapitel behandelt worden. Eine Schaltung nach Karolus (DRP. 457902) zeigt Abb. 247.

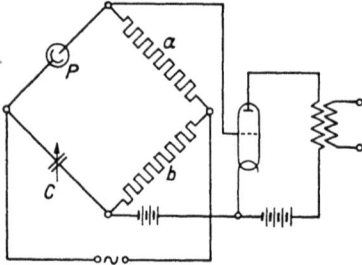

Abb. 247. Karolus-Schaltung.

Hier wird mittels der Kapazität C die Kapazität der Photozelle P abgeglichen. Eine ähnliche Schaltung benutzt Hudec[166]) als Eingangskreis eines Photozellen-Verstärkers für eine Fernseh-Apparatur.

Eine Photozellen-Gegentaktschaltung gibt Eglin[167]).

h) Wechselstrom-Wheatstonebrücken mit gegenseitigen Induktionen, bei denen die Sekundärseite in der Meßdiagonale liegt*).

Bei den im folgenden behandelten Brückenschaltungen, die auch als Kompensationsschaltungen aufgefaßt werden können, wird die Spannung an der Meßdiagonale kompensiert durch die in der Sekundärwicklung eines eisenfreien Transformators (Gegeninduktivität) induzierte EMK, wobei der die Primärwicklung dieses Transformators durchfließende Strom eine bestimmte Beziehung zu den in den Brückenzweigen fließenden Strömen hat.

α) *Die Primärwicklung wird von einem mit der Eingangsspannung verhältnis- und phasengleichen Strom durchflossen.*

Dieser Fall liegt vor bei der Frequenz-Meßbrücke nach Schering und Engelhardt[168]) (Abb. 248), bei der $R_3 = R_4$ fest eingestellt wird, während R_1 und R_5 veränderbar sind (in R_5 ist der Ohm-Widerstand der Primärwicklung L_5 einbegriffen). Die Induktivität von L_5 muß so klein sein, daß für den Meßbereich $\omega L_5 = 0$ gesetzt werden kann. Nachdem die Brücke mittels R_1 und R_5 abgeglichen worden ist, gilt

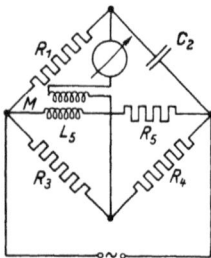

Abb. 248. Frequenz-Meßbrücke von Schering und Engelhardt.

$$1/\omega C_2 = R_1 \quad \ldots \ldots \quad (323\,\text{a})$$

$$2 \omega M = R_5 \quad . \, . \ldots \quad (323\,\text{b})$$

Die beiden Bedingungen sind voneinander unabhängig, was für die Abgleichung sehr bequem ist. Aus der zweiten Bedingung ergibt sich, wenn man $M = \frac{1}{4}\pi$ wählt, die Frequenz

$$f = \omega/2\pi = R_5 \ldots \ldots \ldots \ldots (324)$$

Nach einem Vorschlag von Geyger kann die durch die Induktivität L_5 hervorgerufene Phasenverschiebung zwischen dem in der Primärwicklung fließenden Strom und der Eingangsspannung an der Brücke

---

*) Die Bearbeitung dieses Kapitels hat freundlicherweise mein Kollege und Mitarbeiter Herr W. Geyger übernommen.

dadurch genau auf null gebracht werden, daß man zu einem Teil des mit der Primärwicklung L_5 hintereinander geschalteten Vorwiderstandes eine Kapazität C parallel schaltet. Bezeichnet r_5 den von der Kapazität C überbrückten Teil dieses Vorwiderstandes, so muß $r_5{}^2 \cdot C = L_5$ gemacht werden.

Eine der Schering-Engelhardt-Frequenzbrücke ähnliche Schaltung, die insbesondere zur Messung der reellen und imaginären Komponente des Unterschiedes zweier miteinander zu vergleichenden Wechselstrom-Widerstände dient, ist von der Société d'Etudes pour Liaisons Téléphoniques et Télégraphiques, Paris, angegeben worden [107]).

β) Die Primärwicklung wird von dem Eingangstrom durchflossen.

Bei der bereits von H u g h e s [169]) angegebenen und von C a m p b e l l [170]) zur Frequenzmessung verwendeten Brückenschaltung nach Abb. 249

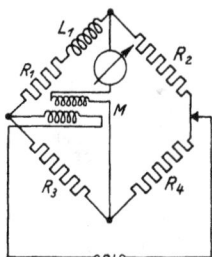

liegt die Primärwicklung der Gegeninduktivität M im Hauptstromkreis. Hierbei sind M und R_2, R_4 veränderbar, jedoch $(R_2 + R_4)$ konstant. Setzt man $R_1 + R_2 + R_3 + R_4 = R$, so ist

$$\omega^2 = \frac{R}{R_4 \cdot L_1{}^2} \cdot (R_2 R_3 - R_1 R_4) \quad . \quad . \ (325)$$

Die Hughes-Campbell-Brücke wird speziell für niedrige Frequenzen (etwa 10...120 Hz) benutzt.

Abb. 249. Hughes-Campbell-Brücke.

Eine ähnliche Frequenz-Meßbrücke, bei der im Zweig 1 an Stelle der Induktivität (L_1 in Abb. 249) eine Kapazität vorgesehen ist, hat R. M. D a v i e s beschrieben [178]).

Auch bei der Brückenschaltung nach D é g u i s n e [171]), die im wesentlichen der Anordnung nach Abb. 249 entspricht, wird die Primärwicklung der regelbaren, a s t a t i s c h ausgebildeten Gegeninduktivität (»Phasenschlitten«) von dem Eingangstrom durchflossen. Die Schaltung ermöglicht, in einer Stromverzweigung die Phasen und das Verhältnis der Zweigströme zu bestimmen oder nach Wunsch einzustellen und andrerseits eine Induktivität oder eine Kapazität zu messen.

In diesem Zusammenhang ist noch die Thomson-Brücke nach D é g u i s n e [172]) (Abb. 285) zu erwähnen, bei der die Primärspule S_1 des Phasenschlittens im Hauptstromkreis und die Sekundärspule S_2 in der Nullstrom-Diagonale liegt.

γ) Die Primärwicklung wird von einem Zweigstrom durchflossen.

Abb. 250 zeigt eine von B u s c h [174]) angegebene Brücke zur Messung von gegenseitigen Induktivitäten, die dadurch gekennzeichnet ist, daß die Primärwicklung der zu messenden Gegeninduktivität M von einem

Zweigstrom (Strom im Zweig 1) durchflossen wird. Die Abgleichung geschieht hier mit Hilfe zweier als Spannungsteiler geschalteter Meßdrähte in der Weise, daß das Nullinstrument zunächst direkt an die beiden Schleifkontakte (punktierte Schaltung) gelegt und durch wechselweises Verschieben der Schleifkontakte auf Stromlosigkeit gebracht wird; die hierzu erforderliche Stellung der Kontakte ist mit C und c bezeichnet. Sodann wird die Sekundärwicklung der Gegeninduktivität in den Nullzweig eingeschaltet (ausgezogene Schaltung) und wiederum

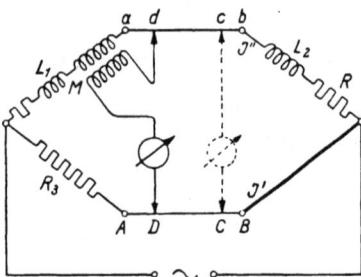

Abb. 250. Brückenschaltung von Busch.

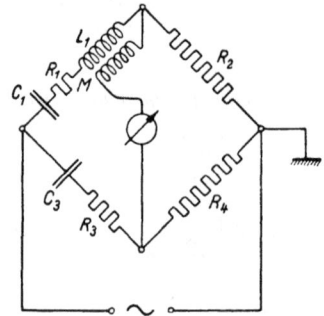

Abb. 251. Hochspannungsbrücke von Dawes und Hoover.

durch wechselweises Verschieben der Schleifkontakte auf Stromlosigkeit des Nullinstrumentes eingestellt, wobei sich die Kontaktstellungen D und d ergeben. Dann folgt, wenn J' der Strom im Meßdraht AB, J'' der Strom in L_1 und L_2 ist, aus der Gleichheit der Potentiale in D und d einerseits, C und c andererseits:

$$J' \cdot R_{DC} = J'' \cdot (R_{dc} + j\omega M) \quad \ldots \ldots \quad (326\,\text{a})$$

$$J' \cdot R_{CB} = J'' \cdot (R_{cb} + R + j\omega L_2), \quad \ldots \ldots \quad (326\,\text{b})$$

woraus man durch Division und Trennung der reellen und imaginären Teile erhält:

$$\frac{R_{DC}}{R_{CB}} = \frac{R_{dc}}{R_{cb} + R} = \frac{M}{L_2} \quad \ldots \ldots \ldots \quad (327\,\text{a})$$

$$M = L_2 \cdot R_{DC} / R_{CB} \quad \ldots \ldots \ldots \quad (327\,\text{b})$$

Damit ist die Bestimmung von M auf die Messung der beiden Drahtlängen DC und CB zurückgeführt.

Bei der Hochspannungsbrücke nach Dawes und Hoover[175] (Abb. 251), die zur Messung dielektrischer Energieverluste in Kabeln dient, wird ebenfalls die Primärwicklung der regelbaren Gegeninduktivität M von dem in Zweig 1 wirksamen Zweigstrom durchflossen. Für Stromlosigkeit des Nullzweiges ergeben sich hier die streng gültigen

Beziehungen:

$$R_1 = \frac{1}{R_4} \cdot (R_2 R_3 + M/C_3), \quad \dots \quad (328\,\text{a})$$

$$\frac{1}{C_1} = \frac{R_2}{R_4 C_3} + \omega^2 \left[L_1 + M \left(1 - R_3/R_4\right)\right] \quad \dots \quad (328\,\text{b})$$

Wenn der Vergleichkondensator C_3 verlustfrei ist ($R_3 = 0$) und wenn ωL_1 gegenüber $1/\omega C_1$ vernachlässigt werden kann, so gilt für die Kapazität C_1 und den dielektrischen Verlustwinkel δ des Meßobjektes

$$C_1 = C_3 \cdot R_4/R_2, \quad \dots \quad (329)$$

$$\sin \delta = \omega M / R_2 \quad \dots \quad (330)$$

Churcher[176]) hat eine Brückenschaltung für Verlustmessungen an übererregten Synchronmaschinen, die einem mit Verlusten behafteten Kondensator entsprechen, beschrieben (Abb. 252a), bei der die Primär-

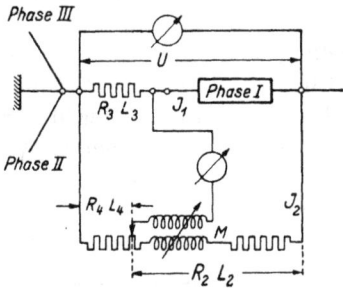

Abb. 252a. Abb. 5. Brückenschaltung von Churcher.

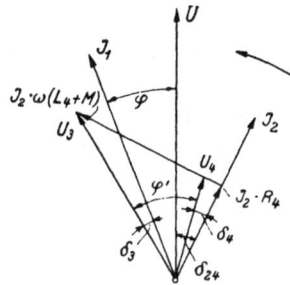

Abb. 252b. Diagramm für die Schaltung nach Abb. 252a.

wicklung der benutzten regelbaren Gegeninduktivität M von dem in Zweig 2 wirksamen Zweigstrom durchflossen wird. Es ergibt sich hierbei das in Abb. 252b dargestellte Vektorendiagramm und (bei Vernachlässigung der in den streng gültigen Gleichungen enthaltenen Glieder zweiter Ordnung) die in Phase I auftretende Verlustleistung W (in Watt) zu

$$W = \frac{U^2}{R_2 \cdot R_3} \cdot \left[R_4 + \omega M \left(\delta_3 + \delta_{2\,4} - \delta_4\right)\right] \quad \dots \quad (331)$$

Die Messung wird in den drei Phasen der in Sternschaltung liegenden Synchronmaschine wiederholt, um die Gesamtverluste zu erhalten.

In dieses Kapitel gehört eigentlich auch die „invertierte Maxwell-Campbell-Brücke", die bereits S. 203 erwähnt wurde.

i) Wheatstonebrücken mit phasenempfindlichen Indikatoren.
(Wechselstrombrücken vom „Poleck-Typ"*).)

Seite 142 ist bereits der phasenempfindliche Nullindikator in Gestalt eines rotierenden Gleichrichters oder eines Schwing-Gleichrichters erwähnt worden. In neuester Zeit sind besonders im Zusammenhang mit dem Schwing-Gleichrichter eine Reihe neuer Brückenschaltungen entwickelt worden.

Setzt man einen derartigen Schwing-Gleichrichter in die Meß-Diagonale einer Brücke und erregt ihn mit der Speisespannung der Brücke, so kann, trotz Vorhandensein einer Spannungsdifferenz an den Enden der Meßdiagonale, der arithmetische Mittelwert des Stromes im Indikator-Galvanometer Null sein. Dies ist dann der Fall, wenn Schaltphase und Meßstrom in ihrer Phasenlage um 90^0 verschoben sind. Dann schneidet der Gleichrichter während seiner Kontaktzeit zwei gleiche Flächen verschiedenen Vorzeichens aus der Wechselstromkurve des Meßstroms aus, so daß der angezeigte Wert null ist. Dreht man nun im Erregerkreis die Phase um 90^0, so erhält man am Indikator-Instrument einen Ausschlag. Würde man die Phase des Erregerkreises kontinuierlich verändern, so würde man feststellen, daß der Strom zwischen zwei um 180^0 auseinander liegenden Phasenstellungen, in denen der Indikatorstrom Null ist, eine Mittelstellung besteht, in der der Strom ein Maximum hat und eine um 180^0 versetzte entgegengesetzt gerichtete Maximumstellung**). Man kann daher nach einem Vorschlag von Krönert und Poleck (DRP. 550175) in die Erregung des Schwing-Gleichrichters eine umschaltbare Phasenverschiebung von 90^0

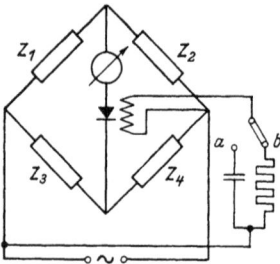

Abb. 253a. Gleichrichter-Indikator-Schaltung nach Krönert und Poleck.

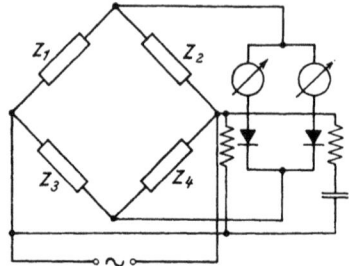

Abb. 253b. Variation der Schaltung Abb. 253a nach Schöne.

legen. Im Idealfall (Abb. 253a) genügt hierzu einmal eine Kapazität und in der andern Stellung ein dem Scheinwiderstand der Kapazität gleicher Ohmwiderstand. (Die praktische Ausführung wird im II. Band gezeigt werden.) Statt der Umschaltung kann man auch — nach

---

*) Meinem Kollegen und Mitarbeiter Dr. H. Poleck bin ich für wertvolle Anregungen zu diesem Kapitel zu Dank verpflichtet.
**) Die gleichen Eigenschaften zeigt ein fremderregtes Dynamometer.

einem zusätzlichen Vorschlag von O. Schöne — zwei Schwing-Gleichrichter mit zwei Indikator-Instrumenten verwenden, die zweckmäßig in ihrer Skala übereinander liegen (Abb. 253b). Dann ist der Strom in der Meßdiagonale wirklich null, wenn er in beiden Instrumenten gleichzeitig null ist.

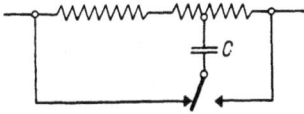

Abb. 254. 90°-Schaltung nach Poleck.

Zur Umschaltung der Erregung um 90° (von »Phase« in »Quadratur«) eignet sich auch die in Abb. 254 dargestellte Schaltung. Hierbei muß $1/\omega L = \omega C$ sein.

α) *Reine Nullmethoden.*

Mit dem phasenempfindlichen Indikator läßt sich jede Meßbrücke abgleichen, wobei es an sich belanglos ist, welche Phasenlage die beiden Erregerphasen haben. Daß man durch die Verwendung von Gleichstrominstrumenten auf höhere Empfindlichkeit als mit Wechselstrom-Instrumenten kommt, ist bereits früher erwähnt worden. Als Beispiel sei die Blechtafel-Prüfeinrichtung der Siemens & Halske A.G. erwähnt (Abb. 255), deren Schaltung der auf S. 202 wiedergegebenen Maxwell-Brücke mit zwei gegenseitigen Induktionen ähnelt. Die beiden Erregerphasen sind gegeneinander um 90° verschoben. Interessant ist hierbei noch die mittels des Widerstands R_3 bewirkte Phasenverschiebung durch veränderbare galvanische Kopplung mit dem Primärkreis.[*]

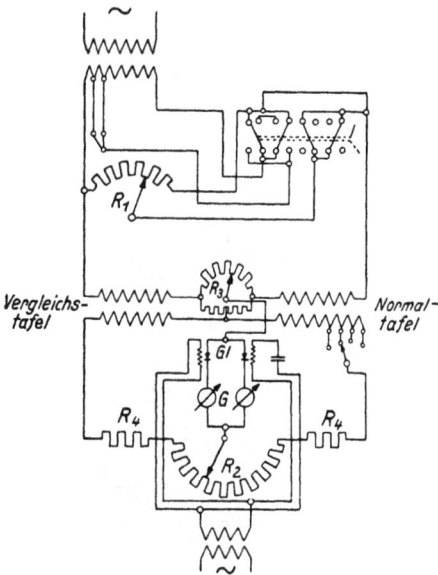

Abb. 255. Blechtafel-Prüfeinrichtung der Siemens & Halske A.-G.

Poleck hat durch Erweiterung der Küpfmüller-Konvergenz-Betrachtungen, die für phasenunabhängige Indikatoren gelten, auch für die phasenabhängigen Indikatoren nachgewiesen, daß man bei ganz bestimmter Einstellung einer oder beider Erregerphasen nach einem von der Schaltung abhängigen Bezugsvektor den Brückenabgleich derart mechanisieren kann, daß der Ausschlagsrichtung des Indikator-Galvano-

---

[*] Es sei erwähnt, daß eine Differentialbrücke zur Messung von Anfangs-Permeabilitäten von Blechen auch von der Phys.-Techn. Reichsanstalt entwickelt wurde (Tätigkeitsbericht der PTR 1929).

meters der notwendige Änderungssinn der Abgleich-Elemente für die beste Abgleich-Konvergenz zugeordnet ist. Die beiden Erregerphasen p und q bleiben zweckmäßig gegeneinander immer um 90° verschoben. Von den beiden »Abgleichrichtungen« u und v, d. h. den Ortgeraden des Diagonalstromes für Veränderung der Abgleichelemente a und b, die den Erregerphasen p und q fest zugeordnet sind, wird q senkrecht u oder p senkrecht v gestellt. Unter bestimmten Bedingungen ist u oder v — unabhängig von dem Verstimmungsgrad der Brücke — phasengleich mit einem Brückenzweig-Strom oder einer Zweig-Spannung. Im letzteren Falle wird während der Abgleichung der Indikator öfters mit hohem Vorwiderstand parallel zu dem betreffenden Brückenzweig gelegt und die Erregerphasen werden mit einem Phasenschieber so lange gleichmäßig gedreht, bis das Instrument Null zeigt. Dann ist p senkrecht v oder q senkrecht u. Nun legt man den Indikator wieder in die Meßdiagonale und gleicht ab. Poleck gibt hierfür in seiner Arbeit[179] eine Reihe von Anwendungsbeispielen. Besonders einfach wird das Verfahren in dem Sonderfall, daß die Erregerphasen nicht geändert zu werden brauchen und z. B. die eine mit der Brückenspannung übereinstimmt.

Nach Poleck kann man mit Hilfe des phasenabhängigen Nullindikators auch Brückenschaltungen mit nur einer Veränderlichen — vorzugsweise einem Ohmwiderstand — aufbauen, wenn nur die eine Komponente des Meßobjektes interessiert (z. B. der Ohmwiderstand oder die Induktivität einer Drossel). Abb. 256 und 257 zeigen derartige

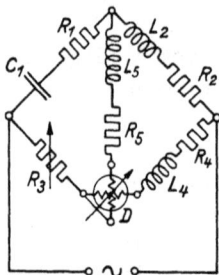

Abb. 256. Kapazitäts-Brücke mit Dynamometer nach Poleck.

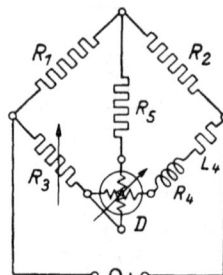

Abb. 257. Selbstinduktions-Brücke mit Dynamometer nach Poleck.

Schaltungen mit z. B. einem dynamometrischen Instrument als Nullindikator. Die feste Spule liegt in Serie mit dem Meßobjekt (Zweig 4), die bewegliche in der Meßdiagonale. Unter der Annahme, daß der Phasenwinkel des Diagonalzweiges null ist oder durch einen Parallelkondensator zum Ohmwiderstand R_5 zu null gemacht werden kann, zeigt das Indikator-Instrument Null für

$$R_4 = R_2 \cdot R_3 / R_1$$

unabhängig von der Größe L_4. Man kann also aus der Einstellung des einen veränderlichen Ohmwiderstandes R_3 die Größe des gesuchten Ohmwiderstandes R_4 direkt ablesen, obgleich der Diagonalstrom absolut genommen für einen Wert von $L_4 = 0$ nicht verschwunden ist. Nach Abb. 256 kann man die gesuchte Induktivität L_4 unabhängig von der Größe R_4 bestimmen. Unter den Bedingungen:

I. $$R_1 R_2 = L_2/C_1 \quad \ldots \ldots \ldots \ldots \quad (332\,a)$$

II. $$\frac{R_2 + R_5}{\omega L_5} = \frac{R_1 \omega L_2 + R_2/\omega C_1}{R_1{}^2 + (1/\omega C_1)^2} \quad \ldots \ldots \quad (332\,b)$$

ergibt sich:

$$L_4 = R_3 \cdot L_2/R_1 \quad \ldots \ldots \ldots \ldots \quad (332\,c)$$

Die Bedingung (332 b) ist um so weniger frequenzabhängig, je kleiner $R_1 L_2 \omega^2$ gegen R_2/C_1 und $1/\omega C_1$ gegen R_1 sind. Für Kapazitätsmessungen gilt das gleiche für ωL_1 statt $1/\omega C_1$, $1/\omega C_2$ statt ωL_2, $1/\omega C_4$ statt ωL_4 und $1/\omega C_5$ statt ωL_5.

In allen Fällen sind natürlich die Spulenkonstanten des Instrumentes in $\mathfrak{Z}_4$ und $\mathfrak{Z}_5$ enthalten.

β) Halbabgeglichene Brücken.

Eine ganz neue Kategorie von Wechselstrombrücken hat Thal in den »halbabgeglichenen Brücken« geschaffen. Bei diesen wird nur in bezug auf einen Vektor die Brücke abgeglichen, während die Größe des dazu senkrechten Vektors als Ausschlag des Indikator-Instruments abgelesen wird. Ist es dabei möglich, einen Vektor nur auf die Wirk-Komponente eines gesuchten Scheinwiderstands zu beziehen, den andern auf die Blindkomponente, so kann man das Indikator-Instrument in eine der beiden Größen eichen. Hierbei wird man das Indikator-Galvanometer mit verschiedenen Empfindlichkeiten benutzen, je nachdem, ob man es als Null-Indikator oder als Ausschlag-Instrument verwendet[*]. Als Beispiel einer derartigen Schaltung sei die Verlustwinkel-Brücke von Thal[180]) angeführt (Abb. 258). Bei dieser — zur Messung des dielektrischen Verlustwinkels von Kondensatoren und Wandlern bestimmten — Brücke wird zuerst Schalter 1 und auf »Justieren« gestellt und die Brücke mittels des Widerstands R_1 orientiert, wie sich leicht bei einer einfachen Umzeichnung der Brücke in dieser Schalterstellung zeigt. Der erhaltene Ausschlag α_1 gibt nach Größe und Richtung den Eichfaktor der Brücke. Nunmehr stellt man den Schalter 2 auf »Messen« und gleicht die Brücke mittels des Widerstands R_2 auf Nullstrom des Indikators ab. Legt man nun den Schalter 1 auf »tg δ« um, so dreht

---

[*] Eine ähnliche Umstellung vom Null- zum Ausschlag-Instrument unter Verwendung einer Schwing-Gleichrichter-Schaltung ist in der Siemens-Stromwandler-Prüfeinrichtung — die zu den Wechselstrom-Kompensatoren gehört — verwendet (s. S. 266).

man damit die Erregerphase um 90⁰. Der nunmehr am Indikator-Instrument erhaltene Ausschlag α_2 ergibt den Verlustfaktor zu

$$\operatorname{tg}\delta = \frac{\alpha_2}{\alpha_1} \ldots \ldots \ldots \ldots (333)$$

Thal hat diese Schaltung auch in Form der Atkinsonbrücke, die man als Kompensations-Schaltung ansprechen muß, verwendet (s. S. 254).

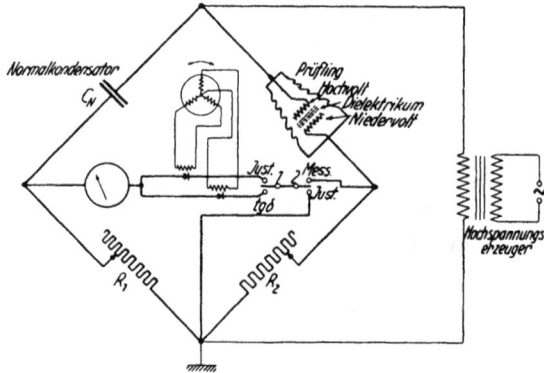

Abb. 258. Verlustwinkel-Meßbrücke nach Thal.

Es sei noch eine besondere Gruppe von phasenempfindlichen Indikatoren erwähnt. Es sind dies die Walter-Schaltungen mit Trocken-Gleichrichtern. Auch mit diesen lassen sich voll und halb abgeglichene Brücken herstellen, wie im nächsten Kapitel gezeigt werden wird.

k) Wheatstonebrücken mit Trocken-Gleichrichtern.

Die Gleichrichter-Meßschaltungen haben besonders durch Walter[181] und Pfannenmüller[81] u. [182] eine wesentliche Bereicherung erfahren.

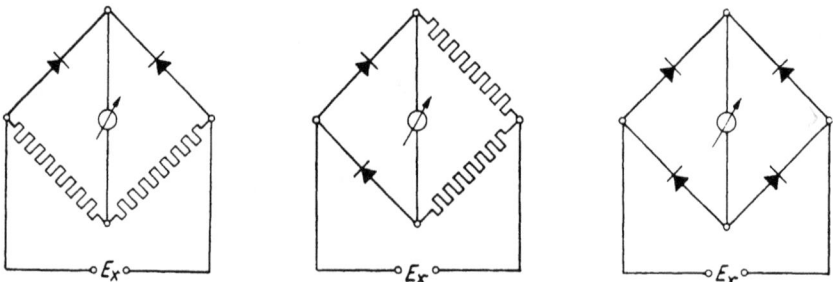

Abb. 259a, b, c. Vollwellen-Gleichrichterschaltungen nach Pfannenmüller.

Die in Abb. 259a, b, c dargestellten Vollwellen-Schaltungen haben lediglich die Aufgabe, einen zu messenden Wechselstrom (bzw. eine Wechselspannung) in ihren beiden Halbwellen gleichzurichten.

Die 3. Schaltung ist als »Graetzschaltung« seit langem in der Gleichrichtertechnik gebräuchlich.

Walter — und gleichzeitig unabhängig von diesem Pfannenmüller — haben eine Schaltung entwickelt, die gestattet, den Trockengleichrichter auch in seinem nichtlinearen Teil*) zu verwenden und dabei eine lineare Charakteristik zu erhalten. Das Prinzip der eliminierbaren Vorspannung ist bereits S. 143 kurz erwähnt worden. Die Schaltung zeigt Abb. 260 a, b, c in 3 Ausführungsformen. Die Schaltung

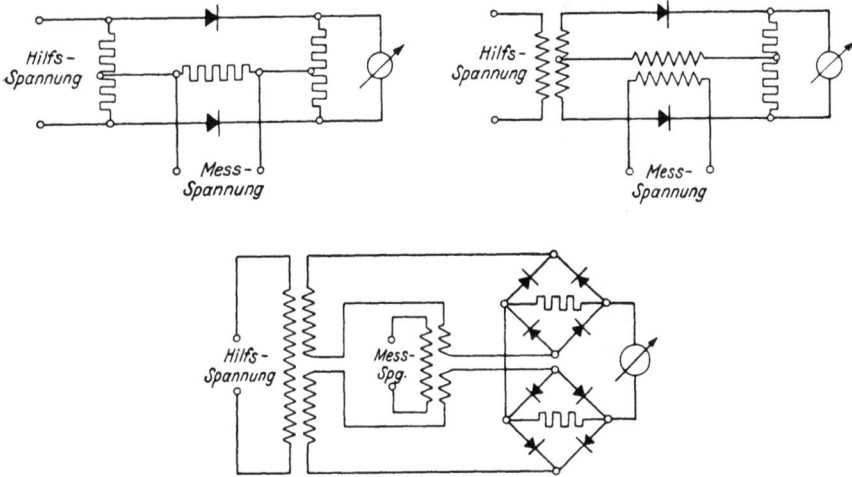

Abb. 260 a, b, c. Phasenempfindliche Gleichrichterbrücken mit linearer Gleichrichtung durch Trockengleichrichter.

setzt sich aus zwei Kreisen zusammen, in deren einem die Summe aus Meßspannung und Hilfsspannung, in deren anderem die Differenz der beiden wirkt. An dem Meßinstrument selbst tritt nur die Meßspannung selbst auf, während die Hilfsspannung aufgehoben ist. Die Gleichrichterbrücke hat gegenüber dem mechanischen Gleichrichter den Vorteil, daß sie nicht an niedere Frequenzen (50 Hz bis um 800 Hz) gebunden ist, sondern gerade für hohe Frequenzen, in denen eine mechanische Gleichrichtung nicht möglich ist, sich sehr gut verwenden läßt. Auf der anderen Seite verlangt sie, daß die beiden in der Brücke vorhandenen Trockengleichrichter in ihren Charakteristiken, besonders aber auch in ihrer Temperatur-Charakteristik, absolut gleich sind. Zusammengehörige Gleichrichter müssen also besonders ausgesucht werden.

In Abb. 261 sei eine allgemeine Wheatstonebrücke zusammen mit einer Gleichrichterbrücke betrachtet. An die Brücke sei die Speise-

---

*) Es sei nur kurz erwähnt, daß für manche Zwecke absichtlich der nichtlineare Teil der Gleichrichter-Charakteristik verwendet wird, um eine annähernd quadratische Abhängigkeit zu erzielen.

spannung $\mathfrak{E}$ angelegt, während die an der Meßdiagonale auftretende Meßspannung $\mathfrak{E}_m$ sei. Die Speisespannung $\mathfrak{E}$ werde gleichzeitig an die Gleichrichterbrücke als Hilfsspannung $\mathfrak{E}_n$ gelegt. Die Brücke sei in ihrem Zweig 1 verstimmbar derart, daß $\varDelta \mathfrak{Z}_1$ die Verstimmung des

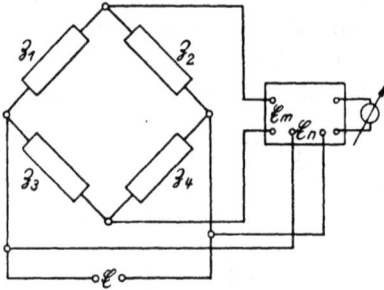

Abb. 261. Allgemeine Wheatstonebrücke mit Gleichrichterbrücke.

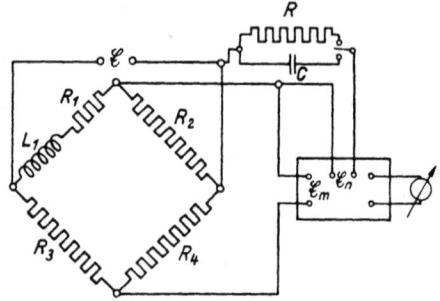

Abb. 262. Selbstinduktionsbrücke mit Gleichrichterbrücke.

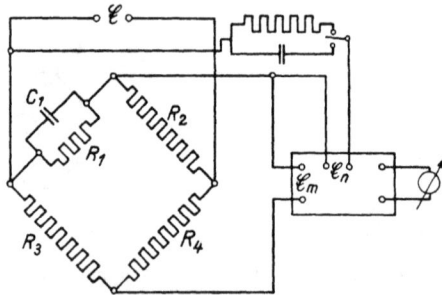

Abb. 263. Kapazitätsbrücke mit Gleichrichterbrücke.

Zweiges 1 bedeutet. Der Indikatorkreis möge der Einfachheit halber nach Walter also so hochohmig angesehen werden, daß er keinen merkbaren Strom der Brücke entnimmt. Dann ist

$$\mathfrak{E}_m = \frac{\varDelta \mathfrak{Z}_1 \cdot \mathfrak{Z}_4}{(\mathfrak{Z}_1 + \varDelta \mathfrak{Z}_1 + \mathfrak{Z}_2)(\mathfrak{Z}_3 + \mathfrak{Z}_4)} \cdot \mathfrak{E} \quad \ldots \ldots \quad (334)$$

Für sehr kleine Verstimmungen $\varDelta \mathfrak{Z}_1$ ist dann näherungsweise, da für $\mathfrak{Z}_1 \mathfrak{Z}_4 = \mathfrak{Z}_2 \mathfrak{Z}_3$ auch $\dfrac{\mathfrak{Z}_2}{\mathfrak{Z}_1 + \mathfrak{Z}_2} = \dfrac{\mathfrak{Z}_4}{\mathfrak{Z}_3 + \mathfrak{Z}_4}$ ist:

$$\mathfrak{E}_m = \varDelta \mathfrak{Z}_1 \cdot \frac{\mathfrak{Z}_2}{(\mathfrak{Z}_1 + \mathfrak{Z}_2)^2} \cdot \mathfrak{E} \quad \ldots \ldots \ldots \quad (335)$$

Man kann dann die Meßspannung in zwei aufeinander senkrechte Komponenten zerlegen, wie sich unmittelbar aus der Gl. (335) ergibt, wobei der reelle Teil der Wirkverstimmung a, der imaginäre Teil der Blindverstimmung b proportional ist. Schaltet man in die Hilfsspannung einen Phasenschieber ein, so kann man am Instrument getrennt die eine der beiden Komponenten ablesen, während eine Verstellung des Phasenschiebers um 90⁰ die andere Komponente ergibt. Bei großen Verstimmungen kann man Wirk- und Blindkomponente nicht mehr getrennt bestimmen, wenn man die in der Abb. 261 angegebene Schaltung benutzt. Walter hat durch Abnahme der Hilfsspannung aus einem Teilzweig der Brücke statt aus der Speisespannung direkt auch für beliebig große Verstimmung eine getrennte Ablesung bzw. die Registrierung einer einzigen Komponente ermöglicht. Abb. 262 zeigt eine derartige Ausführungsform für eine Induktivitätsbrücke. Der Quadraturschalter R, C gestattet auf Wirk- oder Blindkomponente von L_1 umzuschalten. Eine analoge Brücke zur Kapazitätsmessung zeigt Abb. 263.

Macht man in dem in Abb. 264 dargestellten Beispiel $\mathfrak{Z}_3 = \mathfrak{Z}_4$, so ergibt sich aus Gl. (334)

$$\mathfrak{E}_m = \frac{\mathfrak{Z}_1 \cdot \mathfrak{Z}_2}{(\mathfrak{Z}_1 + \mathfrak{Z}_2)} \cdot \frac{\mathfrak{E}}{2} \quad \ldots \ldots \ldots \quad (336)$$

Es ist also für $\mathfrak{E}_m = 0$:

$$\frac{1}{\omega C_1} = R_2 \quad \ldots \ldots \ldots \quad (337)$$

Man erhält eine einfache Frequenzbrücke in der Nullmethode, wobei — wie bei der Robinsonbrücke — nur der Widerstand R_2 verändert zu werden braucht. In Abb. 265 ist die vollständige Schaltung eines

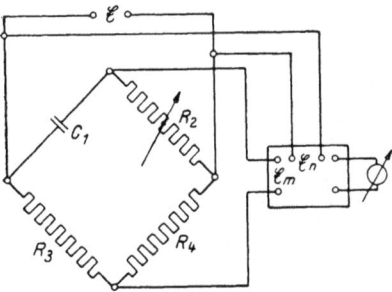

Abb. 264. Frequenzbrücke mit Gleichrichterbrücke.

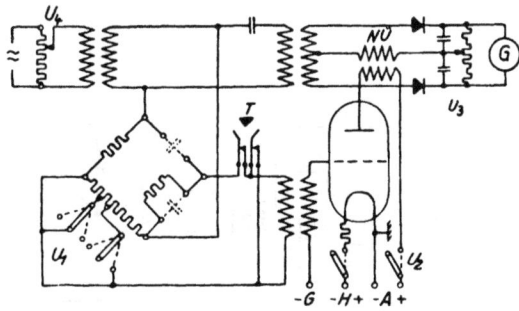

Abb. 265. Kapazitätsmesser der Siemens & Halske A.-G.

Kapazitätsmessers der Siemens & Halske A.G. mit Verstärkerkreis gezeigt. Man mißt damit die Betriebskapazität eines Fernsprechkabels in ihrer Abweichung vom Sollwert. Da man im Ausschlag-Verfahren mißt, muß man am Anfang die Eingangsspannung auf einen Eichwert einstellen.

Abb. 266 zeigt einen Permeabilitätsmesser für Krarupkabel. Das Kabel durchläuft dabei eine Spule, deren Induktivitätsänderung angezeigt wird.

Carsten und Walter[181]) haben eine Schaltung zur Registrierung der Dielektrizitätskonstanten und damit der Feuchtigkeit von Papierbahnen entwickelt, die in Abb. 267 wiedergegeben ist.

Der Anwendungsbereich der Gleichrichterbrücke ist mit den erwähnten Beispielen noch weitaus nicht erschöpft. Erwähnt sei z. B.

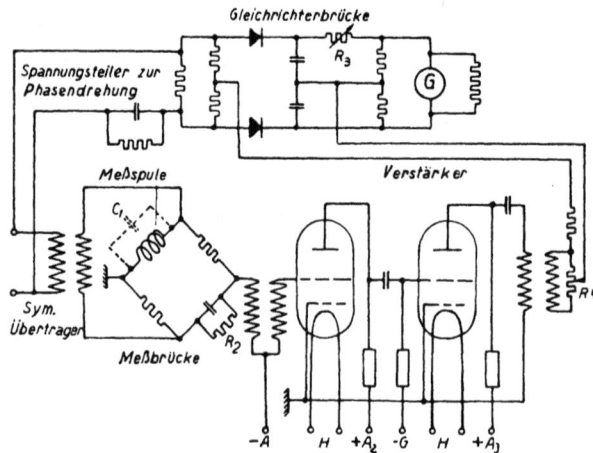

Abb. 266. Permeabilitätsmesser für Krarup-Kabel der Siemens & Halske A.-G.

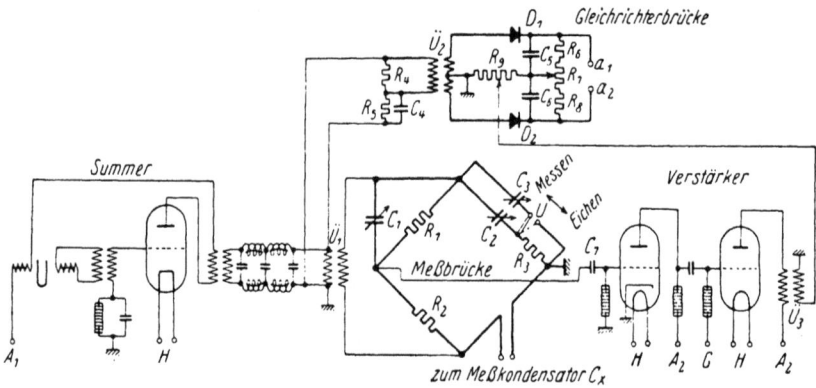

Abb. 267. Papierfeuchtigkeitsmesser der Siemens & Halske A.-G.

noch ein von Walter angegebener Frequenzanalysator, der die Gleichrichterbrücke, aber keine Wechselstrombrücke — auf die die vorstehenden Beispiele sich beschränkten — enthält.

3. Wechselstrom-Brücken vom Anderson-Typ.

Die Wechselstrombrücken vom Anderson-Typ sind durch die in Abb. 268 dargestellte Form gekennzeichnet. Wandelt man das Dreieck

$\mathfrak{Z}_4$, $\mathfrak{Z}_5$, $\mathfrak{Z}_6$ in einen Stern um, so ergibt sich die allgemeine Nullbedingung:

$$\mathfrak{Z}_6\,(\mathfrak{Z}_1\,\mathfrak{Z}_4 - \mathfrak{Z}_2\,\mathfrak{Z}_3) = \mathfrak{Z}_2\,[\mathfrak{Z}_5 \cdot (\mathfrak{Z}_3 + \mathfrak{Z}_4) + \mathfrak{Z}_3\,\mathfrak{Z}_4] \quad \cdots \quad (338)$$

Man sieht, daß bei der Dreieck-Stern-Transformation aus der allgemeinen Andersonbrücke eine Wheatstonebrücke wird. Ist in Gl. (338) $\mathfrak{Z}_6 = \infty$,

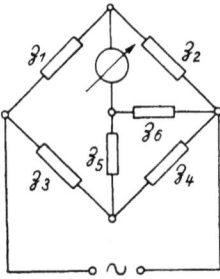

Abb. 268. Allgemeine Andersonbrücke.

so erhält man die allgemeine Wheatstonebrücke. Dasselbe Ergebnis folgt für $\mathfrak{Z}_5 = 0$, wobei jetzt $\mathfrak{Z}_4$ und $\mathfrak{Z}_6$ Parallel-Scheinwiderstände sind.

Die Vertauschung von Stromquelle und Indikator ergibt wieder eine Brücke vom Anderson-Typ mit gleicher Nullbedingung aber anderer Form.

Der Vorteil der Anderson-Brücken gegenüber den Wheatstonebrücken liegt in dem Vorhandensein von 6 Brückenzweigen. Man ist dadurch imstande für die beiden auftretenden reellen Abgleichbedingungen zwei Variable derart zu wählen, daß jede dieser Variablen nur in einer Gleichung auftritt, sodaß man mit 2 Abgleichungen ohne »Eingabeln« zum Ziel kommt. Es läßt sich dabei in den meisten Fällen eine der beiden Abgleichungen als Gleichstrom-Abgleichung durchführen.

Die im folgenden angeführten Brücken stellen nur die z. Z. gebräuchlichen Typen dar. Es ist klar, daß sich entsprechend den 6 Brückenzweigen die Zahl der möglichen Brücken noch beträchtlich steigern ließe.

Untersuchungen über die Frequenzabhängigkeit der einzelnen Brücken sind hier natürlich wesentlich verwickelter. Sie besitzen auch nicht die Bedeutung wie bei den Wheatstone-Brücken.

a) Die spezielle Andersonbrücke (Abb. 269).

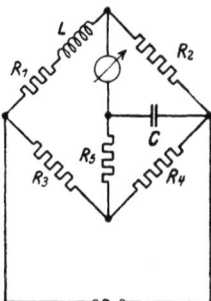

Abb. 269. Spezielle Andersonbrücke.

Bei dieser von Anderson[183]) selbst aufgestellten Brücke ist:

$$\mathfrak{Z}_1 = \mathfrak{R}_1 + j\,\omega\,L; \quad \mathfrak{Z}_2 = R_2; \quad \mathfrak{Z}_3 = R_3;$$
$$\mathfrak{Z}_4 = R_4; \quad \mathfrak{Z}_5 = R_5; \quad \mathfrak{Z}_6 = -j/\omega\,C.$$

Man erhält daraus die Nullbedingung:

$$-j/\omega\,C \cdot [(R_1 + j\,\omega\,L) \cdot R_4 - R_2\,R_3] =$$
$$= R_2 \cdot [R_5 \cdot (R_3 + R_4) + R_3\,R_4] \quad (339)$$

und hieraus

I. $\qquad R_1\,R_4 = R_2\,R_3 \quad \ldots \ldots \ldots \quad (339\,a)$

II. $\quad L/C \cdot R_4 = R_2\,[R_5\,(R_3 + R_4) + R_3\,R_4] \quad (339\,b)$

Die Brücke ist frequenzunabhängig. Man gleicht die zuerst nach Bedingung I mit Gleichstrom ab, wobei $R_2\,R_3 < L/C$ sein muß. Dann erfüllt man mittels R_5 die Bedingung II. Für $R_1 = R_2 = R_3 = R_4 = R$ wird

II a. $\qquad\qquad L/C = R \cdot (R + 2\,R_5) \quad \ldots \ldots \quad (339\,c)$

Man vertauscht nach der ersten Messung zweckmäßig R_3 und R_4 um deren evtl. nicht völlige Gleichheit zu eliminieren und mittelt das Ergebnis.

Sind die Widerstände R_2, R_3 und R_4 nicht völlig winkelfrei und sind deren Winkel φ_2, φ_3, φ_4, so erhält man nach Giebe[184]

$$L/C \cdot R_4 = R_2 \cdot [R_5 (R_3 + R_4) + R_3 R_4] + \frac{R_2 R_3}{\omega C} (\varphi_2 + \varphi_3 - \varphi_4) \quad (339\,\mathrm{d})$$

Man kann mit der Andersonbrücke entweder die Kapazität C oder die Selbstinduktion L bestimmen. Man kann auch durch Substitution des Kondensators C mit einem Normalkondensator diese beiden Kapazitäten, miteinander vergleichen.

Rosa und Grover[185] sowie Taylor und Williams[186] haben die Anderson-Brücke zur Bestimmung der Kapazität von Widerstandsspulen benutzt und den Einfluß kleiner Selbstinduktionen von R_1 und R_2 untersucht. Anderson selbst hat die Brücke ballistisch verwendet und Rowland[187] dieselbe zuerst zur Wechselstrom-Messung benutzt. Die Bestimmung von Selbstinduktionen wurde zuerst von Fleming und Clinton[188] durchgeführt. Nach Butterworth[189] besitzt die Andersonbrücke die größte Empfindlichkeit für $R_1 = R_2$ und $R_3 = R_4 = R_1/2$ sowie $L/C = 2 R_1{}^2$. Hague[4] hat eine eingehende Untersuchung der Fehlerquellen der Anderson-Brücke angestellt. Die günstigste Verwendung der Andersonbrücke nach dem Vorgange von Hague ergibt sich durch folgende Einstellungsreihe:

1. Man wählt C so, daß L/C der Bedingung $L/C > R_2 R_3$ genügt, wobei $R_2 = R_1$, $R_3 = R_1/2$, also $L/C > R_1/2$ ist.
2. Dementsprechend wählt man R_2, R_3 und R_4.
3. Der Widerstand R_1 besteht aus dem Widerstand R_1' der Selbstinduktion L und einem Vorwiderstand R_1'', so daß also $R_1 = R_1' + R_1''$ ist. Jetzt verändert man R_1'' und R_5 nacheinander bis man das Brückengleichgewicht erhält.
4. Da $R_1 = R_2$ ist, ergibt sich $L/C = R_2 (2 R_5 + R_3)$.
5. Man vertauscht nun R_3 und R_4, bestimmt L von neuem und mittelt das Ergebnis.

Bei sehr großen Werten von R_5 sinkt die Empfindlichkeit der Messung. Man vertauscht dann Stromquelle und Indikator und kommt damit zur Brücke von Stroud und Oates.

Eine zusammenfassende Darstellung über die spezielle Andersonbrücke und die Owenbrücke findet sich bei Salmon[294]. Hier sind auch die Vektor-Diagramme der beiden Brücken dargestellt.

Die von Günther[190] entwickelte Andersonbrücke mit bestimmten Dimensionen der Widerstände wird im II. Bande behandelt werden.

b) Die Brücke von Stroud und Oates[191].

Sie wird erhalten, indem man in der Anderson-Brücke Stromquelle und Indikator vertauscht (Abb. 270). Die beiden Autoren haben die

Brücke zur Messung von Selbstinduktionen unter Benutzung eines dynamometrischen Indikators verwendet.

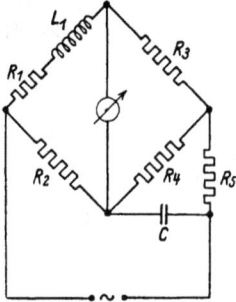

Abb. 270. Brücke von Stroud und Oates.   Abb. 271. Illiovici-Brücke.   Abb. 272. Orlich-Brücke.

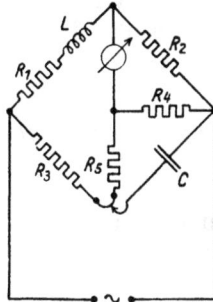

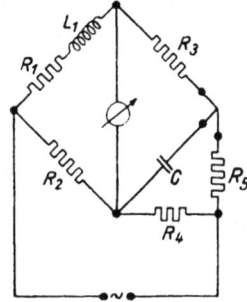

c) Die Illiovici-Brücke [192])

wird erhalten, indem man in der speziellen Anderson-Brücke R_4 und C vertauscht (Abb. 271). Es ist dann:

I. $$R_1 R_4 = R_2 (R_3 + R_5) \ldots \ldots \ldots \quad (340\,a)$$

II. $$L/C = R_2 R_3 (R_4 + R_5)/R_4 \ldots \ldots \quad (340\,b)$$

Auch hier muß $R_2 R_3 < L/C$ sein. Man hält $R_3 + R_5$ konstant und legt meistens zwischen R_3 und R_5 einen Schleifdraht, auf dem die Zuführung zum Kondensator verschoben wird. Die Gleichstrom-Abgleichung erfolgt mittels R_4. Butterworth [189]) bezeichnet die Illiovici-Brücke als »modifizierte Rimington-Brücke«.

d) Die Orlich-Brücke [193])

wurde von Orlich als Illiovici-Brücke bezeichnet, ist aber in Wirklichkeit eine neue Form der allgemeinen Andersonbrücke. Man erhält sie als Umkehrung der Illiovici-Brücke, wenn man in dieser Stromquelle und Indikator vertauscht (Abb. 272). Die Abgleichbedingungen sind also die gleichen wie bei der Illiovici-Brücke. Es folgt also auch hier $R_2 R_3 < L/C$ als notwendige Bedingung. Man benutzt zweckmäßig auch hier einen Schleifkontakt zwischen R_3 und R_5.

e) Die Butterworth-Brücke vom Anderson-Typ [194]) (Abb. 273)

stellt eine Erweiterung der Illiovici-Brücke um eine Variable dar. Es ist

I. $$R_1 R_4 = R_2 (R_3 + R_5) \ldots \ldots \ldots \ldots \quad (341\,a)$$

II. $$L/C = R_3/R_4 \cdot [R_7 (R_2 + R_4) + R_2 (R_4 + R_5)] \ldots \quad (341\,b)$$

Für $R_7 = 0$ ergibt sich hieraus die Illiovici-Brücke, für $R_5 = 0$ die Brücke von Stroud und Oates. Durch entsprechende Wahl von R_3 kann man — wie bei der Illiovici- und der Orlich-Brücke — beliebige

Meßbereiche erhalten. Die Bedingung II wird durch Variation von R_7 erhalten. Bezeichnet man mit R den Widerstand der Stromquelle einschließlich R_7 und mit R_g den Widerstand des Indikators, so erhält man nach Butterworth die größte Empfindlichkeit der Brücke für:

$$R_4 = \sqrt{R_v \cdot R_g} \quad \dots \dots \dots \dots \dots \quad (342\,a)$$

$$R_2 = \sqrt{R_1 R_g \cdot (R_1 + R_v)/(R_1 + R_g)} \quad \dots \quad (342\,b)$$

$$R_3 + R_5 = \sqrt{R_1 + R_v (R_1 + R_g)/(R_1 + R_v)}, \quad \dots \quad (342\,c)$$

wobei R_7 möglichst klein zu wählen ist. Diese Brücke wird besonders zur Messung sehr kleiner Selbstinduktionen verwendet.

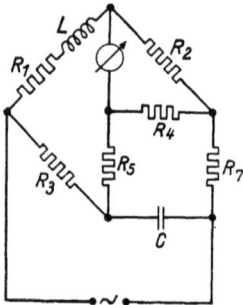

Abb. 273. Butterworth-Brücke vom Anderson-Typ.   Abb. 274. Schering-Brücke vom Anderson-Typ.   Abb. 275. Abb. 274 umgezeichnet.

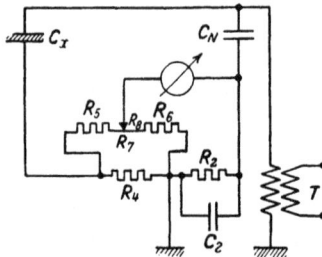

f) Die Schering-Brücke vom Anderson-Typ (Abb. 274 und 275).

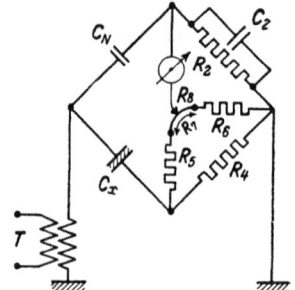

Zickner und Pfestorf[195] haben diese Brücke zur Messung sehr großer Kapazitäten benutzt. Sie ist zuerst von Schering und Burmester[196] angegeben worden, die mit ihr den Verlustwinkel von Kondensatoren und Kabeln unter Hochspannung bestimmt haben. Die Abgleichung erfolgt mittels R_2 und C_2. Es ist:

$$C_X = C_N \cdot R_2 \cdot \frac{R_4 + R_5 + R_6 + R_7}{R_4 \cdot (R_6 + R_8)} \quad \dots \dots \quad (343\,a)$$

$$\operatorname{tg} \delta = \omega\, C_2 \cdot R_2 - \left[\frac{R_5 + R_7 - R_8}{R_6 + R_8} \cdot R_2\, \omega\, C_N \right] \quad \dots \quad (343\,b)$$

Das zweite Glied von Gl. (343b) ist gewöhnlich sehr klein. Besitzt R_4 eine Selbstinduktion, so bleibt Gl. (343a) unverändert, während Gl. (343b) ein Zusatzglied gleicher Größenordnung erhält, also sehr ungenau wird. Bei Zickner und Pfestorf fällt der Schleifdraht weg.

g) Die Hay-Brücke [197] (Abb. 276)

wird zur Messung der Restkapazität von Widerstandsspulen benutzt. Ist R_2 der Widerstand, dessen Restkapazität C_2 bestimmt werden soll,

so folgt:
$$R_1 R_4 = R_2 R_3 \quad\ldots\ldots\ldots\ldots\ldots\ldots\ldots \quad (344\,\mathrm{a})$$

$$C_2 = \frac{C}{R_1 R_4} \cdot [R_5 (R_3 + R_4) + R_3 R_4] \quad\ldots\ldots \quad (344\,\mathrm{b})$$

Wählt man $R_1 = R_2$ und $R_3 = R_4$, so folgt

$$C_2 = C/R_1 [2 R_5 + R_3] \quad\ldots\ldots\ldots \quad (344\,\mathrm{c})$$

Die Abgleichung erfolgt durch R_1 und R_5. Auch hier vertauscht man zweckmäßig R_3 und R_4 und mittelt das Ergebnis. Zur Bestimmung der Restkapazitäten und Selbstinduktionen von R_1, R_3, R_4 und R_5 ersetzt man nach Hague R_2 durch einen Widerstand bekannter Restkapazität und gleichem Ohm-Widerstand.

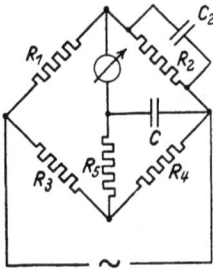

Abb. 276. Hay-Brücke vom Anderson-Typ.

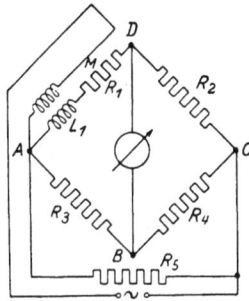

Abb. 277. Rowlandbrücke.

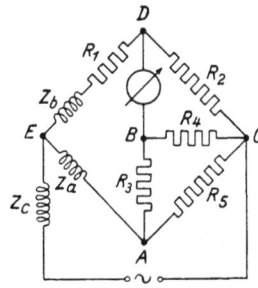

Abb. 277a. Rowlandbrücke, mittels der Dreieck-Stern-Transformation in eine Brücke vom Anderson-Typ aufgelöst.

h) Die Rowland-Brücke[187]) (Abb. 277).

Diese stellt eine Abart der bereits S. 198 beschriebenen Maxwell-Brücke zur Bestimmung einer Selbstinduktion mittels einer Gegeninduktion (oder umgekehrt dar). Es ist hier noch der Widerstand R_5 hinzugefügt. Es ergibt sich (Abb. 277a):

$$R_1 R_4 = R_2 R_3 \quad\ldots\ldots\ldots\ldots\ldots\ldots\ldots \quad (345\,\mathrm{a})$$

$$L_1 = - M \cdot \left[1 + \frac{R_2}{R_4} + \frac{R_2 (R_3 + R_4)}{R_4 R_5} \right] \quad\ldots\ldots \quad (345\,\mathrm{b})$$

Die Abgleichung erfolgt mit R_3 und R_5 abwechselnd. Es muß sein $L_1 > M$.

4. Wechselstrom-Brücken vom Thomson-Typ.

Die Thomsonbrücke (Abb. 278) ist die allgemeinste der gebräuchlichen Brücken. Aus ihr gehen durch Entartung einzelner Zweige die Anderson-Brücken und die Wheatstonebrücken hervor. Es ist klar, daß sich für $\mathfrak{Z}_7 = 0$ die allgemeine Wheatstonebrücke, für $\mathfrak{Z}_3 = 0$ die allgemeine Andersonbrücke ergibt. Die Berechnung der allgemeinen

Thomsonbrücke erfolgt zweckmäßig, indem man das Dreieck $\mathfrak{Z}_5$, $\mathfrak{Z}_6$, $\mathfrak{Z}_7$ in einen Stern verwandelt, wie dies bereits früher (S. 33) gezeigt wurde. Die allgemeine Abgleichbedingung ergibt sich dann zu:

$$(\mathfrak{Z}_1 \mathfrak{Z}_4 - \mathfrak{Z}_2 \mathfrak{Z}_3)(\mathfrak{Z}_5 + \mathfrak{Z}_6 + \mathfrak{Z}_7) - (\mathfrak{Z}_3 \mathfrak{Z}_6 - \mathfrak{Z}_4 \mathfrak{Z}_5) \cdot \mathfrak{Z}_7 = 0 . \quad (346)$$

Ist $\mathfrak{Z}_1$ der gesuchte Widerstand und $\mathfrak{Z}_2$ der Vergleichswiderstand — wie bei den Gleichstrom-Thomsonbrücken — so versieht man auch hier diese beiden Widerstände mit getrennten Strom- und Spannungs-

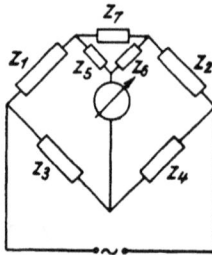

Abb. 278.
Allgemeine Thomsonbrücke.

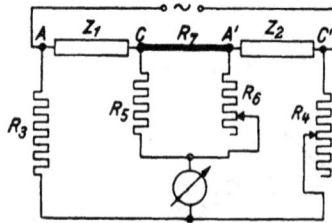

Abb. 279. Thomsonbrücke mit zwei
komplexen Widerständen.

Anschlüssen. Die komplizierte Nullbedingung Gl. (346) läßt sich am einfachsten wie bei den Gleichstrombrücken erfüllen, indem man sie in zwei einfache komplexe Bedingungen auflöst:

$$\mathfrak{Z}_1 : \mathfrak{Z}_2 = \mathfrak{Z}_3 : \mathfrak{Z}_4 = \mathfrak{Z}_5 : \mathfrak{Z}_6 \quad \cdots \cdots \cdots \quad (347)$$

Die 4 entstehenden reellen Bedingungen reduzieren sich häufig in 2 oder 3, wenn ein Teil der Scheinwiderstände nur aus Wirkwiderständen

Abb. 280. Thomsonbrücke nach Schering
und nach Hartshorn.

besteht. Die Phasenabgleichungen werden bei Schering und bei Harts-horn durch Kapazitäten parallel zu den Ohmwiderständen, bei Déguisne durch den »Phasenschlitten« und bei Vogel und Meerbeck durch Selbstinduktionen erzielt.

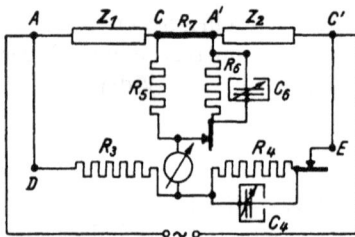

Abb. 279 zeigt eine Thomsonbrücke, in der nur die Widerstände $\mathfrak{Z}_1$ und $\mathfrak{Z}_2$ komplex sind.

Bei der Thomsonbrücke von Schering[198]) (Abb. 280) wird eine Kapazität parallel zu R_3 oder R_4 gelegt. Dann ist

$$\operatorname{tg} \alpha_3 = \frac{\omega L_3}{R_3} - \omega C_3 R_3 \quad \text{und} \quad \operatorname{tg} \alpha_4 = \frac{\omega L_4}{R_4} - \omega C_4 R_4 \quad . \quad (348)$$

Diese sind die Zeitkonstanten der beiden komplexen Widerstände. Die Kapazität wird dem Widerstand parallel geschaltet, der dem Widerstand $\mathfrak{Z}_1$ oder $\mathfrak{Z}_2$ mit der größeren Zeitkonstante gegenüber liegt. Auch dem entsprechenden Brückenzweig R_5 oder R_6 schaltet man eine Kapazität parallel. (Für Abb. 280 ist $\mathfrak{Z}_1$ mit der größeren Zeitkonstante angenommen.) Es ist dann für $L_4 = L_6 = 0$

$$C_4 R_4 = C_6 R_6 \quad \cdots \cdots \quad (349\,\mathrm{a})$$

$$L_1/R_1 - L_2/R_2 = C_4 R_4 \quad \cdots \cdots \quad (349\,\mathrm{b})$$

Die Verbindungsleitung $\mathfrak{Z}_7$ wird — bei allen Thomsonbrücken — möglichst kurz gehalten. Auch soll sie keine Selbstinduktion besitzen. Die linke Seite der Gl. (349b) stellt die Differenz der Zeitkonstanten der Widerstände $\mathfrak{Z}_1$ und $\mathfrak{Z}_2$ dar.

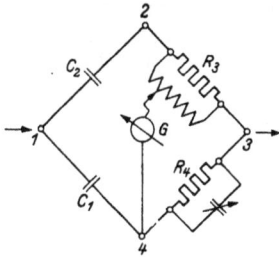

Abb. 281. Thomsonbrücke mit 3 Kapazitäten.

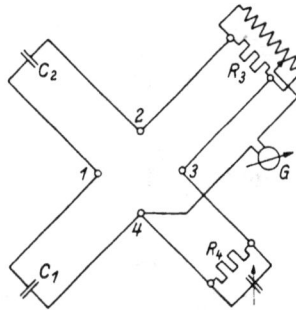

Abb. 282. Zusammenfassung der Eckpunkte der Thomsonbrücke nach Hartmann & Braun.

In Abb. 281 ist eine Thomsonbrücke mit 3 Kapazitäten wiedergegeben. Abb. 282 zeigt hierzu die Zusammenführung der Eckpunkte nach einem Gebrauchsmuster der Fa. Hartmann & Braun (G. M. 1212446 Kl. 21e).

Die Thomsonbrücke von Hartshorn[199]) ist mit der Schering-Thomsonbrücke im Prinzip identisch, verwendet jedoch die in Abb. 283 gezeigte Symmetrierung gegen Erde. Man

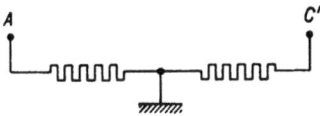

Abb. 283. Symmetrierung der Brücke Abb. 280 nach Hartshorn.

schließt die Verbindungsleitung $\mathfrak{Z}_7$ und verwendet $\mathfrak{Z}_4$ zur Abgleichung. Dann öffnet man die Verbindungsleitung $\mathfrak{Z}_7$ und gleicht mit $\mathfrak{Z}_6$ ab. Diese Abgleichung wird mehrmals wiederholt. Dann wird die Stromquelle an die Enden DE bei geöffnetem $\mathfrak{Z}_7$ angeschlossen. Erhält man jetzt bei erneuter Abgleichung mittels $\mathfrak{Z}_4$ einen Wert C_4', während der vorher ermittelte Wert C_4 war, so ist näherungsweise:

$$L_1/R_1 - L_2/R_2 = \tfrac{1}{2} R_4 \left[C_4 + C_4'\right] + \delta_{34} \quad \cdots \cdots \quad (350)$$

wobei δ_{34} die Differenz der Zeitkonstanten von $\mathfrak{Z}_3$ und $\mathfrak{Z}_4$ ist.

Bei der Thomsonbrücke von Vogel und Meerbeck[200]) (Abb. 284) wird die Abgleichung mittels der Selbstinduktionen L_3 und L_5 ausgeführt. Es ist dann:

$$R_x = \frac{R_N}{R_5} \cdot \left[R_5 - \frac{\omega^2 L_N \cdot L_5}{R_N} \right] \quad \ldots \ldots \quad (351\,\text{a})$$

$$L_x = L_5 \cdot R_N / R_4 - L_N \cdot R_5 / R_4 \quad \ldots \ldots \quad (351\,\text{b})$$

In R_4 und R_5 sind die Zuleitungen mit einbegriffen. (Praktische Ausführung s. Bd. II.) Die Brücke dient zur Messung von Einleiter-Starkstromkabeln.

Die Thomsonbrücke von Déguisne[201]) enthält den »Phasenschlitten« in Gestalt der gegeneinander verschiebbaren Induktions-

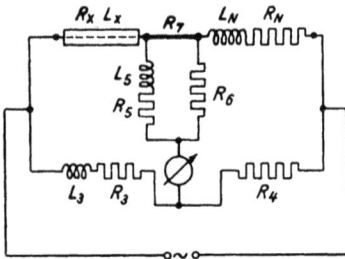

Abb. 284. Thomsonbrücke nach Vogel
und Meerbeck.

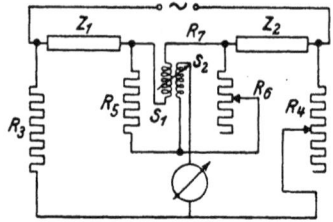

Abb. 285. Thomsonbrücke nach Deguisne
mit Phasenschlitten.

spulen S_1 und S_2 (Abb. 285). Der Phasenschlitten ist in seiner Einstellung geeicht und gestattet die Bestimmung der Phasendifferenz zwischen Z_1 und Z_2.

Die allgemeinste Thomsonbrücke, in der auch gegenseitige Induktionen enthalten sind, hat Karapetoff[90]) angegeben (Abb. 286). In dieser ist:

$$(\mathfrak{Z}_1 + m_4)\,[(\mathfrak{Z}_1 - m_1) \cdot \mathfrak{Z}_a - m_3\,(\mathfrak{Z}_1 + \mathfrak{Z}_b)]$$
$$= (\mathfrak{Z}_3 + m_3)\,[(\mathfrak{Z}_2 - m_4)\,(\mathfrak{Z}_a + \mathfrak{Z}_b + \mathfrak{Z}_1) + \mathfrak{Z}_1\,\mathfrak{Z}_b] \quad \ldots \quad (352)$$

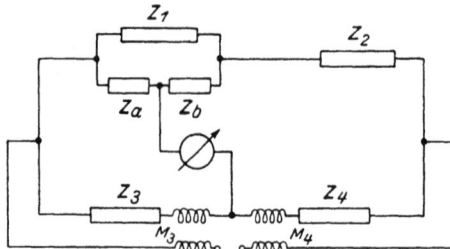

Abb. 286. Allgemeine Karapetoff-Brücke.

Je nach Wahl der einzelnen Scheinwiderstände erhält Karapetoff die verschiedensten — bereits aufgeführten — Spezialbrücken.

Ähnliche Untersuchungen hat auch Poole[202]) angestellt.

5. Wechselstrom-Brücken vom Wirk-Typ*).

Die Brücken vom Wirk-Typ[203]) sind durch die in Abb. 287 dargestellte Form gekennzeichnet. Sie vereinigen die Wheatstonebrücke mit einem Stern, wobei jedoch das Indikator-Instrument an zwei gegenüberliegenden Ecken der Wheatstoneform liegt. Gleichzeitig sind sie eine Erweiterung der Hilfsbrückenschaltung (z. B. des K. W. Wagner-Ausgleichs, S. 172). Wählt man im Vierstrahlstern der Abb. 287 $\mathfrak{Z}_5 \cdots \mathfrak{Z}_8$ als Kapazitäten und den Sternpunkt als Erde, so erhält man die S. 171 behandelte vollständige Wheatstonebrücke. In dieser Form treten sie

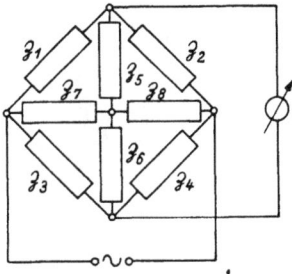

Abb. 287. Allgemeine Wirk-Brücke.

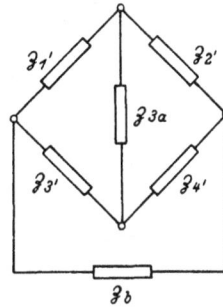

Abb. 288. Transformation der Wirkbrücke.

z. B. auch in den Betrachtungen der Erdkapazität eines Kabelvierers bei Küpfmüller[267]) auf.

Durch die Einführung des drei- oder vierstrahligen Sterns gelingt es die ursprünglichen Scheinwiderstände der Wheatstonebrücke so zu transformieren oder zu vereinfachen, daß sich die Wheatstonebrücke mit normalem Aufwand verwirklichen läßt. Es ist auch möglich, zwischen den Eckpunkten Kapazitäten, Induktivitäten und Ohm-Widerstände zu erzeugen, die völlig winkelfrei sind.

Die Berechnung der allgemeinen Wirkbrücke erfolgt mittels der Viereck-Stern-Transformation (Rosen-Russell-Transformation, S. 40). Man erhält aus Abb. 287 die Abb. 288. Es ist

$$\left.\begin{aligned}
\mathfrak{Z}_1' &= \mathfrak{Z}_5\,\mathfrak{Z}_7\,[1/\mathfrak{Z}_5 + 1/\mathfrak{Z}_6 + 1/\mathfrak{Z}_7 + 1/\mathfrak{Z}_8] \\
\mathfrak{Z}_2' &= \mathfrak{Z}_5\,\mathfrak{Z}_8\,[1/\mathfrak{Z}_5 + 1/\mathfrak{Z}_6 + 1/\mathfrak{Z}_7 + 1/\mathfrak{Z}_8] \\
\mathfrak{Z}_3' &= \mathfrak{Z}_6\,\mathfrak{Z}_7\,[1/\mathfrak{Z}_5 + 1/\mathfrak{Z}_6 + 1/\mathfrak{Z}_7 + 1/\mathfrak{Z}_8] \\
\mathfrak{Z}_4' &= \mathfrak{Z}_6\,\mathfrak{Z}_8\,[1/\mathfrak{Z}_5 + 1/\mathfrak{Z}_6 + 1/\mathfrak{Z}_7 + 1/\mathfrak{Z}_8]
\end{aligned}\right\} \quad \cdots \cdots (353)$$

Für die Nullbedingung interessieren allein die Widerstände $\mathfrak{Z}_1'$, $\mathfrak{Z}_2'$, $\mathfrak{Z}_3'$, $\mathfrak{Z}_4'$. Die Widerstände $\mathfrak{Z}_a$ und $\mathfrak{Z}_b$ beeinflussen dagegen die Abgleichung

---

*) Bei der Abfassung dieses Kapitels hat mich mein Kollege und Mitarbeiter H. Dipl.-Ing. L. Merz freundlichst unterstützt.

der Brücke nicht, wohl aber die Empfindlichkeit. Setzen wir

$$\mathfrak{G}_a = 1/\mathfrak{Z}_a$$

und

$$\gamma = \frac{1}{1/\mathfrak{Z}_5 + 1/\mathfrak{Z}_6 + 1/\mathfrak{Z}_7 + 1/\mathfrak{Z}_8},$$

so ist

$$\mathfrak{G}_1' = \mathfrak{G}_5\,\mathfrak{G}_7\cdot\gamma;\quad \mathfrak{G}_2' = \mathfrak{G}_5\,\mathfrak{G}_8\cdot\gamma;\quad \mathfrak{G}_3' = \mathfrak{G}_6\,\mathfrak{G}_7\cdot\gamma \quad \ldots \quad (354)$$

$$\mathfrak{G}_4' = \mathfrak{G}_6\cdot\mathfrak{G}_8\cdot\gamma;\quad \mathfrak{G}_a = \mathfrak{G}_5\cdot\mathfrak{G}_6\cdot\gamma;\quad \mathfrak{G}_b = \mathfrak{G}_7\cdot\mathfrak{G}_8\cdot\gamma \quad \ldots \quad (354)$$

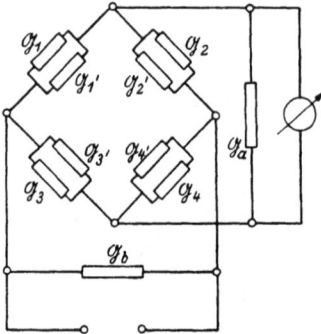

Abb. 289. Umformung der Transformation
Abb. 288.

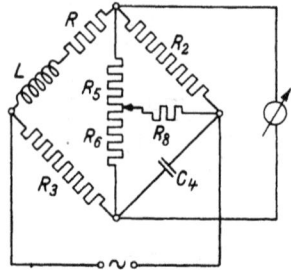

Abb. 290. Verlustwinkel-Brücke
vom Wirk-Typ.

Aus Abb. 289 ist ersichtlich, daß durch die Transformation der Leitwerte neue Leitwerte entstanden sind, die zu den ursprünglichen parallel geschaltet erscheinen.

Die Nullbedingung ergibt sich somit zu:

$$(\mathfrak{G}_1 + \mathfrak{G}_1')\,(\mathfrak{G}_4 + \mathfrak{G}_4') = (\mathfrak{G}_2 + \mathfrak{G}_2')\,(\mathfrak{G}_3 + \mathfrak{G}_3') \quad \ldots \quad (355)$$

oder

$$\left[\mathfrak{G}_1 + \frac{\mathfrak{G}_5\,\mathfrak{G}_7}{\mathfrak{G}_5 + \mathfrak{G}_6 + \mathfrak{G}_7 + \mathfrak{G}_8}\right]\cdot\left[\mathfrak{G}_4 + \frac{\mathfrak{G}_6\,\mathfrak{G}_8}{\mathfrak{G}_5 + \mathfrak{G}_6 + \mathfrak{G}_7 + \mathfrak{G}_8}\right]$$

$$= \left[\mathfrak{G}_3 + \frac{\mathfrak{G}_6\,\mathfrak{G}_7}{\mathfrak{G}_5 + \mathfrak{G}_6 + \mathfrak{G}_7 + \mathfrak{G}_8}\right]\left[\mathfrak{G}_2 + \frac{\mathfrak{G}_5\,\mathfrak{G}_8}{\mathfrak{G}_5 + \mathfrak{G}_6 + \mathfrak{G}_7 + \mathfrak{G}_8}\right]\cdot (356)$$

Die nach der Transformation entstehenden Leitwerte können in jeder beliebigen Form geschaffen werden, wenn man die Scheinwiderstände des Sternes passend wählt. Erscheint ein derartiger Leitwert in Parallelschaltung zu einer verlustbehafteten Kapazität, so heben sich bei richtiger Dimensionierung die Ohm-Leitwerte gegenseitig auf, so daß die Kapazität verlustfrei erscheint.

Das Verfahren der transformierten Leitwerte ist von besonderem Vorteil bei der Messung kleinster Verlustwinkel. Als Beispiel sei die in Abb. 290 dargestellte erweiterte Maxwellbrücke zur Messung von

Pupinspulen erwähnt. Bei geringem Verlustwinkel von L ist es schwer, den richtigen Abgleich-Parallelwiderstand zu der Kapazität C_4 zu finden, da dieser sehr hochohmig sein müßte. In der Wirk-Brücke sind R_5 und R_6 veränderbar, wobei $R_5 + R_6$ konstant und genügend klein ist. Durch Transformation des Sternes entstehen wieder die Ersatz-Leitwerte $\mathfrak{G}_2{}'$ und $\mathfrak{G}_4{}'$, die zu den Zweigen 2 und 4 parallel geschaltet sind. Es ist dabei:

$$\left.\begin{aligned}\mathfrak{G}_2{}' &= \frac{\mathfrak{G}_5\,\mathfrak{G}_8}{\mathfrak{G}_5 + \mathfrak{G}_6 + \mathfrak{G}_8}\\[2mm]\mathfrak{G}_4{}' &= \frac{\mathfrak{G}_6\,\mathfrak{G}_8}{\mathfrak{G}_5 + \mathfrak{G}_6 + \mathfrak{G}_8}\end{aligned}\right\} \quad\cdots\cdots\cdots\quad (357)$$

$$\mathfrak{G}_5 = 1/R_5; \quad \mathfrak{G}_6 = 1/R_6; \quad \mathfrak{G}_8 = 1/R_8 \quad\cdots\cdots\quad (358)$$

Durch Zusammenfassung der parallelgeschalteten Zweige erhält man die normale Maxwell-Brücke (Abb. 223). Dabei ist:

$$R_2{}' = R_2 \cdot \frac{1}{1 + \dfrac{R_2\,R_6}{R_5\,R_6 + R_5\,R_8 + R_6\,R_8}} \quad \text{und} \quad R_4{}'' = R_8 \cdot \frac{R_5 + R_6}{R_5} + R_6 \quad\cdots\ (359)$$

Für $R_8 \gg R_2$ und $R_8 \gg R_5\,R_6/(R_5 + R_6)$ ergibt sich:

$$\left.\begin{aligned}R_2{}'' &= R_2\\[2mm]R_4{}'' &= \frac{1}{R_5} \cdot R_8\,(R_5 + R_6)\end{aligned}\right\} \quad\cdots\cdots\cdots\quad (360)$$

Man braucht also den festen Widerstand R_5 nur genügend klein zu wählen um einen beliebig großen Widerstand $R_4{}''$ zu erhalten. Besonders günstig ist auch der Umstand, daß $R_4{}''$ dem R_5 umgekehrt proportional ist, so daß die Annäherung von $R_4{}''$ gegen Unendlich beliebig fein gestaltet werden kann. Die Nullbedingungen sind:

Maxwellbrücke:	Wirkbrücke:
$R_1\,R_4 = R_2\,R_3 = \dfrac{L_x}{C_4}$	$\dfrac{R_1}{R_5}\,[R_8\,(R_5 + R_6) + R_6\,(R_2 + R_5)] = R_2\,R_3 = \dfrac{L_x}{C_4}$
	und für $R_8 \gg R_5\,R_6/(R_5 + R_6)$ und $R_8 \gg R_2$
	$\dfrac{R_1}{R_5} \cdot R_8\,(R_5 + R_6) = R_2\,R_3 = \dfrac{L_x}{C_4}.$

Die Wirkbrücken sind in ihrer Anwendbarkeit noch lange nicht erschöpft. Sie stellen erst einleitende Versuche dar.

Eine der Wirkbrücke ähnliche Schaltung hat Offermann (D. Pat.-Anm. O 18333/VIII A Kl. 21e, 27) zur Erzeugung von Wechselspannungen angegeben (Abb. 291). Hierbei sind die beiden Widerstände R_y und φ_x veränderbar. Man kann dann die Wechselspannung nach Größe und Phase verändern.

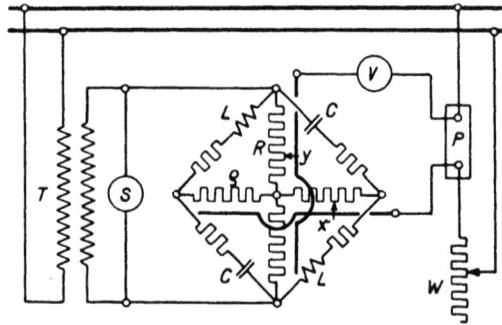

Abb. 291. Offermann-Schaltung zur Erzeugung von Wechselspannungen.

6. Scheinwiderstands-Brücken.

Bei der »Scheinwiderstands-Messung« allgemein hat man zu beachten, daß sie sich aus zwei Fragekomplexen zusammensetzt. Auf der einen Seite interessiert aus dem komplexen Scheinwiderstand der Wirkwiderstand und der Blindwiderstand getrennt. Die Ermittlung dieser beiden Größen war bereits Aufgabe der in den vorhergehenden Kapiteln behandelten Wechselstrombrücken. Auf der andern Seite ist die Absolutgröße Z des Scheinwiderstands und der Phasenwinkel von Interesse. Zu dieser Gruppe gehört auch die Frage nach der Genauigkeit oder nach der Empfindlichkeit einer Meßmethode hinsichtlich ihres absoluten

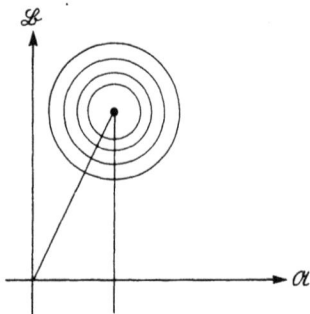

Abb. 292. Kreise gleicher Genauigkeit des Scheinwiderstands.

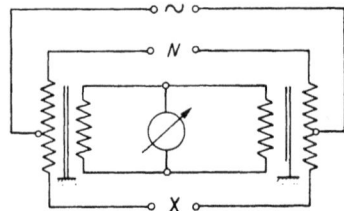

Abb. 293. Differential-Übertrager (Scheinwiderstands-Brücke).

Scheinwiderstands und evtl. ihrer Phase. Es ist klar, daß alle Punkte gleicher Genauigkeit auf einem Kreis um den wahren Scheinwiderstand liegen (Abb. 292). Dabei kann z. B. der Wirkwiderstand sehr klein, der Blindwiderstand sehr groß und die Genauigkeit der Ermittlung der beiden einzelnen Größen prozentual stark verschieden sein. Derartige Brücken spielen in der Kabel-Meßtechnik eine Rolle.

Die einfachste Form der Scheinwiderstandsmessung ergibt sich, wenn man über ein veränderbares Scheinwiderstands-Normale verfügt. Eine derartige Brücke, bestehend aus zwei symmetrischen Übertragern ist von der Siemens & Halske A. G. als Differential-Übertrager entwickelt worden (Abb. 293). Die Verwendung — zwischen 50 Hz

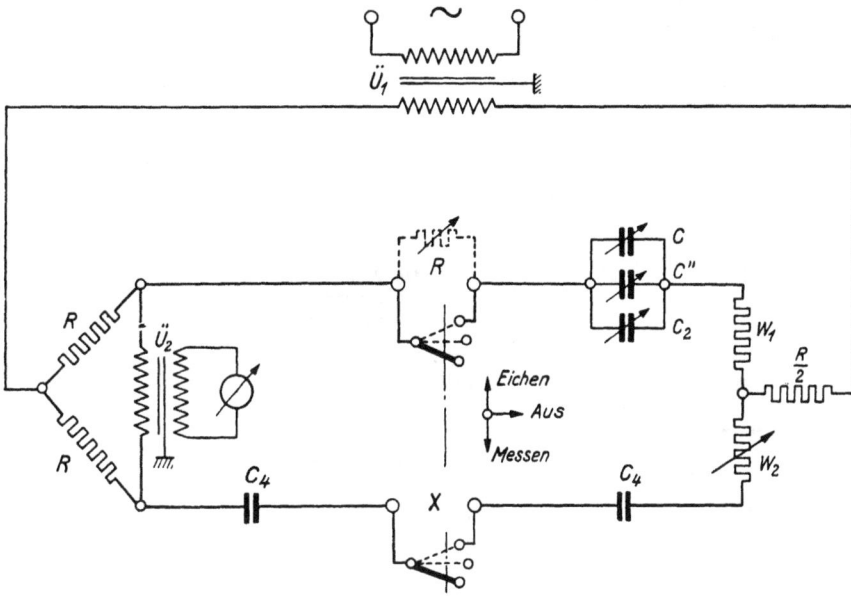

Abb. 294. Thomas-Küpfmüller-Brücke. Schema.

und 50 kHz — ist nur durch den Verwendungsbereich der Normalen beschränkt.

Von Thomas und Küpfmüller[267]) ist eine in der Fernmeldetechnik sehr verbreitete — von der Siemens & Halske A. G. hergestellte — Scheinwiderstandsbrücke angegeben worden (Abb. 294). Die Widerstände R_1 und R_3 sind gleich. Durch einen Vorwiderstand in der halben Größe wird erreicht, daß beide Anschlußpunkte des gesuchten Scheinwiderstands gleiches Potential gegen Erde haben. Die Brückenspannung wird ebenfalls gegen Erde symmetriert. Der Indikator (Fernhörer) ist gegen Erde geschirmt. Die Verwendung der Kapazitäten C_4 vor dem Meßobjekt gestattet die Messung kleiner induktiver Scheinwiderstände ohne Selbstinduktions-Normal. Solange der induktive Blindwiderstand von X kleiner ist als der kapazitive von C_4 wird die resultierende Blindkomponente kapazitiv. Die Einstellung der Brücke erfolgt mittels R und C. (C wird symmetrisch zu X verteilt um die Symmetrierung gegen

Erde zu wahren.) Die Widerstände w_1 und w_2 dienen zum Ausgleich der Verlustfaktoren der in der Schaltung verwendeten Kondensatoren. Den gleichen Zweck hat der Kondensator C_2. (Die technischen Daten sollen im II. Band behandelt werden.)

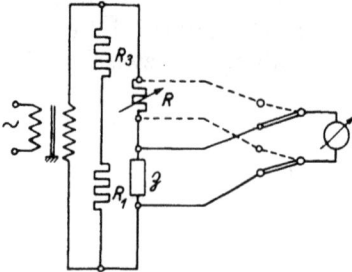

Abb. 295. Grützmacher-Scheinwiderstands-Brücke. Betragsmessung.

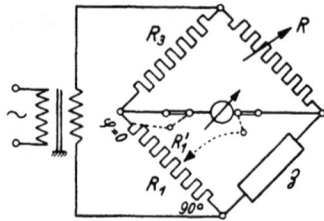

Abb. 296. Grützmacher-Scheinwiderstands-Brücke. Phasenmessung.

Es ist:

$$\mathfrak{Z} = R + j \cdot \frac{1}{\omega} \left(\frac{2}{C_4} - \frac{1}{C} \right) \quad \ldots \ldots \quad (361)$$

Es sei noch erwähnt, daß zur Auswertung der Thomas-Küpfmüller-Brücke neuerdings ein besonderer Rechenschieber erschienen ist[268]).

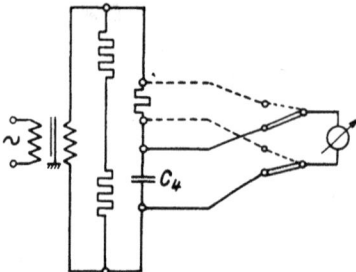

Abb. 297. Grützmacher-Scheinwiderstands-Brücke. Frequenzmessung.

Es ist ferner:

$$X_{\text{reell}} = \mathfrak{Z} \cdot \cos \varphi = R \quad \ldots \ldots \quad (362\,\text{a})$$

$$X_{\text{imag}} = \mathfrak{Z} \cdot \sin \varphi = \frac{1}{\omega} \left(\frac{2}{C_4} - \frac{1}{C} \right)$$
$$\ldots \quad (362\,\text{b})$$

Eine Scheinwiderstandsbrücke zur Bestimmung von Scheinwiderständen nach Betrag und Phase ist von Grütz-macher[204]) angegeben worden. Auch zur Frequenzmessung ist diese Brücke geeignet. Abb. 295 zeigt die Grütz-macher-Brücke zur Betragsmessung, Abb. 296 zur Winkelmessung, Abb. 297 zur Frequenzmessung*). Es ist

a) für die Betragsmessung:

$$|\mathfrak{Z}| = R \quad \ldots \ldots \ldots \ldots \quad (363)$$

b) für die Winkelmessung: für $R_1 = R_3$ und $R = |\mathfrak{Z}|$ ist:

$$\operatorname{tg} \varphi/2 = R_1'/R_1 \quad \ldots \ldots \ldots \quad (364)$$

c) für die Frequenzmessung: für $C_4 = 0{,}159 \,\mu F$ ist

$$f = \frac{10^6}{R} H_2 \quad \ldots \ldots \ldots \quad (365)$$

---

*) Mit Vorteil verwendet man statt C_4 eine Selbstinduktion L_4.

Eine andere Brücke zur Scheinwiderstandsmessung ist von Feist und Haak angegeben worden. (Deutsche Pat. Anm. F 74679 VIIIa). Der Betrag ist durch den veränderbaren Widerstand W und die Phase durch den Spannungsteiler S bestimmbar (Abb. 298).

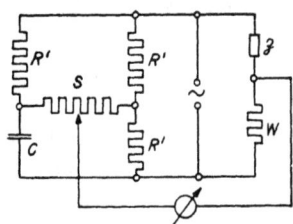

Abb. 298. Scheinwiderstandsbrücke nach Haak.

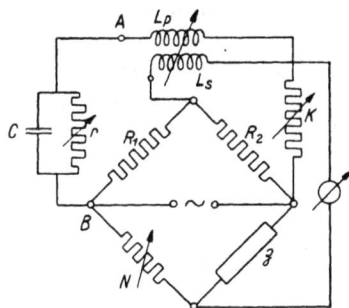

Abb. 299. Scheinwiderstandsbrücke der Ericson A. B.

Eine weitere Scheinwiderstandsbrücke zeigt Abb. 299. Sie ist von der Ericson A. B. angegeben worden. (Deutsche Pat. Anm. T 39656/ VIIIa.)

7. Sonstige Brücken.

Obgleich eine Vollständigkeit im Rahmen dieses Buches ganz unmöglich ist, sollen im folgenden noch einige Anwendungen der Brückenschaltungen gezeigt werden, die sich in den vorangehenden Kapiteln nicht einfügen lassen. Doch sei dabei betont, daß es sich nur um einige Beispiele aus der großen Fülle der Anwendungsmöglichkeiten handeln kann.

Abb. 300 zeigt eine Bolometerbrücke zur Messung kleiner Hochfrequenzspannungen. Die Spannung E_x verändert dabei den Widerstand des Bolometerdrahtes B. Es werden für B Wolastonfäden von 0,0005...0,001 mm Dmr. benutzt.

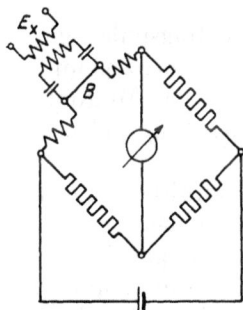

Abb. 300.
Bolometerbrücke.

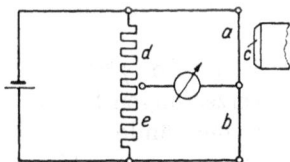

Abb. 301. Thermische Elektrometermessung mit Bolometer nach Reiß.

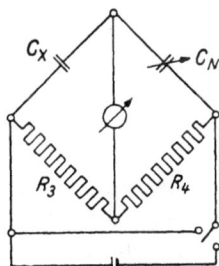

Abb. 302. Ballistische Kapazitätsmessung.

Abb. 301 gibt ein Meßverfahren zur thermischen Elektrometer-Messung wieder, wie es von Reiß[269]) angegeben wurde. Das Verfahren kann besonders zur Messung schwacher Magnetfelder verwendet werden. Dabei wird das stromdurchflossene Bolometerband durch das Magnetfeld abgelenkt und damit sein Abstand von der Schneide C verändert. Reiß gibt an, daß unter Benutzung eines Spiegel-Galvanometers eine Empfindlichkeit von 0,1 Oerstedt/Sk. T. erzielt werden kann.

Abb. 302 zeigt eine Schaltung zur ballistischen Kapazitätsmessung. Es ist:

$$C_X = C_N \frac{R_4}{R_3} \quad \ldots \ldots \ldots \ldots \quad (366)$$

Nach Mandelstam und Papalexi (DRP. 496457) kann man mit der in Abb. 303 wiedergegebenen Schaltung Hochfrequenzströme

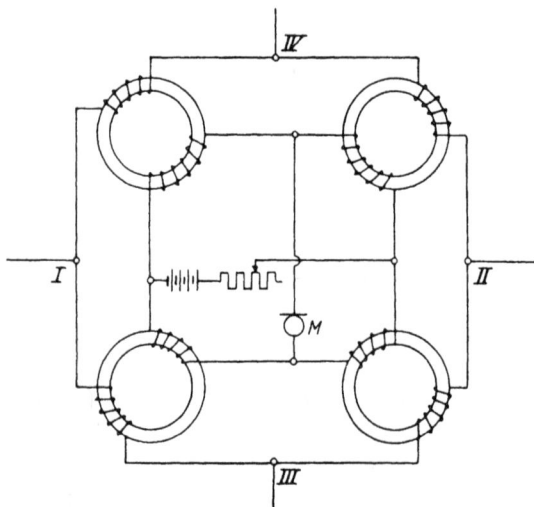

Abb. 303. Hochfrequenz-Modulation nach Mandelstam und Papalexi.

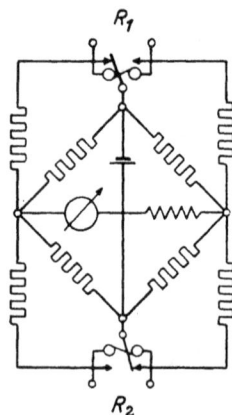

Abb. 304. Synchronbrücke nach Nyquist, Shank und Cory.

mittels des Mikrophons M modulieren. Wenn die 4 Ringspulen gleich sind entsteht an den Punkten III, IV keine Hochfrequenzspannung, solange kein Mikrophonstrom vorhanden ist. Durch den Mikrophonstrom wird die Vormagnetisierung in einem Paar der Ringspulen verstärkt, im andern geschwächt.

Von Nyquist, Shank und Cory[270]) ist eine »Synchronbrücke« zur Messung von Leitungsverzerrungen bei Drucktelegraphen angegeben worden (Abb. 304). Die 4 Widerstände in der Brücke sind gleich, ebenso die 4 äußeren Widerstände. Das Relais R_1 nimmt die ankommenden Zeichen auf, das Relais R_2 die gleichen Zeichen, die lokal mit der gleichen Geschwindigkeit gegeben werden. Bei synchronen Arbeiten und Phasengleichheit bleibt das Galvanometer in Ruhe. Auch bei Phasenverschiebung bleibt der Mittelwert der Galvanometer-Ausschläge Null. Nur bei Unregelmäßigkeiten der Empfangszeichen ergibt sich ein dauernder Ausschlag.

Eine Schaltung zur Klanganalyse mittels Kohlemikrophon ist von E. Meyer[271]) angegeben worden. In einem Brückenzweig wird einem Kohlemikrophon der zu untersuchende Klang zugeführt, während die Spannungsquelle einen Überlagerungs-Summer (Suchfrequenz) enthält. In der Meßdiagonale befindet sich ein tief abgestimmtes Wechselstrom-Instrument, mit dem man die Stärke des Differenztones mißt.

Eine Meßeinrichtung zur Bestimmung der Wechselstromleistung veränderlicher Frequenz und veränderlichen Leistungsfaktors in einer Brückenschaltung hat E. Paul (D. Pat.Anm. P 62249) vorgeschlagen. Hierbei liegt in einem Brückenzweig der Verbrauchswiderstand, z. B. ein Lautsprecher, in Serie mit einem Hitzdraht-Wattmeter. In den anderen Zweigen befinden sich Ohm-Widerstände. Das Galvanometer in der Meßdiagonale ist auf den jeweiligen Wirkwiderstand des Verbrauchers geeicht.

Eine Brückenschaltung zur Messung kleiner Zeitabschnitte hat Herman[295]) angegeben. Die Schaltung gestattet die Messung von Zeitabschnitten von 0,0001...1 s. Bezüglich Einzelheiten der etwas komplizierten Schaltung muß jedoch auf die Original-Literatur verwiesen werden.

Eine andere Kurzzeitmessung in Brückenschaltung beschreiben Steenbeck und Strigel[320]).

Zur Bestimmung des dielektrischen Verlustes eines Kondensators mittels eines Elektroskops hat die British Thomson Houston Co. eine Brückenschaltung angegeben[296]).

Zur Messung von Wechselströmen beliebiger Frequenz ist von Barlow eine Schaltung vorgeschlagen worden, die in einem Zweig eine Elektronenröhre ohne Gitter enthält (Ventilröhre). Der zu messende Wechselstrom ändert den Heizstrom der Ventilröhre.

Eine Brücke zur Nachhall-Messung, bei der das Abklingen der Schalldruck-Aplitude mit einer Kondensator-Entladung in einer Brückenschaltung verglichen wird, beschreiben Hollmann und Schultes[298]).

Die Messung nichtlinearer Verzerrungen in einer Oberwellenbrücke ist von Faulhaber[299]) vorgenommen worden.

Daß man Mehrfach-Telegraphie (Simultanschaltung) in Brückenschaltung vornehmen kann, ist bereits 1863 von Maron angegeben worden. Es sei hierüber auf die bekannten Werke der Fernmeldetechnik verwiesen[20]).

Erwähnt sei noch eine Meßbrücke zur Bestimmung des Fehlerortes bei Aderbrüchen in Kabeln nach den Angaben von Carsten und v. Susani[300]) und auf eine Gleichstrom-Wechselstrom-Meßbrücke zur Ermittlung der Bleimantel- und Armierungs-Verluste von Einleiter- und Mehrleiter-Wechselstromkabeln nach den Angaben von Feiner und Schiller[301]).

Leistungsmessungen bei großer Phasenverschiebung in einer Brückenschaltung nimmt Spielhagen[306]) vor.

Wiederholt ist auch der Versuch gemacht worden, Schweißnähte mittels Brückenschaltungen zu prüfen. Ein solches Verfahren gibt z. B. Batcheller[307]) an.

Die bei Fernsprechkabeln auftretenden Teilerdkopplungen und ihre Bestimmung in Brückenschaltungen hat auch Wuckel[310]) näher untersucht.

Die verschiedenen Methoden der Fehlerort-Bestimmung an Hochspannungs-Freileitungen und an Starkstrom-Kabeln sind von Poleck[313]) für Gleich- und Wechselstrom beschrieben worden (s. Bd. II).

Eine Brückenschaltung mit elektrodynamischem Nullinstrument zur Bestimmung des Windungsschlusses von Spulen ist von Täuber-Gretler[314]) angegeben worden.

Eine Reihe von Brückenschaltungen zur Fernübertragung von Bewegungen (Fernsteuerung) sind von Schleicher und von Poleck angegeben worden (DRP. 441 059, 449 886, 449 887, 463 323, 473 335, 473 962, 475 295, 476 605, 476 606).

XIV. Wechselstrom-Kompensatoren*).

1. Allgemeines [205]).

Die Anwendung der Kompensationsmethode bei Wechselstrom ermöglicht, die Größe und Phasenlage von Spannungen, Strömen und magnetischen Feldern zu messen, ohne dem Meßobjekt Strom zu entnehmen. Das Grundprinzip besteht darin, die zu untersuchende, am Meßobjekt wirksame Wechselspannung durch eine in bezug auf Größe und Phase veränderbare Vergleichspannung zu kompensieren, die mit einem »Wechselstrom-Kompensator« erzeugt wird. Meßobjekt und Kompensator müssen dabei von einer gemeinsamen Wechselstromquelle, d. h. vom gleichen Generator oder von zwei miteinander starr gekuppel-

---

*) Die Bearbeitung dieses Kapitels hat freundlicherweise mein Kollege und Mitarbeiter W. Geyger übernommen.

ten Generatoren gleicher Polzahl, gespeist werden, um zu erreichen, daß die beiden gegeneinander kompensierten Spannungen absolut gleiche Frequenz haben. Die für vollkommene Kompensation bestehende Bedingung, daß auch die Wellenform dieser beiden Spannungen die gleiche sein muß, läßt sich praktisch nur dadurch erfüllen, daß man die beiden Spannungen sinusförmig macht. In den meisten Fällen ist jedoch diese Bedingung nicht erfüllbar, da die Wellenformen der in der Meßanordnung wirksamen Ströme und Spannungen im allgemeinen mehr oder weniger verzerrt sind. Benutzt man zur Abgleichung ein Wechselstrom-Nullinstrument, das nur auf Ströme von der Frequenz der Grundwelle, nicht aber auf die Oberwellen anspricht (z. B. ein auf die Grundfrequenz abgestimmtes Vibrations-Galvanometer), so werden nur die Grundwellen der in der Meßanordnung wirksamen Ströme und Spannungen zur Messung herangezogen, und das Nullinstrument zeigt Stromlosigkeit an, wenn die Grundwellen der beiden Kompensationsspannungen größengleich und in bezug auf den Kompensationskreis um 180° gegeneinander phasenverschoben sind. Es wird dann nur die Grundwelle der zu untersuchenden Wechselspannung ausgemessen, die Oberwellen dagegen werden bei der Auswertung der Meßergebnisse überhaupt nicht berücksichtigt.

Die Wechselstrom-Kompensatoren können bezüglich der Erzeugungsweise der in bezug auf Größe und Phase veränderbaren Vergleichspannung in zwei Hauptgruppen eingeteilt werden:

a) Wechselstrom-Kompensatoren mit einfacher Vergleichspannung (»Phasenschieber-Kompensatoren«) sind an eine Phasenschieber-Vorrichtung angeschlossene, nach Art der Gleichstrom-Kompensatoren aufgebaute Kompensationsapparate, bei denen die Phase der Vergleichsspannung an dem Phasenschieber, ihre Größe am Kompensationsapparat so reguliert wird, daß das in den Kompensationskreis geschaltete Nullinstrument stromlos wird.

b) Wechselstrom-Kompensatoren mit zusammengesetzter Vergleichspannung (»komplexe Kompensatoren«) sind allgemein solche Kompensatoren, bei denen die zu prüfende Spannung E_X (Abb. 305) kompensiert wird durch eine in bezug auf Größe und Phase veränderbare Vergleichspannung E_N, die aus zwei hintereinander geschalteten, um 90° gegeneinander phasenverschobenen Teilspannungen E_1 und E_2 zusammengesetzt ist. E_1 und E_2 werden bei der Messung so lange geändert, bis das im Kompensationskreis liegende Nullinstrument Stromlosigkeit anzeigt.

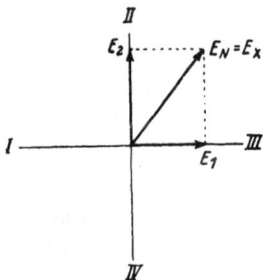

Abb. 305. Wechselstrom-Kompensation mit zusammengesetzter Vergleichspannung.

2. Beschreibung der Wechselstrom-Kompensatoren.

a) Ausführungsarten der Phasenschieber-Kompensatoren.

α) *Kompensatoren, bei denen E_X und E_N von zwei miteinander starr gekuppelten Generatoren gleicher Polzahl erzeugt werden.*

Den ältesten aller Wechselstrom-Kompensatoren stellt die »Franke-Maschine«[206]) (Abb. 306 und 307) dar, die 1891 von A. Franke zur Untersuchung von Fernsprechleitungen und Fernsprechapparaten für die Deutsche Reichspost konstruiert wurde. Die Maschine besteht aus zwei Generatoren G_1, G_2, die von dem Motor M über die Kupplung K angetrieben werden, und besitzt ein von der mit Gleichstrom erregten Spule e erzeugtes rotierendes Magnetfeld, das auf zwei feststehende, elektrisch voneinander unabhängige Anker einwirkt. Die Größe der an den beiden Ankern R_1, R_2 abgenommenen, zur Kompensation dienenden Wechselspannungen (Frequenz: 300...2000 Hz) kann durch Änderung der wirksamen Windungszahlen der Ankerwicklungen und durch Verschieben der Anker R_1, R_2 in der Richtung der Achse in weiten Grenzen re-

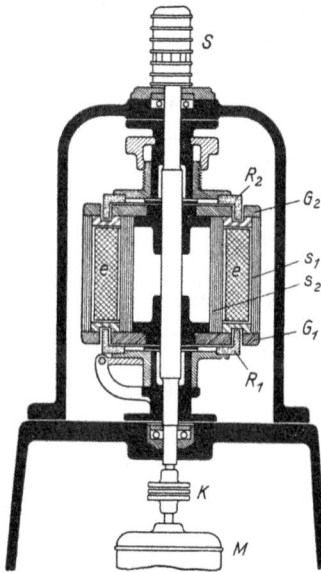

Abb. 306. Franke-Maschine (moderne Bauart von Siemens & Halske), Längsschnitt.

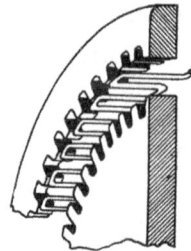

Abb. 307. Anordnung der ruhenden zickzackförmigen Ankerwicklung zwischen den rotierenden Polrädern bei der Franke-Maschine.

guliert werden. Die gegenseitige Phasenlage dieser Spannungen wird durch Veränderung der Winkellage der beiden Anker geregelt. Größe und Phase der jeweilig abgenommenen Spannungen können an entsprechend angeordneten Skalen abgelesen werden. Bezüglich der konstruktiven Einzelheiten der Maschine und ihres Zubehörs (Schaltpult und Kompensator mit Eingrenzwiderstand) sei auf die einschlägige Literatur verwiesen.

Eine andere Bauweise für Messungen mit 15...100 Hz ergibt sich bei Benutzung einer sog. Eichmaschine[207]), wie sie für die Eichung von Wechselstrom-Meßgeräten und -Zählern verwendet wird. Die Eichmaschine hat zwei auf derselben Achse sitzende Generatoren, wobei eines der Ständergehäuse drehbar ist; die räumliche Verschiebung ist dann der elektrischen Phasenverschiebung der von den beiden Generatoren erzeugten EMKe proportional. Der eine Generator speist einen gewöhnlichen Kompensationsapparat, während an den anderen das Meßobjekt angeschlossen wird.

Zu dieser Gruppe der Wechselstrom-Kompensatoren gehört auch das »Wechselspannungs-Normal« nach E. Beckmann[263]). Der Grundbestandteil des Apparates ist ein durch einen zweipoligen Synchronmotor in Umdrehung um eine zur Flußrichtung senkrechte Achse versetzter Dauermagnet, der ein kreisförmiges Drehfeld erzeugt. Zwischen den Polen des Magneten ist eine Spule gelagert, deren wirksame Windungsfläche zwecks Änderung der Größe der Vergleichspannung durch Schwenkung um eine zur Drehfeldebene senkrechte Achse zwischen Null und einem Maximum stetig geändert werden kann. Um die Phasenlage der Vergleichspannung beliebig einstellen zu können, ist die Spule um eine in der Verlängerung der Drehfeldachse liegenden Achse drehbar. Die Phaseneinstellung kann an einer Phasenwinkel-Skala abgelesen werden.

β) Kompensatoren, bei denen E_X und E_N vom gleichen Generator unter Zwischenschaltung eines Phasenschiebers erzeugt werden.

Den mit einem besonderen Phasenschieber ausgestatteten Wechselstrom-Kompensator haben C. V. Drysdale[208]) und W. v. Krukowski[209]) in verschiedenen Ausführungsarten entwickelt. Bei der Drysdale-Apparatur[208]) (Abb. 308) ist ein mit einphasigem Wechselstrom gespeister Drehfeld-Phasenschieber *Ph* vorgesehen, der eine aus Widerstand *R* und Kondensator *C* bestehende 90°-Schaltung hat. Der Kompensationsapparat wird zunächst durch den Umschalter *U* auf eine Batterie geschaltet, um mittels eines Gleichstrom-Nullinstrumentes die EMK eines Normalelementes zu kompensieren und hierdurch den Meßstrom *J* im elektrodynamischen Strommesser *A* auf genau 50 mA einzustellen. Dann wird durch *U* auf *Ph* geschaltet und *J* so einreguliert, daß *A* den bei der Gleichstrom-Messung gefundenen Ausschlag für 50 mA anzeigt. Hierauf wird E_X mit einem Wechselstrom-Nullinstrument *N* kompensiert, wobei an r_1, r_2, *S* die Größe und an *Ph* die Phase von E_X abgelesen werden. Durch den Meßbereich-Umschalter *M* können die Hilfswiderstände R_1, R_2 wahlweise eingeschaltet und hierdurch der Meßbereich für E_X in weiten Grenzen geändert werden.

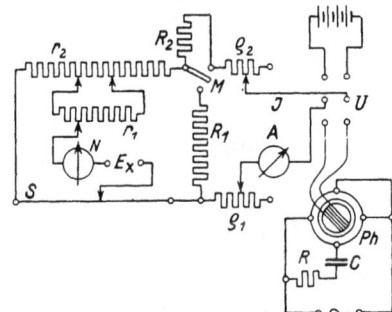

Abb. 308. Phasenschieber-Kompensator nach C. V. Drysdale (Grundschaltung).

W. v. Krukowski[209]) sieht als Phasenschieber einen an Dreh-

strom angeschlossenen Drehfeld-Transformator *Ph* vor, wie er zu Eich-
zwecken vielfach Anwendung findet (Abb. 309). Die Größe von E_X
wird am Kompensationswiderstand *R* nebst Schleifdraht *S*, die Phase
an einer am Lagerschild von *Ph* angebrachten Phasenwinkel-Skala
abgelesen. Der elektrodynamische Spannungsmesser *V* dient zur Einstellung der Meßspannung. Auch hier können Vergleichsmessungen
mit Gleichstrom und Normalelement ausgeführt werden.

A. E. Kennelly[210]) hat für Lehrzwecke einen Wechselstrom-
Kompensator angegeben, bei dem Phasenschieber und Kompensationsapparat elektrisch vereinigt sind (Abb. 310). Er besteht im wesentlichen
aus einer sehr dünnen quadratischen Manganinplatte (Folie), die in

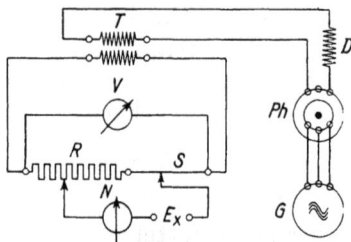

Abb. 309. Phasenschieber-Kompensator
nach W. von Krukowski (Grundschaltung).

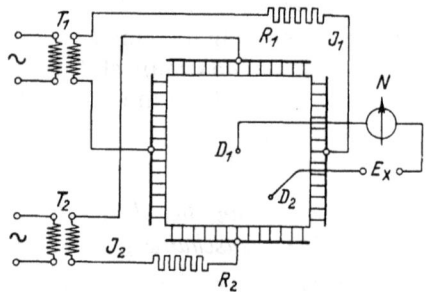

Abb. 310. Phasenschieber-Kompensator für
Demonstrationszwecke nach A. E. Kennelly
(Prinzip-Schema).

zwei zueinander senkrechten Richtungen mit zwei um 90° gegeneinander
phasenverschobenen Strömen J_1 und J_2 beschickt wird. An der Oberfläche der Platte entsteht somit, da $J_1 = J_2$ ist, ein angenähert kreisförmiges elektrisches Spannungs-Drehfeld, das mittels zweier Abtast-
drähte D_1 und D_2 zur Kompensationsmessung dienende Vergleichspannungen von regelbarer Größe und Phase abzugreifen gestattet.
Ist D_1 mit dem Mittelpunkt der Platte verbunden (Abb. 310), so kann
durch Verschieben von D_2 der im Nullinstrument *N* fließende Strom
vollständig zum Verschwinden gebracht werden. Der gegenseitige Abstand von D_1 und D_2 ist dann ein Maß für die Größe der kompensierten
Spannung E_X, während die Winkellage der Verbindungslinie $D_1 D_2$ der
Phasenlage dieser Spannung entspricht.

b) Ausführungsarten der komplexen Kompensatoren.

α) *Kompensatoren, bei denen E_1 als Spannungsabfall an einem Kompensationswiderstand abgegriffen und E_2 durch die in der Sekundärspule eines
eisenfreien Transformators induzierte EMK dargestellt wird.*

Die erste Ausführungsform des komplexen Kompensators nach
A. Larsen[211]) zeigt Abb. 311. Der mit Anzapfung *P* und Schleifkontakt *K* versehene Meßdraht *R* ist mit der Primärspule S_1 eines eisen-

freien Drehspul-Variators für gegenseitige Induktion und mit einem Regelwiderstand W nebst Strommesser A in Reihe geschaltet und über den Isoliertransformator T an die zur Erzeugung von E_X dienende Wechselstromquelle G angelegt. P und K sind über die Sekundärspule S_2 des Variators und über das Nullinstrument N mit E_X verbunden. Bezeichnet r den zwischen P und K liegenden Widerstand, M die gegenseitige Induktivität von S_1 auf S_2, J den Meßstrom und ω die Kreisfrequenz desselben, so gilt bei Stromlosigkeit von N:

$$E_1 = J \cdot r, \quad E_2 = J \cdot \omega \cdot M \quad \ldots \ldots \ldots \quad (368)$$

und

$$E_X = \sqrt{E_1{}^2 + E_2{}^2} = J \cdot \sqrt{r^2 + (\omega\,M)^2}; \quad \ldots \quad (369)$$

$$\operatorname{tg} \sphericalangle (E_X, J) = E_2/E_1 = \omega\,M/r \quad \ldots \ldots \quad (370)$$

Mit dieser Anordnung können für E_1 und E_2 kontinuierlich veränderbare Spannungen positiven und negativen Vorzeichens zwischen Null und dem Höchstwert eingestellt werden, so daß man ohne weiteres Spannungsvektoren in allen Quadranten kompensieren kann.

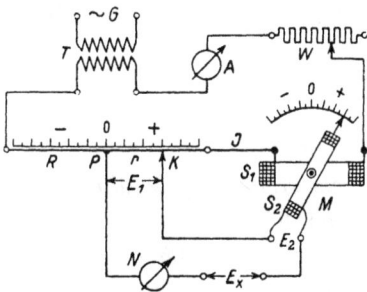

Abb. 311. Komplexer Kompensator
nach A. Larsen.

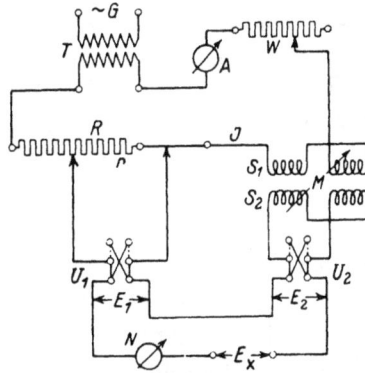

Abb. 312. Komplexer Kompensator
nach C. Déguisne.

Für besondere Messungen (z. B. Bestimmung sehr kleiner Phasenwinkel bei Niederfrequenz), bei denen E_2 gegenüber E_1 sehr klein wird, ist es zweckmäßig, die beschriebene Meßanordnung entsprechend dem Vorschlag von C. Déguisne[212] nach Abb. 312 zu modifizieren, indem man den Meßdraht durch einen nach Art der Gleichstrom-Kompensationsapparate aufgebauten Kompensationswiderstand R mit Zusatz-Schleifdraht für die Feineinstellung ersetzt und den Variator $S_1 S_2$ astatisch ausbildet (»Phasenschlitten« nach Déguisne), um störende Beeinflussungen desselben durch magnetische Streufelder auszuschließen. E_1 und E_2 müssen hier durch Umschalter U_1 und U_2 umpolbar sein, um bequem in allen Quadranten arbeiten zu können. Für Stromlosigkeit von N gelten obige Beziehungen.

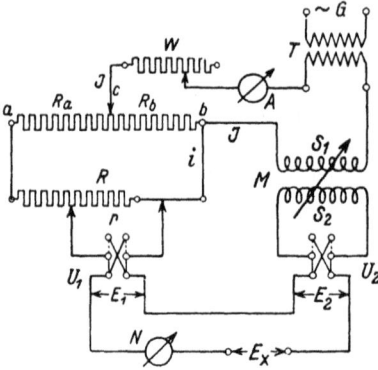

Abb. 313. Komplexer Kompensator nach
A. Campbell.

Bei den in Abb. 311 und 312 dargestellten Kompensatoren werden R und S_1 stets vom gleichen Strom J durchflossen. Um das Größenverhältnis von E_1 und E_2 leicht ändern und der jeweils benutzten Frequenz anpassen zu können, kann man die in Abb. 313 gekennzeichnete Schaltung nach A. Campbell [213]) verwenden, bei der R nur von einem Teil des in S_1 wirksamen Stromes J durchflossen wird. Bedeutet i den in R fließenden Strom und bezeichnen R_a und R_b die zwischen den Punkten a und c bzw. b und c liegenden Widerstände, so ergibt sich:

$$E_1 = i \cdot r, \quad E_2 = J \cdot \omega \cdot M = i \cdot \frac{R + R_a + R_b}{R_b} \cdot \omega \cdot M \quad . . (371)$$

Durch Verändern von R_b bei konstant bleibendem Gesamtwiderstand $(R + R_a + R_b)$ kann man erreichen, daß der Ausdruck $\omega \cdot (R + R_a + R_b)/R_b = m$ bei allen benutzten Frequenzen einen konstanten Wert (m) hat. Dann wird:

$$E_X = \sqrt{E_1^2 + E_2^2} = i \cdot \sqrt{r^2 + (m\,M)^2}; \quad . . . . . (372)$$

$$\text{tg} \sphericalangle (E_X, i) = E_2/E_1 = m\,M/r \quad . . . . (373)$$

β) Kompensatoren, bei denen E_1 und E_2 als Spannungsabfälle an zwei Kompensationswiderständen abgegriffen werden.

Bei dem in Abb. 314 dargestellten Kompensator, der in etwas verschiedenen Ausführungsarten von A. K. Erlang [214]) und von O. Pedersen [215]) beschrieben wurde, werden E_1 und E_2 an zwei Meßdrähten M_1 und M_2 abgegriffen, die in eine Stromverzweigung eingefügt und mit W, A, T und G verbunden sind. Während bei der Anordnung nach Pedersen die Meßdraht-Ströme J_1 und J_2 um 90° gegeneinander verschoben sind, ist bei der Schaltung nach Erlang der Phasenwinkel zwischen diesen Strömen kleiner als 90°, da dort die Kondensatoren C durch Ohmsche Widerstände ersetzt sind. Macht man zweckmäßigerweise $J_1 = J_2 = J$ und $\sphericalangle (J_1, J_2) = 90°$, so gilt, wenn N stromlos ist, $E_1 = J \cdot r_1$, $E_2 = J \cdot r_2$ und somit

$$E_X = \sqrt{E_1^2 + E_2^2} = J \cdot \sqrt{r_1^2 + r_2^2}; \quad . . . . . . (374)$$

$$\text{tg} \, (E_X, J_1) = E_2/E_1 = r_2/r_1 \quad . . . . (375)$$

Die Nulleinstellung ist stark frequenzabhängig, weil bei wachsender Frequenz der Strom J_1 (durch die Induktivitäten L) abnimmt und der

Strom J_2 (durch die Kapazitäten C) zunimmt; auch können die Oberwellen von J_2 störend wirken.

Ein von D. C. Gall[216]) angegebener Kompensator (Abb. 315) ermöglicht, E_1 und E_2 an zwei mit Stromwendern U_1, U_2 versehenen Kompensationsapparaten R_1, R_2 einzuregulieren, die von zwei um 90°

gegeneinander verschobenen Strömen J_1 und J_2 durchflossen werden. Diese Ströme werden einer besonderen Kunstschaltung K entnommen, die mittels einer lediglich zur Hilfsabgleichung dienenden Gegeninduktivität M_H in bezug auf Gleichheit und 90°-Phasenverschiebung von J_1

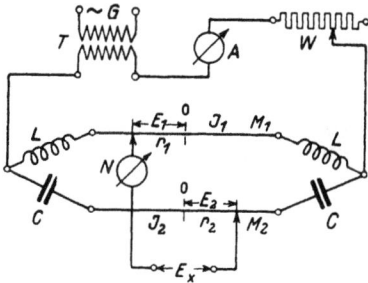

Abb. 314. Komplexer Kompensator nach
O. Pedersen.

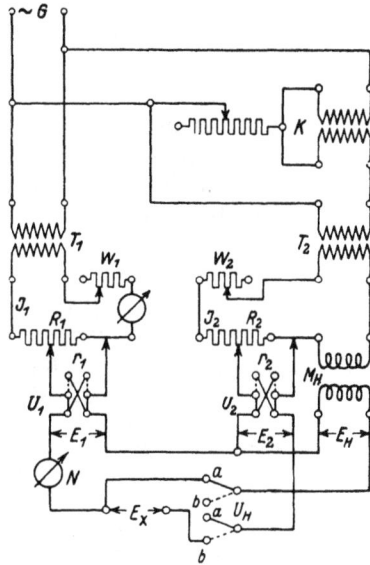

Abb. 315. Komplexer Kompensator nach
D. C. Gall.

und J_2 abgeglichen werden muß. Zu diesem Zwecke wird der Schalter U_H zunächst in Stellung »a« gelegt und die Hilfsspannung E_H durch E_1

Abb. 316. Komplexer Kompensator nach
W. Geyger (Kombination der Kompensatoren nach A. Larsen und D. C. Gall).

(E_2 ist dabei gleich Null) kompensiert. Ist N stromlos, was durch Einregeln der Kunstschaltung K und der Widerstände W_1, W_2 erreicht wird, so ist $J_1 = J_2 = J$ und $\sphericalangle (J_1, J_2) = 90°$. Legt man nun U_H in Stellung »b«, so kann E_X in der üblichen Weise durch E_1 und E_2 kompensiert werden.

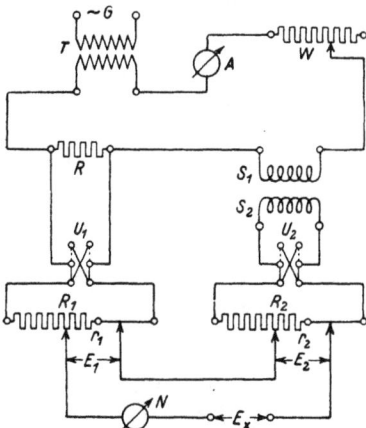

Die immerhin etwas umständliche und besondere zusätzliche Einstellmittel erfordernde Hilfsabgleichung der Stromkreise für J_1 und J_2 wird bei der von W. Geyger[217]) angegebenen Kompensationsschaltung nach Abb. 316 grundsätzlich vermieden. Bei dieser Schaltung, die eine Kombination der Anordnungen von Larsen und Gall darstellt, ist, um an den beiden Kompensationsapparaten R_1, R_2 die erforderlichen Spannungsverhältnisse zu erreichen, der eine Apparat (R_2) in den Sekundärkreis des eisenfreien Transformators $S_1 S_2$ eingeschaltet, während der andere (R_1) an einem phasenfehlerfreien Nebenwiderstand R liegt, der mit S_1 in Reihe geschaltet ist. Die durch die sekundäre Belastung des eisenfreien Transformators verursachte Phasenabweichung von der geforderten 90⁰-Phasenverschiebung zwischen E_1 und E_2 darf bei zweckmäßiger Bemessung dieses Transformators infolge ihrer Kleinheit vernachlässigt werden. Die Stromwender U_1, U_2 ermöglichen, die Stromrichtung in jedem Apparat unabhängig voneinander zu wechseln, so daß in allen Quadranten gearbeitet werden kann.

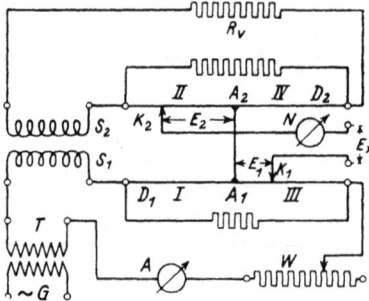

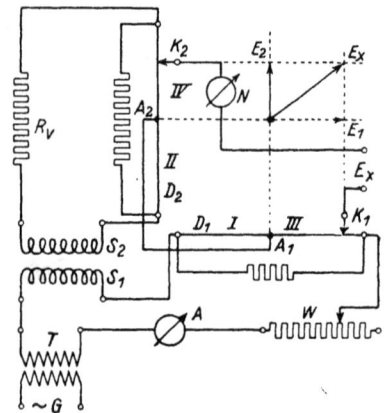

Abb. 317. Schleifdraht-Kompensator nach W. Geyger (mit parallel zueinander angeordneten Meßdrähten).

Abb. 318. Meßtisch-Kompensator nach W. Geyger (mit senkrecht zueinander angeordneten Meßdrähten).

Diese Meßanordnung kann man bezüglich Aufbau und Handhabung noch bedeutend vereinfachen, wenn man die beiden Kompensationsapparate nach Abb. 317 durch zwei mit Schleifkontakten K_1 K_2 versehene Meßdrähte D_1, D_2 ersetzt, deren Mittelpunkte A_1, A_2 miteinander leitend verbunden sind. Es lassen sich dann an je zwei der vier Meßdrahthälften I, II, III, IV, die den Achsen eines rechtwinkligen Koordinatensystems entsprechen (Abb. 305), Kompensationsspannungen beliebiger Richtung abgreifen, so daß man ohne Zuhilfenahme von Stromwendern Spannungsvektoren in allen Quadranten kompensieren kann. E_1 und E_2 werden dann an zwei Meßdrahtskalen direkt abgelesen. Auf diesem Prinzip beruht der von W. Geyger[218] ausgebildete »Schleifdraht-Wechselstromkompensator« von Hartmann & Braun.

Ordnet man die beiden Meßdrähte nach Abb. 318 auf einem Meßtisch in einem räumlichen Winkel von 90⁰ an, so gelangt man zu einem die Meßergebnisse direkt anzeigenden Apparat (»Meßtisch-Kompensator« nach W. Geyger[219]), der verschiedenartige technische Ausführungsmöglichkeiten bietet.

γ) Kompensatoren, bei denen E_1 und E_2 durch zwei in den Sekundärspulen zweier Transformatoren induzierte EMKe dargestellt werden.

Werden die oben beschriebenen Ausführungsformen des komplexen Kompensators für die Messung sehr kleiner Spannungen bei mittleren Frequenzen verwendet, so zeigt sich, daß die Vermeidung von Störwirkungen durch in der Meßanordnung sich ausgleichende kapazitive Ströme in manchen Fällen schwierig ist. Solche Störwirkungen werden hauptsächlich dadurch verursacht, daß der Stromkreis des Meßobjektes und der Kompensator-Stromkreis, also zwei Stromkreise, die unter Umständen sehr verschiedenes Potential gegen Erde haben können, durch die Kompensationsleitungen galvanisch miteinander verbunden werden.

Um die galvanische Verbindung zwischen Meßobjekt und Kompensator-Stromkreis zu vermeiden, kann man einen komplexen Kompensator benutzen, der so beschaffen ist, daß diejenigen Teile, an denen E_1 und E_2 abgenommen werden, von den übrigen Teilen des Apparates vollkommen isoliert sind. W. Geyger[220]) hat einen solchen Kompensator entwickelt, der sich bei Messungen mit mittleren Frequenzen von 500...5000 Hz sehr gut bewährt hat. Der Apparat beruht auf dem in Abb. 319 gekennzeichneten Meßprinzip, welches darin besteht, daß E_1 und E_2 dargestellt werden durch zwei um 90° gegeneinander phasenverschobene und in bezug auf Größe und Richtung einzeln regelbare EMKe, die in den Sekundärspulen S_1'', S_2'' zweier in der Kopplung kontinuierlich veränderbarer, eisenfreier Transformatoren induziert werden, deren Primärspulen S_1', S_2' von zwei um 90° gegeneinander phasenverschobenen Strömen J_1, J_2 durchflossen werden. Um ohne Zuhilfenahme von Stromwendern bequem in allen Quadranten arbeiten zu können, werden als Transformatoren zwei gleichartige (astatisch geschaltete) Drehspul-Variatoren für gegenseitige Induktion verwendet, die kontinuierlich veränderbare Teilspannungen positiven und negativen Vorzeichens zwischen Null und dem Höchstwert einzustellen und an entsprechend geeichten Skalen unmittelbar abzulesen gestatten. Durch besondere Dimensionierung der rechteckig geformten feststehenden und drehbaren Variatorspulen wird ein praktisch linearer Verlauf dieser Skalen erzielt. Bei der Messung werden durch Drehen der Spulen S_1' und S_2' die beiden in den Spulen S_1'' und S_2'' induzierten EMKe E_1 und E_2 so lange geändert, bis das Nullinstrument N Stromlosigkeit anzeigt. Von Vorteil ist der aus dem Meßprinzip sich ergebende konstruktiv sehr einfache Aufbau, bei dem mechanisch empfindliche Teile, wie Meßdrähte, Schleifkontakte usw. vermieden werden. Einen auf diesem Prinzip beruhenden, in Verbindung mit einem Phasenschieber arbeitenden komplexen Kompensator hat S. L. Burgwin[221]) beschrieben.

Bei allen hier bis jetzt beschriebenen Bauarten des komplexen Kompensators betragen die zur Verfügung stehenden, zur Kompensation dienenden Vergleichspannungen etwa 10...100 mV, höchstenfalls 1 V, so daß Spannungen von der Größenordnung 10...100 mV oder höchstens 1 V direkt kompensiert werden können. Höhere Spannungen müssen unter Zuhilfenahme eines Spannungsteilers untersucht werden, dessen Anwendung den Aufbau und die Handhabung der Meßanordnung sehr kompliziert; es gibt auch Fälle, in denen die Benutzung eines Spannungsteilers überhaupt nicht statthaft ist, weil sein Energieverbrauch auf die Strom- und Spannungsverhältnisse im Meßobjekt einen unzulässig großen Einfluß ausüben würde.

W. Geyger[222]) hat einen komplexen Kompensator für höhere Spannungen geschaffen, mit dem unter Vermeidung von Spannungsteilern Spannungen von etwa 1...100 V direkt kompensiert werden können. Dieser Apparat beruht ebenfalls auf dem in Abb. 319 gekennzeichneten Meßprinzip. Zwecks Erzielung der genannten, verhältnismäßig hohen

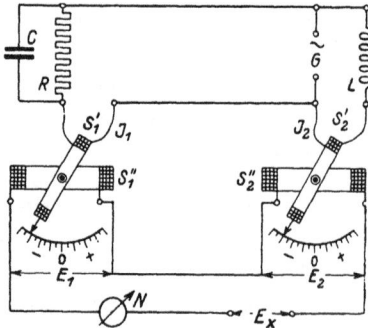

Abb. 319. Komplexer Kompensator nach W. Geyger für mittlere Frequenzen (500...5000 Hz).

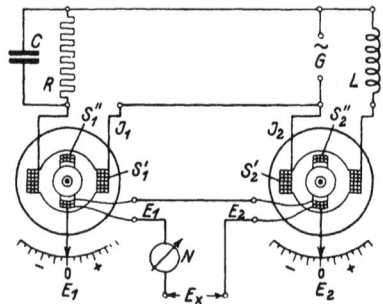

Abb. 320. Komplexer Kompensator nach W. Geyger für höhere Spannungen (1...100 V).

Spannungen sind jedoch hier die beiden Transformatoren $S_1' S_1''$ und $S_2' S_2''$ unter Benutzung von Eisen aufgebaut, und zwar nach Art der bei eisengeschlossenen elektrodynamischen Leistungsmessern gebräuchlichen Meßwerke[223]) (Abb. 320). Die geschlossene Form des Eisenkörpers gewährleistet einen sehr guten Schutz gegen Streufeld-Störungen. Durch Verwendung von Wicklungen mit entsprechenden Anzapfungen können leicht mehrere, z. B. im Verhältnis 1:3 abgestufte Meßbereiche geschaffen werden. Da die Spulen S_1'' und S_2'', an denen E_1 und E_2 abgenommen werden, von den übrigen Teilen der Meßschaltung vollständig isoliert sind, so ist es hier ohne weiteres möglich, den Kompensator und das Meßobjekt unmittelbar, also unter Weglassung von Isolierwandlern, mit der Stromquelle zu verbinden.

3. Wechselstrom-Kompensationsschaltungen.

Die Wechselstrom-Kompensationsschaltungen kann man, entsprechend der Art des benutzten Kompensationsprinzips, ebenfalls einteilen in

a) Schaltungen, die auf dem Prinzip der Phasenschieber-Kompensatoren beruhen, und

b) Schaltungen, die nach dem Prinzip der komplexen Kompensatoren arbeiten.

Im folgenden wird eine Übersicht über diese Schaltungen gegeben, die besonders in neuerer Zeit für verschiedenartige Zwecke in weitem Umfang angewendet werden.

a) Schaltungen mit Phasenschieber-Kompensation.

α) *Schaltungen, bei denen die beiden gegeneinander kompensierten Spannungen von einem gemeinsamen Strom erzeugt werden.*

Die zur Messung gegenseitiger Induktivitäten dienende Kompensationsschaltung nach Abb. 321, die in Verbindung mit verschiedenen Stromquellen- und Nullinstrumentarten von Felici [224], Heaviside [225] und Campbell [226] angegeben wurde, beruht darauf, daß die von einem gemeinsamen Strom J in den Sekundärspulen zweier eisenfreier Transformatoren (zu messende Gegeninduktivität M_X und Variator für gegen-

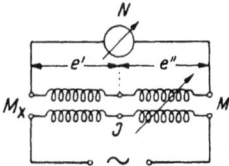

Abb. 321. Kompensationsschaltung von R. Felici.

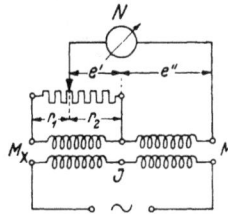

Abb. 322. Kompensationsschaltung von A. H. Taylor.

seitige Induktion M) induzierten, gegeneinander wirkenden EMKe e' und e'' (durch Verändern der gegenseitigen räumlichen Lage der Variatorspulen) so eingestellt werden, daß das Nullinstrument N stromlos wird. Dies tritt ein, wenn die EMKe e' und e'', die zu dem Primärstrom J senkrecht stehen, in bezug auf Größe und Phase einander gleich sind. Es gilt dann

$$J \cdot \omega \cdot M_X = J \cdot \omega \cdot M \ \ldots \ldots \ldots \ldots (376)$$

oder

$$M_X = M \ \ldots \ldots \ldots \ldots \ldots (377)$$

Die Methode ist anwendbar, wenn M_X innerhalb des Meßbereiches des Variators liegt, und hat den Vorzug, daß zur Erreichung der Kompensation nur eine Bedingung (Gleichheit der beiden Gegeninduktivitäten) erfüllt werden muß, während bei den Brücken- und Kompensationsverfahren im allgemeinen zwei Bedingungen erfüllt werden müssen.

Für den Fall, daß die zu messende Gegeninduktivität M_X größer ist als die des Variators M, kann die Schaltung nach Taylor [227] (Abb.

322) benutzt werden, bei der M_X durch einen hochohmigen Spannungsteiler $r_1 r_2$ überbrückt wird. Die hierdurch hervorgerufene Belastung der Sekundärwicklung von M_X bewirkt, daß die gegeneinander kompensierten Spannungen e' und e'' nicht mehr genau phasengleich sind, sondern eine bestimmte Phasenabweichung aufweisen, die eine voll

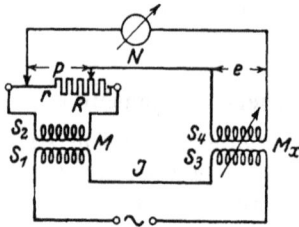

Abb. 323. Kompensationsschaltung von W. Geyger.

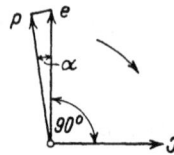

Abb. 324. Diagramm für die Schaltung nach Abb. 323.

kommene Kompensation unmöglich macht. Diese Phasenabweichung ist um so kleiner und stört um so weniger, je kleiner die Induktivität der Sekundärwicklung von M_X und je höher der Gesamtwiderstand des Spannungsteilers $r_1 r_2$ ist. Wenn der Widerstand der Sekundärwicklung von M_X gegenüber $(r_1 + r_2)$ vernachlässigbar klein ist, so gilt bei praktisch stromlosem Nullinstrument

$$M_X = \frac{r_1 + r_2}{r_2} \cdot M \quad \ldots \ldots \ldots \quad (378)$$

Geyger[228]) hat eine ähnliche Schaltung (Abb. 323) angegeben, bei der die zu messende Gegeninduktivität M_X unbelastet bleibt, während M durch ein festes Präzisionsnormal für gegenseitige Induktion gebildet wird, in dessen Sekundärkreis ein mit Abgreifkontakten versehener Kompensationswiderstand (Kompensationsapparat mit Schleifdraht) eingeschaltet ist. Bei dieser Schaltung ist die zur Kompensation von e dienende Spannung p um den Phasenwinkel $90 + \alpha$ gegen den Primärstrom J verschoben (Abb. 324), wobei α die durch die Belastung des Normales M verursachte Abweichung von der geforderten 90°-Phasenverschiebung zwischen p und J darstellt. Auch hier kommt es darauf an, die Meßanordnung so zu dimensionieren, daß der Einfluß von α sich beim Kompensieren nicht störend bemerkbar macht. Bezeichnet i den (durch die Stromempfindlichkeit des Nullinstrumentes N gegebenen) Strom, der an N eine noch eben wahrnehmbare Wirkung hervorruft, z den gesamten Wechselstromwiderstand des Kompensationskreises, so stellt $i \cdot z$ diejenige im Kompensationskreis wirksame Spannung dar, bei der eine Wirkung an N eben noch wahrnehmbar ist. Wird die Anordnung so bemessen, daß $p \cdot \mathrm{tg}\, \alpha$ kleiner als $i \cdot z$ ist, so fließt bei Einstellung auf Stromminimum im Kompensationskreis ein Strom, der jedoch nicht mehr wahrnehmbar ist und die Messung nicht stört.

Bezeichnet R den gesamten Ohm-Widerstand des Sekundärkreises, r den zwischen den beiden Abgreifkontakten abgegriffenen Widerstandswert und M die gegenseitige Induktivität von S_1 auf S_2, so gilt nach erfolgter Kompensation:

$$M_X = M \cdot r/R \ldots \ldots \ldots \ldots \quad (379)$$

Der Ausdruck $M \cdot r/R$ kann, da M und R bei der Messung konstant sind, am Kompensationswiderstand unmittelbar abgelesen werden, wenn man M und R derart wählt, daß für M/R sich ein runder Zahlenwert (z. B. 10^{-5} oder 10^{-6}) ergibt.

Schaltet man nach dem Vorschlag von Geyger[229]) (Abb. 325) in den Sekundärkreis des festen Präzisionsnormals M einen Zusatzwiderstand R_C mit Parallelkondensator C und wählt man $R_C{}^2 \cdot C = L$ (wobei L die Induktivität von S_2 bedeutet), so sind J und p um 90⁰ gegeneinander verschoben, und N ist in diesem Falle bei $p = e$ vollkommen stromlos. M_X kann auch hier unmittelbar abgelesen werden. Zur experimentellen Erfüllung der Bedingung $R_C{}^2 \cdot C = L$ brauchen L und C nicht bekannt zu sein; es genügt vielmehr, wenn L gegeben ist, R_C und C so groß zu wählen, daß bei Gleichheit von p und e vollkommene Stromlosigkeit von N auftritt. Andererseits kann, sobald N stromlos ist, L nach dieser Bedingungsgleichung berechnet werden, wenn R_C und C bekannt sind. Die Anordnung nach Abb. 325 kann also auch zur Messung von Induktivitäten benutzt werden.

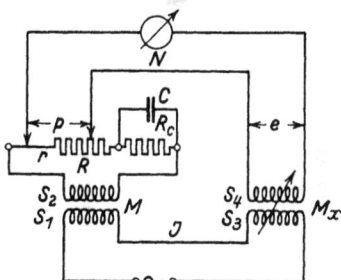

Abb. 325. Kompensationsschaltung von W. Geyger.

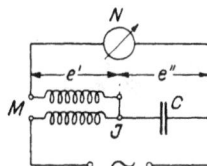

Abb. 326. Kompensationsschaltung für Frequenzmessungen nach A. Campbell.

Auch in der ältesten zur Frequenzmessung dienenden Kompensationsschaltung nach Campbell[230]) (Abb. 326) werden die beiden gegeneinander kompensierten Spannungen von einem gemeinsamen Strom J erzeugt. Da die in der Sekundärspule von M induzierte EMK gegen J um 90⁰ verschoben ist, so ist eine vollkommene Stromlosigkeit des Nullinstrumentes N nur dann möglich, wenn der Kondensator C vollständig verlustfrei ist. Bei Verwendung eines Glimmerkondensators ergibt sich aber schon eine ausreichend scharfe Kompensationseinstellung, während bei Benutzung eines guten Papierkondensators ein mehr oder weniger flaches Stromminimum auftritt. Für Stromlosigkeit von N gilt

$$\omega^2 = 1/M\,C \ldots \ldots \ldots \ldots \quad (380)$$

Das Verfahren eignet sich zur Messung von mittleren Frequenzen (über 1000 Hz), bei Niederfrequenz ergeben sich für M und C sehr große Werte, die zu experimentellen Schwierigkeiten führen. Wenn die Wellenform des Stromes J verzerrt ist, erhält man eine unscharfe Kompensationseinstellung, weil die obige Bedingungsgleichung natürlich nur für eine bestimmte Frequenz erfüllt werden kann. Die Schaltung kann auch als Wellenfilter benutzt werden [231]).

Butterworth [232]) und Chiba [233]) haben mehrere Abwandlungen der Campbell-Frequenz-Meßschaltung nach Abb. 326 angegeben, die ermöglichen, auch bei Niederfrequenz bzw. mit einem mit Verlusten behafteten Kondensator zu arbeiten und dabei eine vollkommene Stromlosigkeit des Nullinstrumentes zu erreichen.

β) Schaltungen, bei denen die beiden gegeneinander kompensierten Spannungen von zwei miteinander phasengleichen Strömen erzeugt werden.

Bei der zur Messung gegenseitiger Induktivitäten dienenden Brückenschaltung nach Campbell [234]) (Abb. 327) werden die in den Zweigen 1 und 2 bzw. 3 und 4 fließenden Ströme J' und J'' zunächst dadurch phasengleich gemacht, daß die an R_2 und R_4 wirksamen Spannungs-

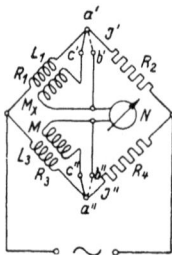

Abb. 327. Brückenschaltung von A. Campbell.

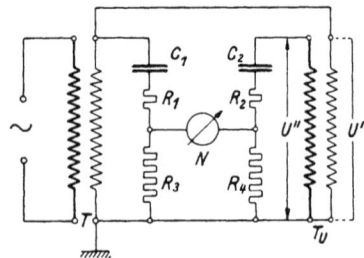

Abb. 328. Kompensationsschaltung von R. W. Atkinson.

abfälle gegeneinander kompensiert werden, wobei das Nullinstrument N allein im Nullzweig liegt (Schalterstellungen $a'b'$ und $a''b''$). Dann ist bei Stromlosigkeit von N

$$L_1/L_3 = R_1/R_3 = R_2/R_4 = J''/J', \quad \ldots \ldots (381)$$

$$\frac{L_1}{R_1 + R_2} = \frac{L_3}{R_3 + R_4}, \quad \sphericalangle (J', J'') = 0 \quad \ldots \ldots (382)$$

Hierauf werden die Sekundärwicklungen der zu messenden Gegeninduktivität M_X und des Variators für gegenseitige Induktion M so in den Nullzweig eingeschaltet, daß die in diesen Wicklungen von den Strömen J' und J'' induzierten EMKe gegeneinander wirken (Schalterstellungen $a'\,c'$ und $a''\,c''$). Nachdem N durch Verändern des Variators M stromlos gemacht worden ist, gilt

$$M_X/M = \frac{R_1 + R_2}{R_3 + R_4} = R_2/R_4 \quad \ldots \ldots \quad (383)$$

Die von Atkinson[235]) angegebene Kompensationsschaltung nach Abb. 328, die eine Abwandlung der Wien-Brücke[236]) darstellt, ist für Verlustmessungen an Hochspannungskabeln vorzüglich geeignet. Sie führt die beiden mittels R_2 und R_4 auf Phasengleichheit gebrachten Ströme J' und J'', deren an R_3 und R_4 hervorgerufene Spannungsabfälle gegeneinander kompensiert werden. Die praktisch phasengleichen Spannungen U' und U'' werden an der Primär- und Sekundärseite eines Präzisions-Spannungswandlers T_U abgenommen. Für Stromlosigkeit des Nullinstrumentes N gilt (bei Vernachlässigung der in den streng gültigen Gleichungen enthaltenen Glieder zweiter Ordnung) für Kapazität C_1 und Verlustwinkel δ des Meßobjektes

$$C_1 \approx C_2 \cdot \frac{R_4}{R_3} \cdot \frac{U''}{U'}, \quad \ldots \ldots \ldots \ldots \quad (384)$$

$$\sin \delta \approx \omega \, (C_2 R_2 + C_2 R_4 - C_1 R_3) \quad \ldots \ldots \quad (385)$$

Bei der von Schering und Alberti[237]) in der Physikalisch-Technischen Reichsanstalt durchgebildeten Stromwandler-Prüfeinrichtung

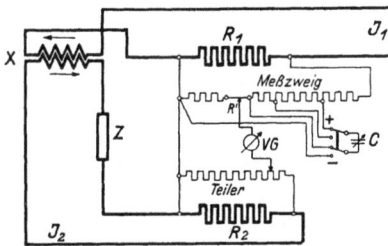

Abb. 329. Stromwandler-Prüfeinrichtung nach Schering und Alberti (Physikalisch-Technische Reichsanstalt).

(Abb. 329) werden ebenfalls die von zwei gleichphasigen Strömen in Kompensationswiderständen hervorgerufenen Spannungsabfälle gegeneinander kompensiert. Der Primärstrom J_1 durchfließt die Primärwicklung des zu prüfenden Stromwandlers X und den Normalwiderstand R_1, zu dem der sog. Meßzweig, eine Kombination von einem Schleifdraht und festen Widerständen mit Anzapfungen für den Anschluß des Dreidekaden-Kurbelkondensators C, parallel geschaltet ist. Der Sekundärstrom J_2 des Stromwandlers X fließt über Nutzbürde Z und Normalwiderstand R_2, an den der sog. Teiler, ein zur Anpassung der Meßanordnung an das jeweilige Übersetzungsverhältnis von X dienender Spannungsteiler, angelegt ist. Die Abgleichung auf Stromlosigkeit des Nullinstrumentes (Vibrations-Galvanometer VG) erfolgt durch Änderung des Widerstandes R' für den Stromfehler und der Kapazität C für den Winkelfehler. Die Widerstände des Meßzweiges sind so bemessen, daß Stromfehler und Winkelfehler von X direkt ablesbar sind. Für sehr hohe Stromstärken können an Stelle der Primär-Normalwiderstände (R_1) auch Normalwandler verwendet werden.

Arnold[238]) hat im National Physical Laboratory in Teddington eine Abwandlung dieser Stromwandler-Prüfeinrichtung durchgebildet, bei der unter Verzicht auf die direkte Ablesbarkeit der Fehler eine ungefähr 10mal so große Meßgenauigkeit erreicht wurde.

Ähnliche Kompensationsschaltungen sind für die Prüfung von Spannungswandlern entwickelt worden.

In diesem Zusammenhang sind noch die mit zwei phasengleichen Strömen arbeitenden Differenzschaltungen zu erwähnen, bei denen ein mit einer Differenzwicklung versehenes Telephon[274]) oder ein Differenz-Transformator[275]) verwendet wird. Diese Schaltungen eignen sich zur Messung des Wirk- und Blindwiderstandes von Spulen und Kondensatoren bei mittleren Frequenzen[276]).

Auch bei den von Behrend und Albrecht angegebenen Ausführungen des Siemens-Erdwiderstandsmessers[277]) werden die beiden gegeneinander kompensierten Spannungen von zwei miteinander phasengleichen Strömen (Primär- und Sekundärstrom eines kleinen Stromwandlers) erzeugt.

γ) Schaltungen, bei denen die beiden gegeneinander kompensierten Spannungen von zwei um 90° gegeneinander phasenverschobenen Strömen erzeugt werden.

Die älteste Anordnung dieser Art ist die »Frequenzbrücke« von Kennelly und Velander[240]) (Abb. 330), die als sog. entartete Brückenschaltung zu betrachten ist, da sie als Kompensationsschaltung mit

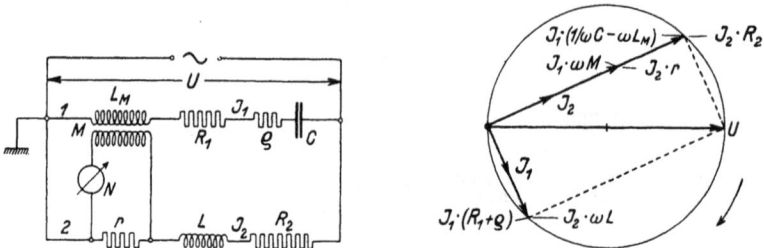

Abb. 330. Frequenzbrücke von Kennelly und Velander.

einer gegenseitigen Induktivität wirkt. Bei Stromlosigkeit des Nullinstrumentes N gilt

$$J_1 \cdot (1/\omega C - \omega L_M) = J_2 \cdot R_2, \quad \ldots \ldots \ldots \quad (386)$$

$$J_1 \cdot (R_1 + \varrho) = J_2 \cdot \omega L, \quad \ldots \ldots \quad (387)$$

$$J_1 \cdot \omega M = J_2 \cdot r \quad \ldots \ldots \ldots \quad (388)$$

Hieraus folgt

$$\omega = 1/\sqrt{C \cdot (L_M + M \cdot R_2/r)} \quad \ldots \ldots \ldots \quad (389)$$

Der Verlustwinkel des Kondensators (Verlustwiderstand ϱ) geht nicht in die Messung ein. Die Abgleichung erfolgt mittels R_1 oder L und M. Wenn man nach Hague[241]) die Kapazität C aus zwei gleichen Kondensatoren zusammensetzt, die entweder parallel oder in Reihe geschaltet werden, so kann man ohne sonstige Änderung der Schaltung den Frequenz-Meßbereich vervierfachen. Velander hat diese Schaltung bei 400...3200 Hz verwendet, es besteht jedoch die Möglichkeit, den Meßbereich zu erweitern.

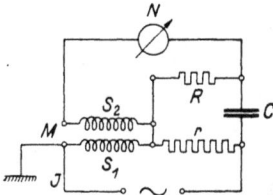

Abb. 331. Kompensationsschaltung von Schering und Engelhardt.

Bei der von Schering und Engelhardt[242]) angegebenen Kompensationsschaltung (Abb. 331) zur Messung kleiner gegenseitiger Induktivitäten (bis zur Größenordnung von etwa 10^{-2} Henry) fließt der Wechselstrom (50 Hz) J durch die Primärwicklung S_1 (von kleinerer Windungszahl) der zu messenden Gegeninduktivität M und den festen Widerstand r, zu dem die feste Kapazität C und der veränderbare Widerstand R im Nebenschluß liegt. Die Spannung an R, welche um 90^0 gegen die an r wirksame Spannung phasenverschoben ist, wenn R gegen $1/\omega C$ zu vernachlässigen ist, wird gegen die vom Strom J in der Sekundärwicklung S_2 induzierte Spannung über das Nullinstrument N geschaltet. Bei Stromlosigkeit des letzteren ist

$$J \cdot \omega \cdot M = J \cdot r \, \omega \, C \cdot R \quad \ldots \ldots \ldots \quad (390)$$

und somit

$$M = C \cdot r \cdot R \quad \ldots \ldots \ldots \ldots \quad (391)$$

Während bei den Brückenmethoden für die Nulleinstellung stets zwei veränderbare Größen zu regeln sind, ist hier nur eine einzige, der Widerstand R, zu verändern. Wird R zu groß im Verhältnis zu $1/\omega C$, so läßt sich der Strom im Nullinstrument nicht mehr auf Null bringen, und es tritt dann ein Stromminimum auf. Deshalb ist das Verfahren für größere Beträge von M nicht geeignet. Wichtig ist, daß die Erdung an der in Abb. 331 gezeigten Stelle vorgenommen wird.

Geyger[243]) hat die in Abb. 332 wiedergegebene Schaltung für Induktivitäts-, Kapazitäts- und Verlustwinkel-Messungen angegeben, bei der für Stromlosigkeit des Nullinstrumentes N folgende Beziehungen gelten:

$$J_1 \cdot 1/\omega \, C = J_2 \cdot R_2, \quad \ldots \ldots \ldots \quad (392)$$

$$J_1 \cdot (R_1 + \varrho) = J_2 \cdot \omega \, L, \quad \ldots \ldots \ldots \quad (393)$$

$$J_1 \cdot r = J_2 \cdot \omega \, M. \quad \ldots \ldots \ldots \quad (394)$$

Hieraus folgt

$$L = C \cdot R_2 \cdot (R_1 + \varrho), \quad \ldots \ldots \ldots \quad (395)$$

$$M = C \cdot R_2 \cdot r, \quad \ldots \ldots \ldots \ldots \quad (396)$$

$$L/M = (R_1 + \varrho)/r. \quad \ldots \ldots \ldots \ldots \quad (397)$$

Sind die Werte C und ϱ des benutzten Kondensators bekannt, so können die Induktivitäten L und M gemessen bzw. miteinander verglichen werden. Andererseits kann man C und ϱ in einfacher Weise messen, wenn L und M bekannt sind. Hierbei werden zweckmäßig die Widerstandsverhältnisse im Kondensator-

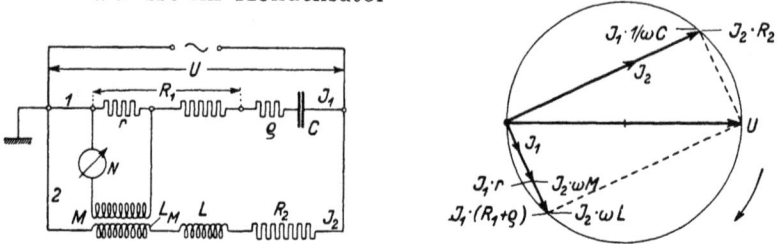

Abb. 332. Kompensationsschaltung von W. Geyger.

zweig so gewählt, daß r den gesamten Ohm-Widerstand dieses Zweiges darstellt: $r = R_1$. Dies trifft zu, wenn der Widerstand der Verbindungsleitungen gegen r vernachlässigbar klein ist. Dann wird

$$C \cdot (r + \varrho) = L/R_2, \qquad \ldots \ldots \ldots \qquad (398)$$

$$C = M/R_2 \cdot r, \qquad \ldots \ldots \ldots \qquad (399)$$

$$\varrho = r \cdot (L - M)/M. \qquad \ldots \ldots \qquad (400)$$

Für den Verlustwinkel δ des Kondensators gilt hiernach

$$\operatorname{tg} \delta = \varrho \, \omega \, C = \omega \, (L - M)/R_2. \qquad \ldots \ldots \ldots \qquad (401)$$

Wenn $r = R_1$ und $\varrho = 0$ ist, so wird bei abgeglichener Anordnung $L = M$. Die Schaltung nach Abb. 332 kann auch so abgeändert werden, daß $\operatorname{tg} \delta$ — ähnlich wie bei der Schering-Brücke[244] — an einer zur Phasenabgleichung dienenden veränderbaren Kapazität (Dreidekaden-Kurbelkondensator) direkt abgelesen wird[245].

Die von Geyger[246] angegebene Kompensationsschaltung zur Untersuchung von Spannungswandlern (Abb. 333) unterscheidet sich von der ursprünglichen Anordnung nach Abb. 332 nur dadurch, daß der Spulenzweig (2) nicht unmittelbar, sondern unter Zwischenschaltung des zu prüfenden Spannungswandlers T mit der Stromquelle verbunden

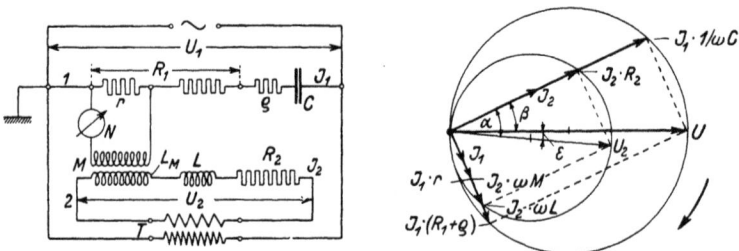

Abb. 333. Kompensationsschaltung von W. Geyger.

ist. Bezeichnet $\ddot{u}$ das Verhältnis zwischen Primärspannung U_1 und Sekundärspannung U_2, ε die Phasenabweichung dieser Spannungen von 180^0, so gilt für Stromlosigkeit des Nullinstrumentes N (bei Vernachlässigung der in den streng gültigen Gleichungen enthaltenen Glieder zweiter Ordnung):

$$C \cdot \ddot{u} = M/R_2 \cdot r, \quad \dots \dots \dots \dots \quad (402)$$

$$\omega L/R_2 = R_1 \cdot \omega C + \varrho \cdot \omega C + \operatorname{tg} \varepsilon. \quad \dots \dots \quad (403)$$

Es besteht zunächst die Möglichkeit, Kapazität C und Verlustwinkel δ eines zu untersuchenden Kondensators (unter Hochspannung) zu bestimmen, wenn Übersetzungsverhältnis $\ddot{u}$ und Phasenabweichung ε des Spannungswandlers T bekannt sind. Ist $r = R_1$, so gilt

$$C = M/\ddot{u} \cdot R_2 \cdot r, \quad \dots \dots \dots \dots \quad (404)$$

$$\operatorname{tg} \delta = \varrho \, \omega \, C = \omega \cdot (L - M/\ddot{u})/R_2 - \operatorname{tg} \varepsilon. \quad \dots \dots \quad (405)$$

In den meisten Fällen ist $M/\ddot{u}$ gegen L vernachlässigbar klein. Andererseits können $\ddot{u}$ und ε gemessen werden, wenn die elektrischen Eigenschaften des Kondensators bekannt sind:

$$\ddot{u} = U_1/U_2 = M/C \cdot R_2 \cdot r, \quad \dots \dots \dots \quad (406)$$

$$\operatorname{tg} \varepsilon = \omega \cdot (L/R_2 - R_1 \cdot C - \varrho \cdot C). \quad \dots \dots \quad (407)$$

Hierbei ist es vorteilhaft, einen verlustfreien Kondensator zu benutzen.

b) Schaltungen mit komplexer Kompensation.

α) *Schaltungen mit einer einzigen Gegeninduktivität.*

Die älteste mit einer regelbaren Gegeninduktivität nach dem Prinzip der komplexen Kompensation arbeitende Kompensationsschaltung ist die von C. Robinson[247]) angegebene Spannungswandler-Prüfeinrichtung nach Abb. 334. Parallel zu der Hochspannungswicklung des zu prüfenden Spannungswandlers T liegt ein hochohmiger Spannungsteiler-Widerstand a, b, an dem mit dem Schleifkontakt c die Teilwiderstände R_1, R_2 abgegriffen werden. Die Teilspannung $J \cdot R_2$ wird

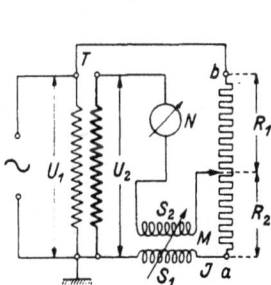

Abb. 334. Spannungswandler-Prüfeinrichtung nach Robinson.

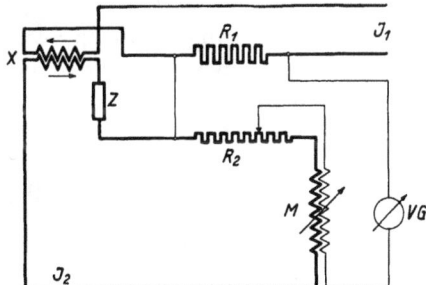

Abb. 335. Stromwandler-Prüfeinrichtung des Bureau of Standards in Washington.

17*

über die Sekundärspule S_2 der regelbaren Gegeninduktivität M, deren Primärspule S_1 mit dem Widerstand a, b in Reihenschaltung liegt, und ein Nullinstrument N gegen die Sekundärspannung des Spannungswandlers geschaltet. Nachdem N durch Verstellen von c und M stromlos geworden ist, gilt für Übersetzungsverhältnis $ü$ und Fehlwinkel ε des Wandlers

$$ü = U_1/U_2 = (R_1 + R_2)/R_2, \quad \ldots \ldots \quad (408)$$

$$\operatorname{tg} \varepsilon = \omega\, M/R_2. \quad \ldots \ldots \ldots \ldots \quad (409)$$

In ähnlicher Weise arbeitet die Stromwandler-Prüfeinrichtung des Bureau of Standards in Washington (Abb. 335)[248]. Die von den Strömen J_1, J_2 an den Normalwiderständen R_1, R_2 hervorgerufenen Spannungsabfälle werden über die Sekundärwicklung der regelbaren, astatisch ausgebildeten Gegeninduktivität M und das Nullinstrument (Vibrationsgalvanometer VG) gegeneinander geschaltet. Mit R_2 wird der Stromfehler, mit M der Winkelfehler des Prüflings abgeglichen. An Stelle von R_1 kann auch ein Normalwandler treten, der sekundär mit einem Widerstand verbunden ist.

Geyger[249] hat einen mit festen Kondensatoren (ohne Gegeninduktivität) arbeitenden Meßzweig für die Meßwandler-Prüfeinrichtung nach Schering und Alberti[237] angegeben, bei dem der am Sekundär-Normalwiderstand auftretende Spannungsabfall kompensiert wird durch zwei vom Primärstrom erzeugte, um 90^0 gegeneinander phasenver-

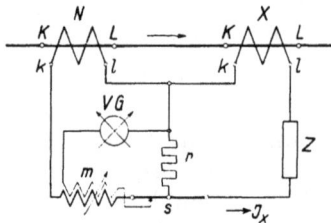

Abb. 336. Stromwandler-Prüfeinrichtung nach W. Hohle (Physikalisch-Technische Reichsanstalt).

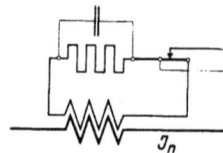

Abb. 337. 90^0-Schaltung für die Stromwandler-Prüfeinrichtung nach Abb. 336.

schobene Teilspannungen, die an zwei Schleifdrähten abgegriffen werden und dem Strom- bzw. Winkelfehler des Prüflings entsprechen. Die Fehlergrößen können an zwei an den Schleifdrähten angebrachten Skalen direkt abgelesen werden.

Bei der von Hohle[250] in der Physikalisch-Technischen Reichsanstalt entwickelten Meßwandler-Prüfeinrichtung (Abb. 336) liegt der Prüfling X mit einem Normalwandler N von gleicher Nennübersetzung in einer Differentialschaltung, wobei die Sekundärwicklungen von X und N so miteinander verbunden werden, daß im Diagonalwiderstand r die Differenz der sekundären Ströme fließt. Diejenige Komponente des Differenzstromes, die in Richtung von J_N liegt, bestimmt den Stromfehler und die dazu senkrechte Komponente den Winkelfehler des Prüflings. Wenn man den Widerstand des Diagonalzweiges genügend klein hält, ist die durch ihn bedingte Bürdenverschiebung vernachlässigbar. Der an r auftretende Spannungsabfall wird über ein Vibrations-Galvanometer VG durch zwei regelbare Spannungen kompensiert, von denen die eine in Phase mit J_N, die andere senkrecht dazu liegt. Diese Spannungen werden von dem Schleifdraht s und von der regelbaren Gegeninduktivität m abgenommen. Bei Stromlosigkeit von VG sind die an s und m eingestellten Größen ein Maß für den Strom- bzw. Winkelfehler, die für eine bestimmte Frequenz an den Skalen von s und m direkt abgelesen werden können. Bei der praktischen Ausführung der Meßeinrichtung wird an Stelle des Variators m ein Manteltransformator mit Luftspalt vorgesehen, der primär vom Strom J_N durchflossen und sekundär über einen Schleifdraht mit Vorwiderstand nebst Parallelkondensator schwach belastet wird (Abb. 337)[251].

Arnold[252]) hat im National Physical Laboratory in Teddington die in Abb. 338 dargestellte Stromwandler-Prüfeinrichtung durchgebildet, die mit Normalwandlern in einer Differentialschaltung arbeitet

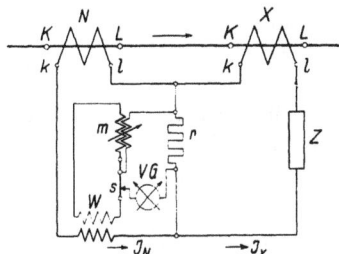

Abb. 338. Stromwandler-Prüfeinrichtung nach A. H. M. Arnold (National Physical Laboratory in Teddington).

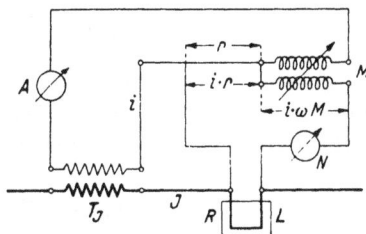

Abb. 339. Kompensationsschaltung nach Churcher und Dannatt.

und in ihren Eigenschaften der Differentialschaltung nach Abb. 336 sehr ähnlich ist. Der am Diagonalwiderstand r auftretende Spannungsabfall wird auch hier über ein Vibrationsgalvanometer VG durch zwei regelbare Spannungen kompensiert, von denen die eine in Phase mit J_N, die andere senkrecht dazu liegt. Diese Spannungen werden von der regelbaren Gegeninduktivität m und vom Schleifdraht s abgenommen und über einen Isolier-Stromwandler W vom Sekundärstrom J_N erzeugt. Strom- und Winkelfehler können an den Skalen von m und s direkt abgelesen werden.

Churcher und Dannatt[253]) haben die in Abb. 339 gezeigte, mit komplexer Kompensation arbeitende Schaltung für Verlustmessungen an großen Ölschaltern angegeben. Der den zu untersuchenden Ölschalter (Widerstand R, Induktivität L) und die Primärwicklung des Stromwandlers T_J durchfließende Hauptstrom J erzeugt den am Strommesser A ablesbaren Hilfsstrom i, der am Schleifdraht r und an der regelbaren, astatisch ausgebildeten Gegeninduktivität M zwei um 90^0 gegeneinander verschobene Teilspannungen $i \cdot r$ und $i \cdot \omega M$ hervorruft, die zur Kompensation der am Ölschalter wirksamen Klemmenspannung $J \cdot \sqrt{R^2 + (\omega L)^2}$ dienen. Bezeichnet $\ddot{u} = J/i$ das Übersetzungsverhältnis und ε den Fehlwinkel des Stromwandlers T_J, so ist bei Stromlosigkeit des Vibrations-Galvanometers VG

$$J \cdot \omega L = i \cdot (\omega M \cdot \cos \varepsilon + r \cdot \sin \varepsilon), \quad \ldots \ldots \quad (410)$$

$$J \cdot R = i \cdot (r \cdot \cos \varepsilon + \omega M \cdot \sin \varepsilon). \quad \ldots \ldots \quad (411)$$

Da $J = \ddot{u} \cdot i$ ist, so wird

$$L = \frac{1}{\ddot{u}} \cdot \left(M \cdot \cos \varepsilon + \frac{r}{\omega} \cdot \sin \varepsilon \right), \quad \ldots \ldots \quad (412)$$

$$R = \frac{1}{\ddot{u}} \cdot (r \cdot \cos \varepsilon - \omega M \cdot \sin \varepsilon). \quad \ldots \ldots \quad (413)$$

Die Verlustleistung ist somit gegeben durch den Ausdruck

$$J^2 \cdot R = (\ddot{u} \cdot i)^2 \cdot R = i^2 \cdot \ddot{u} \cdot (r \cdot \cos \varepsilon - \omega M \cdot \sin \varepsilon) \approx i^2 \cdot \ddot{u} \cdot r, \quad . \quad (414)$$

während die Klemmenspannung sich ergibt aus

$$J \cdot \sqrt{R^2 + (\omega L)^2} = i \cdot \sqrt{r^2 + (\omega M)^2}. \quad \ldots \ldots \quad (415)$$

Ähnliche, auf der Verwendung eines Stromwandlers beruhende Schaltungen mit einem komplexen Kondensator sind von Geyger[278]) sowie von Busch und Witting[279]) angegeben worden.

β) Schaltungen mit mehreren Gegeninduktivitäten.

Die Kompensationsschaltung nach Abb. 340, die von Campbell[211]), Larsen[211]) und Hartshorn[254]) für Messungen an unreinen Gegeninduktivitäten (bei denen eine mehr oder weniger große Phasenabweichung von 90^0 vorhanden ist) angegeben und von Geyger[255]) für Untersuchungen an eisenlosen und eisengeschlossenen elektrodynamischen Wattmetern benutzt wurde, ist dadurch gekennzeichnet, daß die

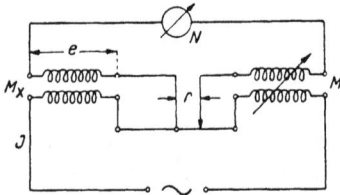

Abb. 340. Kompensationsschaltung von
A. Campbell.

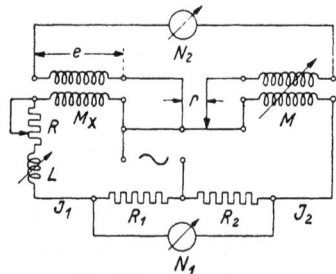

Abb. 341. Brückenschaltung von
L. Hartshorn.

vom Strom J in der Sekundärwicklung der zu prüfenden unreinen Gegen-induktivität M_X induzierte Spannung e kompensiert wird durch zwei regelbare, um 90^0 gegeneinander verschobene Spannungen $J \cdot r$ und $J \cdot \omega\, M$, deren Verhältnis der zu messenden Phasenabweichung δ ent-spricht:

$$\operatorname{tg} \delta = r/\omega\, M. \qquad \ldots \ldots \ldots \ldots (416)$$

Während bei der Schaltung nach Abb. 340 die Primärwicklungen der Gegeninduktivitäten M_X und M von dem gemeinsamen Strom J durchflossen werden, liegen diese Primärwicklungen bei der ebenfalls von Hartshorn[254]) angegebenen Schaltung nach Abb. 341 in einer Brückenanordnung, die zunächst mit dem Nullinstrument N_1 so ab-geglichen wird, daß die Bedingung

$$J_1 \cdot R_1 = J_2 \cdot R_2 \qquad \ldots \ldots \ldots \ldots (417)$$

erfüllt ist. Sodann wird mit dem zweiten Nullinstrument N_2 die an der Sekundärwicklung von M_X wirksame Spannung kompensiert durch zwei regelbare, um 90^0 gegeneinander verschobene Spannungen, die an der Sekundärwicklung von M und am Schleifdraht r abgenommen wer-den. Bezeichnen ϱ_X und ϱ die dem Fehlwinkel (Abweichung von 90^0) von M_X und M entsprechenden Widerstandswerte, so gilt bei Strom-losigkeit von N_2:

$$M_X = M \cdot R_1/R_2, \qquad \ldots \ldots \ldots \ldots (418)$$

$$\varrho_X = (r + \varrho) \cdot R_1/R_2. \qquad \ldots \ldots \ldots (419)$$

Sind δ_X, δ die Fehlwinkel von M_X, M und stellen φ_1, φ_2 die Phasen-abweichungen der Brückenzweige R_1, R_2 dar, so wird

$$\delta_X = \delta + \frac{r}{\omega M} + \varphi_1 - \varphi_2. \qquad \ldots \ldots \ldots (420)$$

Die Phasenabweichungen von R_1 und R_2 haben also keinen Einfluß auf die Messung, wenn $\varphi_1 = \varphi_2$ ist, d. h. wenn R_1 und R_2 gleiche Zeitkon-stanten haben.

Bei der von Geyger[256]) angegebenen, zur Messung von reinen Gegeninduktivitäten dienenden Schaltung nach Abb. 342 wirkt die Spannung p als Gegenspannung zur EMK e, die der Strom J in der

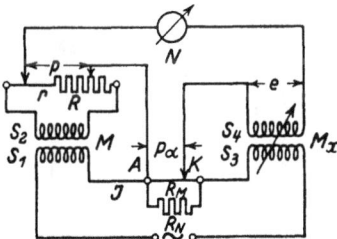

Abb. 342. Kompensationsschaltung von W. Geyger.

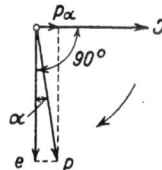

Abb. 343. Diagramm für die Schaltung nach Abb. 342.

Sekundärwicklung der reinen Gegeninduktivität M_X induziert, während die kleine Zusatzspannung $p \cdot \text{tg} \, \alpha$ zum Ausgleich der Phasenabweichung α des durch den Kompensationswiderstand R, r sekundär schwach belasteten eisenfreien Vergleich-Transformators M benutzt wird (Abb. 343).

Abb. 344 zeigt eine Abwandlung dieser Schaltung[257]), die für Messungen an unreinen Gegeninduktivitäten geeignet ist. Die zu messende Phasenab-

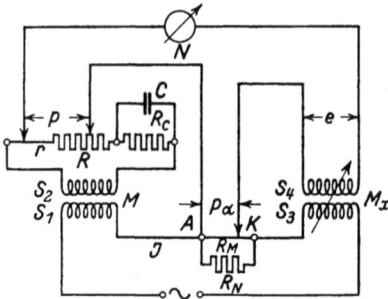

Abb. 344. Kompensationsschaltung von W. Geyger.

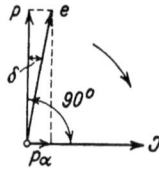

Abb. 345. Diagramm für die Schaltung nach Abb. 344.

weichung δ ergibt sich gemäß dem Diagramm in Abb. 345 aus dem Verhältnis der regelbaren, um 90^0 gegeneinander verschobenen Teilspannungen p und p_a:

$$\text{tg} \, \delta = p_a / p. \ldots \ldots \ldots (421)$$

Die zwei Gegeninduktivitäten verwendende, von Campbell[258]) angegebene Kompensationsschaltung nach Abb. 346, die zur Messung der Induktivität L_X von Starkstrom-Nebenwiderständen dient, hat die

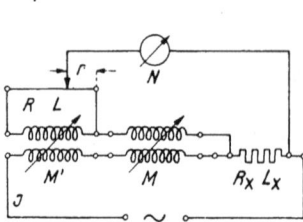

Abb. 346. Kompensationsschaltung von A. Campbell.

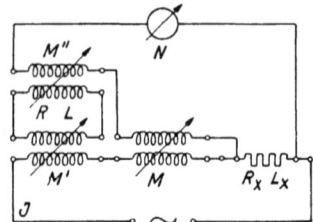

Abb. 347. Kompensationsschaltung von A. Campbell.

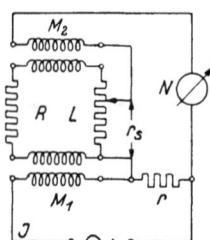

Abb. 348. Kompensationsschaltung von A. Campbell.

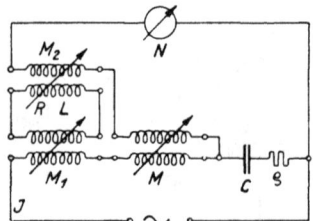

Abb. 349. Kompensationsschaltung von A. Campbell.

(bei Vernachlässigung der in den streng gültigen Gleichungen enthaltenen Glieder zweiter Ordnung) sich ergebende Gleichgewichtsbedingung

$$L \cdot (L_X + M) \cdot \omega^2 = R_X \cdot (R + r), \quad \ldots \ldots \quad (422)$$

während die in Abb. 347 gezeigte Abwandlung dieser Schaltung[258]), bei der d r e i Gegeninduktivitäten vorhanden sind, zu dem (vereinfachten) Ausdruck

$$L_X = M - (L \cdot R_X/R) \quad \ldots \ldots \ldots \quad (423)$$

führt.

Bei der als Frequenzmesser mit sehr großem Meßbereich (18...4000 Hz) von Campbell[259]) entwickelten Kompensationsschaltung (Abb. 348) sind z w e i Gegeninduktivitäten M_1 und M_2 vorgesehen, die einen Zwischenkreis mit dem Widerstand R und der Induktivität L bilden, wobei der an diesem Zwischenkreis abgegriffene, im Nullzweig liegende Teilwiderstand r_S regelbar ist. Der Nullzweig wird stromlos, wenn der am festen Widerstand r herrschende Spannungsabfall gleich der geometrischen Summe der an r_S und M_2 abgenommenen Spannungen ist, d. h. wenn

$$J \cdot r = J \cdot (r_S - j\,\omega\,M_2) \cdot j\,\omega\,M_1/(R + j\,\omega\,L), \quad \ldots \quad (424)$$

$$r \cdot (R + j\,\omega\,L) = j\,\omega\,M_1 \cdot (r_S - j\,\omega\,M_2) \quad \ldots \ldots \quad (425)$$

ist. Durch Trennung der reellen und imaginären Komponenten erhält man

$$r \cdot L = r_S \cdot M_1 \text{ und } r \cdot R = \omega^2 \cdot M_1 \cdot M_2. \quad \ldots \ldots \quad (426)$$

Wenn M_1, r und L konstant sind, kann r_S so gewählt werden, daß die Bedingung $r \cdot L = r_S \cdot M_1$ erfüllt ist. Dann läßt sich für jede Frequenz lediglich durch Einstellen der regelbaren Gegeninduktivität M_2, vollkommene Stromlosigkeit des Nullzweiges erreichen und die Frequenz aus dem Ausdruck $\omega^2 = R \cdot r/M_1 \cdot M_2$ ermitteln. Der Frequenzmeßbereich wird entweder durch Verändern von R oder r und r_S (im gleichen Verhältnis) auf die gewünschte Größe gebracht.

Die d r e i Gegeninduktivitäten enthaltende Frequenz-Meßschaltung nach Campbell[260]) (Abb. 349), die eine Abwandlung der Schaltung nach Abb. 326 darstellt, ermöglicht, auch bei Verwendung eines mit Verlusten behafteten Kondensators (Kapazität C, Verlustwiderstand ϱ) eine vollkommene Stromlosigkeit des Nullzweiges (durch Verändern von M und M_1 oder M_2) zu erreichen. Dann gilt

$$-1/\omega^2 C = M - \varrho \cdot L/R, \quad \ldots \ldots \ldots \quad (427)$$

$$\varrho \cdot R = -\omega^2 \cdot \left[M_1 \cdot M_2 + L \cdot \left(M + \frac{1}{\omega^2\,C} \right) \right]. \quad \ldots \ldots \quad (428)$$

Wenn man nach ϱ und $\omega^2 C$ auflöst, so ergibt sich zahlenmäßig, da M und M_1 negatives Vorzeichen haben,

$$\varrho = \omega^2 \cdot R \cdot M_1 \cdot M_2/(R^2 + \omega^2 L^2), \quad \ldots \ldots \quad (429)$$

$$1/\omega^2 C = M + \omega^2 \cdot L \cdot M_1 \cdot M_2/(R^2 + \omega^2 L^2). \quad \ldots \ldots \quad (430)$$

Für den Fall, daß L/R sehr klein ist, gilt

$$\omega^2 \approx 1/M \cdot C \ldots \ldots \ldots \ldots (431)$$

Bei der Frequenzmessung brauchen also die Konstanten (R und L) des durch M_1 und M_2 gebildeten Zwischenkreises, der die scharfe Nulleinstellung ermöglicht, nicht bekannt zu sein.

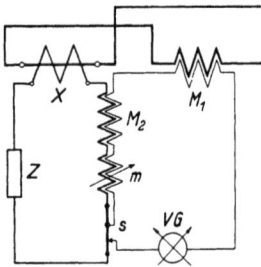

Mit drei astatisch ausgebildeten Gegeninduktivitäten arbeitet auch die von Neri[261]) angegebene Stromwandler-Prüfeinrichtung (Abb. 350), die bereits von Sharp und Crawford[262]) erörtert wurde. Mit der regelbaren Gegeninduktivität m wird der Stromfehler, mit dem Schleifdraht s der Winkelfehler des Prüflings X abgeglichen. Die beiden anderen Gegeninduktivitäten sind so gebaut, daß sich zwecks Anpassung der Meßeinrichtung

Abb. 350. Stromwandler-Prüfeinrichtung nach F. Neri.

an das Übersetzungsverhältnis des Prüflings bestimmte konstante Verhältnisse von $M_1 : M_2$ einstellen lassen, die in sich nachgeprüft werden können. An den Skalen von m und s können die Fehlergrößen für bestimmte Werte von M_2 unmittelbar abgelesen werden.

4. Wechselstrom-Kompensatoren besonderer Art.

Die Wechselstrom-Kompensationsschaltungen können in Verbindung mit phasenempfindlichen Indikatoren auch für Messungen nach dem Ausschlag-Verfahren oder als »halbabgeglichene Kompensatoren« benutzt werden.

Mit zwei Ausschlag-Instrumenten arbeitet beispielsweise die Siemens-Stromwandler-Prüfeinrichtung nach O. Sieber[324]), bei der die Primärwicklungen und die Sekundärwicklungen des zu prüfenden Wandlers und des Normalwandlers in einer Differenzschaltung in Reihe liegen, und bei der im Diagonalzweig (1 Ohm-Widerstand) die Differenz der beiden Sekundärströme zur Wirkung gebracht wird. Die beiden über je einen fremderregten Schwing-Gleichrichter mit dem Diagonalzweig verbundenen Drehspul-Instrumente zeigen hier genau den Übersetzungsfehler und den Winkelfehler des Prüflings an, wenn die Erregerströme dieser Gleichrichter um 90° gegeneinander phasenverschoben sind und gegenüber dem Sekundärstrom des Normalwandlers eine Phasenverschiebung von 0° bzw. 90° aufweisen.

Ein halbabgeglichener komplexer Kompensator wird in Verbindung mit zwei Schwing-Gleichrichtern (mit 0°- bzw. 90°-Fremderregung) und einem Koordinaten-Tintenschreiber bei der vollautomatischen Aufzeichnung der Fehlergrößen von Strom- und Spannungswandlern nach G. Keinath verwendet[325]).

Schrifttum.

I. Allgemeine meßtechnische Literatur.

1. Gg. Keinath, Die Technik elektrischer Meßgeräte. 1. Bd. Meßgeräte. 3. Aufl. München 1928. 2. Bd. Meßverfahren. 3. Aufl. München 1928.
2. —, Archiv für Technisches Messen (ATM). Verlag R. Oldenbourg, München.
3. W. Jaeger, Elektrische Meßtechnik. 3. Aufl. Leipzig 1928.
4. B. Hague, Alternating Current Bridge Methods. 3. Aufl. London 1932.
5. K. W. Koegler, Isolationsmessung und Fehlerortsbestimmung. 4. Aufl. Leipzig 1926.
6. P. B. Linker, Elektrotechnische Meßkunde. 4. Aufl. Berlin 1932.
7. G. Brion und V. Vieweg, Starkstrommeßtechnik. Berlin 1933.

II. Spezielle Literatur zu den einzelnen Kapiteln*).

8. H. Ring, Die symbolische Methode zur Lösung von Wechselstromaufgaben. 2. Aufl. Berlin 1928.
9. H. G. Möller, Behandlung von Schwingungsaufgaben mit komplexen Amplituden und Vektoren. Leipzig 1928.
10. A. Fraenkel, Theorie der Wechselströme. 3. Aufl. Berlin 1930.
11. M. Vidmar, Vorlesungen über die wissenschaftlichen Grundlagen der Elektrotechnik. Berlin 1928.
12. J. C. Maxwell, A treatise an Electricity and Magnetism. London 1873.
13. J. Herzog und C. Feldmann, Die Berechnung elektrischer Leitungsnetze in Theorie und Praxis. 3. Aufl. Berlin 1921.
14. K. Ogawa, Res. Electr. Lab. Tokyo. Nr. 254 (1929).
15. —, Nr. 277 (1930).
16. G. A. Campbell, Trans. Amer. Inst. Electr. Engr. 30 (1911), S. 873...913.
17. S. Butterworth, Proc. Phys. Soc. 33 (1921), S. 312...354.
18. R. Walsh, Philos. Mag. 10 (1930), S. 49...80.
19. A. E. Kennelly, Electr. World 34 (1899), S. 413...414.
20. E. Feyerabend, Handwörterbuch d. elektr. Fernmeldewesens. 2 Bände. Berlin 1929.
21. H. König, Helv. phys. Acta 4 (1931), S. 303...336.
22. A. Rosen, J. Amer. Inst. Electr. Engr. 62 (1924), S. 916...918.
23. A. Russell, Faraday House J. 20 (1927), S. 86...90.
24. O. Bloch, Die Ortskurven der graphischen Wechselstromtechnik nach einheitlicher Methode behandelt. Zürich 1917.
25. K. Küpfmüller, Elektrotechn. u. Maschinenb. 51 (1933), S. 204...208.
26. Gg. Keinath, Arch. Techn. Messen. J 022—1, Febr. 1932.
27. J. Krönert, Arch. Techn. Messen. J 022—3, Nov. 1932.

*) Die Abkürzungen der Zeitschriften-Titel entsprechen dem Kurztitel-Verzeichnis Technisch-Wissenschaftlicher Zeitschriften (Deutscher Verband Technisch-Wissenschaftlicher Vereine, Berlin 1931).

28. H. Caillez, Ann. Postes Télégr. 18 (1929), S. 39...48.
29. J. Fischer, Elektrotechn. u. Maschinenb. 48 (1930), S. 1060...1064.
—, Z. Instrumentenkde. 54 (1934), S. 137...155.
30. A. Schuster, Philos. Mag. 39 (1895), S. 175.
31. W. Jaeger, Z. Instrumentenkde. 26 (1906), S. 69...84.
32. H. Schering, Elektrotechn. Z. 52 (1931), S. 1133.
33. J. Krönert, Arch. Techn. Messen. J 022—4, Dez. 1932.
34. H. B. Brooks, Bur. of Stand. J. Res. 4 (1930), Nr. 2, S. 297...312.
35. Ayrton und Perry, J. Soc. Telegr. Engrs. 7 (1878), S. 297...300.
36. O. Werner, Empfindliche Galvanometer für Gleich- und Wechselstrom. Berlin 1928.
37. Arch. Techn. Messen. J 015—2, Juli 1933. Firmenblatt der Siemens & Halske A.G.
38. J. Krönert, Arch. Techn. Messen. J 022—2, Okt. 1932.
39. —, Arch. Techn. Messen. J 910—2, Jan. 1933.
40. Arch. Techn. Messen. J 727—2, März 1934. Firmenblatt der Härtmann & Braun A.G.
41. E. Blamberg, Arch. Techn. Messen. J 726—2, August 1932.
42. Th. Bruger, Elektrotechn. Z. 15 (1894), S. 331...333, und 27 (1906), S. 531...534.
43. H. Grüß, Wiss. Ver. a. d. Siemens-Konzern 9 (1931), S. 137...152.
44. J. Krönert und H. Miething, Wiss. Ver. a. d. Siemens-Konzern 9 (1930), S. 112...118.
45. G. Schützler, Meßtechn. 5 (1929), S. 275...278.
46. H. Sell, Z. techn. Physik 15 (1934), S. 112...117.
47. W. Geyger, Arch. Techn. Messen. J 062—5...J 062—8, Okt./Nov. 1934.
48. Gg. Keinath, Arch. Techn. Messen. Z 931—1, Juli 1932.
49. F. Kohlrausch und L. Holborn, Das Leitvermögen der Elektrolyte. 2. Aufl. Leipzig 1916.
50. G. Carey Foster, Wied. Ann. 26 (1885), S. 239.
51. F. Kohlrausch, Lehrbuch der praktischen Physik. 16. Aufl. Leipzig 1930.
52. H. Geffcken und H. Richter, Z. Techn. Physik 5 (1924), S. 511...514.
53. F. Schröter, Die Glimmlampe und ihre Schaltungen. 3. Aufl. Leipzig 1932.
54. W. Skirl, Elektrische Messungen. Berlin 1928, S. 285...289.
55. H. Mehlhorn, Siemens-Z. 8 (1928), S. 594...596.
56. W. Thomson, Philos. Mag. 24 (1862), S. 149.
57. W. Jaeger, in Graetz, Handb. d. Elektrizität u. d. Magnetismus. II. Lfg. 1. Leipzig 1912, S. 245...258.
58. W. Jaeger, St. Lindeck und H. Diesselhorst, Z. Instrumentenkde. 23 (1903), S. 33...42 und 65...78.
59. Ch. Keßler und J. Krönert, Siemens-Z. 11 (1931), S. 387.
60. G. Rauschberg, Elektrotechn. Z. 55 (1934), S. 1012.
61. W. Spielhagen, Z. Physik 77 (1932), S. 346...351.
62. z. B. P. Gmelin und J. Krönert, Betriebskontrolle und Betriebs-Regulierung, in Eucken-Jakob, Der Chemie-Ingenieur Bd. II, 1. Teil. Leipzig 1933.
Siehe auch Arch. Techn. Messen, J 062—4, Dez. 1933, Firmenblatt der Siemens & Halske A.G.
63. Tätigkeitsbericht der Phys. Techn. Reichsanstalt. Z. Instrumentenkde. 52 (1932), S. 205.
64. J. Krönert, Arch. Techn. Messen. J 0821—1, Febr. 1932.
65. C. E. Wynn-Williams, Proc. Cambr. Philos. Soc. 32 (1927), S. 811...828.
66. J. Brentano, Nature. Lond. 108 (1921), S. 532, und Z. Physik 54 (1929), S. 571...581.

67. R. Sewig, Arch. Techn. Messen. Z 634—1, Mai 1933.
68. L. A. du Bridge, Phys. Rev. 37 (1931), S. 392.
69. J. M. Eglin, Phys. Rev. (2) 33 (1929), S. 113...114.
70. P. Gmelin und J. Krönert, Messung elektrischer Konstanten, in Eucken-Jakob, Der Chemie-Ingenieur Bd. II, 4. Teil. Leipzig 1933.
71. F. Tödt, Z. Elektrochem. 34 (1928), S. 594.
72. Poggendorf, Pogg. Ann. 54 (1841), S. 161.
73. A. Raps, Z. Instrumentenkde. 10 (1890), S. 113.
74. H. Diesselhorst, Z. Instrumentenkde. 26 (1906), S. 297, und 28 (1908), S. 1.
75. St. Lindeck und R. Rothe, Z. Instrumentenkde. 19 (1899), S. 242, und 20 (1900), S. 293.
76. H. B. Brooks, Bull. Bur. of Stds. 2 (1906), S. 225; 4 (190), S. 275; 8 (1912), S. 395 u. 419.
77. M. Wien, Wied. Ann. 42 (1891), S. 593...621, und 44 (1891), S. 681...688.
78. H. Zöllich, Arch. Techn. Messen. J 852—1...852—3, Nov. 1932, Mai/Juni 1933.
79. J. Pfaffenberger, Meßtechn. 10 (1934), S. 161...165.
80. J. Krönert, Arch. Techn. Messen. J 850—1, 1932.
    —, Z. Techn. Physik 14 (1933), S. 474...477.
81. H. Pfannenmüller, Arch. Techn. Messen. Z 540—1...540—5, Febr., Apr., Dez. 1932, Sept. 1934, Dez. 1934.
82. G. A. Campbell, Electr. World 43 (1904), S. 647...649.
83. J. G. Ferguson, J. Amer. Inst. electr. Engr. 48 (1929), S. 517...521.
84. E. Giebe, Z. Instrumentenkde. 31 (1911), S. 6...20 und 33...52.
85. Tätigkeitsbericht d. PTR. Z. Instrumentenkde. 52 (1932), S. 205.
86. G. Zickner, Arch. Techn. Messen. Z 131—1 und Z 131—3, Okt. 1933 und April 1934.
87. G. Keinath, Arch. Techn. Messen. V 339—6, Sept. 1933.
88. J. G. Ferguson, The Bell. System Techn. J. 12 (1933), S. 452...468.
89. O. Heaviside, Electrical Papers 2 (1892).
90. V. Karapetoff, Philos. Mag. (6) 44 (1922), S. 1024...1032.
91. J. Carvallo, Rev. gén. Electr. 17 (1925), S. 337...349.
92. D. W. Dye, Electrician 87 (1921), S. 55...56.
93. K. W. Wagner, Elektrotechn. Z. 32 (1911), S. 1001...1002 und 33 (1912), S. 635...637.
94. M. Wien, Ann. Physik 44 (1891), S. 689...712.
95. C. Robinson, Post Office electr. Engr. J. 16 (1923), S. 171.
96. D. I. Cone, Trans. Amer. Inst. Electr. Engr. 39 (1920), S. 1743...1765.
97. K. Kurokawa und T. Hoashi, J. Inst. Engr. Japan Nr. 437 (1924), S. 1132...1138.
98. J. Fleming und G. B. Dyke, J. Inst. electr. Engr. 49 (1912), S. 323...431.
99. E. Grüneisen und F. Giebe, Z. Instrumentenkde. 30 (1910), S. 147...148.
100. G. Belfils, Rev. gén. Electr. 19 (1926), S. 523...529.
101. I. Wolff, J. opt. Soc. Amer. 15 (1927), S. 163...170.
102. R. Bauder und K. Jannsen, Elektrotechn. u. Maschinenb. 50 (1932), S. 581 ...586.
103. E. Pirani um 1885 (Literatur unbekannt).
104. C. de A. Silva, Ecl. Elect. 50 (1907), 113...116.
105. M. Wien, Ann. Physik 57 (1896), S. 257.
106. C. Niven, Philos. Mag. (5) 24 (1887), S. 225...238.
107. F. W. Grover, Bull. Bur. Stand. 3 (1907), S. 389...393, und 7 (1911), S. 498 ...499.
108. D. Owen, Proc. Phys. Soc. 27 (1915), S. 39...55.
109. J. G. Ferguson, Bell. Syst. Techn. J. 6 (1927), S. 375...386.

110. B. W. Bartlett, J. opt. Soc. Amer. 16 (1928), S. 409...418.
111. C. E. Hay, Electr. Rev. London 67 (1910), S. 965...966.
112. V. D. Landon, Proc. Instn. Radio Engr. 16 (1928), S. 1771...1775.
113. L. Hartshorn, J. sci. Instrum. 6 (1929), S. 113...115.
114. M. Wien, Ann. Physik 58 (1896), S. 553...563.
115. F. Dolezalek, Ann. Physik 12 (1903), S. 1142...1152.
116. H. F. Haworth, Trans. Faraday Soc. 16 (1921), 365...391.
117. Tätigkeitsbericht d. Physik.-Techn. Reichsanstalt. Elektrotechn. Z. 48 (1927), S. 1086.
118. Ch. I. Soucy und B. de Bayly, Proc. Inst. Radio Engs. 17 (1929), S. 834...840.
119. S. Butterworth, Proc. Phys. Soc. 24 (1912), S. 86.
120. C. Dunand, Bull. Soc. franc. Electr. 7 (1928), S. 202...208.
121. K. Kurokawa, J. electr. Soc. Waseda 8 (1927), S. 251...253.
122. M. Sase und C. Mutô, J. electr. Soc. Waseda 8 (1927), S. 179...196.
123. A. Semm, Arch. Elektrotechn. 9 (1921), S. 30...34.
124. Tätigkeitsbericht d. PTR. Z. Instrumentenkde. 40 (1920), S. 124...125.
125. G. Hauffe, Arch. Elektrotechn. 17 (1926), S. 422...423.
126. G. Benischke, Arch. Elektrotechn. 16 (1925), S. 174...175.
127. W. Geyger und H. Schering, Arch. Elektrotechn. 17 (1926), S. 423...430.
128. Tätigkeitsbericht der PTR. Z. Instrumentenkde. 50 (1930), S. 298.
129. H. Jenss, Elektrotechn. Z. 52 (1931), S. 7...8.
130. Tätigkeitsbericht d. PTR. Z. Instrumentenkde. 49 (1929), S. 227.
131. O. Kautzmann, Elektrotechn. Z. 50 (1929), S. 1401.
132. F. R. Benedict, Electr. J. 31 (1934), S. 239...243.
133. L. Hartshorn, Proc. Phys. Soc. 36 (1924), S. 399...404, und 39 (1927), S. 108 ...123.
134. J. L. Miller, Elektrotechn. u. Maschinenb. 49 (1931), S. 677.
135. G. Zickner, Elektr. Nachr. Techn. 7 (1930), S. 443...448.
136. A. Campbell, Proc. Phys. Soc. 21 (1910), S. 207...219.
137. —, Electrician 60 (1908), S. 626...627.
138. —, Proc. Phys. Soc. 22 (1910), S. 207...219.
139. O. Heaviside, Electr. Papers 2. Bd., London 1892, S. 33...38, 106...115 und 284...286.
140. G. Carey Foster, Proc. Phys. Soc. 8 (1887), S. 137...146.
141. A. Heydweiller, Ann. Physik 53 (1894), S. 499...504.
142. L. M. Chatterjee, J. sci. Instr. 10 (1933), S. 328...329.
143. R. Walsh, Philos. Mag. (7) 10 (1930), S. 49...75.
144. A. Campbell, Proc. Phil. Soc. 43 (1931), S. 564...568.
145. D. W. Dye, Exp. Wirel. 1 (1924), S. 691...698.
146. A. II. Taylor, Physic. Rev. 24 (1907), S. 402...406.
147. H. F. Haworth, Trans. Faraday Soc. 16 (1921), S. 365...391.
148. G. Jones und R. C. Josephs, J. Amer. chem. Soc. 50 (1928), S. 1049.
149. W. Nernst und E. Haagn, Z. Elektrochem. 2 (1895/96), S. 493.
150. F. Dolezalek und R. Gahl, Z. Elektrochem. 7 (1900/01), S. 429.
151. W. Nernst, Z. physikal. Chem. 14 (1894), S. 636.
152. Th. Shedlovsky, J. Amer. chem. Soc. 52 (1930), S. 1753.
153. A. Güntherschulze und H. Betz, Z. Physik 71 (1931), S. 106...123.
154. R. Lorenz und H. Klauer, Anorg. Allgem. Chemie 136 (1924), S. 121...146.
155. W. Muchlinsky, Chem. Fabrik 4 (1931), S. 462...464 und 469...472.
156. Gemant, Arch. Elektrotechn. 23 (1930), S. 685.
157. E. Hasché, Physikal. Z. 34 (1933), S. 718...720.
158. Mc. Namara, Rev. sci. Jnstrum 2 (1931) S. 343...347.
159. H. G. Whiting, Electrician 105 (1930), S. 77.

160. N. R. Campbell u. D. Ritchie, Photoelectric Cells. London 1929, S. 141.
161. Partridge, J. Amer. Chem. Soc. 51 (1929), S. 1...7.
162. W. Geyger, Arch. Elektrotechn. 17 (1926), S. 201...207.
163. H. E. Hollmann und Th. Schultes, Elektr. Nachr.-Techn. 8 (1931), S. 387...392.
164. W. Fucks, Arch. Elektrotechn. 27 (1931), S. 741.
165. H. König, Helv. phys. acta 5 (1932), S. 302...306.
166. Hudec, Elektr. Nachr.-Techn. 11 (1934), S. 101.
167. Eglin, J. opt. Soc. 118 (1929), 393...402.
168. H. Schering und V. Engelhardt, Z. Instrumentenkde. 40 (1920), S. 123.
169. D. E. Hughes, Proc. Phys. Soc., Lond., 3 (1880), S. 81...89, und J. Instn.
     electr. Engr. 15 (1886), S. 6...25. Vgl. auch: O. J. Lodge, Proc. Phys. Soc.,
     Lond., 3 (1880), S. 187...212; Lord Rayleigh, J. Instn. electr. Engr. 15
     (1886), S. 28...40, 54...55 und Philos. Mag. (5), 22 (1886), S. 469...500; O. Hea-
     viside, Electrician 16 (1886), S. 489...491, und Electr. Papers 2 (1892), S. 33...38.
170. A. Campbell, Proc. Phys. Soc., Lond., 20 (1907), S. 626...638. Vgl. auch:
     H. Rowland, Philos. Mag. (5), 45 (1898), S. 66...85; L. Graetz, Ann. Physik
     50 (1893), S. 766...771. Vgl. auch: V. Engelhardt, Z. Instrumentenkde. 42
     (1922), S. 109/110.
171. C. Déguisne, Festschrift zur Jahrhundertfeier des Physikalischen Vereins,
     Frankfurt a. M. 1924, S. 97, und Arch. Elektrotechn. 14 (1925), S. 487...490.
172. —, Arch. Elektrotechn. 5 (1917), S. 303...313.
173. —, Arch. Elektrotechn. 5 (1917), S. 375...382.
174. H. Busch, Physik. Z. 26 (1925), S. 563...565. Vgl. auch: H. Schering,
     Z. Instrumentenkde. 42 (1922), S. 106/107.
175. C. L. Dawes und P. L. Hoover, J. Amer. Inst. electr. Engr. 45 (1926), S. 337
     ...347 und 48 (1929), S. 3...7, 450...453.
176. B. G. Churcher, Electrician 101 (1928), S. 518...520, 545...547.
177. DRP. 543587 nebst Zus.Anm., S. 98. 710, Kl. 21 e/9.
178. R. M. Davies, J. sci. Instr. 10 (1933), S. 274...276.
179. H. Poleck, Wiss. Ver. a. d. Siemens-Konzern 9 (1930), S. 298...328.
180. J. Krönert, Z. Techn. Physik 14 (1933), S. 474...477.
     Arch. Techn. Messen. V 339—12, Aug. 1934. Firmenblatt d. Siemens & Halske
     A.G.
181. C. H. Walter, Z. Techn. Physik 13 (1932), S. 363...367 und 436...441. —
     H. Carsten und C. H. Walter, Siemens-Z. 11 (1931), S. 156 u. 267.
182. H. Pfannenmüller, Wiss. Ver. a. d. Siemens-Konzern 13 (1934), S. 1...12.
183. A. Anderson, Philos. Mag. (5) 31 (1891), S. 329...337.
184. E. Giebe, in H. Geiger und K. Scheel, Handb. d. Physik 16 (1927), S. 525...526.
185. E. B. Rosa und F. W. Grover, Bull. Bur. Stands. 1 (1905), S. 291...336.
186. A. H. Taylor und E. H. Williams, Physic. Rev. 26 (1908), S. 417...423, und
     Z. Instrumentenkde. (1908), S. 313.
187. H. Rowland, Amer. J. Sci. a. Arts (4) 4 (1897), S. 429...448, und Philos. Mag.
     (5) 45 (1898), S. 66...85.
188. J. A. Fleming und W. C. Clinton, Proc. Phys. Soc. 18 (1903), S. 386...409.
189. S. Butterworth, Proc. Phys. Soc. 24 (1912), S. 75...94.
190. C. Günther, Z. Instrumentenkde. 47 (1927), S. 249...256.
191. W. Stroud und J. H. Oates, Philos. Mag. 6 (1903), S. 707...720.
192. M. Illiovici, C. R. Acad. Sci., Paris, 138 (1904), S. 1411...1413.
193. E. Orlich, Kapazität und Selbstinduktion. Braunschweig 1909, S. 259.
194. S. Butterworth, Proc. Phys. Soc. 24 (1912), S. 210...214.
195. Tätigkeitsbericht d. PTR. Z. Instrumentenkde. 50 (1930), S. 297.
196. Schering und Burmester, Z. Instrumentenkde. 44 (1924), S. 99.
197. C. E. Hay, Post Off. Electr. Engr. J. 5 (1913), S. 451...454.

198. H. Schering, Elektrotechn. Z. 38 (1917), S. 421...423 und 436...438.
199. L. Hartshorn, Proc. Phys. Soc. 39 (1927), S. 337...387, und Schweiz. Elektr. Ver. Bull. 19 (1928), S. 784...789.
200. W. Vogel, Elektrotechn. Z. 48 (1927), S. 1361...1363.
201. C. Déguisne, Arch. Elektrotechn. 5 (1917), S. 375...382.
202. H. H. Poole, Philos. Mag. (6) 40 (1920), S. 793...809.
203. A. Wirk, Elektr. Nachr.-Techn. 11 (1934), S. 61...66, und Z. Techn. Physik 15 (1934), S. 487...491.
204. M. Grützmacher, Telegr. u. Fernspr.-Techn. 23 (1934), S. 27...29.
205. Zusammenfassende Darstellungen: C. V. Drysdale, Electrician 75 (1915), S. 157, und J. Instn. electr. Engr., Lond., 68 (1930), S. 339...366; P. A. Borden, Trans. Amer. Inst. electr. Engr. 42 (1923), S. 395; T. Spooner, J. opt. Soc. Amer. and Rev. sci. Instrum. 12 (1926), S. 217, und J. sci. Instrum. 3 (1925/26), S. 214; W. Geyger, Helios, Lpz., 36 (1930), S. 408...410 und Arch. techn. Mess. J 94—1 (Januar 1932), J 94—2 (August 1932), J 941—2 (Mai 1932).
206. A. Franke, Elektrotechn. Z. 12 (1891), S. 447; Druckschrift SH 1636/a von Siemens & Halske. Vgl. auch: A. Ebeling, Electrician 72 (1913), S. 88.
207. Vgl. z. B. W. Skirl, »Meßgeräte und Schaltungen für Wechselstrom-Leistungsmessungen.« Berlin 1920. S. 242/243.
208. C. V. Drysdale, Proc. Phys. Soc., Lond., 21 (1907/09), S. 561, und Philos. Mag. 17 (1909), S. 402; Ref. von E. Orlich, Z. Instrumentenkde. 21 (1909), S. 356. Vgl. auch: C. H. Sharp und W. W. Crawford, Trans. Amer. Inst. electr. Engr. 29 (1911), S. 1517...1541; B. S. und F. D. Smith, Proc. Phys. Soc., Lond., 41 (1929), S. 18; K. Lion, Elektr. Nachr.-Techn. 5 (1928), S. 276; E. C. Wente, J. Amer. Inst. electr. Engr. 40 (1921), S. 900.
209. W. v. Krukowski, »Vorgänge in der Scheibe eines Induktionszählers und der Wechselstromkompensator als Hilfsmittel zu deren Erforschung«. Berlin 1920. S. 66...110.
210. A. E. Kennelly, H. G. Crane und J. W. Davis, Electr. Wld., N. Y., 57 (1911), S. 783. Vgl. auch: J. T. Mac Gregor-Morris, J. Instn. electr. Engr., Lond., 68 (1930), S. 361 (Diskussionsbericht).
211. A. Larsen, Elektrotechn. Z. 31 (1910), S. 1039. Vgl. auch: A. Campbell, Proc. Phys. Soc., Lond., 22 (1909/10), S. 214 (N. P. L.-Bericht, 1908); A. E. Kennelly und E. Velander, J. Franklin Inst. 188 (1919), S. 1, und Proc. Amer. Philos. Soc. 58 (1919), S. 97; A. Pagès, J. Physique Radium (6), 6 (1925), S. 52, und Rev. gén. Électr. 19 (1926), S. 381.
212. C. Déguisne, Arch. Elektrotechn. 5 (1917), S. 303.
213. A. Campbell, Proc. Phys. Soc., Lond., 41 (1928), S. 94.
214. A. K. Erlang, J. Instn. electr. Engr., Lond., 51 (1913), S. 794.
215. O. Pedersen, Electrician 83 (1919), S. 523.
216. D. C. Gall, Electrician 90 (1923), S. 360, und J. sci. Instrum. 3 (1925), S. 202.
217. W. Geyger, Arch. Elektrotechn. 15 (1925), S. 186.
218. —, Elektrotechn. Z. 45 (1924), S. 1348, und Arch. Elektrotechn. 17 (1926), S. 213.
219. —, Arch. Elektrotechn. 13 (1924), S. 80.
220. —, Z. Hochfrequenztechn. 34 (1929), S. 223, und Arch. Elektrotechn. 14 (1925), S. 566/567.
221. S. L. Burgwin, Electr. Engng. 53 (1934), S. 108.
222. W. Geyger, Arch. Elektrotechn. 23 (1930), S. 447...458. Vgl. auch: M. Wald, Elektrotechn. Z. 51 (1930), S. 1583/1584.
223. Vgl. z. B. G. Keinath, »Die Technik elektrischer Meßgeräte«, 3. Aufl., München 1928, Bd. 1, S. 269...298, und W. Geyger, Arch. Elektrotechn. 22 (1929), S. 119...140.

224. R. Felici, Ann. Chim. (3), 34 (1852), S. 64...77, und Nuovo Cimento 9 (1859), S. 345...347.
225. O. Heaviside, Electr. Papers 2 (1892), S. 110.
226. A. Campbell, Proc. Phys. Soc., Lond., 21 (1910), S. 74...75; Philos. Mag. (6), 15 (1908), S. 115...171; Dictionary of Applied Physics, 2 (1922), S. 423...424; Proc. Roy. Soc., Lond., 87 (1912), S. 397; Nat. physic. Lab. coll. Res. 4 (1908), S. 223.
227. A. H. Taylor, Physic. Rev. 20 (1905), S. 393.
228. W. Geyger, Arch. Elektrotechn. 15 (1925), S. 185, und 17 (1926), S. 71...74.
229. —, Arch. Elektrotechn. 15 (1925), S. 183/184, und 17 (1926), S. 74/75.
230. A Campbell, Proc. Phys. Soc., Lond., 21 (1910), S. 80...82.
231. —, Proc. Phys. Soc., Lond., 24 (1912), S. 107...111, 158...159. Vgl. auch: S. Chiba, J. Inst. electr. Engr. Japan, Nr. 405 (1922), S. 294.
232. S. Butterworth, Proc. Phys. Soc., Lond., 33 (1921), S. 313 und 334...337.
233. S. Chiba, J. Inst. electr. Engr. Japan, Nr. 405 (1922) S. 294..300.
234. A. Campbell, Proc. Phys. Soc., Lond., 21 (1910), S. 79 .80, und Nat. phys. Lab. coll. Res. 4 (1908), S. 233.
235. R. W. Atkinson, Electr. J. 22 (1925), S. 58...66. Vgl. auch: B. Hague, World Power 4 (1925), S. 81...83.
236 M Wien, Ann. Phys. 44 (1891), S. 704 ..707. Vgl. auch: J. Hanauer, Ann. Phys. 65 (1898), S. 789. .814; B. Monasch, Ann. Phys 22 (1907), S. 905...942; A. Campbell und J. L. Eckersley, Electrician 64 (1910), S. 350...352; L. Hartshorn, World Power 13 (1923), S. 89...99.
237. H Schering und E. Alberti, Arch. Elektrotechn. 2 (1914), S. 263. Vgl. auch G. Keinath, Arch. techn. Mess. Z 224—1 (März 1932) und Z 224—2 (April 1932).
238 A. H. M. Arnold, J. Instn. electr. Engr., Lond., 68 (1930), S. 898.
239 Vgl. z. B. J. A. Möllinger, »Wirkungsweise der Motorzähler und Meßwandler«. 2. Aufl. Berlin 1925. S. 232 ..235.
240. A. E. Kennelly und E. Velander, J. Franklin Inst. 188 (1919), S. 1...26; E. Velander, J. Amer. Inst. electr. Engr. 40 (1921), S. 835 ..839.
241 B. Hague, »Alternating Current Bridge Methods«. 2. Aufl. London 1930. S. 330...332.
242. H. Schering und V. Engelhardt, Z. Instrumentenkde. 40 (1920), S. 122/123.
243 W. Geyger, Arch. Elektrotechn. 12 (1923), S. 370...375, und 14 (1925), S. 560...563.
244 H. Schering, Z. Instrumentenkde. 40 (1920), S. 124. Vgl. auch: A. Palm, Arch. techn. Mess. J 921—3 (September 1932).
245. W. Geyger, Arch. Elektrotechn. 21 (1928), S. 529...534.
246. —, Arch. Elektrotechn. 14 (1925), S. 564...566.
247. C. Robinson, Trans. Amer. Inst. electr. Engr. 28 (1909), S. 1005. Vgl. auch: C. H Sharp und W. W. Crawford, Trans. Amer. Inst. electr. Engr. (2), 28 (1910), S. 1040.
248. F. B Silsbee, R. L. Smith, N. L. Forman und J. H. Park, Bur. Stand. J. Res. 11 (1933), S. 93...122; F. B. Silsbee, Trans. Amer. Inst. electr. Engr. 43 (1924), S. 282, und Bur. Stand. J. Res. 4 (1930), S. 91; H. B. Brooks und F. C. Weaver, Bull. Bur. Stand. 16 (1916), S. 569.
249. W. Geyger, Arch. Elektrotechn. 27 (1933), S. 567...576.
250. W. Hohle, Arch. Elektrotechn. 27 (1933), S. 849..855, und Arch. Techn. Mess. Z 224—4 (August 1934) und Z 224—5 (Oktober 1934).
251. Vgl. W. Geyger, Arch. Elektrotechn. 15 (1925), S. 184.
252. A. H. M. Arnold, J. Instn. electr. Engr., Lond., 74 (1934), S. 424...437.

253. B. G. Churcher und C. Dannatt, World Power 4 (1925), S. 314...319; B. G. Churcher, Electrician 101 (1928), S. 518...520, 545...547.
254. L. Hartshorn, J. sci. Instrum. 2 (1925), S. 145...151.
255. W. Geyger, Arch. Elektrotechn. 19 (1927), S. 139...141, und 22 (1929), S. 119...140.
256. —, Arch. Elektrotechn. 17 (1926), S. 74/75.
257. —, Arch. Elektrotechn. 17 (1926), S. 75...77.
258. A. Campbell, Proc. Phys. Soc., Lond., 29 (1917), S. 347...349.
259. —, Proc. Roy. Soc., Lond., 107 (1925), S. 310...312; Proc. Phys. Soc., Lond., 38 (1925), S. 97...100; J. sci. Instrum. 2 (1925), S. 381...384.
260. —, Proc. Phys. Soc., Lond., 29 (1917), S. 350...353.
261. F. Neri, L'Elettrotecnica 21 (1934), S. 69...74.
262. C. H. Sharp und W. W. Crawford, Proc. Amer. Inst. electr. Engr. 1910, S. 1207.
263. DRP. 587443. Vgl. auch: H. Schröer, Arch. Elektrotechn. 28 (1934), S. 612 ...624 und ATM J 94—4, Nov. 1934.
264. Th. Walcher, Elektrotechn. u. Maschinenb. 51 (1933), S. 397...401.
265. E. Mittelmann, Elektrotechn. u. Maschinenb. 48 (1930), S. 697...698.
266. Bruun, Elektr. Nachr. Techn. 4 (1927), S. 218.
267. K. Küpfmüller und P. Thomas, Elektrotechn. Z. 43 (1922), S. 461...464. K. Küpfmüller, Elektrotechn. Z. 41 (1920), S. 850.
268. Elektr. Nachr.-Techn. 10 (1933), S. 422.
269. K. H. Reiß, Z. techn. Physik 15 (1934), S. 83.
270. Nyquist, Skank und Cory, J. Amer. Inst. electr. Engr. 46 (1927), S. 231.
271. E. Meyer, Elektr. Nachr. Techn. 5 (1928), S. 398, s. a. F. Trendelenburg, Fortschritte der physikalischen u. technischen Akustik, Leipzig 1932, S. 3.
272. A. C. Seletzky, Electr. Engng. 52 (1933), S. 861 ..867. A. C. Seletzky u. J. R. Anderson, Electr. Engng. 53 (1934), S. 1004...1009.
273. D. W. Dye, Exp. Wirel. 2 (1925), S. 12...21.
274. E. Orlich, Kapazität und Induktivität, Braunschweig 1909, S. 222...226, vgl. auch Duane und Lory, Physic. Rev. 18 (1904), S 275.
275. Trowbridge, Physic. Rev. 20 (1905), S. 65.
276. J. Kühle, Elektrotechn. Z. 43 (1922), S. 1205...1208.
277. Gg. Keinath, Die Technik elektr. Meßgeräte, München 1928, Bd. II, S. 253...255.
278. W. Geyger, Arch. Elektrotechn. 17 (1926), S. 231...233.
279. R. Witting, Z. techn. Physik 15 (1934), S. 669...673.
280. E. Giebe und E. Alberti, Z. techn. Physik 6 (1925), S. 101. .103.
281. P. Mandel, Z. Fernm.-Techn. 10 (1929), S. 92.
282. H. Barkhausen, Jahrb. drahtl. Telegr. 14 (1919), S. 36.
283. L. Tschiassny, Arch. Elektrotechn. 27 (1933), S. 675. 678.
284. F. Beldi, Bull. schweiz. elektrotechn. Ver. 21 (1930), S. 197.
285. K. Schaudinn, Elektr. Wirtsch. Nr. 483, S. 248.
286. R. A. Brockbank, J. Instn. electr. Engr. 70 (1932), S. 281.
287. G. Konried, Arch. Elektrotechn. 28 (1934), S. 155.
288. C. F. Hill, T. R. Watts und G. C. Burr, Electr. Engng. 53 (1934), S. 176
289. C. Danatt, Electrician 114 (1935), S. 483...485.
290. G. Brion und V. Vieweg, Starkstrommeßtechnik, Berlin 1933.
291. A. S. Mc. Farlane, J. sci. Instrum. 10 (1933), S. 142. .147.
292. H. L. Curtis, C. M. Sparks, L. Hartshorn und N. F. Astbury, Bur. Stand. J. Res. 8 (1932), S. 507...523.
293. Elektrotechn. Z. 51 (1930), S. 816 und 52 (1931), S. 845.
294. R. D. Salmon, Electrician 113 (1934), S. 827...829.

295. J. Herman, Bell. Syst. techn. J. 7 (1928), S. 343.
296. Engineering Laboratory of the British Thomson Houston C., J. sci. Instrum. 10 (1933), S. 53.
297. Aus M. v. Ardenne, Verstärkermeßtechnik, Berlin 1929, S. 25.
298. H. E. Hollmann und Th. Schultes, Elektr. Nachr. Techn. 8 (1931), S. 387 ...392.
299. H. Faulhaber, Elektr. Nachr. Techn. 11 (1934), S. 351.
300. H. Carsten und G. v. Susani, Telegr. u. Fernspr.-Techn. 20 (1931), S. 35.
301. H. Feiner und H. Schiller, Elektrotechn. u. Maschinenb. 49 (1931), S. 609.
302. Th. Walcher, Elektrotechn. u. Maschinenb. 52 (1934), S. 360...366.
303. —, Elektrotechn. u. Maschinenb. 50 (1932), S. 518...523.
304. —, Z. Fernm.-Techn. 14 (1933), S. 177...180.
305. F. H. Mayer, Meßtechn. 9 (1933), S. 193.
306. W. Spielhagen, Arch. Elektrotechn. 23 (1930), S. 635.
307. J. R. Batcheller, Electr. Engng. 51 (1932), S. 781.
308. W. Dettmar, Arch. Elektrotechn. 24 (1931), S. 537...543.
309. W. A. Ford und S. I. Reynolds, Gen. electr. Rev. 36 (1933), S. 99...105.
310. G. Wuckel, Elektr. Nachr. Techn. 9 (1932), S. 455...458.
311. F. Lieneweg, Wiss. Veröff. Siemens-Konz. 14 (1935), S. 20...31.
312. H. Zöllich, Arch. Techn. Messen J 850—2, April 1933.
313. H. Poleck, Arch. Techn. Messen V 35194—1, Aug. 1931 u. V 35194—2, April 1935.
314. Täuber-Gretler, Bull. schweiz. elektrotechn. Ver. 12 (1921), S. 217, s. a. W. Geyger, Arch. Techn. Messen V 3526—1, Jan. 1932.
315. H. F. Nissen, Arch. Techn. Messen V 3531—2, Jan. 1934.
316. Iron Age 87 (1911), S. 676...678, Z. VDI 55 (1911), S. 1134 u. 56 (1912), S. 324, A. I. E. E., März 1932, A. Simon, J. Gasbel. 54 (1911), S. 934 u. 55 (1912), S. 121, R. S. Jessup, Bur. Stand. J. Res. 10 (1933), S. 99.
317. H. Gerdien, Verh. d. deutsch. Phys. Ges. 15 (1913), S. 961...968 und H. Gerdien und R. Holm, Wiss. Ver. Siemens-Konz. 1 (1920), S. 107...121.
318. J. M. Burgers in Wien-Harms, Handb. d. Experim. Physik, Bd. IV, Leipzig 1931.
319. J. Krönert, Arch. Techn. Messen V 1248—1, Juli 1933.
320. M. Steenbeck und R. Strigel, Arch. Techn. Messen V 142—2, Okt. 1933.
321. Gg. Keinath, Arch. Techn. Messen V 215—2, Jan. 1934.
322. J. Krönert, C. Himmler, Arch. Techn. Messen J 061, J 062 und J 063 (im Erscheinen).
323. W. Janovsky, Arch. Techn. Messen V 132—6, April 1933.
324. O. Sieber, Siemens-Z. 9 (1929), S. 845; Arch. Techn. Messen Z 224—3 (Juni 1932).
325. W. Geyger, Arch. Techn. Messen Z 224—7, Sept. 1935.

Sachverzeichnis.

Rechnung mit Operatoren

nach Oliver Heaviside.
Von E. J. Berg. Dt. Bearb. von Dr.-Ing. Otto Gramisch und Dipl.-Ing. Hans Tropper. 198 S., 65 Abb. Gr.-8⁰. 1932. Brosch. RM 10.—, in Leinen RM 12.—

Die Technik elektrischer Meßgeräte.

Von Dr.-Ing. Georg Keinath. 3., vollst. umgearb. Auflage.
Bd. 1: Meßgeräte und Zubehör. 620 S., 561 Abb. Gr.-8⁰. 1928. Brosch. RM 29.70, in Leinen RM 31.50
Bd. 2: Meßverfahren. 424 S., 374 Abb. Gr.-8⁰. 1928. Brosch. RM 20.20, in Leinen RM 22.—

Elektrische Temperaturmeßgeräte.

Von Dr.-Ing. Georg Keinath. 284 S., 219 Abb. Gr.-8⁰. 1923. Brosch. RM 8.20, geb. RM 9.90

Stromrichter

unter besonderer Berücksichtigung der Quecksilberdampf-Großgleichrichter. Von D. K. Marti und H. Winograd. Bearb. von Dr.-Ing. Gramisch. 405 S., 279 Abb. Gr.-8⁰. 1933.   In Leinen RM 22.—

Die Ortskurventheorie der Wechselstromtechnik.

Von Dr.-Ing. Günther Oberdorfer. 88 S., 52 Abb. Gr.-8⁰. 1934.   RM 4.50

Quecksilberdampf-Gleichrichter,

Wirkungsweise, Konstruktion und Schaltung. Von D. C. Prince und F. B. Vogdes. Deutsche Ausgabe bearbeitet von Dr.-Ing. O. Gramisch. 199 S., 172 Abb. Gr.-8⁰. 1931.   Brosch. RM 11.70, in Leinen RM 13.50

Elektromagnetische Grundbegriffe.

Ihre Entwicklung und ihre einfachsten technischen Anwendungen. Von Prof. W. O. Schumann. 220 S., 197 Abb. Gr.-8⁰. 1931.   RM 11.—

Die Technik der Fernwirk-Anlagen.

Fernüberwachungs- und Fernbetätigungseinrichtungen für den elektrischen Kraftwerks- und Bahnbetrieb, für Gas-, Wasser- und andere Versorgungsbetriebe. Von Dr.-Ing. W. Stäblein. 302 S., 172 Abb. Gr.-8⁰. 1934. In Leinen RM 15.—

Selektivschutzeinrichtungen für Hochspannungsanlagen

mit Anleitung zu ihrer Projektierung. Von Obering. M. Walter. 134 S., 77 Abb. 8⁰. 1929.   RM 6.30

Der Selektivschutz nach dem Widerstandsprinzip.

Von Dr.-Ing. W. Walter. 172 S., 144 Abb. Gr.-8⁰. 1933.   RM 8.50

Kurzschlußströme in Drehstromnetzen.

Berechnung und Begrenzung. Von Dr.-Ing. M. Walter. 146 S., 107 Abb. Gr.-8⁰. 1935.   Im Druck

www.ingramcontent.com/pod-product-compliance
Lightning Source LLC
Chambersburg PA
CBHW062015210326
41458CB00075B/5530